Histoire esthétique de la Nature

PAR

Maurice GRIVEAU

Conservateur honoraire
à la Bibliothèque Sainte-Geneviève

TOME TROISIÈME

Les animaux supérieurs (mammifères). — La figure humaine.

Ouvrage illustré de 53 gravures
dont 16 originales
d'après le statuaire E. Navellier
et reproductions de statues, de tableaux
et d'estampes des grands maîtres

ÉDITIONS R. GUILLON
5, PLACE DE LA SORBONNE, 5
PARIS (Ve)

—

1930

HISTOIRE ESTHÉTIQUE

DE LA NATURE

DU MÊME AUTEUR

Les Éléments du Beau, avec nombreux schémas (Alcan, 1892).
Epuisé.

La Sphère de Beauté, illustré (Alcan, 1901).

Pour la défense du Paysage français, illustré (Jouve, 1910).

Histoires d'Art (Lemerre, 1908).

Les Feux et les Eaux, illustré (Schleicher, 1899). *Epuisé*.

Le Vandalisme du Jupon, illustré, sous le pseudonyme de Sainte-Mousseline. Chez l'auteur, à Fontenay-aux-Roses (Seine), 1912.

Programme d'une Science idéaliste, 1896. *Epuisé*.

La Science en faillite et la Science infaillible (Roger et Chernoviz, 1895). Quelques exemplaires restent chez l'auteur.

Le Sens et l'Expression de la Musique pure (communication au Congrès de Londres), (Novello, 1911). Chez l'auteur.

Les Adieux de la Comète à l'Astronome (Larchon et Ernouf, 1910). Chez l'auteur.

A la Recherche de l'Etoile de Bethléem. Chez l'auteur.

EN PRÉPARATION :

Questions d'Esthétique.

Le Chemin vers le Beau tracé par le Langage.

L'Air et la Terre (suite à *Les Feux et les Eaux*).

Les Modes et l'Esthétique du Costume.

Nouvelles Histoires.

Petit Album d'Animaux, pittoresque et littéraire.

Poèmes d'idées.

Le Corps de la Musique, et son Ame.

Histoire naturelle des Arts.

Histoire esthétique du Surnaturel.

L'Esprit de Chantecler.

« Euphorion », drame idéaliste.

Histoire esthétique de la Nature

PAR

Maurice GRIVEAU

Conservateur honoraire
à la Bibliothèque Sainte-Geneviève

TOME TROISIÈME

LES ANIMAUX SUPÉRIEURS (MAMMIFÈRES). — LA FIGURE HUMAINE.

OUVRAGE ILLUSTRÉ DE 49 GRAVURES
DONT 12 ORIGINALES
D'APRÈS LE SCULPTEUR E. NAVELLIER
ET REPRODUCTIONS DE STATUES, DE TABLEAUX
ET D'ESTAMPES DES GRANDS MAÎTRES

ÉDITIONS R. GUILLON
5, PLACE DE LA SORBONNE, 5
PARIS (Vᵉ)

—

1930

Il a été tiré de cet ouvrage dix exemplaires,
numérotés de I à X, sur papier de luxe,
hors commerce

Cliché *Archives Photographiques, Paris.*

La *Vision de Saint Hubert.*
(Frise sculptée de la chapelle du château d'Amboise.)

Les Mammifères

Suite et fin de la FAUNE

Généralités

En passant des *Invertébrés* aux *Vertébrés*, nous avions trouvé quelque chose de nouveau, et de supérieur à la fois : c'était l'apparition de cette chaîne d'anneaux osseux servant d'étui à la moëlle épinière, c'est-à-dire au tronc nerveux d'où partent les filets (ou fils télégraphiques) préposés à la *sensation* et au *mouvement*. Mais il faut bien noter ceci, que cette chaîne osseuse, d'où les « *Vertébrés* » tirent leur nom (la « colonne vertébrale »), n'a que l'importance d'un *étui*, et qu'ici, le contenant, pris pour critérium par les classificateurs, implique et symbolise, pour ainsi parler, le contenu. C'est le perfectionnement de ce dernier, c'est-à-dire du *système nerveux*, qui, logiquement, a entraîné les frais d'un sérieux appareil de protection : à pierre précieuse il faut précieux écrin... D'autre part, la colonne vertébrale sert de *point d'appui* pour les membres; à sa fonction d'étui, elle joint celle d'*axe squelettique* (n); renfermant en son intérieur la source du

(n) Notons ici qu'on a affaire à un squelette *interne*.

mouvement, elle en devient, par son extérieur, la base.
— Rappelons, d'ailleurs, qu'en vertu de la loi de corrélation (ou de solidarité) organique, — à ce progrès dans la
structure et l'innervation sont liés d'autres progrès qui,
pour n'être pas notés dans la terminologie du groupe, n'en
sont pas moins fondamentaux, et qui doivent rester sous-
entendus : par exemple, le système d'*arcs artériels* qui
régularise la circulation du sang, le développement prodigieux de l'*appareil respiratoire*, enfin le perfectionnement
remarquable de celui par lequel est assurée la perpétuation
de l'espèce. Chacun de ces progrès, d'ordre différent, aurait pu faire baptiser le groupe en conséquence; mais si le
nom de « *Vertébrés* » a prévalu, c'est que l'axe vertébral,
trait dominateur et constant, caractérise avec précision un
« *thème zoologique* » initial, dont les Poissons, les Batraciens, les Reptiles, les Oiseaux, enfin les Mammifères,
représentent les variations consécutives.

*
* *

De même que les *Vertébrés*, en bloc, par rapport aux
autres représentants de la faune (*Invertébrés*), — ces Vertébrés supérieurs que sont les *Mammifères* se distinguent
de tous leurs congénères (et prédécesseurs) par *quelque
chose de nouveau*, qui constitue encore une supériorité,
qui réalise un progrès; et ce progrès se manifeste cette fois
dans l'appareil de la *reproduction*. Le nom de « *Mammifère* », qui signifie « *porteur de mamelles* », passe, par
extension, du sexe féminin à l'autre, — et cela d'autant
plus légitimement que l'appareil génital est au début, chez
l'embryon, à peu près identique dans les deux cas; cet
embryon, en quelque sorte, est « *hermaphrodite* », et la
différenciation sexuelle ne s'opère qu'après-coup. En tout
cas, nous le remarquons ici de nouveau, l'apparition de
mamelles, organe d'allaitement, et d'où le groupe a tiré
son nom, n'est qu'un épisode, et l'épisode ultime d'un
processus très complexe, qui comprend, avant tout, la for-

mation d'un *utérus* (matrice), où la gestation peut se prolonger, et l'*œuf* accomplir le cycle intégral de son développement, passant tour à tour par ces trois états : « *vésicule blasto-dermique* », *embryon*, enfin *fœtus* (enveloppé de ses membranes). Aussi le produit de la fécondation vient-il au jour tout conformé, ce qui fait classer les Mammifères comme « *vivipares* », par opposition aux autres Vertébrés, qui « pondent des œufs », sont « *ovipares* ». La différence essentielle, en définitive, est que le développement de l'œuf est *intérieur*, au lieu d'être extérieur au corps de la mère; et la conséquence, — que l'embryon, au lieu d'être alimenté par le « *jaune* » et le « *blanc* » d'une coquille, et de subir, ensuite, une « *incubation* », d'être *couvé*, est nourri, *fœtus*, du sang de sa mère, — et, *nouveau-né*, de son lait.

Les Mammifères pourraient donc être aussi bien nommés « *Vivipares* », ou, si l'on veut, « *Endogènes* (n) — Aux caractères relatifs à la reproduction viennent s'en ajouter d'autres, plus ou moins corrélatifs : ainsi, l'existence, très générale, des *poils*, qui remplacent les plumes de l'Oiseau, les écailles des Reptiles et des Poissons. — Une question se pose ici pour l'esthéticien : c'est de savoir si, du point de vue *décoratif*, le *plumage* ne l'emporte pas sur le *pelage*... Mais peut-on bien faire une comparaison de préférence entre un pigeon doucement empenné et un chat moëlleusement fourré ?... Ce sont là deux genres de beauté, et dans tout concours, au surplus, ne peut-on prononcer l'*ex-æquo* ?

Ce que nous avons dit à-propos des Insectes et des Oiseaux, comme aussi des Vertébrés, nous pouvons le répéter pour les *Mammifères* : la Nature agit là comme le compositeur de musique; elle produit un *thème* initial (et original), qui se développe et se différencie en des *varia-*

(n) L'« *endogénie* », ou développement à l'intérieur de l'organisme maternel, est un trait de supériorité qu'on trouve déjà dans la *flore* (le « *prothalle inclus* » des végétaux supérieurs) ; c'est toujours le principe de la pierre précieuse (*gemme*), qui veut un écrin.

tions, à travers lesquelles on peut toujours le reconnaître. C'est ainsi que le type *Mammifère*, tel qu'il vient d'être décrit, garde son unité à travers les variantes que nécessite une *adaptation* à tel ou tel milieu. Cette considération doit servir de base au classement de ces Mammifères, dont nous modifions la terminologie, comme nous l'avons fait pour les Insectes, les Oiseaux, et les Vertébrés pris en bloc, distinguant, — en dehors des Mammifères inférieurs (ou dégradés :

les Aquatiques ou Nageurs (Cétacés), correspondant aux Insectes d'eau, aux Oiseaux palmipèdes et aux Poissons.

les Amphibies (Pinnipèdes);

les Aériens ou Volants (Chauves-Souris), qui répondent aux Insectes ailés comme à la plupart des Oiseaux ;

Enfin, les Terrestres, qui forment le pendant des Insectes marcheurs, des Oiseaux coureurs tels que l'Autruche, et des Reptiles sauriens ou chéloniens (lézard, crocodile et tortue.)

Ces *Mammifères terrestres* (ou « *terriens* ») seront subdivisés, à leur tour, d'après leur taille, leur régime alimentaire, ou leur genre de vie, en : *grands fauves* ou *carnassiers* (bêtes féroces)' ; *quadrupèdes herbivores* (bétail) ; *petits fauves* ou *petits Mammifères* (carnivores, insectivores, rongeurs) ;

et enfin, *arboricoles* ou *frugivores* (singes).

*
* *

A ce tableau général, nous devons ajouter quelques traits de détail, avant d'aborder la description des espèces.

A. — Système tégumentaire

Nous avons dit qu'un des caractères du type *Mammifère* était l'existence de *poils*, d'où l'on pourrait les nommer « *Vertébrés pilifères* ». Or ces poils (qui se rapprochent plus qu'on ne croit de la plume), prennent, en certains cas, la forme de *soies* (sanglier) ou de *piquants* (hérisson, porc-épic); fins et serrés, ils constituent le *duvet;* d'autre part, ils forment au corps de l'animal un revêtement complet, ou se localisent sur telle ou telle partie. Ce peut être, alors, un trait de beauté, comme en la crinière du lion, en la crinière et la queue du cheval, où le pelage continu fait à ces ornements un fond bien assorti; mais il devient trait de laideur chez certains Singes, par exemple, où les parties poilues alternent avec d'autres absolûment nues; ce contraste est désagréable, en ce qu'il suggère l'idée d'*alopécie*... Et cependant, les cheveux et la barbe, en le visage humain, ne s'harmonisent-ils pas, admirablement, avec le teint lisse et glabre de la peau ?... Cette peau, chez l'éléphant, qualifié pour ce motif de « *pachyderme* », devient cuir épais, et, sur le dos du tatou et du pangolin, s'arme d'une cuirasse écailleuse. Cela nous apparaît comme très différent du *pelage*, tel qu'il est, par exemple, chez le Cerf, ou le Daim, si gracieux ; mais, au fond, l'*écaille*, comme aussi la *corne*, l'*ongle*, la *griffe* et le *sabot*, ne sont, histologiquement, que des poils modifiés; on peut en dire autant des « bois » dont se compose la ramure du cerf, de l'élan et du renne.

Par les *glandes sudoripares* (qui secrètent la sueur), la peau sert d'émonctoire; et, par le *pigment* plus ou moins foncé qui la colore, elle abrite l'animal du soleil. Mais lorsque ce pigment, imprégnant le pelage, dessine — peint, plutôt, à sa surface, des *bandes* ou des *taches* régulières, comme en un parti-pris décoratif (zèbre, tigre, girafe), on se perd en conjectures sur le but et l'utilité pratique de cet arrangement...

B. — Système osseux *(squelette)*

Les membres qualifiés chez l'homme de *supérieurs* et d'*inférieurs*, à cause de la station debout, qui demeure son privilège, s'appellent, chez tous les Mammifères, *antérieurs* et *postérieurs;* c'est seulement chez l'homme qu'on peut opposer un bras à la jambe, et une main au pied, qu'on peut parler d'un coude et d'un poignet. Tandis que l'homme est bipède, le Mammifère est « quadrupède ». Il est, d'ailleurs, l'homme, plantigrade — et, très occasionnellement, digitigrade, lorsque, par une cause psychique, et tout idéale, il marche « sur la pointe des pieds »...

Chez les grands quadrupèdes (le *bœuf*, par exemple), la cuisse est noyée dans les chairs, et se dissimule à la vue. Un fait très intéressant, qu'on ne peut passer sous silence, est la réduction successive du nombre des doigts, dans le pied, en passant par le *porc*, le *bœuf* et le *cheval;* chez le premier des trois, c'est le gros orteil, ou premier doigt (sur les 5) qui disparaît; chez le second, le premier et le deuxième s'atrophient; enfin, chez le troisième, il ne subsiste plus que le doigt du milieu, lelquel constitue ce qu'on appelle le *sabot;* d'où sa dénomination de « *solipède* ». Le bœuf (comme tous les Ruminants, d'ailleurs), dont le pied, réduit à 2 doigts, est fourchu, prend, lui, le nom de « *Bisulque* ».

Il est curieux de constater que, faisant concurrence aux Oiseaux, un groupe de Mammifères s'est adapté au *vol;* aussi bien, la Chauve-souris, qui nous offre la combinaison singulière d'*ailes* et de *mamelles*, paraît-elle une sorte de monstre, ou plutôt un être fantastique, un fantôme... D'ailleurs, ces ailes-là, plus diaboliques qu'angéliques ont une autre origine que celles des Oiseaux : les ailes de ceux-ci sont des éventails de plumes localisés au membre antérieur, et leur pointe a pour attache trois doigts seulement, assez courts, et dont deux sont rudimentaires; tandis que celles des Chauves-souris peuvent être comparées à l'étoffe d'un parapluie tendue sur une armature de baleines, (1) et s'insérant aussi bien sur les flancs, la cuisse et la queue — que sur l'épaule; cette

---

(1) Nous retrouverons la membrane aliforme chez le *Galéopithèque*, où elle ne sert plus cette fois que de parachute.

vaste envergure, encadrant ainsi tout le corps de l'animal, est faite de replis de la peau; ces replis, d'une ampleur considérable, s'étendent ici entre quatre doigts démesurément allongés (le cinquième, resté libre. sert à s'accrocher (1); — ce qui fait penser tout de suite à la membrane interdigitale des Palmipèdes; la Nature s'est donc servie du même procédé pour la *voile* que pour la rame.

Ce dernier mot me fait passer, tout naturellement, de l'adaptation *aérienne* du membre antérieur à son adaptation *aquatique*; comme le Cheiroptère mime l'Oiseau, le Cétacé mime le poisson (2), mais l'un comme l'autre sont essentiellement des *Mammifères*, qui portent longtemps leurs petits dans leur sein, et les nourrissent de leur lait; seulement le bras, chez le premier, se transforme en *aile* — et en *nageoire* chez le second.

Nous ne quitterons pas l'étude du *squelette* sans dire quelques mots de son couronnement, qui est le *crâne*. La « boîte crânienne » comprend deux parties : l'une, hermétiquement close, qui renferme le cerveau (*crâne* proprement dit des auteurs) et l'autre, ajourée (à-demi) de ces orifices : les *orbites*, l'ouverture des *fosses nasales* et celle des *mâchoires* ; cette dernière partie constitue ce qu'on nomme la *face*. Or, certains savants, opposant cette face au crâne proprement dit, ont conclu, — de sa prédominance, en tels groupes de Mammifères, à la bestialité de ceux-ci, tandis qu'inversement, sa réduction par rapport au crâne était, pour eux, un signe de supériorité intellectuelle. CAMPER a cherché une mesure pour préciser ce rapport dans les différents cas, et il a cru le trouver dans l'*angle facial*... Tirez, sur un profil, une ligne horizontale de l'oreille au nez, puis une ligne tangente à la

____

(1) D'où la dénomination savante de « *Cheiroptère* » (qui a des ailes aux mains).

(2) C'est ce qui a fait mettre à Linné la baleine et ses congénères parmi les Poissons. « Poisson » signifie alors : Vertébré adapté à la vie des eaux.

fois, à la bosse du front et aux lèvres; l'angle formé par
ces deux lignes est l' « *angle facial* ». Il sera d'autant
plus faible, on le conçoit, que la ligne tangente au front
sera plus oblique (*front* « *fuyant* »). Or, cet angle révélateur, mesuré sur les statues antiques de dieux et de
déesses, est de 90° ; c'est un *angle droit* (ce qui tendrait
à prouver l'esprit de divination chez les Grecs); mesuré
successivement sur l'homme de race blanche et sur le
nègre, enfin sur les Singes cynocéphales, il accuse, respectivement, de 85° à 80°, — de 75 à 70 (race noire), —
et seulement de 45° (cynocéphales).

Ce critérium de supériorité — ou d'infériorité psychique n'est pas admis, de nos jours, sans réserves (1).
A vrai dire, la tendance à la verticalité du front, révélant
l'ampleur du cerveau, est un symptôme de progrès psychique; — mais il est mieux de tourner les choses à
l'inverse, et de dire que la prédominance — ou plutôt
la *proéminence* de la face (*museau* des Carnassiers, *groin*
du porc) est en rapport étroit avec l'instinct bestial.
Vous verrez, quand nous en serons à la *figure humaine*,
que le principal élément de sa beauté (quand elle existe)
est dans la « pacification des appétits brutaux, au profit
de l'inteligence ».

C. — Appareil digestif. — Appareil circulatoire. Appareil respiratoire

Passons à l'appareil *digestif*. — Et tout d'abord, pourquoi ce terme, ici, d' « *appareil* », au lieu de celui de
système, employé pour l'os et le tégument, — comme,
aussi, pour le cerveau et les nerfs...? — C'est que le tégument, l'os et le nerf s'étendent au corps tout entier
de l'animal, et que leurs fonctions offrent un caractère
de généralité, — tandis que le tube digestif, l'arbre pul-

---

(1) La capacité *réelle* de la boîte crânienne peut être sensiblement
réduite par l'existence de *Sinus*, ou cavernes osseuses; il ne faut
donc pas s'en laisser imposer par son volume apparent.

monaire, et l'ensemble des organes de la génération représentent des « pièces anatomiques » particulières et spécialisées (1). Je rappelle, à cette occasion, que les fonctions des systèmes osseux et tégumentaire sont : soutien et protection, — celles des appareils digestif, circulatoire et respiratoire : nutrition; —celles de l'appareil génito-urinaire, excrétion et reproduction ; — et celles, enfin, du système nerveux : relation. Or, toutes ces fonctions acquièrent, chez les Mammifères, un degré de perfection qui, chez *l'homme*, est définitif; chez ce Mammifère très supérieur, qui possède, au surplus, le privilège extra-naturel d'une *âme*, la peau s'affine, et le squelette permet la station verticale; le régime se généralise (omnivore); la circulation, fiévreuse chez l'Oiseau, modère ici son allure; la génération se règle (quand le vice ne la dérègle pas); il n'est pas jusqu'à l'*allaitement* du jeune qui ne s'ennoblisse, au point de devenir sujet de tableau...

Mais redescendons de quelques degrés... L'*appareil digestif*, ensemble d'organes qui prélude à la nutrition proprement dite, laquelle s'opère par le sang, — commence par un *tube* droit, l'œsophage, se continue par un *sac*, l'estomac, et se termine par un *tube* enroulé sur lui-même (intestin). Le sac stomacal se complique chez les *quadrupèdes herbivores* qui sont « *ruminants* », afin de digérer à loisir une herbe qu'ils doivent brouter vite, en défiance de l'ennemi. Chez les *Carnivores*, au contraire, à digestion rapide, aux mouvements vifs, l'intestin s'abrège. Signalons enfin, comme un trait curieux, l'*appendice cœcal*, cette portion aveugle de l'intestin qui, par sa tendance à dégénérer, devient, chez l'homme, un accessoire dangereux.

Puisque ce mot d'*accessoire* est prononcé, citons,

______

(1) En vertu de cette distinction toute légitime, on devrait toujours dire « *système* » *circulatoire*, — et non pas « *appareil* » *circulatoire*, puisque les vaisseaux sanguins, à l'instar des nerfs, se ramifient dans tout l'organisme, forment un tout homogène, un « arbre ».

comme annexes de l'appareil digestif, — d'abord les *dents*, qui divisent les aliments, — puis la *langue*, qui les recueille, — et les *glandes* qui les imbibent pour les rendre assimilables. — On ne peut s'empêcher, ici, de faire cette réflexion : « Comme tout cela est bien arrangé !... et que, souvent, l'homme, par ses excès, le dérange !... Aussi bien, hélas ! tous ces termes d'estomac, d'intestin, de foie, de pancréas, éveillent, — plutôt que des idées finalistes, — des images pathologiques ; la pensée du médecin chasse celle du Créateur.

*
* *

Des considérations toutes semblables peuvent se faire au sujet du *système circulatoire* (cœur et vaisseaux). Ici, l'anatomiste a sous les yeux une pompe aspirante et foulante, à qui succède un vaste ensemble de tuyaux, — mais de tuyaux *vivants*, qui se contractent, et font le flot sanguin ondulatoire (pouls). Que nos pompes sont grossières auprès de celle-ci ! (1). Au génie de l'homme, en effet, un élément fera toujours défaut : et c'est le pouvoir de donner la *vie*. — Cette vie, même, remarquez-le, n'est pas une force qui serait infusée à la matière, après coup, mais une force qui l'*organise*, « *ab ovo* », — ce qui rend sa transcendance plus mystérieuse et plus admirable encore, s'il est possible.

Le progrès accompli dans l'appareil de *circulation* chez les animaux à vertèbres s'est déjà manifesté chez les *Oiseaux*, et même avait débuté chez les *Batraciens* : il consiste dans la réduction, par atrophie, du nombre des *arcs artériels* primitifs. On se souvient, en effet, que chez les plus inférieurs des Vertébrés, les *Poissons*, le vaisseau principal (*aorte*), au sortir du cœur, émettait symétri-

---

(1) Celle-ci, de construction divine, est autonome, silencieuse, à jeu constant, pouvant fonctionner 80 à 100 ans sans interruption... — enfin, d'un mouvement qui, tout énergique qu'il soit, demeure, à l'état normal, insensible...

quement, à droite comme à gauche, 5 arcades vasculaires ou « *crosses aortiques* » épousant exactement les contours des arcs branchiaux; de cette façon, la charpente osseuse, d'une régularité géométrique, et figurant une échelle double, imposait sa forme aux branchies qui s'y rattachaient, comme aux vaisseaux sanguins qui venaient là s'aérer.

Or, progressivement, chez les *Mammifères*, un travail destructif s'est opéré, qui fit disparaître, une à une, ces paires d'arcs artériels que la vie terrestre et l'apparition des *poumons* rendaient désormais inutiles. Un seul sur cinq de ces arcs a persisté, constituant ce qu'on appelle « la crosse de l'aorte ». — Pourquoi cette crosse est-elle tournée à droite chez les Oiseaux, — et, chez les Mammifères, à gauche ?... — C'est là un de ces faits qui donnent à réfléchir, mais dont la Science n'a pu découvrir encore la raison (1).

Il est curieux de contater que ce même travail d'élimination s'opère chez l'*embryon* des Mammifères supérieurs, — et même chez l'embryon humain, lequel répète ainsi, dans son développement au sein maternel, et brièvement, les phases successives d'une longue évolution zoologique. Les partisans du *transformisme* ont appelé cela de noms savants : « *Onto-phylogénèse* », « *Accélération de la métagenèse* », etc... Mais ayons soin de faire observer, tout d'abord, que ce mot d' « *évolution zoologique* » exprime une abstraction de l'esprit

---

(1) Des cas tout analogues de ce qu'on pourrait appeller « *préférence organique* » s'offrent déjà dans la *flore*, où, parmi les *plantes volubiles*, les unes s'enroulent de gauche à droite, et les autres en sens opposé, chacune suivant son espèce. C'est en vertu, sans doute, du même principe qu'il y a, dans le genre humain, des « *droitiers* » et des « *gauchers* ». Il n'est pas surprenant, d'ailleurs, qu'une force quelconque, purement mécanique ou vitale (mécanique au service de la vie), s'exerce plus puissamment dans telle ou telle direction, suivant les cas. C'est ce qu'on peut voir en ces tourbillons de poussière que le vent pousse et fait valser, tantôt d'un côté et tantôt d'un autre.

plutôt qu'un fait, et que ce fait, cette réalité vivante,
c'est le développement embryonnaire chez chacun des
groupes successifs des Vertébrés. Or, en ce développement, dit « *ontogénétique* » (c'est-à-dire : de l'être indi-
viduel), l'atrophie des arcs aortiques, d'abord lente, se
fait de plus en plus rapide à mesure qu'on s'élève dans
la série; de telle sorte que le jeune *poisson*, par exemple,
à sa naissance, n'est guère plus avancé, sous ce rapport,
que n'était l'embryon, ses 5 arcades artérielles persistant,
telles quelles, — tandis qu'au sommet de la série, le
Mammifère se trouve, en venant au monde, avoir accompli définitivement le progrès voulu. Et parce que, d'autre
part, l'embryon du Mammifère reproduit passagèrement
un type de système artériel permanent chez le poisson,
— il ne s'ensuit pas rigoureusement que l'homme ait
le poisson pour ancêtre : qui dit *similitude* ne veut pas
dire, d'une façon absolue *filiation;* et, dans le cas qui
nous occupe, ce semblant de retour en arrière n'implique pas forcément *hérédité;* il se justifie suffisamment
par des nécessités d'*adaptation* : N'est-il pas bien naturel
qu'un même procédé ait été employé — là pour la vie
totale, aquatique, d'un animal respirant par des branchies, — et ici, pour un moment d'existence embryonnaire, chez l'être qui n'est pas encore pourvu de poumons ?...

*   *
*

Outre les vaisseaux sanguins (artères et veines), il
existe, chez les Mammifères — comme chez les Oiseaux,
des *vaisseaux lymphatiques*. La « *lymphe* » n'est pas
autre chose que du « *sang jaune* », et ses globules pâles,
qui font, par leur excès, le teint pâle, co-existent, dans le
sang, avec les globules rouges : ils sont chargés de deux
fonctions : plastique, — et, comme l'a démontré MENT-
CHNIKOFF, microbicide ; ce sont les ouvriers diligents de
la cicatrice et, dans le même temps, les défenseurs zélés

de l'organisme contre l'invasion des germes infectieux.
Parmi les glandes vasculaires sanguines, c'est à la *rate*
qu'échoit le rôle de les engendrer; quant à celles qu'on
nomme *corps thyroïde* et *thymus*, leur usage n'est pas
encore bien déterminé; en attendant, l'hypertrophie du
premier produit cette pénible difformité, le *goître*

Dans cette pédantesque nomenclature, qui pèse sur
l'étude des corps vivants, un terme, au moins, mérite
une mention favorable, comme *esthétique* et *apologétique*
à la fois ; c'est celui de « *réseaux admirables* »... Et pourtant
leur fonction, tout utilitaire, et d'ordre accessoire,
est de ralentir, sur certains points de l'organisme, le
courant sanguin... Mais leur structure est si délicate,
que les anciens anatomistes, pour les désigner, n'ont pu
trouver qu'un qualificatif enthousiaste... La Science de
nos jours n'a plus cet esprit...

.
. .

L'*appareil respiratoire* peut être justement appelé « arbre
aérien », — tout comme, d'ailleurs, le système circulatoire
pourrait porter lui-même le nom d' « *arbre
sanguin* »; pour tronc, il a la trachée, et les deux branches
maîtresses qui proviennent de sa bifurcation n'ont
qu'à changer leur *a* en *o* pour être admises, en qualité de
« *bronches* », au sanctuaire de la nomenclature anatomique;
enfin sa frondaison se compose des ramuscules
de plus en plus ténus, dont l'ensemble, en relation avec
les « capillaires sanguins » (vaisseaux fins comme des cheveux),
constitue le *poumon*. Mais il faut noter que cet
arbre est creux, d'un bout à l'autre, et qu'il serait inerte,
sans l'intervention du *diaphragme*, qui, réglant le
rythme respiratoire, joue, en quelque manière, le rôle
de soufflet.

Sur le trajet du souffle ou courant aérien, un annexe
de l'appareil respiratoire doit retenir notre attention :
c'est le *larynx*. En effet, le Mammifère ne doit pas seule-

ment respirer, pour vivre; faut-il encore qu'il se fasse entendre, à cette fin de communiquer avec les autres êtres animés; le lion *rugit*, le loup *hurle*, le bœuf *mugit* (ou *beugle*), le chien *aboie*, le chat *miaule* ;... enfin, l'homme *parle;* bien plus, à l'instar de l'Oiseau, il *chante*. Ainsi le rôle du larynx est à la fois, chez les Vertébrés supérieurs, social et esthétique.

Mais ce fait que, pour crier, parler ou chanter, il faut respirer, explique et justifie la place occupée par l'organe vocal sur le trajet du courant aérien; et, de la sorte, on voit, sur le même territoire organique, fraterniser les fonctions *infimes* et les *sublimes*.

Notons ici, comme vicieuse, l'expression si répandue de « *cordes vocales* »... Ces ligaments, qui se rapprochent et s'écartent, alternativement, pour entr'ouvrir ou fermer à demi l'orifice de la *glotte*, feraient plutôt du larynx un *instrument à anche*.

Puisque nous parlons de la *glotte*, il n'est pas inutile de rappeler l'opportune fonction de cette valve appelée l' « *epiglotte* », qu'on pourrait appeler « soupape de sûreté ». Sachons apprécier ici l'économie de la Nature, et, simultanément, la prévoyance de son Auteur, qui corrigent par ce moyen le voisinage périlleux de l'œsophage et de la trachée, c'est-à-dire de deux conduits pour ainsi parler « contradictoires »... On ne le sait que trop, quand « *on avale de travers* ».

*
* *

Appareil génito-urinaire. Comme les systèmes osseux et tégumentaire avaient pour but *soutien* et *protection*, et les trois appareils digestif, circulatoire et respiratoire, — nutrition, celui-ci cumule (ou plutôt, combine) deux fonctions très différentes : *excrétion* et *reproduction*.

Laissons de côté la question de savoir pourquoi ces deux fonctions sont solidaires (au moins anatomiquement), et parlons d'abord de la reproduction. Ce qui

frappe, ici, le penseur, c'est le contraste mystérieux
entre le caractère d'indécence qui s'attache à l'acte générateur — et la noblesse de son résultat : la transmission de la vie; question, d'ailleurs, du ressort de la
Théologie, et sur laquelle nous n'insisterons pas. Mais,
puisque l'une de nos tâches, en cette histoire approfondie
de la Nature, est de faire admirer ses procédés, ses méthodes de travail, nous devons mentionner ici un cas
particulier, très intéressant de ce qu'on pourrait nommer
la « *différenciation après-coup* ».

Le *sexe*, effectivement, n'est pas fixé, d'abord, chez
l'embryon, et l'on pourrait parler d'*hermaphrodisme*,
si ce mot n'impliquait pas l'existence simultanée des
caractères masculins et des féminins; or, ce n'est pas
ici le cas, l'appareil générateur primitif étant *indifférent*
(dans l'acception précise du terme, c'est-à-dire : « *non
différencié* ») et se composant essentiellement de deux
canaux parallèles, dont un seulement se développe, tandis que l'autre s'atrophie. Quand c'est le « *canal de
Müller* » qui persiste, il se transforme en « *trompes de
Fallope* » et en *utérus* (1); alors le sexe est féminin; —
lorsqu'inversement, c'est le « *canal de Wolff* » qui prédomine, le sexe masculin se révèle. En résumé, mâle et
femelle descendent, embryologiquement, d'un neutre.

____

(1) Les « *trompes* ». branches montantes de l'*utérus* (matrice) ;
elles s'évasent en pavillon de cor de chasse afin de recevoir les œufs
qui tombent des ovaires.

Histoire du développement embryonnaire

Les *Mammifères*, eux, ne savent pas... Seul, l'homme
sait, lui : il connaît — ou peut connaître, par la science,
la façon dont il fut engendré et conçu... Mais, une fois
adulte et vivant, librement, de sa vie propre, il gagnerait, sans doute, à mieux se souvenir qu'au début, il a
passé neuf mois de son existence dans le sein de sa
mère ; que, neuf mois durant, il a vécu de sa vie, qu'il
a été nourri de son sang, et qu'attaché à elle par des
liens étroits, il a été, en quelque manière, un de ses
organes... C'est là une idée propre à toucher son cœur
d'homme, à lui faire vénérer et chérir davantage celle
qui l'a porté si longtemps en soi-même, au plus profond de soi, patiemment, bravement, amoureusement..

Cette phase, appelée par les médecins *intra-utérine*,
et que moi, je préfère nommer *intra-maternelle*, s'offre
donc comme une page plutôt noble que suspecte — ou,
plutôt, comme un feuillet non coupé qu'on doit entr'ouvrir d'un doigt discret et pieux, déplorant la pédante
brutalité du scalpel, qui, se faisant *style*, en dévoile le
secret froidement et sans pudeur.

Nous entreprenons ici — chose bien neuve — de le
faire lire, ce feuillet caché, sans nous servir du dictionnaire ni de la grammaire anatomiques, et tel qu'il s'est
imprimé en caractères vivants, tout ingénument et sans
phrases.

Omne vivum ex ovo... Oui, tout être vivant vient
d'un *œuf* — et l'homme, ce Mammifère par le corps,
n'échappe point à la règle. Seulement, l'œuf, ici, de-
meura longtemps inconnu — et cela par son extraordinaire petitesse. Ce qui le distingue de l'œuf de poule,
par exemple, ce n'est pas uniquement son faible volume,
mais ce fait, surtout, qu'au lieu d'être *pondu*, c'est-à-

dire, étymologiquement, *déposé*, lâché dans le monde extérieur — son trajet, de l'ovaire à la matrice, est — en cas de fécondation, suspendu ; prisonnier, ainsi, de l'organisme maternel, il n'en sortira, désormais, que complètement développé, n'étant plus un œuf, à vrai dire, mais ce qu'on appelle de ce vilain nom de *fœtus* et ce qu'il faudrait désigner, déjà, du beau nom d'*enfant*.

D'une cellule imperceptible au corps de cet enfant, quel passage !... Et ce travail mystérieux de transformation — disons mieux : de *transfiguration*, qui fait sortir l'expressif et le beau de l'insignifiant et du laid, n'est-il pas, vraiment, prodigieux et propre à confondre également le savant et l'artiste ?... Suivons-le, ce travail, ou ses phases successives, et notons, à mesure, les procédés ingénieux qu'emploie, pour modeler sa statue vivante, une main cachée... (1).

L'œuf des Mammifères subit plusieurs changements de figure : d'abord, il *prolifère*, c'est-à-dire que la cellule unique qui le constitue se divise en deux, puis quatre, huit, seize parties, et ainsi de suite, d'où la production d'une petite masse cellulaire qui grossit peu à peu ; c'est là ce que les embryologistes nomment *segmentation*. Cependant cette masse, d'abord homogène, laisse bientôt voir deux portions distinctes (*endoderme* et *ectoderme*, dans la langue des professionnels). Survient alors ce phénomène singulier : une des deux portions, proliférant plus vite, finit par prédominer sur l'autre, au point de l'envelopper presque tout entière... Supposez un bouton de fleur dont la base, en croissant toujours, arriverait à recouvrir sa surface (2). L'œuf, à ce

(1) Comme on le verra, le sculpteur — ou le modeleur — travaille *du dehors*, tandis que la Nature, elle, travaille *du dedans*. Pour comprendre, en gros, cette manière de procéder, on peut supposer un être réduit à un *point*, qui organiserait la matière plastique, tout autour de lui, en rayonnant, et resterait caché par son propre ouvrage.

(2) Justement, ce curieux procédé naturel peut s'observer chez l'*Alkekange* (Physalis Alkekangii), vulgo *Coqueret*, plante de la

moment, est comme un fruit dont la pulpe se serait revêtue, de bas en haut, d'une peau. Puis, nouveau phénomène ; entre cette pulpe et cette peau du fruit animal, se creuse un *vide*... Alors, la portion enveloppée (la pulpe) se rétracte ; sa masse cellulaire prend la forme d'une lentille (verre bombé), qui reste comme « collée au plafond », c'est-à-dire adhérente, en-dessous, à la portion enveloppante (la peau), laquelle, s'aplatissant, est devenue *membrane* (1).

Figurez-vous ce *fruit* dont nous parlions, presque entièrement vidé de sa pulpe et découvrant, sous la peau qui l'enferme, une *cavité*... La portion de pulpe qui reste, de forme lenticulaire et très condensée, prend, dès cet instant, une importance majeure, car c'est là l'origine du *germe* (futur « *embryon* »). A ce stade, l'œuf à peu près entier est constitué — en dehors de ce germe, encore bien mince — par la cavité dont il vient d'être question et qui reçoit le nom de « *vésicule blastodermique* » (2).

Mais cette vésicule (ou petite vessie) ne forme pas elle-même, par sa membrane, les parois extérieures de l'œuf; celles-ci sont constituées par une autre membrane, dont l'œuf s'est pourvu lors de son passage de l'ovaire à la matrice ; toute hérissée de poils (villosités), on peut dire qu'elle est à l'œuf ce que la coque d'un marron d'Inde est au fruit... On verra plus loin la fonction de cette couverture de renfort, qui s'appelle le « *chorion* ».

---

famille des Solanées, où le calice floral, grandissant après coup, finit par enfermer le fruit dans une vessie de couleur écarlate. *Physalis*, en grec, signifie *vessie*, et le nom vulgaire de « Coqueret » fait allusion à la teinte « *crête de coq* ». Quant à *alkékange*, c'est un mot arabe.

(1) Comparez la pâte compacte dont, en l'aplatissant, on fait le « *feuilleté* » des galettes (l' « abaisse »). Mais ce que les pâtissiers réalisent, assez grossièrement, de leurs mains, la Nature l'opère délicatement, en sacrifiant l'épaisseur du tissu cellulaire à son extension en couche mince.

(2) « *Blastoderme* » veut dire, justement, « peau du germe ».

Quoi qu'il en soit, la « *vésicule blastodermique* », à l'abri de cette écorce, devient le siège d'une curieuse transformation... Vous savez qu'en pinçant une vessie sur une partie de sa rotondité, et serrant cette partie par un ligament, on détermine là formation d'une *poche*... Or, c'est ce que fait ici la Nature, et sans ligament ; la vésicule blastodermique s'étrangle, spontanément, au niveau du germe, et la poche ainsi réalisée enveloppe ce dernier comme les langes, plus tard, envelopperont le nouveau-né : c'est l'*amnios*.

Cette poche de l'*amnios*, à son tour, et par le même procédé, engendre un *diverticulum* ou poche accessoire, qui prend le nom d' « *allantoïde* » (d'un mot grec qui signifie « *en forme de saucisse* »). Le développement de celle-ci est plus compliqué, plus inattendu : très modeste *sac*, au début, suspendu dans la cavité de l'œuf, librement, elle prend, par la suite, un accroissement considérable, au point que ses parois vont s'appliquer, finalement, sur ceux de la coque villeuse ou « *chorion* », réalisant de la sorte une seconde membrane protectrice, mais, cette fois « *à distance* », qui n'enveloppe pas le germe, étroitement, de langes, comme faisait l'*amnios*, mais dresse, en quelque sorte, la tenture de son berceau...; — curieuse tenture, en vérité, dont la portion déployée, « tapissière » — assume, grâce aux vaisseaux qui la sillonnent, un rôle nourricier (*placenta*), tandis que sa portion rétrécie, « *funiculaire* », s'abouchant au germe, à la place où sera le *nombril* (ombilic), devient « *cordon ombilical* ».

Donc, à ce stade, on peut se représenter le germe du jeune animal (ou de l'enfant) baignant dans les eaux de l'*amnios* et suspendu par le cordon à son « *ciel de lit* », brodé de filets rouges — le tout empaqueté soigneusement dans les voiles maternels (et *vivants*) de la « *matrice* » (1). Au moment de sa sortie — celui de son

(1) Il faut se rappeler que « *matrice* » vient, directement, de « *mère* ».

entrée dans le monde, une partie de ces voiles se détache et vient avec le nouveau-né ; c'est ce que le docteur appelle la « *caduque* » (ce qui tombe), et la sage-femme, le « *délivre* »... Mais l'accouchement, dans son ensemble, n'est-il pas, en somme, une délivrance ?

Ainsi, comme on vient de le voir, ce *cordon ombilical*, dérivé de l'*allantoïde*, remplit à la fois la fonction de *suspenseur* — et celle de *conduit alimentaire*. Cette alimentation du germe, nous en avons parlé, déjà, à propos de la *circulation* et des *arcs aortiques*. Or, on voit, à présent, comment ce cycle sanguin, si différent de celui de l'adulte, se justifie par le fait de solidarité organique qui rattache étroitement, jusqu'à la naissance, la vie de l'enfant à celle de la mère. Par sa sortie, d'autre part, l'enfant délivrera sa mère d'un fardeau, — mais seulement, notez-le, d'un fardeau *intérieur* ; en effet, ne continuera-t-elle pas, elle, à le porter — sur ses bras et son sein, c'est vrai, non plus en ses entrailles mêmes ; mais encore ce petit être émancipé, restant bien fragile, ne rompt-il pas de sitôt ses attaches ; et l'*allaitement*, ce trait spécial au Mammifère — d'où celui-ci, d'ailleurs, tire son nom, s'offre comme une suite ouverte, et touchante, au livre clos de la *gestation* ; il devient un titre de plus à la gratitude de l'enfant, à son amour filial.

Ne vous avais-je pas dit, de l'*embryologie*, que sa noblesse, comme sa beauté, étaient, si j'ose m'exprimer ainsi, profanées par le scalpel impassible et la terminologie matérialiste des savants ?... Il est vrai que, sans ce scalpel, et ce classement austère, imperturbable, les révolutions de ce petit monde vivant resteraient inconnues, et nous n'aurions pas pu écrire tout ce qui précède.

Système nerveux. — Le système nerveux *central* atteint peu à peu, dans la série des Mammifères, un degré de perfectionnement qui a son point culminant dans le type humain ; il se compose essentiellement d'un axe assez long, la « *moelle épinière* », renfermé dans cet étui qu'est la « *colonne vertébrale* », et qui s'étale — s'épanouit, peut-on dire, en la masse relativement considérable de la moelle allongée, du cervelet et du cerveau.

Ce dernier, dans un espace relativement restreint, représente tout un vaste monde — et, l'on peut ajouter, un monde encore mystérieux... Sa partie principale consiste en deux masses jumelles, les « hémisphères cérébraux », dont la surface est creusée de sillons et contournée en sortes de pelotons (les « circonvolutions ») ; en arrière, pairs et symétriques également, se trouvent les tubercules quadrijumeaux, auxquels, à cause de leur rapport avec la fonction visuelle, on a donné le nom, plus significatif, de « lobes optiques »... Et c'est là, à très peu près, ce qu'on peut savoir quant aux fonctions de ces territoires nerveux, auxquels, faute de connaître leur emploi spécial, on a donné des noms plus ou moins bizarres... Qu'est-ce, par exemple, que l' « *hypophyse* » ou « *corps pituitaire* », et à quoi sert-il ?... Qu'est-ce, encore, que le « *conarium* », cette fameuse « *glande pinéale* » dont, au XVIIe siècle, on fit, je ne sais trop pourquoi, le siège de l'âme ?... — Et ces *ponts* de substance nerveuse jetés d'un hémisphère à l'autre : « *corps calleux* », « *septum lucidum* », « *protubérance annulaire* » ou « *Pont de Varole* » — sont-ils là pour établir une communication transversale, ou pour autre chose ?... D'autre part, la doctrine des *localisations cérébrales*, jadis en faveur, se trouve contestée par des faits nombreux ; également, le célèbre « *Système de Gall* » a sombré dans l'oubli : et si l'on trouve encore, en certaines boutiques d'opticiens, de ces bustes où les bosses du crâne sont cataloguées, c'est histoire de simple curiosité rétrospective.

En attendant que la lumière se fasse, il est permis, je crois, de se faire quelque idée de cet appareil nerveux, dont les fonctions dépassent celles des autres parties du corps de toute la distance qui sépare la *psychologie* de la pure *physiologie*, la *pensée* — de la *vie*. Or, il suffit d'examiner la structure et la disposition — soit des *nerfs* ou « *tubes nerveux* » — soit des *cellules* et groupes de cellules qui forment la substance du cerveau, pour se convaincre que les premiers sont des organes de *transmission*, et les secondes, des organes de *réception* et d'*émission* ; l'expérience le prouve, d'ailleurs, surabondamment. — Mais transmission dè quoi ?... réception, émission, de quoi, sinon d'un quelque chose de puissant, encore qu'imperceptible aux sens, et qui se montre capable d'éclairer nos yeux et d'animer nos membres, comme le *courant électrique* allume des lampes et fait mouvoir des véhicules. Qu'on l'appelle comme on voudra, peu importe ; c'est, en tout cas, une *forme d'énergie* qui, vraisemblablement, se propage par *ondes*, avec toutes les variations d'amplitude, de fréquence et de complexité que l'on connaît déjà et qu'on peut mesurer dans les phénomènes sonores, lumineux, électriques.

Alors, nous retournant vers l'organisme vivant avec des yeux de physicien, nous verrons dans le cerveau une sorte de « *dynamo* » mise en mouvement pour la vie, et chargeant des accumulateurs ; — dans les nerfs, un réseau de fils quasi-électriques d'aller et de retour ; les cellules cérébrales dites « *étoilées* », qui communiquent entre elles par leurs prolongements (sans s'anastomoser) (1), pourraient, elles-mêmes, reproduire les faits d'*induction* constatés ailleurs.

Fonctions psychiques

Ici, nous nous mettons la tête dans les mains, car un problème autrement grave que celui du mode d'action de la machine nerveuse, se pose à notre intelligence... Cette intelligence, justement, a pour instrument le *cerveau* ; mais — à ne considérer, tout d'abord, que les

---

(1) C'est-à-dire « *s'aboucher* », mot qui traduit directement le grec.

animaux, il se présente un cas singulier : bien que les fonctions du système nerveux soient, pour une large part, d'ordre supérieur et même transcendant, par rapport à celles de tous les autres organes, puisque ceux-ci ne manifestent que la *vie*, tandis que celui-là manifeste la *pensée* (la conscience de la vie) — l'organe auquel un tel rôle est échu n'est pas moins matériel, en soi, que ceux qui jouent les rôles infimes de la digestion, de la circulation et du reste ; il est fait de chair, tout à l'instar du cœur, ou de l'estomac; et c'est cette égalité devant la *matière* qui, frappant certains esprits, trop penchés sur le cadavre, a suggéré, sans doute, la *doctrine matérialiste*; d'après la formule extrême de cette école (d'ailleurs aujourd'hui bien discréditée parmi les savants), la pensée serait sécrétée par le cerveau, comme la bile l'est par le foie... opinion aussi peu scientifique qu'elle est, de prime abord, révoltante : effectivement, la bile, ou la sueur, ou la salive, ou toute sécrétion que vous voudrez, sont des produits bruts, visibles, perceptibles aux sens, purement *corporels* ; au lieu que la pensée s'offre, elle, comme un phénomène invisible, échappant à nos sens et d'ordre exclusivement *spirituel*. Et, d'ailleurs, comme le foie, les glandes sudoripares ou salivaires, le cerveau sécrète, déjà, quelque chose ; et c'est cette forme d'énergie quasi-électrique qui met tout l'organisme en branle. Or, cette forme d'énergie elle-même, bien qu'invisible, n'est pas encore la pensée ; c'est seulement l'instrument, le « ressort dynamique » de cette pensée, comme la pulpe cérébrale en est l'instrument statique. Soit une *locomotive* ; la ferraille qui la compose n'est point la *source* de son mouvement, mais seulement la *base*; et c'est par un abus de mots qu'on lui donne le nom de « *moteur* » ; le véritable moteur, c'est la force élastique de la vapeur d'eau... Eh bien ! cette énergie motrice qui fait rouler la machine est l'équivalent, ni plus ni moins, de la *force nerveuse* qui fait marcher l' « *horloge cérébrale* » ; mais, pas plus que l'engin véhiculaire, la machine à mesurer le temps ne passera pour consciente d'elle-même et pensante... Et quant à cette machine vivante qu'est le *cerveau*, prétendre qu'elle fait naître le sentiment et l'idée, soit d'elle-même, soit par l'intervention de quelque fluide, est absurde ; autant admettre qu'une locomotive réfléchit sur son voyage, et qu'une horloge vit, personnellement, les heures que marque au cadran son aiguille...

Mais, à ce problème soulevé par les fonctions du système nerveux, s'en rattache un autre, aussi délicat... Avec le groupe de ces Vertébrés supérieurs, les *Mammifères*, le règne animal se termine — non, toutefois, sans laisser, en l'*homme* (au point de vue *anatomique*, s'entend) un suprême représentant. Or, si le type humain apparaissait « *ex abrupto* », pour ainsi dire, avec une organisation toute nouvelle, un plan de structure inédit, tout différent de ceux déjà connus, le problème ne se poserait pas — ou du moins se poserait sous une forme moins inquiétante... Mais voici : la structure interne de l'homme est tellement semblable à celle des derniers représentants de la faune, que la loi d'*hérédité* parut, là, suivre son cours naturel et que — les divers types d'animaux semblant descendus les uns des autres — l'*homme*, à son tour, semblait devoir, logiquement, descendre d'eux, et constituer ainsi le dernier anneau de la chaîne zoologique.

Mais la doctrine du *transformisme*, étendue à l'homme, si plausible qu'elle soit, à ne considérer que son *corps*, faiblit singulièrement lorsque, quittant des yeux — je ne dis pas le « *sujet d'amphithéâtre* », mais le sujet vivant, et se mouvant — on observe ce qu'il manifeste d'invisible et que l'*esprit*, se dégageant des sens, pénètre les phénomènes de l'*esprit*... Alors, on peut noter cet aveu d'un savant zoologue qui, à la fin d'un traité plutôt réaliste, a écrit : « Ce serait... une folie de nier l'*abîme* « *profond* qui, à cet égard (du développement intellec- « tuel), sépare l'homme des animaux les plus éle-

« vés » (1). — Abîme, en vérité, profond, infranchissable, et qui suppose, en l'ordonnance de la Création, un *fait nouveau*, miraculeux, en quelque sorte. Ce fait, c'est l'insufflation directe, à l'être humain, d'une *âme*, c'est-à-dire d'une *personnalité spirituelle*, capable d'être initiée à la connaissance du monde invisible, et responsable de ses actes. Seule, l'existence d'une pareille prérogative peut expliquer la différence que nous faisons du bien et du mal, du vrai et du faux — et, m'est-il permis d'ajouter, du beau et du laid. D'où trois ordres de notions transcendantes : logique, moral, esthétique, absolument spéciaux à l'*humanité* ; car, si l'on trouve en l'animalité, déjà, certains prodromes de vice ou de vertu, de « raison raisonnante », et même d'attrait pour la beauté — ce ne sont là que des apparences, ou, du moins, des manifestations d'instinct tout irréfléchi ; lorsque la poule couve, ou rassemble ses poussins sous son aile, elle n'accomplit pas un *devoir*, mais obéit à une impulsion (2).

Aussi bien, reste-t-on stupéfait devant certains esprits supérieurs, savants profonds, inventeurs ingénieux, artistes de génie, quand on les entend rapprocher, avec complaisance, l'homme de l'animal — acte de fausse humilité, qui pourrait s'interpréter en orgueil... Eh quoi ? se servir de la pensée pour rabaisser la pensée !...

Mais ce qui met l'homme — je ne dis pas seulement au-dessus des animaux, mais *à part*, c'est la notion qu'il

(1) V. Claus, *Traité de Zoologie* (traduct. franç.), p. 1529.

(2) Nous n'avons garde d'éluder l'objection courante, c'est à savoir le très grand nombre, hélas ! d'êtres humains qui, livrés à leurs seuls instincts, vivent à la façon des animaux... Mais, outre ce fait que leurs semblables les jugent responsables, ces êtres ne sont pas des *brutes*, en réalité ; ils ne sont qu' « *abrutis* » ; ils *parlent*, au reste, ont un langage ; et, si l'on s'occupe d'eux, ils peuvent se régénérer, redevenir vraiment *hommes*. Il faut considérer aussi, d'autre part, ces représentants de l'humanité qui, *saints*, *savants*, *artistes* ou *héros*, attestent la prééminence de l'espèce. En somme, *infime* ou *sublime*, l'homme est toujours l'homme ; ce n'est jamais un animal.

a d'un *Etre universel et nécessaire*, d'où émanent, comme d'un foyer central, toute vérité, tout bien, toute beauté ; l'homme est ainsi la seule créature appelée à connaître son Créateur, et de cette *connaissance*, introduite en sa tête, faire découler dans son cœur la *reconnaissance* et l'amour. C'est cette communication, mystérieuse et mystique avec Dieu qui fonde ce qu'on appelle la *Religion*. On oublie trop — ou l'on ne connaît pas assez dans le monde, l'étymologie de ce mot ; et, par « usure verbale », on n'y voit plus l'image si consolante, autant que bienfaisante, d'un lien qui rattache l' « ici-bas » à l' *au-delà*.

Le voilà, cet *abîme*, qui déjà, pour les savants sérieux et les « *penseurs libres* », nous sépare de toute la faune ; il est, comme on voit, plus profond et plus infranchissable encore que ces savants ne le jugent. — Et maintenant, mesurez le chemin parcouru ; voyez où nous a menés l'étude du système nerveux chez les Mammifères. Sommes-nous assez loin de la « *glande pituitaire* » et des « *tubercules quadrijumeaux* » !...

Classification scientifique et Classification "esthétique" des Mammifères.

La classification des savants qui, d'ailleurs, est devenue, sauf quelques exceptions, celle de tout le monde, admet 12 grands groupes :

Monotrèmes, Edentés, Marsupiaux;
Cétacés, Pinnipèdes,
Ongulés, Pachydermes; Rongeurs, Insectivores;
Carnivores, Cheiroptères, Lémuriens et Singes.

La plupart de ces noms sont populaires, car les journalistes eux-mêmes, en parlant d'une baleine, écrivent : « Ce *cétacé* » — d'un cheval, « cet *ongulé* » (1) — d'un éléphant, « ce *pachyderme* » — d'un rat ou d'un écureil, « ce *rongeur* », etc.

Mais, toute 'traditionnelle qu'elle soit, et passée dans le langage courant, cette nomenclature n'en est pas plus logique ; elle manque d'unité, est faite, pour ainsi dire, de pièces et de morceaux ; car tantôt on a pris pour base un caractère anatomique — et souvent très secondaire (*Monotrèmes, Edentés, Marsupiaux*) — ou de figure extérieure (*Pinnipèdes, Ongulés, Pachydermes, Cheiroptères*) (2) — et tantôt le genre de régime alimentaire (*Rongeurs, Insectivores, Carnivores*) ; — tantôt, enfin, on a pris simplement, pour désigner le groupe tout entier, le nom d'une espèce principale (*Cétacés*) ; — celui de « *Lémuriens* », seul, est esthétique : il fait allusion à l'aspect de *spectres* ou de *fantômes* que présentent ces parents du singe.

(1) On dit plutôt, en particularisant : « *Solipède* ».
(2) On pourrait ajouter « *Singes* » (venant d'un mot grec qui signifie « *au nez camus* », « *camard* »).

3

On pourrait simplifier cette nomenclature, et la rendre tout à fait claire et « représentative », en remplaçant la dénomination pédante de « *Monotrèmes* » par celle de « *Mammifères à cloaque* » (ce qui n'est pas, en fait, plus élégant); — en disant, au lieu de « *Marsupiaux* », « *Mammifères à bourse* » (qui en est l'équivalent en bon français) ; — au lieu de « *Pinnipèdes* », « *Mammifères à pieds palmés* » ; — au lieu d' « *Ongulés* », « *Mammifères à sabot* », ce qui sera compris de tout le monde. De même, on pourrait substituer au nom collectif de « *Cheiroptères* » celui du type animal qui constitue ce groupe à lui tout seul : « *Chauves-souris* » (ou, si l'on veut, « *Mammifères ailés*) » (1).

Mais ce n'est pas seulement la terminologie que nous visons à réformer (au moins dans ce livre) et, comme nous l'avons déjà tenté pour d'autres groupes, nous adoptons une classification plutôt « *esthétique* », c'est-à-dire expressive de l'aspect ; — et vous observerez qu'elle sera, dans le même temps, *logique et unitaire* (*homogène*), le genre de vie, le milieu, le régime, retentissant forcément sur la structure et sur l'aspect extérieur. C'est ainsi que nous étudierons successivement :

Les Mammifères *inférieurs* (ou *dégradés*) ;
Les Mammifères *aquatiques* (et *amphibies*), *nageurs* ;
Les Mammifères *aériens*, *ailés* ou *volants* ;
enfin, les Mammifères *terrestres*, que je divise en :

Quadrupèdes herbivores, ou brouteurs,
Quadrupèdes carnivores (ou carnassiers), comprenant les *grands fauves* et les *petits fauves* (ces derniers admettant dans leurs rangs les « Insectivores » et les « Rongeurs » classiques) ;

(1) Remarquez ici que la langue allemande, en disant « *fledermaus* » (souris *volante*), décrit bien mieux le genre d'animal que ne le fait la langue française, la calvitie n'étant point là, certes, le trait dominant.

Et *Quadrupèdes frugivores* (ou *arboricoles*), qui sont les Singes.

A ce nom de « *Mammifères aquatiques* » (ou « *marins* »), vous évoquerez facilement la baleine, le marsouin, le dauphin, la sirène ; et celui de « *Mammifères amphibies* » (à pieds palmés) vous rappellera d'emblée les phoques et les morses. Qui dit « *Mammifères aériens, ailés ou volants* », désigne clairement les chauves-souris. On n'a pas de peine à entrevoir, sous la qualification d' « Arboricoles » (ou grimpeurs) les familles de singes — sous celle de « Quadrupèdes herbivores » (ou brouteurs), le cheval, le bœuf, le mouton, la chèvre, le porc, nos fidèles animaux domestiques ; puis le cerf, le chevreuil et le daim, ces charmantes créatures que nous déshonorons sous le vocable utilitaire de « gibier » ; enfin, les grosses bêtes pacifiques, telles que l'éléphant, le chameau, la girafe, et d'autres éminemment esthétiques et supérieures, au moins par le don de beauté, comme le chamois, l'antilope, la gazelle.

Ce nom populaire de « Grands Fauves » met d'un coup sous vos yeux le lion, le tigre, la panthère, auxquels il faut ajouter l'ours, le loup, le renard ; — ces deux derniers de moindre taille, mais presqu'aussi redoutables... Le respect des affinités m'oblige à placer le chat à côté du tigre, de même que le chien à côté du loup ; il est vrai qu'il y a des chats sauvages et des chiens féroces.

Sous la dénomination, que j'innove, de « Petits Fauves », viendront se grouper :

D'abord des animaux menus, mais sanguinaires, tels que la martre, la belette et d'autres encore, qui, de plus, exhalent une odeur fétide (« bêtes puantes ») ; puis des animaux plus menus encore, et non moins malfaisants, rats et souris ; enfin, des bêtes ingénieuses, comme le castor, — inoffensives et pourchassées, comme le lièvre et le lapin, — serviteurs forcés de la science, comme le cobaye, ou bien se contentant d'être gracieux, comme l'écureuil... Ici, le qualificatif de « fauve » n'évoque plus la férocité, et, désignant la teinte du pelage, reprend son acception latine, originelle.

Voilà, groupés d'avance, en raccourci, les êtres dont nous allons, maintenant, donner le portrait, un à un ; tous ne sont pas beaux, certes, dans le sens d'harmonie, de pureté des lignes — et je fais encore ici la remarque que le progrès organique et le progrès esthétique ont une marche très différente : on ne retrouve plus l'Oiseau dans la Chauve-Souris, aux ailes plutôt diaboliques qu'angéliques ; et cependant cette dernière est supérieure à l'Oiseau par sa dignité de Mammifère... Mais encore une fois, notre histoire esthétique de la Nature ne doit pas être prise comme un musée d'œuvres choisies ; c'est le reflet exact de la réalité tout entière — non telle, à la vérité, qu'elle nous instruit, ou sert à nos besoins, mais en tant qu'elle nous impressionne — en un mot « expressive et significative ».

A. — Mammifères inférieurs (ou *dégradés*)

Sous ce titre, nous réunissons les MONOTRÈMES (*Mammifères à cloaque*), les EDENTÉS et les MARSUPIAUX (*Mammifères à bourse*) de la classification scientifique. Nous glisserons rapidement sur les deux premiers groupes, n'offrant pas, à notre point de vue, grand intérêt, nous réservant d'appuyer davantage sur le troisième.

a) *Monotrèmes.*

Ce groupe se compose uniquement de deux types : l'*Ornithorhynque* et l'*Echidné*.

Bien que l'existence d'un seul orifice excréteur les ait fait rapprocher par les naturalistes sous ce nom grec, leur physionomie diffère du tout au tout ; pour caractériser le premier, il suffit de traduire en français ce nom, très dur à nos oreilles, d' « *Ornithorhynque* » :

c'est un Mammifère à bec d'oiseau, et, particularisant,
je dirai : « *Loutre à bec de canard* », car il rappelle
assez bien ce petit carnivore ; comme lui, c'est un animal aquatique. Mais quel bizarre assemblage de traits,
tirés d'un peu partout... Ses pattes sont palmées — et,
dans le même temps, armées de griffes, de façon qu'il
peut à la fois nager comme la loutre et fouir comme la
taupe. Son pelage est gris, bien fourré ; il porte une
queue de castor, et son corps est très bas sur pattes.
D'ailleurs, aussi peu Mammifère que possible, puisque,
manquant de mamelles saillantes, les glandes qui produisent le lait chez la femelle s'ouvrent, tout uniment,
à la surface de la peau ; d'autre part, le *placenta*, cet
organe d'union intime entre la mère et le jeune, n'est
pas encore développé. En somme, l'*Ornithorhynque* est
un être hybride, incertain, qui soulève plus d'une question : serait-il un terme de passage entre les Reptiles et
les Oiseaux, d'une part, et les vrais Mammifères, d'autre
part ?... Nous laissons là ce problème obscur, que les
transformistes eux-mêmes n'ont pu tirer au clair...

L'*Echidné*, comme nous l'avons dit, ne ressemble
guère à son confrère en « *monotrémie* » ; son bec n'est
pas aplati comme celui du canard, mais allongé tel que
celui de la bécasse, par exemple; ses pattes ne sont pas
faites pour nager, mais seulement pour fouir; au lieu
d'une fourrure lisse, il a, pareil au hérisson, une armature de piquants qui protège son dos, et même son corps
tout entier, puisqu'à l'exemple du hérisson (que son nom
rappelle), il possède l'heureuse faculté de se rouler en
boule (1); en outre, sa langue, extensible et gluante, lui
assure la même proie qu'au fourmilier.

Si l'*Ornithorhynque* a reçu de moi le nom moins savant, mais plus expressif, de « *loutre à bec de canard* »,
l'*Echidné* pourra se qualifier de « *faux-hérisson* ». Ces

---

(1) Déjà, l'on a vu ce moyen défensif chez le *Cloporte*, et chez ces
crustacés fossiles, les *Trilobites*.

deux types complexes et singuliers font partie de la faune si spéciale de l'Australie. Par une pièce osseuse qui se surajoute au bassin, chez le premier, la Nature semble préparer à l'avance l'apparition de cette bourse en peau vive, rudimentaire chez le second, et qui prendra tout son développement chez les Marsupiaux, lesquels tirent leur nom de là.

B. *Edentés.*

Cuvier, je dois le dire, les a bien mal caractérisés sous ce nom, car tous ils ont des dents, et, même, le *tatou* géant en possède plus qu'aucun Mammifère; jugez-en : 1000 molaires... Il est vrai que ce sont des dents rudimentaires, sans émail ni racines; mais ce sont, en définitive, des *dents*; et si l'appellation de Cuvier était juste, c'est à l'*Echidné*, classé parmi les « Monotrèmes », qu'elle devrait plutôt s'appliquer.

En somme, on peut risquer de dire que, pour ces représentants inférieurs d'une classe supérieure, aucune classification n'est satisfaisante; en effet, chacun d'eux présente des caractères qui le rattachent, plus ou moins, à tel ou tel groupe, soit antécédent, soit suivant.

Le *fourmilier*, qu'on dénomme aussi Tamanoir (du caraïbe « *Tamanoa* ») est, lui, du moins, unique en son genre : avec son museau prolongé en sorte de trompe, comme une miniature bizarre d'éléphant, ses yeux percés comme une vrille, et d'autre part, une espèce de cravate d'un noir velouté sous la gorge, et surtout une queue superbe, en panache, c'est un mélange paradoxal de laideur et de *luxe;* il fait penser à ces vieilles dames de vilaine figure et mises richement... Cet étrange animal habite l'Amérique du Sud.

Le *pangolin*, qu'on place à côté de lui, est bien différent d'aspect. J'ai toujours soin, dans cet ouvrage, de donner l'étymologie des noms d'animaux ou de plantes, et j'appelle cela « déshabiller l'être vivant de son travestissement étranger... Ainsi « *pangolin* » vient du malais,

« *penggoling* », qui signifie « *rouleau* » ; et cela nous apprend que, tout comme l'*Echidné*, cet Edenté peut, à la moindre alerte, se rouler en boule. La configuration de cet animal n'est guère plus harmonieuse que celle du *tamanoir*, mais bien moins « chaotique », et son aspect offre plus d'unité : l'on dirait d'un gros lézard alourdi, couvert de pied en cap d'une armure à grandes écailles imbriquées. Il est originaire de l'Inde et de l'Afrique; c'est encore un mangeur de fourmis.

Le *tatou*, lui, porte un nom brésilien; on le trouve, en effet, dans l'Amérique méridionale ; il porte aussi cuirasse incomplète, qui couvre seulement son dos et le dessus de sa tête; le ventre n'est pas protégé; l'animal y supplée en se pelotonnant, faisant comme les autres, *la boule*. Le tatou géant mesure 1 mètre de longueur.

Enfin, le *paresseux*... Celui-là porte, au moins, un nom bien significatif, — avec cette restriction que l'épithète, ici, — la bête étant irresponsable, n'est nullement péjorative (1). Cette lenteur dans les mouvements qu'on a remarquée là, comme ailleurs, a probablement sa cause et sa raison d'être dans un besoin physiologique, et peut être un moyen de défense. Le *paresseux* est aussi nommé *Aï-Aï*, à cause de son cri plaintif et monotone, interrompant, par instants, le silence des solitudes. Il vit au fond des forêts sud-américaines, — où, comme les Singes, avec lesquels on l'avait jadis confondu, il passe d'un arbre à l'autre; mais, de ses pieds munies d'ongles crochus, il se suspend aux branches, et reste ainsi des heures entières... nonchalance — ou circonspection ? — On ne sait trop.

Comme, pour simplifier, j'ai surnommé l'Ornitho-rhynque « *loutre à bec de canard* », et l'Echidné, « *faux hérisson* », je baptise le pangolin « *lézard cuirassé* », et

---

(1) Il faut se défaire, une fois pour toutes, de cette illusion qui prête nos vices — ou nos vertus — à l'animal privé de raison (*morale*). Je ne parle pas ici de la raison *logique*, ou « *raisonnante* », dont on voit des exemples dans la faune.

le paresseux, « *pseudo-singe* ». N'est-ce pas plus expressif
et plus direct que tous ces termes pédantesques dont il
faut chercher la signification dans un dictionnaire ?

C. — *Marsupiaux.*

Voici maintenant des animaux moins étranges, encore
que singuliers par ces deux caractères : 1° le grand développement des pattes de derrière, en contraste avec la
débilité des pattes de devant, — ce qui leur donne l'air
de vouloir se tenir debout sans y parvenir; — et, 2° d'autre part, la présence, au voisinage du bas-ventre, chez
la femelle, d'un organe extraordinaire dont l'équivalent
ne se trouve nulle part ailleurs dans toute la faune. Cet
organe inédit, et qui n'aura point de nouvelle édition,
est une *poche* (ou, si l'on préfère, une *bourse*) formée par
un repli de la peau, et qui sert à loger les petits du mo=
ment de l'éclosion à celui de leur complet développement.
Cet intervalle de temps est considérable (de 8 à 9 mois);
il y a là comme une *seconde gestation*, et qui dure infiniment plus que la première, laquelle se réduit à une
quarantaine de jours. N'est-ce pas étrange ? Et quel est
le *pourquoi* d'un fait en apparence aussi anormal ?

Ici, recueillons-nous : la Nature nous dévoile un des
plus grands secrets de sa méthode de travail; la main
cachée de l'Ouvrier suprême laisse entrevoir ses procédés, logiques autant qu'ingénieux. D'abord, elle opère
lentement et pas à pas, la Nature (« *Natura non facit sal-
tum* »); puis, au passage difficile d'un système de structure
à un autre, elle sait ménager les transitions. Or, la poche
des Marsupiaux représente une disposition transitoire :
c'est, en quelque sorte, le trait-d'union entre l'état *ovipare*
et le *vivipare*. Vous avez vu, effectivement, que le progrès
constaté chez les Mammifères consiste essentiellement en
ce fait, que l'œuf, au lieu d'être *pondu*, puis « couvé » au
dehors, est retenu dans une *matrice*, c'est-à-dire en un
recoin du corps maternel, où il achève intérieurement, à

l'abri, son évolution. Vous avez suivi les phases successives de cette évolution compliquée, admirant avec moi le tour de main prodigieux qui, d'un massif de cellules, fait ces membranes étalées, berceau du futur enfant, qu'on nomme *amnios, allantoïde* ; — puis, par la prise de contact de l'allantoïde avec la matrice (l'utérus), assure la réalisation du *placenta*.

Mais cela, que je dis en deux mots, ne s'est pas opéré d'un seul coup; le travail, même, s'est étendu, à travers des siècles (que l'homme n'était pas là pour compter) sur toute une série d'êtres — ceux, justement, que nous venons de décrire; et, de même qu'en transformant, dans un édifice, un style dans un autre, on crée, pour assurer son usage, entre temps, des abris provisoires, — la poche des Marsupiaux, sorte de matrice extérieure, est venue, pour ainsi parler, *faire l'intérim*, en attendant que l'*utérus*, cette matrice interne et définitive, se soit assuré, par un *placenta*, des rapports plus étroits avec le jeune en formation. Sans ce « placenta », pas de nutrition suffisante pour qu'il se développe *sur place;* avec lui, plus besoin d'une poche accessoire pour la gestation, qui suit désormais son cours à l'intérieur, en contact direct avec l'organisme maternel... Et c'est là ce que la Science appelle, en son langage sèchement laconique, « le passage des Implacentaires aux Placentaires ».

Or, les Marsupiaux sont des « Implacentaires »; et voilà pourquoi ils ont cette poche en forme de bourse qui les caractérise, et leur a fait donner leur nom. Parlant plutôt français que grec, je les appellerai, dorénavant, « *Mammifères à bourse* » (1).

Malgré cette disproportion entre les membres antérieurs et les postérieurs, qui leur prête cette attitude bizarre dont j'ai parlé, la physionomie de ces animaux n'est pas déplai-

---

(1) Ajoutons ce point, que les *mamelles* sont à l'intérieur de cette poche; l'allaitement, ici, est donc anticipé, et supplée, par le fait, à la nutrition « *vasculaire* », celle qui s'opère aux dépens du sang maternel.

sante; bien plus, on peut le dire « sympathique ». Ils sont doux, timides, inoffensifs, et le geste connu de la Sarigue, qui, dans une alerte, rempoche précipitamment ses petits (que, déjà grandelets, elle portait sur son dos), a quelque chose de touchant.

Leur pays d'élection est l'Australie; mais on en trouve aussi dans les îles Molusques, et en Amérique. Des représentants fossiles du groupe ont été découverts dans les terrains tertiaires; ce sont les premiers Mammifères dont on constate l'apparition.

Ce groupe des Marsupiaux ou « *Mammifères à bourse* » offre, au point de vue de la classification, une particularité remarquable : c'est que, par la diversité de figure ou de mœurs des types qui le composent, il forme à lui seul une série dont les termes peuvent être mis en parallèle avec ceux d'autres groupes appartenant aux Mammifères supérieurs. Il n'en serait pas moins présomptueux d'en tirer cette conclusion que tous les ordres de Mammifères proviennent de cette souche. Contentons- nous de constater que les *Phascolomes* (d'un mot grec qui signifie *sac*), correspondent aux Rongeurs, — les *Dasyures* (à queue velue), aux Carnivores du genre Mustélien (marte, belette), — les *Paramélides*, aux Insectivores, — les *Kanguroos*, aux Ruminants, — enfin, les *Phalangistes*, aux Lémuriens...

Mais notre tâche, à nous, n'est pas de rechercher des parentés plus ou moins obscures; c'est plutôt de « peindre » la réalité, telle qu'elle est; de brosser des portraits, non de tracer des généalogies. Aussi, laissant là la mention de types peu connus, limiterons-nous nos descriptions à 4 types vraiment caractéristiques ; ce sont :

Le *Kanguroo*, d'abord, — puis le *Phalangiste*, baptisé par moi « *faux-écureuil* » ; — puis le *Pétaure*, que je dénomme « *faux-galéopithèque* »; — enfin la *Sarigue*, popularisée par l'image et certaine fable de Florian.

1° *Kanguroo.*

Nous n'avons pas à répéter ici ce qui a été dit déjà sur la disproportion des membres antérieurs et postérieurs, en général, et sur l'attitude assez bizarre qui en

Kanguroo géant.

(D'après un sujet sculpté sur le vif par le statuaire E. Navellier.)

résulte; car c'est le *Kanguroo*, là, que nous avions en vue. Grâce à cette conformation peu gracieuse, mais profitable, et en s'aidant de sa longue queue, ce Marsupial progresse par bonds gigantesques (1); et inerme, timide, inoffensif comme il est, il peut échapper, de cette façon, à ses ennemis... — mais pas toujours à l'homme, hélas ! qui convoite sa chair, et le chasse, car c'est le gibier des Australiens. Il vit par troupes nombreuses dans les vastes pâturages de l'Australie, et sa race pourrait bien s'éteindre, ainsi que tant d'autres, par l'acharnément qu'on met à sa poursuite.

L'espèce appelée par les savants « *Halmathurus giganteus* » (ce qui veut dire « à queue élastique, se débandant comme un ressort »), autrement dit le *Kanguroo géant* offre un exemple curieux de cette longue gestation dans la poche ou bourse maternelle, nécessaire au développement complet du jeune : quand on pense qu'à sa naissance, ce futur géant n'a que 2 centimètres !...

2° *Phalangiste.*

Il est moins connu que le précédent; sa figure rappelle tout à la fois l'*écureuil*, le *lynx* et la *marte* ; c'est un grimpeur, un arboricole; aussi ses quatre membres ne montrent plus l'inégalité qui caractérise les Marsupiaux terrestres et bondissants. Je le désignerai par le nom de « *faux écureuil* ».

3° *Pétaure.*

Si je mentionne le « *Pétaure* », surnommé par moi « *faux galéopithèque* », c'est qu'à l'instar de ce Lémurien, il est pourvu par la Nature d'un parachute en chair, grâce auquel il peut se lancer sans crainte dans le vide, et faire, comme son nom l'indique, des prodiges d'acrobatie. On n'en voit guère au Museum, où cet animal aurait pourtant grand succès. Notons le fait, en passant, que cette sorte d'aile incomplète et grossière offre plus ou moins de surface, suivant les espèces; elle s'étend jusqu'aux doigts, ou ne va pas plus loin que le coude. Décidément, l'égalité n'existe pas au domaine de la vie...

(1) Ce sont des Mammifères « bondissants ».

4° *Sarigue.*

La *Sarigue* (du brésilien *çarigueya*) est, avec le Kanguroo, le type de Marsupial le plus populaire. La Fontaine l'a négligée, mais Florian en a fait le sujet d'une fable, et, comme nous l'avons dit, l'imagerie s'est complue, en un temps plus sentimental que le nôtre, à reproduire son geste maternel si touchant (1). Son museau pointu et la forme de sa tête lui prêtent quelque ressemblance avec la *Marte* ; mais ses oreilles sont plus grandes, et sa queue est, comme on dit, « *prenante* ». Trait particulier : le pouce, aux membres *postérieurs*, est opposable aux autres doigts, ainsi qu'on le voit aux membres antérieurs, dans la main humaine.

La plus grande espèce de Sarigue vit dans l'Amérique du Nord, où elle est connue sous le nom d'*Opossum;* elle est de la grosseur d'un Chat. On trouve des restes fossiles de ces animaux dans les terrains tertiaires... Heureux temps pour ces pauvres bêtes, qui ne comptaient pas encore, parmi leurs ennemis, celui qui s'intitule le « *roi de la Création* »...

B. — Mammifères aquatiques
(et *amphibies*), *nageurs*

Nous avions fait, au début, cette remarque, que les thèmes fondamentaux de structure, en toute la faune, engendraient leurs variations par adaptation à ces trois milieux différents qui sont l'*eau*, l'*air* et la *terre*. Ce fait ne paraît pas avoir été compris de Linné, qui rangeait la baleine parmi les poissons. Mais nous sommes, pour notre part, assez pénétrés de son importance pour en avoir fait la base d'un classement nouveau : les types inférieurs mis de côté, nous reconnaissons des Mammifères *aquatiques*

(1) Lorsque les petits (pas plus gros que des pois à leur naissance) ont suffisamment grandi pour sortir de la poche préservatrice, la mère les porte sur son dos, leurs queues entortillées avec la sienne.

(ou *amphibies*), — des Mammifères *aériens*, — enfin, des Mammifères franchement *terrestres;* la baleine a beau simuler le poisson et la chauve-souris faire figure d'oiseau, ces deux genres d'animaux n'en font pas moins corps avec le singe, le cheval et le chien, puisque, comme chez ces derniers, la femelle retient l'œuf dans son utérus, et allaite les jeunes à la sortie (1). Ce sont, par conséquent, d'authentiques Mammifères, — et non seulement en tant que vivipares, mais comme doués, par surcroît, d'autres caractères qui les placent à un rang supérieur parmi les Vertébrés.

Aux Mammifères aquatiques proprement dits correspondent les Cétacés, — aux Mammifères amphibies ce qu'on nomme les Pinnipèdes (à pieds natatoires), c'est à savoir les phoques et les morses.

Nous prendrons comme types représentatifs du premier groupe la baleine, d'abord, puis le dauphin, le marsouin, le cachalot, enfin le narval, que nous nommons la « licorne vivante », et la sirène. Tous ces animaux ont pour caractères communs : une taille généralement colossale, qui fait paraître, à côté d'eux, les plus grands quadrupèdes terrestres comme des pygmées, — un corps pisciforme et tout d'une venue; — une peau nue, sans écailles ni poils, et doublée souvent d'une panne de graisse; — des narines réduites à deux orifices d'ouvrant à fleur de peau, sur le front, et sans trace d'organe olfactif (évents); — de tout petits yeux; pas d'oreille apparente. Pour ce qui est des dents, on trouve de grandes différences : tandis que chez le dauphin, le marsouin, elles sont en nombre considérable, la baleine n'en présente aucune; elle en possédait, toutefois, dans les premiers temps; mais peu à peu, dans le cours des âges, elles se sont atrophiées, comme en témoi-

---

(1) On est amené, d'après ce principe, à distinguer deux ordres de caractères : ceux *de structure*, ou *d'adaptation aux fonctions*, — et *ceux d'adaptation aux milieux;* les premiers, fondamentaux, font les thèmes organiques, — et les seconds, leurs variations; ceux-là ne sont que secondaires

gnent quelques vestiges persistants; à leur place, se sont
développées des espèces de peignes faits d'innombrables
lames élastiques agissant comme un crible pour tamiser
les proies, en ne laissant passer que les tout petits animaux.

Les autres caractères, communs à tout le groupe, sont :
la transformation des membres antérieurs en nageoires
(les membres postérieurs faisant défaut); — l'orientation
spéciale de la queue qui s'étale horizontalement, et non,
comme chez les Poissons, dans un plan vertical. Une légère différence dans la position des mamelles sépare les
Sirènes des autres Cétacés : elles sont situées, là, sur la
poitrine (mamelles pectorales) au lieu de l'être sous le
ventre (mamelles abdominales). Quant à la *portée*, elle se
réduit généralement à un seul petit, quelquefois deux.

Pour les caractères *anatomiques*, c'est-à-dire intérieurs.
— comme, étant cachés à nos yeux, ils n'intéressent pas
l'esthéticien, nous n'y insisterons pas; notons seulement
que le cerveau des Cétacés est très petit, relativement à
la masse de leur corps, mais sillonné de circonvolutions
nombreuses ; et, d'autre part, qu'une ingénieuse disposition des *fosses nasales* et du *larynx* permet à ces Mammifères marins de déglutir leurs aliments sans perdre le
souffle et sans, comme fait le baigneur qui perd pied,
« *boire un coup* »...

Les *Cétacés* sont des animaux franchement marins; et,
bien qu'en qualité de Mammifères, ils possèdent d'excel-
lents poumons, — leur existence à terre, à cause de leur
masse et de leur pénurie de membres, est impossible.
Pline l'Ancien l'avait déjà reconnu : « *Ad flexum immobiles, et pondere suo onerata* », avait-il écrit des baleines ;
accablées sous leur propre poids, et incapables de fléchir,
elles sont, sur « le plancher des vaches », comme para-
lysées. Aussi peut-on dire : « baleine échouée, baleine
morte... » L'eau, par conséquent, est leur milieu d'élection : non seulement les Cétacés évoluent à l'aise à la surface de l'Océan, mais ils peuvent y rester plongés dix

minutes entières ; lorsque, pour reprendre haleine, ils remontent à la surface, on voit jaillir de leur front, par l'orifice des *évents*, une fusée liquide prodigieuse... Mais ce n'est pas l'eau en excès qu'ils rejettent ainsi, c'est l'acide carbonique mêlé de vapeur exhalé de l'appareil respiratoire ; de là leur nom de Cétacés « *souffleurs* ».

Quant au régime, il est carnivore, mais consiste, pour la baleine, en proies minuscules, qui forcent ce colosse à compenser la dimension par le nombre.

La baleine. — En « traitant de la baleine, a dit Flou-« rens, nous ne voulons parler qu'à la raison; et cepen-« dant l'imagination sera émue par l'immensité des objets « que nous exposerons. » Aveu dont l'esthéticien sent le prix, sortant de la bouche d'un naturaliste professionnel, car il témoigne de ce fait que toute chose au monde peut être vue sous le double aspect *positif* et *idéal*, et relève ainsi, tout à la fois, de la science et du sentiment.

La baleine habite les mers polaires... et aussi le Museum d'histoire naturelle, où elle est représentée par son squelette, qui fait l'étonnement des visiteurs. On peut dire qu'elle y a « laissé ses os... » Ce squelette est à remarquer pour les dimensions relativement énormes de la *face*, en contraste avec l'exiguité du crâne ce qui ne dénote pas une intelligence très développée ; en outre, la colonne vertébrale ne porte des côtes que dans un tiers de sa longueur; et, dans les deux tiers postérieurs, elle s'étend, en s'amincissant par degrés, veuve de bassin et de membres d'arrière, telle une tige végétale dépourvue de rameaux: comparée à celle des Mammifères terrestres, des « *Quadrupèdes* »,cette conformation paraît « déficiente »; mais, étant donnée l'adaptation aquatique de l'espèce, on ne peut la qualifier de « défectueuse ».

Pourquoi Cuvier a-t-il spécifié la baleine « franche » ou « boréale », en la qualifiant de « *mysticetus* »... ? Est-ce parce qu'il y a quelque chose de mystérieux en ce Mammifère déguisé en poisson, — ou bien, tout simplement, à cause de sa bouche obstinément close, et comme clôturée,

« cloîtrée » par les fanons ? (1). Toujours est-il que, dans la Création, c'est un de ces êtres exceptionnels qui nous laissent rêveurs... je parle des philosophes, et de tous ceux qui pensent, car les pêcheurs et les industriels ne voient en lui qu'un vaste réservoir d'huile, ou un magasin de ces lames élastiques qui prennent le nom même de l'animal pour servir à la fabrication des corsets et des parapluies.

Le *dauphin* a joui, chez les Anciens, d'une popularité qu'on ne s'explique pas ; innombrables sont les légendes répandues à son sujet, et le grave naturaliste qu'est Pline ne se fait pas faute d'en rapporter plusieurs, avec sa bonhomie toute exempte de scepticisme... Elles sont, d'ailleurs, assez divertissantes : le dauphin est ami de l'homme ; il accourt, docile, à sa voix, l'aide à pêcher le poisson rétif : même, il se prend d'affection pour les enfants et transporte gratuitement sur son dos un jeune écolier qui lui avait jeté des miettes de pain, de Baïes à Pouzzoles... Dans sa fable « *Le Singe et le Dauphin* », La Fontaine traite la chose avec une ironie charmante :

> « Cet animal est fort ami
> « De notre espèce ; en son histoire
> « Pline le dit ; il faut le croire... »

Puis, nous montrant le quadrumane installé, par surprise, sur le dos du doux Cétacé, il fait une allusion plaisante à Orion :

> « Ce chanteur que tant on renomme... »

S'étant jeté, comme on sait, dans les flots pour échapper aux matelots qui voulaient le tuer, il eut la chance d'être recueilli par un dauphin, et transporté sur sa croupe jusqu'au rivage ; car, paraît-il, cet animal est féru de musique ; c'est une bête mélomane...

Notre histoire naturelle moderne est plus positive ; elle nous apprend que le dauphin, de taille bien inférieure à la baleine, s'attaque, grâce à sa denture formidable, aux

---

(1) Le premier sens du grec « *mustos* » est, en effet, celui de « *bouche close* », ce qui est symbolique de « *mystère* ».

plus grosses proies ; il détruit harengs et maquereaux en quantités considérables... Mais il serait vain, je présume, de compter sur lui pour un sauvetage.

Le *Marsouin* n'habite pas, lui, la Méditerranée, mais l'Océan ; ses troupes folâtres et curieuses s'ébattent souvent, comme celles des dauphins, autour des navires, et donnent un spectacle divertissant aux passagers ; mais les pêcheurs ne les aiment pas, car ce sont des destructeurs de sardines. Ils ne sont, d'ailleurs, nullement dangereux pour l'homme.

Le *Cachalot* habite l'Océan Pacifique ; par ses dimensions, il atteint presque la baleine. Ce Cétacé est pourvu de dents en très grand nombre — mais seulement à la mâchoire inférieure ; et la mâchoire supérieure est creusée de trous pour les recevoir (1). Sa tête prodigieuse d'énormité forme le tiers du corps tout entier en longueur. Cet animal est doublement précieux — après sa mort — en nous fournissant à la fois l'*ambre gris*, et ce qu'on nomme improprement « *blanc de baleine* » ; ce dernier produit, qui porte le nom savant, également impropre, de « *sperma ceti* », est une sorte de graisse que l'on tire de la tête du Cétacé — et, quant à l'*ambre gris*, (qu'il ne faut pas confondre avec l'*ambre jaune* ou « *succin* »), c'est une substance odorante — et de bonne odeur — qu'on trouve à l'intérieur de son intestin... Fait bien inattendu, n'est-il pas vrai, qu'un parfum venant de pareille source ?... (2).

Le *Narval*. — J'avais remarqué, tout enfant, dans les armoiries d'Angleterre, une figure d'animal qui m'intriguait beaucoup : c'était celle d'un cheval, du front duquel saillait une longue corne, toute droite et finement cannelée... A mes questions, on répondit que c'était un animal *héraldique*, autrement dit un être imaginaire et

____

(1) De là le nom de « *Catodonte* » (en grec, dents *en bas*).

(2) Ce qui est exceptionnel dans le règne animal, aux sécrétions toujours malodorantes, tandis que celles de la plante, et particulièrement de la fleur, sont des parfums.

n'ayant jamais existé, mais qu'on avait créé pour les besoins de la cause — bref, un symbole, une figure allégorique. — Et plus tard, lorsqu'en feuilletant des images d'histoire naturelle, je la revis, cette même corne, droite et cannelée, sortant de la tête d'une sorte de gros poisson sans écailles, à la peau claire tachetée de brun, une confusion s'opéra dans mon esprit : je me demandai si *cela aussi* était bien réel, et n'était pas plutôt une invention de dessinateur... Mais on m'assura qu'une bête semblable existait parfaitement dans le monde, que tous les navigateurs des mers glaciales l'avaient vue de leurs yeux et que les savants lui avaient donné le nom de « *Monodon monoceros* », ce qui veut dire : « *Une seule dent, une seule corne* ». Son nom populaire était le *narval*, d'un mot allemand qui signifie « *baleine à nez* ». — Alors, j'en conclus que, sans doute, les premiers voyageurs qui, dans la vague clarté des crépuscules polaires, avaient aperçu confusément cet être bizarre, en ont fait, par hyperbole plastique, la *licorne*. A son tour, l'Art a tiré parti de cette vision chimérique et en a fait un symbole décoratif. Aujourd'hui, le *narval* nous inspire d'autres réflexions, et je songe que la Nature est bien mystérieuse, puisqu'elle réalise, en chair et en os, ce qui nous apparaît comme des fantômes.

Je propose d'appeler le narval de ce nom qui résume clairement toute son histoire : « l'*Unicorne vivant* ».

La Sirène. — Ici, c'est le nom même de l'animal qui, passé dans la Science, y laisse un vestige des anciennes légendes ; ce nom désignait, effectivement, chez les Anciens, un être fabuleux ayant la tête d'une femme et le corps d'un poisson, « *Desinit in piscem mulier formosa superne...* » (belle femme par un bout, et par l'autre, poisson)... — Mais, d'après Buffon, c'est plutôt sur le *phoque* qu'il faudrait reporter cette chimérique interprétation : — « Animal d'autant plus étrange, écrit-il, *qu'il* « *paraît fictif*, et qu'il est le modèle sur lequel l'imagi- « nation des poètes enfanta les tritons, les *sirènes*, et ces

« dieux de la mer à tête humaine, à corps de quadru-
« pède, à queue de poisson. »

Et, de son côté, Lacépède, en son « *Histoire naturelle
des Poissons* » (tome I, p. 307), fait voir « comment
« l'imagination cédant avec facilité au plaisir d'enfanter
« de faux rapports et de vaines ressemblances, des obser-
« vateurs superficiels ont cru retrouver dans les êtres les
« plus hideux une espèce de copie, bien informe, sans
« doute, mais cependant un peu reconnaissable, du plus
« noble des modèles. »

Lacépède écrit ces lignes à propos de la *baudroie* ; mais
elles s'appliquent bien à notre sujet ; ces Mammifères
marins, en effet, qu'on avait idéalisés en leur donnant le
nom de divinités captivantes — nom devenu, depuis,
symbole de toute séduction, font, en réalité, assez triste
figure : le *Lamentin* et le *Dugong*, qui les représentent,
offrent un corps épais et mollasse, avec une tête rien
moins qu'admirable, et un mélange de caractères appartenant aux Cétacés comme aux Phoques incapables d'attirer les plus impressionnables d'entre les marins. Les
Sirènes sont herbivores, et, naturellement, faisant partie
de la faune des océans, se nourrissent des produits de
leur flore ; elles broutent les *fucus* et autres plantes d'eau
salée ; ce sont, avec les phoques et les morses, ce qu'on a
surnommé « *les troupeaux de Neptune* ».

Le *Lamentin* vit dans le fleuve de l'Amazone, et le
Dugong dans la Mer rouge. Tous deux sont, d'ailleurs, à
peu près amphibies, et, quittant, à l'occasion, les eaux,
se traînent sur les rivages.

Le second groupe des Mammifères marins, vrais amphibies, auxquels on a donné, pour leurs pieds conformés en nageoires, le nom savant de « *Pinnipèdes* », comprend le *phoque* — ou *veau marin*, l'*otarie* (*lion marin*),

et le *morse*, qu'on pourrait appeler « le *phoque à défenses* ».

Buffon, que nous avons déjà cité à propos de ces animaux, dépeint le phoque ainsi : « Tête ronde..., museau « large, yeux grands et placés haut, ...moustaches ; « corps couvert d'un poil court; ...deux mains..., plu- « tôt deux membranes à cinq doigts, terminés par cinq « ongles »; — et, de son style majestueux, il ajoute que le phoque « règne dans cet empire muet par sa voix, « par sa figure, par son intelligence, par les facultés, en « un mot, qui lui sont communes avec les habitants de « la terre (de la *terre ferme*) ».

Voilà bien un luxe de phrases pour ce Mammifère aquatique que les matelots dénomment, suivant les espèces, « *veau marin* » — ou, quand il est muni d'une trompe, « *éléphant marin* ». Sa figure n'est pas bien remarquable, sauf que ses yeux, grands et très doux, le rendent sympathique ; sa tête ronde et son museau moustachu le font ressembler, d'ailleurs, au *chat*, plutôt qu'au veau. Il est, au demeurant, inoffensif et même sociable ; assez curieux de tempérament, il s'approche de l'homme avec confiance; mais l'homme, pour avoir sa peau, le pourchasse, et la pauvre bête apprend, par expérience, à le fuir.

On peut voir les lions marins ou *Otaries* prendre leurs ébats dans la piscine du Jardin des Plantes, du côté de la rue Cuvier ; le public s'amuse fort à les voir plonger, puis reparaître à la surface, le corps lissé par l'eau et reluisant ; à l'heure des repas, surtout, quand le gardien du Muséum leur jette des harengs, adroitement attrapés au vol et rapidement engloutis... Mais le spectateur qui réfléchit tant soit peu trouve que ce bassin, pour des animaux qui, normalement, vivent dans les vastes étendues des murs boréales, est bien peu de chose... Vus dans leur milieu naturel, en troupes innombrables, et libres, leur spectacle serait, sans doute, moins divertissant, mais plus grandiose.

Quant au *Morse*, ce qui le caractérise avant tout, ce sont les deux canines de la mâchoire supérieure, lesquelles ont pris un développement extraordinaire et se sont transformées en *défenses* tournées vers le bas, ce qui rendrait son aspect effrayant — n'était sa physionomie si « bonasse » ; même, il y a quelque chose de déconcertant dans ce mélange de bonhomie et de férocité ; il fait plutôt pitié que peur, avec cette poussée dentaire qui semble, si j'ose m'exprimer ainsi, maladive...

On le chasse, comme l'éléphant, pour ce trésor d'ivoire — que, du reste, le mâle est seul à posséder.

C. — Mammifères aériens, ailés ou volants

Cheiroptères (Chauves-Souris) (1)

J'ouvre, tout d'abord, la vieille « *Histoire des Animaux* » de Pline, et j'y lis :

« De tous les Oiseaux (*sic*), la Chauve-Souris (*Vesper-*
« *tilio*) est le seul... dont les ailes soient formées d'une
« membrane, le seul qui ait des mamelles (*sic*) et qui
« allaite ses petits... »

Ecoutons à présent Daubenton :

« La Chauve-Souris, écrit-il dans ses. « Séances des
« Ecoles normales » (tome V, p. 10) — est conformée
« (pour le reste) comme les autres quadrupèdes (lisez :
« *Mammifères*), tant à l'intérieur qu'à l'extérieur. Sa
« conformation n'a rien de commun avec les caractères
« essentiels à celle des oiseaux ; » — et il ajoute, judicieusement : « S'il suffisait d'avoir une membrane propre

(1) Ce terme de « *Cheiroptère* », tiré du grec, signifie « *qui a des ailes aux mains* », il est logique et bien « représentatif » ; malheureusement, il ne dit rien à ceux qui ne connaissent que le pur français ; et, d'autre part, le mot vulgaire — et populaire — de « *Chauve-Souris* », que tout le monde entend, est assez mal donné, car ce qui caractérise avant tout cet animal, ce sont ses *ailes*, d'un aspect si frappant, et non pas la *calvitie* naturelle ; l'allemand l'a bien plus logiquement nommé « *Souris ailée* » (*fleder-mause*).

« au vol pour participer à la nature des Oiseaux, le lézard
« volant, le poisson volant, et un grand nombre d'es-
« pèces d'insectes y auraient autant de part que la
« Chauve-Souris. »

Daubenton aurait pu ajouter à sa liste, outre les Mollusques *ptéropodes* (au pied ailé), le *Petaurus*, parmi les
Marsupiaux ; le *Ptéromys* (souris ailée), parmi les
Rongeurs, et le *Galéopithèque*, littéralement « Singe à
casque », et qui serait mieux nommé « Singe ailé ou à
parachute ».

Mais les anciens naturalistes ont été surtout impressionnés par la faculté que possèdent les animaux dont
nous nous occupons de *voler*, comme ils l'avaient été,
d'ailleurs, par celle de *nager*, qui se montre chez la baleine ; aussi, n'étant pas au courant de leur conformation
interne, ils ont défini le Cheiroptère comme un *Oiseau
porteur de mamelles* et à ailes membraneuses, lorsque
nous, modernes, meilleurs anatomistes, nous le définis-
sons, inversement, un *Mammifère ailé*.

Cette observation ne laisse pas que d'être importante,
car elle illustre le principe général déjà exposé par nous,
à savoir que ces Mammifères — comme, au reste, les
autres sortes de Vertébrés, même les Mollusques et les
Insectes, représentent des *thèmes organiques* fondamentaux, dont les variantes sont basées sur une adaptation
spéciale à l'un des trois milieux aquatique — aérien —
ou terrestre. Or, cette adaptation, si remarquable chez
la baleine et la chauve-souris, masque aux regards superficiels la véritable nature de l'animal, et cache, pour ainsi
dire, son « état civil ». Mais la science contemporaine ne
s'y trompe plus et met, dans ses classifications, le caractère adaptatif, bien apparent, au-dessous du caractère
structural, dissimulé.

Pour nous, qui nous plaçons surtout au point de vue
esthétique, et par conséquent extérieur, — mais tout en
tenant compte du progrès de la science et de la nature
véritable des êtres, — ce qui nous importe de faire ressor-

tir, c'est le contraste entre l'aile de l'oiseau et celle du mammifère ailé : laissant de côté les différences d'ordre anatomique, nous dirons que l'aile de l'oiseau est plumeuse, et fait partie du plumage total, d'où remarquable effet d'unité ; qu'elle est moëlleuse et douce au toucher, attirant la caresse ; qu'elle est claire et lustrée, d'aspect gai, radieux, — tandis que celle du Cheiroptère est membraneuse et triste, — on peut dire lugubre. En outre, son aspect a quelque chose d'artificiel, d'industriel et, pour ainsi parler, de « technologique » ; car les pennes, chez l'oiseau, dissimulent l'ossature, au lieu qu'en la chauve-souris, cette ossature, formée par quatre doigts démesurément allongés, reste apparente ; de telle sorte que la membrane plate dressée sur cette mince carcasse suggère l'idée du parapluie, dont l'étoffe, pareillement, est tendue sur une armature de baleines... Et d'ailleurs, cette façon d'aile est bien en rapport avec sa fonction de *parachute*, ce dernier appareil n'étant, en définitive, qu'un parapluie retourné.

Ce contraste, qui nous impressionne si fortement, tire son origine de l'adaptation au milieu aérien, c'est vrai, comme pour l'oiseau, mais crépusculaire et pour ainsi dire « dérobé » ; ce n'est pas le milieu que nous nommons *infime*, mais ce n'est plus le milieu *sublime* ; le vol, qui s'opère ici par de nouveaux moyens, et, si je puis m'exprimer ainsi, *avec l'outillage du quadrupède*, introduit une sorte de contradiction organique, d'autant plus que nous le comparons à celui de l'oiseau. Le vol de ce dernier (au moins chez les « bons voiliers ») est droit, bien mesuré, rythmique ; celui de la chauve-souris, du « mammifère ailé », est gauche, tourbillonnant, « décousu ». Bref, d'un côté, c'est le grand jour (sauf pour les Nocturnes), l'harmonie consonnante de forme, de couleur et de mouvement ; — et, de l'autre, ce sont les ténèbres, la teinte funèbre du corps et l'incertitude fiévreuse du geste.

Aussi bien l'Art, en sa tendance éternellement symbo-

CHAUVE-SOURIS

(d'après un dessin original du statuaire E. Vacellier).

liste, emprunte à l'oiseau ses ailes radieuses pour en orner l'épaule des anges, et ses ailes sinistres à la chauve-souris pour en charger celle des démons, de Satan. C'est ce qui m'a, dans mon drame d' « *Euphorion* », suggéré ces vers :

> ... Mais les chauves-souris me causent de l'effroi ;
> Ces mammifères ont des ailes diaboliques...
> Vous, n'aimez-vous pas mieux les ailes angéliques
> De ces être élus qu'on nomme les Oiseaux... ?

Les chauves-souris, bien mal nommées (puisque la calvitie, d'ailleurs peu réelle, de ces animaux n'est qu'un trait de physionomie secondaire, à côté de cette fonction, ici très inattendue, du vol) — les « *Souris ailées* », comme il faudrait plutôt les désigner (1), sont des bêtes inoffensives, bien qu'elles soient redoutées des femmes, qui craignent de les sentir s'empêtrer dans leur chevelure... Il est vrai qu'une de leurs espèces, le *Vampire*, est accusée de sucer le sang des êtres endormis... Mais cela se passe en Amérique, et le fait est-il bien prouvé, du moins quant à l'homme ?

Un trait de mœurs à noter, chez les Cheiroptères, est qu'après l'accouplement, les deux sexes se séparent : les mâles vont de leur côté, les femelles du leur ; et, ce qu'il y a de plus curieux, c'est que les mâles, ayant quitté leurs compagnes, vivent isolés, chacun en solitaire, — tandis que celles-ci s'assemblent pour vivre en commun. Je ne vois guère ces différences d'instinct sociable dans le genre humain... A quelle cause, ici, l'attribuer ? Mystère.

La portée n'est que d'un — au plus deux petits. Il est touchant de voir les mères emporter avec elles, en volant, leur progéniture ; et il est curieux de voir ces « volatiles » (2) allaiter les jeunes, tout comme les « terrestres »... Ne sont-ils pas, au fait, des *Mammifères* ?

---

(1) La langue allemande est plus logique, qui les nomme « Souris volantes » (*fledermaüse*).

(2) Voyez la fortune changeante des vocables : à quels oiseaux réserve-t-on, aujourd'hui, le nom de « *volatiles* » ? A ceux de basse-cour, qui, justement, ne volent guère...

Les chauves-souris sont des animaux nocturnes, — ou, pour mieux dire, « *crépusculaires* », ce qui répond plus exactement à leur nom latin de « *Vespertilio* ». De plus, ce sont des animaux hibernants : celles qui n'émigrent pas à la mauvaise saison, cherchent un abri dans les coins obscurs, et se tassant là, les unes contre les autres, accrochées par les pieds, tombent dans un sommeil ininterrompu jusqu'au printemps suivant.

Peu favorisés sous le rapport de la vue, ces Mammifères ailés sont guidés dans leur vol par le sens de l'ouïe, et surtout par celui du toucher. Mais, à les voir tourbillonner dans l'air en évitant tous les obstacles, on se convainc qu'il doit y avoir quelque chose de plus, ici, qu'un tact très fin...; peut-être un sixième sens, inconnu de nous, et qui ferait percevoir les objets à distance ; — à moins que les nombreux corpuscules nerveux dont les ailes sont pourvues ne suffisent à l'explication du fait.

Des différentes espèces de chauves-souris, les unes sont insectivores, et les autres — ce sont les grandes espèces, — frugivores ; ces dernières sont, d'ailleurs, exotiques. Nos climats du Nord, même dans la zone tempérée, ne voient que les petites espèces ; les autres, en nombre bien plus considérable, habitent les pays chauds.

Je mentionnerai, parmi les frugivores, les *Roussettes*, qui vivent en Afrique, en Australie, dans l'Inde, et causent de grands dommages aux plantations ; leur envergure peut atteindre 1 mètre ; — puis, en nos contrées, et parmi les insectivores, les *Oreillards*, au nom assez significatif, et qui dispense de tout commentaire ; les mignonnes *Pipistrelles*, qui se fourvoient, assez souvent, dans nos habitations ; enfin, ces *Vampires* du Nouveau-Monde, dont le nom seul est un objet d'épouvante.

On trouve les premiers vestiges de chauves-souris *fossiles* dans les couches inférieures du terrain tertiaire, et dans le bassin de Paris. Je ferai remarquer, à cette occasion, la grande analogie qui rapproche, au point de vue de l'ossature de l'aile, le type *Cheiroptère*, encore existant de nos jours, du type éteint *Ptérodactyle*.

Ce « Ptérodactyle » était un reptile ailé ; le *Cheiroptère* est un mammifère ailé ; or, dans le premier cas comme dans le second, la Nature s'est servi du même procédé, — tout différent de celui qu'elle employa, dans l'intervalle, pour l'oiseau ; l'aile, en effet, vraisemblablement membraneuse dans les deux cas, et non plumeuse, ne s'attache point au bras, mais aux doigts de la main. La seule différence est en ceci, que l'attache porte, chez le *Ptérodactyle*, sur un seul doigt (le pouce) extraordinairement allongé, les quatre autres doigts restant libres, — tandis qu'inversement, chez le *Cheiroptère*, c'est le pouce qui fait « bande à part », et les quatre autres doigts s'allongent pour servir de carcasse à cette sorte de parachute. Cette dernière observation, au point de vue de l'hypothèse transformiste, ne laisse pas que d'avoir une certaine importance : elle montre, en effet, dans la Nature, autre chose qu'une esclave de l'hérédité, et qui mêle plus ou moins, à la répétition traditionnelle du procédé, comme une fantaisie d'innovation... Je corrige, aussitôt, ce terme de « *fantaisie* », convaincu que je suis d'une intention finaliste, se servant, là, du bras comme appui, — ici, de tel doigt, — ailleurs, de tels autres, empennant l'aile de l'oiseau, drapant celle de la souris volante.

J'ai touché, ci-dessus, quelques mots de l'histoire *artistique* de la chauve-souris. Pour ne rien négliger, il faudrait parler de la place tenue par elle dans la Littérature et les Arts. Je me contenterai de citer la fable de La Fontaine : « La chauve-souris et les deux belettes », — et cela, parce que cet apologue fantaisiste, en dehors de sa morale, résume admirablement le cas de *cumul zoologique* en question :

> « Je suis oiseau : voyez mes ailes !
> « Je suis souris : vivent les rats !... »

D. — Mammifères terrestres
1° Quadrupèdes herbivores (« brouteurs »)
Pachydermes. — Ruminants. — Ongulés

Ceux que nous dénommons, en esprit de simplicité, « *quadrupèdes herbivores ou brouteurs* » se distinguent, avant tout, comme *Mammifères terrestres*, des précédents, les aquatiques et les aériens ; ils ne vivent pas dans l'eau, bien qu'ils puissent y nager, au besoin, et ne peuvent s'élever dans les airs ; mais, tenant le juste milieu, et restreints à ce qu'on appelle plaisamment « *le plancher des vaches* », ils foulent, comme nous faisons nous-mêmes, la terre ferme de leur pas, tantôt lent et lourd, tantôt léger, rapide.

Puis, comme *quadrupèdes*, ils s'opposent à l'homme, seul véritable *bipède* de la création ; et d'autre part, en qualité d'*herbivores*, au groupe des « carnivores » (grands et petits *fauves*) et à celui des « frugivores », qui sont, en outre, grimpeurs, arboricoles, les *singes*.

Ainsi délimités, les quadrupèdes herbivores ou « brouteurs », dont Linné faisait, en partie, l'ordre des « troupeaux » *(Pecora)*, composent une famille innombrable, offrant les formes les plus variées, et dont le classement, fort difficile, a toujours exercé la sagacité, et, m'est-il permis d'ajouter ? — la subtilité des savants spéciaux.

Pourquoi ce classement est difficile ? — Ah ! c'est que les caractères distinctifs pris pour *criteria* sont multiples, et, par surcroît, d'ordre très différent; en sorte que tel de ces animaux qui, par tel trait de son organisation, pourrait rentrer dans tel groupe, — se rangerait aussi bien, par tel autre trait, dans un autre groupe. Voyez plutôt : en se basant sur la structure de l'*estomac* et le régime résultant, on a créé le groupe des *Ruminants*, — ce qui sépare, par exemple, le bœuf du cheval, lequel possède un estomac simple, et ne rumine pas. — Prenant, d'autre part, pour critérium, la conformation du *pied*, on a mis en contraste les Herbivores au pied fourchu (Bisulques) et les Herbivores à sabot (Solipèdes) — Se fondant, enfin, sur l'épaisseur des téguments, d'autres naturalistes ont forgé le nom de « *Pachydermes* »; et, dans ce groupe, on réunissait l'éléphant, l'hippopotame et le rhinocéros.

Le critérium de l'estomac multiple et celui du pied fourchu se trouvent coïncider, de sorte que le bœuf, par exemple, est aussi bien *bisulque* que *ruminant;* mais le critérium de l'épaisseur de peau ne s'accorde pas toujours avec celui de la conformation du pied; d'ailleurs, un pareil critérium est quelque peu superficiel (c'est le cas de le dire) ; et c'est cela qui a conduit les naturalistes modernes à remanier l'ancienne classification dans le sens qu'on va dire.

On avait été d'abord frappé de la différence dans le *nombre des doigts de pied*, d'où la subdivision très simple des quadrupèdes herbivores en *Uni-ongulés*, — *Bi-ongulés* — et *Multi-ongulés*, les premiers correspondant aux « *Solipèdes* » (Cheval, etc.), — les seconds aux « *Bisulques* » (Ruminants), et les troisièmes aux *Pachydermes* (Eléphant, Hippopotame, Rhinocéros).

Mais, suivant l'exemple d'Owen, on a réformé ce premier classement, qui n'était plus d'accord avec la découverte des formes fossiles : le groupe des « Multi-ongulés » a été démembré, et — l'éléphant mis à part (avec le Daman ou Hyrax) pour former l'ordre spécial des *Proboscidiens* (Ongulés à trompe). En même temps, reprenant une idée de Cuvier, on tenait compte du *nombre pair* ou *impair* des doigts ou « *sabots* » (ongles), — ce qui démembrait, cette fois, le groupe des pachydermes : de ces derniers Quadrupèdes, une partie, ceux à sabots pairs, s'en alla grossir l'escadron des Ruminants (Bisulques, à pied fourchu); ce sont le sanglier, le porc et l'hippopotame; — l'autre partie (sabots en nombre impair) fut incorporée à l'escadron des Solipèdes, avec le cheval, l'âne et le zèbre : ce sont le Tapir et le Rhinocéros.

Tout cela se trouve résumé dans le tableau suivant :

a. — Ongulés à doigts *en nombre pair* (paridigités ou Artiodactyles) :

Ruminants — et partie des pachydermes (Sanglier, porc, hippopotame).

b. — Ongulés à doigts *en nombre impair* (Imparidigités ou périssodactyles) :

Solipèdes — et partie des pachydermes (Tapir, Rhinocéros).

Quelque justifiée, scientifiquement, que soit cette classification nouvelle, on ne peut s'empêcher de la trouver bien subtile (1). Pour moi, cette importance du *pair* et de l'*impair*, dans une partie du corps, m'échappe complètement... Mais, sans contester la valeur de ce *critérium* au point de vue généalogique, ou de la parenté des formes animales, je n'en ferai pas usage, en ce traité qui doit mettre surtout en évidence les caractères évidents, c'est-à-dire expressifs, et qui rapprochent les animaux de physionomie similaire.

Et tout d'abord, suivant notre habitude, écartant les termes savants, nous ne parlerons pas ici de « *Périssodactyles* », ni d'« *Artiodactyles* » (Impari ou pari-digités), — non plus de « *Solipèdes* » ou de « *Bisulques* », — non plus, même, de « *Pachydermes* », de « *Proboscidiens* » ; mais nous reconnaîtrons 3 groupes de Quadrupèdes herbivores, que nous désignerons sous des noms bien français et intelligibles à tous.

---

(1) Ajoutons qu'elle n'est pas d'une exactitude absolue. Claus, en son traité de Zoologie (p. 1478 de la traduction), Claus lui-même, après avoir exposé les raisons qui la justifient, avoue son défaut de précision (et même de justesse, au moins dans les termes) : d'une part, en effet, le *Tapir*, classé comme imparidigité, possède 4 doigts (Voir Claus, 1438) au membre antérieur, — et d'autre part, l'*Anoplotherium* « *tridactyle* » (forme fossile), rangé parmi les paridigités, en offre 3, aux deux paires de membres. — Mais il faut s'empresser de dire, pour sauver la classification d'Owen, qu'elle ne tient compte que *des doigts qui touchent le sol*, les autres, plus ou moins arrêtés dans leur développement, restant courts, et sans concourir à la marche. Or ces *seuls doigts utiles* sont au nombre de 2 chez les *Ruminants*, et d'un seul chez les *Solipèdes*.

A. — Les Quadrupèdes herbivores à cornes et pied fourchu, ou « Ruminants » (« *pecora* » de Linné)

Je les divise, avec tout le monde, en Ruminants *à cornes simples et creuses* (vulgairement « bêtes à cornes», — et Ruminants *à cornes pleines et ramifiées* (bois, *ramure*).

La première tribu comprend, en outre des animaux domestiques, animaux de ferme ou « gros bétail », comme le bœuf, le mouton, la chèvre, — des bêtes libres (je préfère ce mot à celui de « sauvages »), qui n'y gagnent pas grand'chose, au demeurant, puisqu'on les traite de « gibier » ; ce sont : le bouquetin, le mouflon, le chamois (ou isard), la gazelle, l'antilope, presque tous animaux très esthétiques.

La seconde tribu renferme, également, des types remarquables par la finesse de leurs formes et la grâce de leurs mouvements; tels le cerf, le chevreuil et le daim; puis leurs congénères à ramure palmée, le renne et l'élan; enfin, le chameau et la girafe, qui sont des types moins francs, à caractères combinés, des types « composites ».

B. — Les Quadrupèdes (herbivores, toujours) sans cornes, et à sabot *(Solipèdes)*.

On peut caractériser ceux-ci en disant que c'est la « cavalerie légère », par opposition à la « grosse cavalerie » que représentaient bien les Ruminants. Ce groupe ne renferme guère que la famille des chevaux (cheval domestique et cheval sauvage, âne, mulet, hémione, cheval rayé ou zèbre).

c. — Après avoir beaucoup hésité, j'ai cru bon de rassembler, dans un groupe à part, des quadrupèdes herbivores plus massifs et plus lourds que notre gros bétail, et qui, tout en présentant quelques traits communs aux groupes précédents, en diffèrent sensiblement par la figure. Ce sont, d'une part, le sanglier, le porc et l'hippopotame, — et, d'autre part, l'éléphant, le tapir et le rhinocéros.

Nous allons passer en revue tous ces escadrons aux uniformes si variés... Mais n'oublions pas que, dans la réalité vivante, insoucieux qu'ils sont de nos classifications et de nos cadres, ces animaux ne sont pas réunis par l'affinité, mais par le milieu : les plus semblables sont souvent éloignés les uns des autres, — et les plus différents, rapprochés. Il le faut bien, puisqu'ils ne font pas leur proie de leurs congénères, qu'ils ne se mangent pas entre eux. Les uns vivent dans la plaine ; les autres, dans la montagne, — les espèces dites « sauvages », éloignées de l'homme, fuyant l'homme, et les « domestiques » vivant, de gré ou de force, en son voisinage immédiat, nourries par ses soins, partageant ses travaux ; car le buffle, libre, est proche parent du bœuf, captif et sous le joug ; le sanglier est le frère farouche du porc ; et la même espèce d'éléphant est chassée dans les forêts hindoues et sert de porte-faix à Madras et à Calcutta.

Quadrupèdes herbivores à cornes et à pied fourchu
(Ruminants)

Chacun des termes de la définition précédente soulève une question d'ordre général, commune à tous les représentants du groupe, et dont nous devons dire quelques mots avant d'en venir à la description des espèces.

D'abord, ce terme de « Quadrupèdes herbivores » sert à les séparer, dans la classification adoptée, des Quadrupèdes carnivores (grands et petits fauves). Ici, la différence de régime a grande importance, puisqu'elle retentit sur les mœurs de l'animal, — non pas, sans doute, que ces mœurs, douces ou féroces, soient le résultat du genre de nourriture, — mais c'est que l'espèce étant organisée, déjà, pour vivre — soit d'herbe ou de grain, — soit de chair, est prédestinée, par là, au métier de brouteur ou de chasseur, et qu'ainsi, chez l'animal, qui — il ne faut pas l'oublier, — est irresponsable, ce qu'on

nomme « férocité » n'est qu'appétit, besoin de chair, —
et ce qu'on appelle « douceur », — l'absence du besoin
de chercher une proie. La Fontaine a bien formulé cela,
dans sa fable « du loup et des bergers » ; ce loup

> Fit un jour sur sa cruauté
> — Quoiqu'il ne l'exerçât que par nécessité —
> Une réflexion...

Notre anthropomorphisme, — au moins de langage, est
véritablement incurable; nous persistons à qualifier le
loup de « cruel », et le mouton d' « innocent »... Mais
que le mouton, au lieu d'avoir un quadruple estomac et
un intestin long de 28 fois le corps, voie raccourcir et
simplifier son tube digestif, il lui faudra devenir carnassier, — de même que le loup, s'il lui poussait un
estomac de ruminant, deviendrait « *plein d'humanité* »,
comme celui auquel La Fontaine fait, par esprit de
pénitence, paître l'herbe... La doctrine matérialiste
n'a beau jeu qu'avec les animaux, qui n'ont point
d'âme...

Cette faculté spéciale de *ruminer* paraît étrange à l'enfant qui l'apprend pour la première fois dans les livres;
on lui dit que le bœuf, par exemple, a 4 estomacs, —
ou, si l'on veut, quatre poches stomacales; on lui nomme
ces poches : ce sont : la panse, le bonnet, le feuillet et
la caillette; et on lui explique comment, pour être digérée,
l'herbe emmagasinée dans la panse, au lieu de continuer
son chemin vers le bas, remonte peu à peu dans le bonnet, et de là dans la bouche, où elle est remâchée. —
Chose bizarre, à première vue, que ce voyage à reculons
de l'aliment. C'est, en définitive, une régurgitation normale, et, comme le dit très bien Buffon, « un vomissement sans effort ». — Mais pourquoi ? — Parce que,
constamment en butte aux attaques des Carnivores ou
Carnassiers, leurs opposés et leurs ennemis naturels,
ils ne peuvent guère, au moins à l'état sauvage, « prendre tout leur temps », comme on dit, pour manger; le

fauve, en un instant, peut surgir; il faut donc profiter du répit pour en prendre, de l'herbe, tout ce qu'on peut, très vite; — tel un voyageur qui, craintif, mettrait dans un sac tous les fruits qu'il aurait trouvés en chemin, pour les savourer en paix, à l'abri, — l'herbivore commence par brouter, c'est-à-dire cueillir le « vert », puis il le « rempoche » peu à peu tel quel, en attendant l'heure de parfaire, en sécurité, la digestion à peine ébauchée dans la panse.

En sorte que cette disposition en apparence « alambiquée » (c'est le cas de le dire), s'avère admirable, et providentielle; et qu'une modification toute viscérale de l'appareil de nutrition devient — fait inattendu — ressource défensive. (Comparez la poche des Marsupiaux). Le cheval, il est vrai, ne la possède pas; mais il a la vitesse de ses pieds en compensation.

Reprenons la définition du groupe, et achevons-la. Ceux que nous allons décrire les premiers ont été ainsi : « Quadrupèdes herbivores et ruminants à *cornes* et *pied fourchu* ». Par ces derniers traits, effectivement, ils se distinguent du cheval, de l'âne et du zèbre, lesquels ont un estomac simple et ne ruminent pas, ne sont pas cornus, et dont le pied, indivis, forme ce qu'on appelle un *sabot*.

Après le contraste, que nous avons souligné plus haut, entre herbivores et carnivores, et le phénomène spécial de la rumination, dont nous avons montré l'importance au point de vue de la finalité, — l'existence de ces appendices frontaux qu'on appelle *cornes* soulève des questions qu'on ne peut négliger ici.

Et d'abord, ces *cornes*, elles affectent suivant les espèces, deux formes et deux types de structure très différents; ce qui fait distinguer :

a. — les Ruminants à cornes indivises et creuses (« bêtes à cornes » proprement dites); ce sont : le bœuf, — le mouton, — la chèvre, — l'antilope — et la gazelle;

et *b.* — les Ruminants à cornes pleines et ramifiées

(bois, ramure); ce sont : le cerf, le chevreuil et le daim, — le renne — et l'élan.

Les cornes de cette seconde sorte diffèrent tellement de celles de la première, qu'on ne les désigne plus sous ce nom, et qu'on leur donne celui de « *bois* », ou de *ramure*, — et cela, par une analogie singulière de ces productions animales avec celles qu'on connaît au règne végétal, — analogie qui porte aussi bien sur la forme que sur la structure.

Buffon se montre très frappé de ce fait, et croit en trouver la cause dans le genre de nourriture adopté par les Cerfs et autres animaux semblables, lesquels, vivant au fond des forêts, broutent les feuilles, les écorces et les bourgeons, des arbres. Cette corne à consistance ligneuse, et qui pousse des rameaux (les *andouillers*), il la définit pittoresquement, comme « un végétal greffé, pour ainsi dire, sur un animal... ».

On conçoit, sans doute, assez bien, quoiqu'il y ait là, je pense, une exception à la règle, que les éléments propres à la plante passent, par assimilation directe, et sans trop altérer leur nature, dans l'organisme animal; mais que, nourris là par le sang, — non plus par la sève, ils réalisent des formes familières à la plante, autant qu'étrangères à la bête, — voilà qui est plus difficile à comprendre.

Notons aussi ce fait, que les *cornes* proprement dites sont persistantes, tandis que celles qu'on appelle « *bois* » ou « *ramure* » sont caduques, et tombent, chaque année, pour se renouveler l'an qui suit (ce qui n'a pas lieu, du reste, pour les branches d'arbres). Cette espèce de *mue* est connue de tous, grâce aux chasseurs, qui font de l'histoire naturelle à leur façon, en détruisant, pour leur plaisir, ce qu'ils appellent le « gibier », et fondant toute une vaine classification, une terminologie superficielle et dérisoire sur des détails dont les causes profondes les inquiètent peu.

Le jeu cruel de la chasse à courre, très en faveur chez

les grands, encore du temps où vivait Buffon, trouve trop d'indulgence, à mon gré, chez cet écrivain, et son histoire scientifique des quadrupèdes tourne trop fréquemment au traité de vénerie, — comme il tourne, en d'autres endroits, au traité d'agriculture et d'élevage...

Ainsi, — suivant une formule que je surprends parfois sur les lèvres des naturalistes, la *corne* « sert à classer les Herbivores »... Mais elle a, j'aime à le croire, d'autres usages. A quoi sert-elle, en définitive ? — Chez les espèces dites « sauvages », c'est avant tout, évidemment, une *arme*, et surtout lorsqu'elle est simple et persistante, comme chez le buffle, le bison, le bouc; mais, — trait piquant et bien mystérieux, en somme, — cette arme sert en même temps, à nos yeux du moins, de *décor;* et cette espèce de cumul qui, d'une pure utilité, fait une beauté, ne saurait, dans une histoire esthétique de la Nature, échapper à notre regard. Un peu plus loin, nous rapporterons ce qu'Herbert Spencer a dit là-dessus d'ingénieux. En attendant, il est permis de s'inscrire en faux contre la conclusion d'une fable de La Fontaine, d'ailleurs délicieuse : « le Cerf se voyant dans l'eau ». La Fontaine prête d'abord à ce cerf un faux jugement de goût : l'animal, si coquet et préoccupé de son physique, « loue la beauté de son bois », et « ne peut souffrir qu'avec peine ses jambes de fuseaux » ; et il ajoute :

« ...Quelle proportion de mes pieds à ma tête ! Des taillis les plus hauts mon front atteint le faîte, mes pieds ne me font point d'honneur... »

Ce cerf a bien tort de se désoler; car ses membres « flexibles et nerveux», comme l'écrit Buffon, sont, chez lui, un élément de grâce et de beauté, qui s'accorde, en parfaite harmonie, avec tous les autres. Je dirai plus : ces jambes, telles qu'elles sont, s'accordent même fort bien avec une tête dépourvue de bois, comme en témoigne l'exemple de la femelle du cerf, de la biche; — c'est donc plutôt *le bois* qui serait ici l'élément — sinon disparate, au moins esthétiquement inutile (1).

La Fontaine à son tour, épouse l'erreur de son personnage : comme l'intéressé lui-même, il en veut à ce bois,

« dommageable ornement, »

qui contrarie la fuite à travers les taillis; et parlant en son propre nom, il trace cette moralité, très contestable, à beaucoup d'égards.

« Nous faisons cas du beau, nous méprisons l'utile,
« Et le beau, souvent, nous détruit... »

On pourrait se demander quel est, dans le monde humain, comme en celui de la Nature, *ce beau qui nous détruit*... Ce n'est pas, sûrement, celui du soleil, ni des astres; non plus celui du feuillage ou des oiseaux, des papillons, ou bien la beauté de notre propre corps, de notre visage, — non plus que celle d'édifices comme les cathédrales, de sculptures ou peintures, on de musiques, qu'on admire... Peut-être faut-il prendre le mot « détruire » dans son acception morale; mais alors, ne pourrait-on, avec plus de raison, attribuer ce pouvoir « destructeur » au *laid* ?

Mais laissons ce point, et revenons à notre sujet principal. Je trouve qu'il est fort aventureux, pour le moins, d'avancer que le *bois* du cerf (comme de tous ses congénères) est moins qu'utile : *nuisible*. Ici, contre son habitude, le fabuliste critique la Nature ; il blâme, à la vérité, le cerf de critiquer une de ses parties, mais se prend à critiquer l'autre... Il oublie que le cerf n'est pas fait, — comme on finit par se l'imaginer, pour l'exercice des chasseurs, et que, libre et hors des atteintes de l'homme, il peut trouver dans ce « *dommageable ornement* » un outil, une arme, ou quelqu'autre ressource qui nous reste

(1) Cette corne rameuse, en somme, comme un arbuste poussé sur une tête animale, a quelque chose d'étrange ; mais l'ensemble n'en est pas déparé, et reste harmonieux.

encore inconnue. Et d'ailleurs, habitant des hautes fûtaies, il n'est guère exposé, comme ceux des taillis, à pareille mésaventure. Notons, au surplus, ceci : que le chevreuil, qui justement fréquente les cantons bas de la forêt, porte un *bois* beaucoup plus modeste.

*
* *

J'ai démontré, contre La Fontaine, que la ramure n'est pas nuisible au cerf. Si sa destination d'arme offensive ne suffit pas à la justifier, à quoi peut-elle être utile ?... Il est temps de faire voir, à présent, que cette question d'*utilité*, — au sens strict — on pourrait dire « utilitaire », est en de certains cas, assez vaine... Tout en gardant sa foi dans la finalité, l'on peut faire intervenir un autre facteur, plus concret : c'est la *nécessité* même, ou, pour préciser, la loi de « *corrélation de croissance* ». Je m'explique :

Il ne semble, au premier coup d'œil, exister aucune relation entre le *bois* d'un cerf, qui pousse à son front — et la poussée latente, intérieure de ses *organes génitaux;* — pas plus qu'entre l'apparition de la *barbe*, chez l'homme — et la maturité de ces mêmes organes, ce qui constitue ce qu'on nomme la « puberté ». Mais l'expérience a rendu, partout, ce rapport évident, et les deux phénomènes, d'ordre si différent, sont si bien liés l'un à l'autre, que si le pouvoir générateur est supprimé, l'attribut qui en est comme le signe extérieur, disparaît du coup; c'est un des résultats, bien connu, de la *castration*.

Or, — et Buffon s'étend longuement là-dessus, — la cause originelle de ce fait est dans une surabondance d'éléments nutritifs ; l'excédent de nourriture va, pour ainsi dire, quand l'âge est venu, « au plus pressé », et, au lieu de tourner en chair ou en graisse inutile, sert à former les cellules de la semence ; en effet, la part de l'individu assurée, il faut penser à la race. (1).

Ici, le célèbre naturaliste me paraît bien hasardeux, lorsqu'il prétend que ce superflu de nourriture organique, avant de former la liqueur séminale, *se porte vers la tête*, et se manifeste à l'extérieur par la production du bois (de la même manière que, dans l'homme, le poil et la barbe annoncent — et précèdent — la liqueur séminale. — Une pareille anticipation du *symptôme* ou signe extérieur sur le phénomène intérieur, essentiel, me paraît quelque chose de paradoxal, car je vois dans la poussée du *poil* ou de la *corne* un fait secondaire, ultérieur, et qui dépend, indubitablement, de la poussée génitale interne. Si celle-ci suit, au lieu de précéder, l'ordre naturel des choses est renversé ; je ne comprends plus...

C'est que Buffon, ici, perd complètement de vue l'action du *système nerveux* : grâce, sans doute, aux communications que ce télégraphe vivant établit entre les parties du corps les plus éloignées l'une de l'autre, le mouvement d'excitation qui prend son point de départ dans l'appareil générateur se propage à tout l'organisme. réveillant, en quelque sorte, sur certains points, des énergies plastiques qui ne demandaient que ce « coup de fouet » pour se déclancher. Ici, comme en tant d'autres cas, il n'y aurait pas succession, mais *simultanéité*, et d'une même cause découleraient deux effets très différents, bien que connexes (2). En deux mots, la croissance du *bois* chez les cerfs, — comme celle de la barbe chez l'homme, et de tous les attributs de la virilité chez les divers animaux, serait un simple effet de « *contrecoup* ».

Je dois, en terminant ce paragraphe, faire une restriction nécessaire : c'est que les cornes, — au moins chez

____

(1) Ce qui paraît bien le prouver, c'est l'*engraissement* qui suit la castration, et se manifeste comme son effet immanquable.

(2) Le télégraphe n'actionne-t-il pas du même coup l'appareil récepteur de la dépêche — et la sonnerie qui signale l'arrivée ?

l'espèce *bovine*, et le plus souvent chez l'espèce *caprine*, ne sont pas le privilège exclusif du mâle ; la vache est cornue tout comme le taureau, et la chèvre, en général, tout comme le bouc. Il en est de même, pour le *bois*, de la femelle du renne. Ces particularités restent mystérieuses, encore, pour la science ; toutefois, je ne pense pas qu'elles contredisent la théorie de l'excédent de nutrition, ni celle des énergies plastiques qui ne demandent, comme nous l'avons dit, qu'une occasion pour développer, en tel endroit donné, le germe préexistant d'un appendice.

Un dernier trait achève de peindre le groupe des quadrupèdes herbivores à cornes ou ramure, et ruminants, en l'opposant à celui des quadrupèdes herbivores sans cornes et n'ayant qu'un estomac simple : c'est le *pied fourchu*, qui s'oppose, à son tour, au pied indivis, à sabot unique, de l'autre groupe, celui des *solipèdes*.

Ce pied fourchu, constitué par deux doigts, les seuls qui se soient développés, et qui se revêtent chacun d'un demi-sabot, sert aux classificateurs à distinguer le bœuf ou le mouton du cheval, et à séparer, comme en des cantons de parc différents, le cerf ou le renne de l'âne et du zèbre. C'est lui qui a fait donner aux animaux qui en sont pourvus, le nom de « *Bisulques* » ; et ce caractère les éloigne aussi, d'autre part, de ceux qui, tel que le rhinocéros, ont trois doigts, — ou quatre, comme l'hippopotame, ou même cinq, ainsi que l'éléphant.

Tout autant que la corne, au sommet du corps, le *pied*, à sa base, soulève de graves problèmes, — non par rapport à son usage, qui, cette fois, n'offre aucun mystère. La Fontaine parle de :

> ...L'office que lui rendent (*au cerf*)
> Ses pieds, de qui ses jours dépendent...
> Ses pieds qui le rendent agile...

Mais le mystère, ici, se trouve dans une diversité de structure dont le but utile n'apparaît pas toujours clairement... Pourquoi, par exemple, le cerf a-t-il le pied fourchu, quand le cheval porte un sabot simple, indivis ? Ces deux quadrupèdes ont, cependant, l'allure aussi rapide, au besoin, l'un que l'autre :

> Or un cheval eut alors différend
> Avec un cerf plein de vitesse,

nous dit encore le fabuliste.

On pourrait avancer cette explication, que le cerf galope dans la forêt, et le cheval, dans la prairie : deux sols dissemblables. Mais est-ce suffisant ?... Pourquoi, d'autre part, chez le porc et le sanglier, deux doigts seulement touchent à terre, les deux autres restant plus courts, — tandis que, chez l'hippopotame, les quatre doigts sont tous de niveau, et posent ensemble sur le sol ?... Au moins, le pied du chameau nous offre un exemple assez clair de disposition préconçue, de *finalité* : chez le « coursier du désert », les sabots, très peu développés, laissent au pas plus de souplesse, en même temps que les doigts, horizontalement étalés, permettent à l'animal de fouler le sol sablonneux sans enfoncer.

Mais, sans nier le moins du monde une distinction spéciale pour chaque variété de « *quillage* », on doit, encore ici, tenir compte de la « *corrélation de croissance*, inéluctable nécessité qui force la Nature ouvrière à maintenir, entre les diverses parties de son ouvrage, un juste équilibre. Songez, en outre, à ceci, que tous ces quadrupèdes à sabot appartiennent à des lignées différentes, et subissent, par conséquent, les conditions que leur a légué un type organique distinct ; la forme du pied peut donc tenir, en grande partie, à la manière dont ce type préexistant s'est adapté à la marche — ou plutôt, a été conformé pour la marche.

Par exemple, notre industrie crée des véhicules de types très divers ; or, on pourrait se demander pourquoi l'un a les roues de telle façon, l'autre de telle autre, —

pourquoi ces roues sont ici plus grandes, et là plus petites, évidées chez un genre de voiture, — et pleines dans
un autre genre, pourvues de tant de rais en ce modèle-ci,
et de tant en ce modèle-là... Mais la diversité des roues
est une conséquence nécessaire de la diversité des types
de véhicules, et l'adaptation de la partie est corrélative de
celle du tout. Ainsi doit-il en être des êtres vivants, et
particulièrement des animaux, que nous savons avoir été
formés, comme le sont nos engins, sur des thèmes différents, et dont, par suite, les appendices suivent, dans leur
développement, la loi d'équilibre qui conforme le reste
du corps.

Ce fait, d'une importance majeure, nous l'avons bien
mis en lumière, au début, en faisant voir que la faune
tout entière est basée sur un certain nombre de *thèmes*
organiques (thème étoilé des Polypes, des Astéries, des
Oursins, — thème annelé des Vers, des Insectes, — thème
enroulé des Mollusques, — thème échelonné des Vertébrés ; — et que chacun d'eux a donné des formes diverses, suivant qu'il devait s'accommoder au milieu aquatique, aérien ou terrestre. Au sujet du *pied*, cette adaptation, chez les Mammifères *terrestres*, est en rapport avec
la nature du sol, dur ou mou, consistant ou meuble, sec
ou moite ; mais elle garde, d'autre part, une intime relation avec la conformation générale du corps. Aussi bien
ce détail de structure ne doit pas être mis au seul compte
de l'adaptation, — de la *destination*, si vous préférez, et
veut être rapporté au plan général. Dans la nature comme
en nos arts, le but cherché n'est pas toujours, — et forcément, — la *signification*, mais l'*harmonie* (1).

____

(1) Soit, en *architecture*, deux édifices de même style (classique),
mais d'*ordre* différent. Que si l'on s'arrêtait à la seule idée de *fonction* (celle, je suppose, de support), il pourrait sembler étonnant que
les *bases* de colonnes (leurs « *pieds* », comme on dit) adoptent : en
l'un, la forme ronde, — et la forme carrée, dans l'autre... Mais, dans
chacun d'eux, la configuration de ce détail est subordonnée à un
parti général de structure et se conforme aux exigences harmoniques
de ce qu'on nomme un « *ordre* » (dorique, ionien, etc.).

*
* *

Ces considérations préliminaires étant exposées, nous passons de suite à la description des espèces ; après les idées, les images.

La plupart des animaux que nous allons passer en revue sont tellement connus de tous, qu'il peut paraître inutile de les décrire encore. Mais cette tâche si souvent faite, — et bien faite, — sera reprise à de nouveaux points de vue. Pour connaître un être — ou un objet, quel qu'il soit, ce qu'il y a de mieux, c'est *la vue directe* de cet être — ou de cet objet, au naturel ; — ensuite, c'est son portrait, photographié ou dessiné ; — enfin, son portrait *écrit*. — Mais, en chacun de ces trois cas, la connaissance n'est complète, — elle n'est juste, aussi, que si l'on ajoute, à la représentation pure et simple, un commentaire ; en effet, ces formes, ces allures, ces types de physionomie, — qu'est-ce qu'ils signifient ?... Pourquoi sont-ils ce qu'ils sont ?... Enfin, qu'est-ce qui fait leur charme, — ou leur effet répulsif, — leur caractère propre et leur « genre de beauté » ?... C'est ce que nous entreprenons d'expliquer, sans pédantisme — et sans fantaisie, dans les esquisses qui vont suivre.

Les Ruminants, description des espèces

Ce groupe considérable se subdivise très naturellement en deux groupes secondaires :

a. — Ruminants *à cornes indivises et creuses ;* ce sont ceux qu'on désigne, en langage courant, sous le nom de « *bêtes à cornes* » ;

On trouverait l'analogue, même en l'*art musical*, où la pédale au grave, « *à la basse* », par exemple, qui *soutient* le chant, en est comme le *pied*, reste simple ici, — et là, de rythme binaire « géminé », suivant le *style* du morceau. — Décidément, l'Art et la Nature obéissent aux mêmes lois; et c'est ainsi que l'Art peut nous servir à expliquer, parfois, la Nature.

b. — Ruminants *à cornes ramifiées et pleines*, lesquelles sont habituellement désignées sous la dénomination de « *ramure* » ou de « *bois* ».

Le groupe des « *bêtes à cornes* » comprend à la fois des espèces sauvages (*libres*, plutôt) et des espèces domestiques. On peut reconnaître ici quatre types bien distincts :

Bœuf — Mouton — Chèvre — Antilope

1° Type bœuf.

Les congénères sauvages (ou libres) du bœuf.

Ce sont : le buffle, le bison, le bœuf musqué, le zébu (ou bœuf à bosse) et le yack.

Le *buffle* (du latin « bubalus »), est d'origine indienne, mais s'est répandu dans certaines contrées de l'Europe où il est à demi domestiqué : par exemple, en Egypte et en Italie, on l'emploie au labour. Ses cornes à grande envergure, larges et plates à leur base, et formant comme une double faucille à pointes aiguës, donnent à cet animal un grand caractère. Mort, il nous laisse sa peau pour ces cuirs militaires qui, de son nom, s'appellent « *buffleteries* ».

Le *bison* a presque disparu de l'Europe, mais il en existe de grands troupeaux en Amérique, et l'on raconte qu'ils ont suffi parfois à bloquer des trains de chemin de fer. Sa silhouette est loin d'offrir, dans son ensemble, l'harmonie qui distingue celle du buffle : outre que le dos s'alourdit d'une bosse, la tête disparaît en partie sous les flocons laineux d'une crinière surabondante et partagée, sur les joues et les flancs, de façon bizarre.

Une espèce bien curieuse, américaine également, est le *bœuf musqué*, qu'on devrait plutôt baptiser d'après son nom latin (*Ovibos*), tant il rappelle la physionomie du mouton. Si ce n'était les cornes aboutées à leur base, et formant sur le front une étrange coiffure, on dirait d'un bélier devenu géant.

Moins hirsute et d'aspect moins sauvage, aussi, que

ces deux derniers, le *zébu* nous restituerait la prestance du bœuf domestique, n'étaient ses cornes trop redressées, et la bosse qui défigure son garrot comme une tumeur. Cette excroissance, en effet, gêne notre vue en rompant des lignes d'ailleurs assez nobles, et nous inquiète, à l'instar d'un cas pathologique... Mais la Nature a probablement ses raisons.

Enfin le *yack*. Celui-ci se rapproche du bison par l'abondance de son poil ; mais ce poil n'est pas ici localisé ; il forme une toison très épaisse et tombant jusqu'à terre (1). On pourrait s'étonner d'une telle fourrure chez un animal habitant des latitudes plutôt chaudes... Il faut se rappeler que le climat n'est pas fonction seulement de la latitude, mais aussi de l'altitude, et que le plateau du Thibet, où vit ce bœuf richement fourré, est à peu près, en moyenne, aussi haut que notre Mont-Blanc. Son utilisation comme bête de somme le met à l'abri d'une disparition complète ; car la rançon, pour la faune, du droit de vivre, est de porter le joug. Peut-être le yack le fait-il à contre-cœur, si l'on en juge par son nom latin (scientifique) de « *Bos grunniens* » (bœuf grognard).

Aux parents libres de notre bœuf esclave, buffle, bison, bœuf musqué, zébu, yack, qu'on vient de décrire, il convient d'ajouter l'*aurochs*, espèce aujourd'hui presque éteinte (et fossile), mais qui vivait encore en Allemagne du temps de César. Les *Niebelungen* le mentionnent sous le nom d'*Ur*, et Cuvier le considère comme un des ancêtres de notre bœuf (*Bos primigenius*). Quelques individus à demi-sauvages sont nourris dans un parc anglais, à Chillingham.

Notre bœuf domestique

Ce nom de *bœuf* est pris dans deux acceptions différentes : pour les savants, c'est un nom générique (*bos*), celui qui, dans la nomenclature linnéenne, précède le nom

---

(1) Ajoutez au tableau une *queue* semblable à celle du cheval.

« spécifique » (*Bos taurus*) ; — pour les gens de la ferme,
il désigne plus spécialement le mâle qui a subi la castration ; alors la *famille* (au sens social) du bœuf se compose du père et de la mère (les reproducteurs), *taureau et
vache*, et des enfants, *veaux ou génisses*.

Notre bœuf domestique (en latin, « *bœuf-taureau* »)

Taureau entravé.
(*D'après un sujet sculpté sur le vif par le statuaire E. Navellier.*)

offre à la fois, si on le compare à ses congénères indépendants, des avantages physiques — et des désavantages.
Sa robe n'est pas velue à l'excès, ni sauvagement fourrée
comme celles du yack et du bison, mais à poil lisse, et de
teinte variée, suivant les races ; son garrot n'est pas affligé
d'une bosse, comme celui du zébu ; enfin, ses cornes gardent des dimensions raisonnables ; elles ne sont pas,
comme chez le buffle, « *ostentatoires* ». — Il faut avouer,
d'autre part, que si la domestication, en général, a simplifié les formes, et les a rendues, pour ainsi dire, plus
calmes et plus harmonieuses, ces formes ont perdu quel-

que peu de ce que les artistes appellent le *caractère* ; et même, le souci de créer des races « alimentaires », pour la boucherie, a produit des types à cornes menues (disproportionnées avec le corps, ici, par un excès inverse de celui qu'on a vu chez le buffle), et qui n'ont plus forme animale, sont passés à l'état de magasins de viande... C'est ainsi que la sélection, comme tout progrès en général, se met au service de l'utilité, et se trouve être, au point de vue de la beauté, une *sélection à rebours*.

Faisons ici, à propos du bœuf, une observation qui peut s'appliquer également au cerf, au cheval, à tous les quadrupèdes enfin. A première vue, quand on regarde ses quatre membres, on serait tenté de croire que ce qu'on voit saillir du corps et marcher, ce sont, ainsi que chez l'homme, les *cuisses* et les *jambes* ; mais, ce qu'on prend pour la cuisse est la *jambe*, car la cuisse, chez ces animaux, est complètement cachée sous les chairs, et la partie du membre qui simule une jambe, c'est ce qui correspond, chez nous, au « *cou-de-pied* », c'est-à-dire aux os du métatarse, ici soudés de manière à former une pièce unique : le « *canon* ».

Une telle disposition a sa raison d'être en ce fait que ceux qui la présentent sont des quadrupèdes, autrement dit des animaux qui, à l'inverse de ce *bipède* unique qu'est l'homme, ne possèdent, à parler strictement, ni bras, ni mains, et marchent en appuyant les quatre membres sur le sol (ce que l'enfant réalise, passagèrement, en se mettant, comme on dit, « *à quatre pattes* ». Ainsi leur station est horizontale, et non verticale ; et c'est parce que l'angle formé par l'articulation de la jambe avec le pied (laquelle n'est pas assimilable au genou) se trouve être *saillant* en avant, et *rentrant* en arrière. Tous ceux qui dessinent des quadrupèdes ont remarqué cette opposition symétrique, qui assure la stabilité, en même temps qu'elle donne au type de figure son cachet spécial.

Au caractère de la figure, chez le bœuf, il faut ajouter celui de la démarche, et celui de la *voix*. La démarche du bœuf, on la connaît : elle est lente et majestueuse ; et l'air de gravité de cet animal, bien qu'il ne corresponde pas à ce que nous appelons une *mentalité*, mais seulement à un *tempérament*, fait honte, parfois, à notre agitation trépidante, à nos accès d'intempérante gaîté... Et quant à la *voix*, notre langage articulé se sert, pour la traduire à peu près, d'une onomatopée : c'est le « *mugissement* » (« *mugitusque boum* », dit Virgile), innotable, d'ailleurs, musicalement, comme toutes les sonorités naturelles, et dont les inflexions, plus variées qu'il ne nous paraît, constituent un langage expressif à peu près ignoré de nous.

*
* *

Le bœuf au pâturage

J'ai traité quelque part cette question — peut-être indiscrète — à savoir pourquoi l'animal qui *paît* est pittoresque et poétique, tandis que l'homme qui *mange* n'est ni l'un ni l'autre... Toujours est-il que les peintres, comme les poètes, seront éternellement attirés par le spectacle d'une action en soi pourtant utilitaire et réaliste. Même le bœuf couché, qui *rumine,* n'évoque pas la digestion, mais la tranquillité méditative. Tant la Nature a la coquetterie, dirait-on, de cacher ses nécessités sous le voile de la beauté...

Le paysan, lui, voit le côté pratique ; il a remarqué que le bœuf, vivant sur le pâturage, ne fait pas tort, comme le cheval, le mouton et la chèvre, au pâturage ; et cela vient de ce que le bœuf, manquant d'incisives, et ayant de grosses lèvres, ne broute que superficiellement, laissant la base des herbes et leur racine intactes.

Le bœuf au labour

Nous venons de voir le bœuf manger ; voyez-le maintenant travailler ; il ne cesse pas, là encore, d'être admirable ; et bien qu'esclave, et sous le joug, il garde son air de noblesse. J'ai toujours été choqué de voir, à sa place, un cheval attelé à la charrue ; l'aspect est maigre ; et d'ailleurs on sent bien que ce n'est pas l'office qui lui convient (1).

Touchante, en vérité, nous apparaît la sollicitude du laboureur antique pour ses bêtes : en un temps où la *loi Grammont* n'existait pas encore, on limitait à 120 pas la longueur du sillon que l'attelage devait parcourir d'une seule traite... Il est vrai que le cultivateur a toujours intérêt à ménager ses compagnons de travail. Buffon parle d'or, quand il dit que « la patience, la douceur et même « les caresses sont les seuls moyens qu'il faut employer ; « la force et les mauvais traitements ne serviraient qu'à « le rebuter pour toujours. » — Il va jusqu'à proscrire l'emploi de l'aiguillon. Les meilleurs cochers n'épargnent-ils point le fouet au cheval ? « Plus fait douceur que violence... »

Le bœuf à l'étable

La tâche du jour, pour les bœufs de labourage, est achevée ; et l'heure est venue, pour les bêtes au pâturage, de rentrer à l'étable. Ici, nous retrouvons l'épouse du taureau, la mère de famille ; séparée de corps d'avec son conjoint, pour des raisons majeures, il faut encore, si la vache est promue laitière, qu'elle nous abandonne la nourriture de son rejeton... « *Si vos, non vobis...* » — ou bien le lait qu'on lui laisse engraisse un nouveau-né déjà condamné à mort avec sursis. La *génisse*, elle, est plus chanceuse, puisqu'elle peut devenir mère de famille à son tour ; son existence individuelle est prolongée du fait qu'elle-même doit prolonger celle de la race. — Et, remarquez-le, je ne poétise pas mon sujet ; j'en démas-

---

(1) L'attelage « chevalin » ne forme pas, comme l'attelage « bovin », un ensemble harmonique pour l'œil ; et notre esprit se rend compte, intuitivement, du désaccord qui existe entre le lent travail de labourage et la vivacité nerveuse du cheval.

que, au contraire, la réalité, — du point de vue animal,
tout au moins. Il faut bien que tout cela s'accomplisse,
je le reconnais, puisque l'homme est — ou veut être —
carnivore (ce qui l'entraîne, forcément, à se faire *carnassier*)... Mais, pourquoi le taire ? la campagne, harmonieusement célébrée par Virgile, est autant « *tragique* », en somme, que « *bucolique* »... Voyez ce beau
troupeau répandu dans l'herbage ; n'est-ce pas un spectacle aussi rassérénant qu'idéal ? — Mais, derrière ce
riant décor, il se passe des choses lugubres ou troublantes : le chirurgien est là, — là le boucher : opération ou
exécution... Oh ! paix et félicité des champs, où êtes-vous ?

Au moins, le *lait* si blanc qui coule dans les terrines
nous console du sang dont le flot rouge arrose le sol ; et
nous oublions le bœuf qu'on assassine à l'abattoir en regardant la fermière traire ses vaches et faire ses fromages.

Les dépouilles du bœuf

Vivant, le bœuf est précieux pour le travail qu'il nous
fournit et le lait que donne la vache ; — mort, il est encore apprécié pour les dépouilles qu'il nous laisse. Sans
parler de sa *chair*, la meilleure et la plus saine de toutes
les viandes, ni de sa *peau*, dont on fait un cuir excellent,
— « la *corne* de cet animal, écrit Buffon, est le premier
« vaisseau dans lequel on ait bu, le premier instrument
« dans lequel on ait soufflé, la première matière transparente » (au moins translucide) « que l'on ait employée
« pour faire des vitres, des lanternes, etc... » « Mais finissons, a-t-il soin d'ajouter, car l'histoire naturelle doit
« finir où commence l'histoire des arts. »

Le bœuf dans l'Art

Nous autres, d'après le titre de cet ouvrage, n'avons
pas, nécessairement, tel scrupule. Aussi bien recommandons-nous au lecteur de compléter nos tableaux en feuil-

letant les poètes qui ont célébré dans leurs vers le superbe et sympathique quadrupède, — comme en parcourant les salles de peinture où des paysagistes dits « *animaliers* », tels que Paul Potter ou Troyon, ont « souligné », par des traits de pinceau sur la toile, des formes, des attitudes et des effets de coloris que nous n'admirons pas assez au naturel (1). C'est ainsi que le *Musée* devrait être une suite au *Museum*.

Le bœuf dans la Religion

Cet innocent — autant qu'irresponsable herbivore dont nous esquissons l'histoire, a plus influencé encore les idées religieuses de l'humanité que ses idées artistiques. Par une étrange perversion du sens symbolique, les Egyptiens, peuple où tout est mystère, ont divinisé le monde — inférieur à l'homme, pourtant, — des animaux. Au premier rang était le *bœuf Apis*, auquel on rendait les plus grands honneurs, — honneurs qu'il payait, d'ailleurs, de sa tête, puisqu'au rapport de Pline l'Ancien, les lois sacrées ne lui permettaient pas de vivre au delà de tel nombre d'années. On le faisait périr, au reste, rituellement, en le noyant dans la fontaine du temple... Il faut lire dans Pline le détail des pratiques extravagantes auquel ce culte, extravagant déjà, donnait lieu ; — et de quel ton imperturbable il raconte ces insanités !...

Le rôle du bœuf dans les sacrifices, au moins dans l'Ancien Testament, est d'un ordre tout différent. Avant que le Christ se soit offert lui-même en holocauste pour le mal commis en ce monde, on offrait à Dieu des victimes expiatoires ; et c'était en même temps une offrande « de *prémisses* », c'est-à-dire l'abandon d'une part de ses biens (et de la *première* part), que l'homme faisait, par gratitude et déférence à la fois, au divin Bienfaiteur.

(1) Qu'on se rappelle la célèbre phrase de Pascal.

Le bœuf dans nos jeux

La fécondité d'invention, trop souvent déplorable, chez l'homme, nous oblige à ajouter ici un dernier paragraphe : celui du *bœuf dans nos jeux* ; — jeux cruels, peut-on dire, et qui devraient faire honte à l'humanité.

On comprend que je veux parler des *combats de taureaux*. Ce mot de « *combat* » est assez impropre, d'ailleurs, et fait l'effet d'un euphémisme... J'y vois plutôt une « chasse à courre » (*corrida*), avec cette différence, qu'au lieu d'un cerf, qui cherche son salut (et le trouve, parfois) dans ses pieds, c'est un taureau, qui se défend avec ses cornes, et fait face ; et puis que la chose se passe, non dans la vaste étendue d'une forêt, mais dans l'espace limité d'un cirque ; et qu'enfin, par le fait de cette étroitesse même, et du nombre des assaillants, l'animal ne peut échapper à son sort. Ajoutez à cela les chevaux éventrés, perdant leurs entrailles sur l'arène, — et vous direz avec moi qu'en dépit de leur costume figaresque, et de l'agilité gracieuse dont ils font preuve, ces *banderilleros* qui lardent la pauvre bête de dards enrubannés, ces *picadores* qui la harcèlent de leurs lances, enfin le *spada* qui, de son glaive, arrive au dernier moment pour l'achever, — ne sont pas autre chose que des bouchers travestis, carnavalesques, et, puisqu'ils tuent sans nécessité, des bouchers féroces.

Pline fait mention de ce spectacle, déjà très en vogue chez les Romains de la décadence ; jeu bien conforme au paganisme, et qui, dans nos temps et nos pays chrétiens, apparaît comme un révoltant contre-sens. En résumé, que ce soit pour le plaisir ou pour le besoin, le bœuf, non plus que le mouton ou le porc, le lapin ou le coq, ne saurait se flatter, s'il est au pouvoir de l'homme, de mourir jamais de sa belle mort.

2° *Type mouton.*

Nous ferons ici la même observation que sur le bœuf, à savoir qu'un seul mot sert aux naturalistes à désigner

l'*espèce* — et aux agriculteurs à signaler le mâle rendu
pas la castration inapte à se reproduire ; c'est une des
pauvretés de la langue.

De même que la famille sociale du bœuf (pris dans
la première acception) se composait du taureau, de la

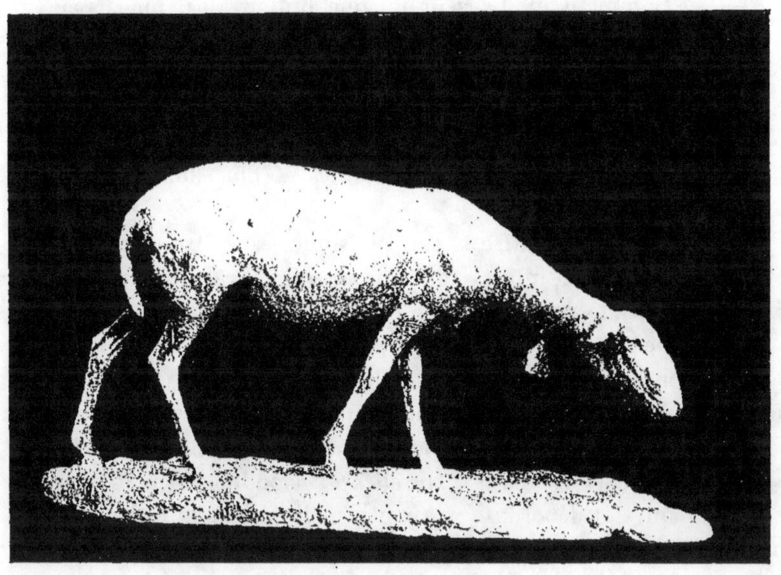

Brebis de Saintonge.
(*D'après un sujet sculpté sur le vif par le statuaire E. Navellier.*)

vache, du veau ou de la génisse, celle du *mouton* comprend le bélier, la brebis, les agneaux.

Par opposition (non symétrique, d'ailleurs) aux « bêtes
à cornes », on donne aux moutons, dans les marchés, le
nom pour ainsi dire commercial de « *bêtes à laine* » ;
c'est, pour le fermier, le « *petit bétail* ».

A propos de notre *mouton domestique*, Buffon s'em-
barrasse d'une question pourtant assez simple, en définitive : cherchant l'espèce sauvage (c'est-à-dire *libre*) qui
aurait précédé l'homme sur la terre, il ne la trouve pas,
et se demande alors comment des animaux si débiles
et dénués de tout moyen de défense, tels qu'on les con-

naît, ont pu résister à tant de causes de destruction...
Car, actuellement, et depuis les temps historiques, ils
ne subsistent que grâce à l'homme ; et l'état de domesticité, qui les asservit, les conserve (en conserve la race).
Mais auparavant,_avant l'homme ?...

Comment un penseur tel que Buffon a-t-il pu laisser
cette question sans réponse ? — Outre qu'il existe de
par le monde des espèces « *rustiques* » assez voisines de
notre mouton, il est permis de supposer que ce dernier
est le descendant dégénéré, abâtardi, abruti par un long
servage, de races plus résistantes et plus douées d'initiative.

Toujours est-il que son physique, sans être disgracié,
n'est guère intéressant ; il est sans grâce, sauf chez
l'*agneau*, peut-être, et n'offre de caractère que chez le
bélier. Mais un troupeau de moutons « bien en laine »,
dont on ne voit presque plus la tête ni les jambes, et
qui chemine sur la route, offre l'aspect curieux d'une
« mer de toisons », qui, suivant l'expression de Jules
Renard (« *Histoires naturelles* ») « ondule d'un fossé à
l'autre et déborde... » Aussi bien le jugement esthétique
du vieux Pline est fait pour nous surprendre, lorsqu'il
écrit : « Que la brebis ait les jambes courtes et le ventre
« chargé de laine, *cette beauté lui suffit...* » C'est là,
n'est-il pas vrai ? une appréciation d'éleveur.

Mais, encore ici, le profit nuit au plaisir des yeux. Je
reconnais, cependant, que ce même troupeau, s'égrenant
sur une pelouse de montagne, tel un régiment en ordre
dispersé, compose un tableau naturel digne d'être reproduit par les peintres. Pas un salon de peinture, en effet,
qui ne compte, au nombre de ses paysages, au moins une
vingtaine de ces « *moutonneries* ».

Le trait dominant, chez le mouton domestique, c'est,
en somme, la *débilité* — de corps et d'esprit, si l'on
peut dire : le grand soleil, — sans parler du *tournis*, —
leur étourdit la tête, et le berger doit prendre garde,
quand ils paissent,_à ce qu'elle reste autant que possible,

à l'ombre de leur corps ; l'orage leur fait grand'peur, —
et non sans raison, car, serrés les uns contre les autres,
ils sont très exposés à être foudroyés ; un coup de tonnerre suffit à faire avorter les femelles.

De l'aveu de Pline, les « *bêtes à laine* » sont « les plus
stupides des animaux » ; mais presque toutes les races
domestiques en sont là ; le servage, fatalement, anéantit
toute initiative, et l'animal prisonnier de l'homme perd
l'instinct qui le guidait dans l'existence libre, autonome (« automatique », plutôt). Toutefois, si l'on en
croit Buffon, « le jeune agneau cherche lui-même dans un
« nombreux troupeau, trouve et saisit la mamelle de sa
« mère, sans jamais se méprendre. » Mais c'est un être
neuf, encore très près de la Nature.

Par exemple, un instinct qui subsiste chez le mouton,
c'est de se grouper, de se serrer en masse compacte ; et
cet instinct « *grégaire* », que l'homme utilise, peut, à
l'occasion, lui jouer quelque mauvais tour, — témoins
les fameux « *moutons de Panurge* ». Mais l'esprit de
discipline — ou d'imitation — qui porte ces animaux à
« *suivre* », comme on dit, « *le mouvement* », est plus
souvent opportun que malencontreux : « Si elles (les brebis) craignent d'entrer quelque part, écrit Pline, traînez-
en une par la corne ; le reste suivra. »

Faut-il croire ce que Buffon rapporte de leur *instinct
musical*, — qu'ils seraient « sensibles aux douceurs du
« chant, qu'ils paissent avec plus d'assiduité, qu'ils se
« portent mieux, qu'ils engraissent au son du chalu-
« meau... » Si la mélodie a, chez eux, ces effets, c'est
qu'elle agit de façon purement *physiologique*, et sur leurs
nerfs, non sur leur... esprit. Tous les animaux, d'ailleurs,
en sont là, — et, faut-il ajouter, tant de personnes humaines ! Il y a deux choses, en effet, dans la *musique* :
le *son*, qui, plus ou moins modulant, remue nos fibres,
et nous cause une stimulation agréable, — et l'*idée*,
expressive et logique, qu'éveille en l'intelligence l'ensemble — successif ou simultané — des sons. Ajoutons

bien vite que cette *idée*, chez les plus fins mélomanes eux-mêmes, reste encore vague, et mystérieuse, et que si la musique dépasse, comme a dit Saint-Saëns, le vestibule de l'oreille, et s'impose comme expressive autant que flatteuse à notre esprit, — ce qu'elle exprime, en définitive, c'est l' « *indicible* »...

Mais revenons, c'est le cas de le dire, *à nos moutons*. Faut-il les classer parmi les espèces utiles — ou nuisibles ?... Une pareille question semble faite pour étonner, si l'on considère tout le parti que l'homme tire de ce bétail : lait, viande, suif, peau, jusqu'à la matière des cordes à violon (cordes « *à boyau* ») ; j'allais oublier la *laine*, à laquelle Pline consacre plusieurs pages de son « *Histoire naturelle* ». Il ne faudrait pas, cependant, passer sous silence les dommages causés par le pacage intensif. « Pourquoi, demande en son beau livre de l'*Arbre* « l'inspecteur des forêts Cardot, pourquoi les pâturages « de montagnes... se dégradent-ils ? — C'est... qu'on « les surcharge de bestiaux. » Tout le mal vient de cet usage, — de cet *abus*, plutôt, qu'est la « *transhumance* », c'est-à-dire le passage des troupeaux d'un territoire à l'autre. Qui les appelle, ces troupeaux ? — Les gens du pays, d'une part, qui louent leurs herbages aux pâtres étrangers, et de l'autre, les communes elles-mêmes, qui, dans un intérêt aussi mal entendu, afferment à ces bergers « des montagnes entières ». Or le résultat est désastreux ; en effet, comme le dit très bien l'auteur du « *Manuel de l'Arbre* », le troupeau de moutons... va partout où il y a une « touffe végétale... ; comme il est « peu exigeant, et peu coûteux à élever, il semble qu'on « puisse le multiplier indéfiniment... Quand il se rend au « pâturage, il marche en rangs serrés, et ce piétinement « concentré dénude et dégrade le sol. Arrivé sur la « pelouse, il s'étend en ligne de front comme une armée « en bataille, et aucune partie du pâturage n'échappe à « son atteinte. Voilà pourquoi le mouton est un si terri- « ble ennemi pour la montagne. On a dit de lui qu'il

« faisait le désert derrière lui. Avec plus de raison en-
« core, on pourrait dire que dans la montagne, il fait la
« ruine et le torrent. »

La stérilité du plateau de Castille, en Espagne, n'a
point pour seule cause le climat ; elle est due, pour une
grande part, à ce fléau d'origine humaine, la « *mesta* »,
vaste association de propriétaires dont les troupeaux,
comptant jusqu'à 10.000.000 de têtes, ont dépouillé le
sol de sa verdure... Et l'on dit que l'homme est un animal raisonnable !

3° *Type chèvre.*

Ici, le nom de l'espèce n'est plus, comme chez le bœuf
ou le mouton, celui qu'emploient les éleveurs pour désigner le mâle châtré, devenu comestible ; c'est un nom
féminin, qui ne devrait logiquement s'appliquer qu'à la
seule femelle: L'usage, toutefois, a prévalu ; et c'est
l'exemple inverse de notre espèce, où ce seul mot :
« *l'homme* », comprend à la fois les deux sexes. Suivant
la nomenclature technique, la « famille sociale » se
compose ici du *bouc*, de la *chèvre* et du *chevreau* (ou de
la *chevrette*).

Mise en parallèle, pour son « physique », avec le mouton, la chèvre a, tout de suite, l'avantage : son corps,
maigre et nerveux, n'est pas engoncé dans une épaisse
toison, et les jambes qui le supportent sont bien décou-
vertes et sveltes ; sa tête, où la paire d'oreilles et la paire
de cornes divergent du même angle, est éclairée par deux
yeux placés de côté, au regard vif et pour ainsi dire
« magnétique », et s'accompagne, sous le menton, d'une
barbe pendante ou « *barbiche* », qui lui donne du caractère. — L'usage de cet appendice ?... — C'est encore là
le grand problème de ces « superfétations organiques »
qu'on croit déterminer suffisamment en les qualifiant
d'*ornements*.

A cette figure attrayante en soi, la Chèvre joint l'agrément d'une jolie vivacité de mouvements; comme l'écrit

Buffon, dans un style alerte, cette fois, et conforme au sujet, « elle marche, elle s'arrête, elle court, elle bondit.., s'approche, (puis) s'éloigne, se montre, se cabre ou fuit... » — « et cela, ajoute-t-il, par caprice... »

Ici, qu'on me permette une légère critique : il semble assez peu logique d'attribuer à la chèvre un trait de caractère qui, justement a le nom de la chèvre pour origine (1); c'est renverser l'ordre naturel des choses.

Le tempérament psychique de cet animal est, aussi, plus heureux et plus attachant que celui du mouton; il se traduit d'abord par cette mobilité d'allures qu'on a dite, — puis par cette audace vagabonde qui la pousse à grimper toujours plus haut, à se tenir au bord des précipices, enfin, par une aimable promptitude à venir à l'homme, à quêter ses caresses, tout en fuyant sa main... Car si la chèvre n'est pas sauvage, elle est d'humeur indépendante et fière.

Le *bouc* (ce nom dérive du gaëlique) est le mâle de la chèvre, et le reproducteur, dans toute la force du terme. Ses allures nous inquiètent, et son odeur, à de certaines époques, nous dégoûte. Aussi l'a-t-on pris, de toute antiquité, pour symbole de lubricité. Cette odeur, toutefois, passe pour antiseptique, et c'est pourquoi l'on garde souvent, dans un coin de l'étable, un bouc dont la principale fonction est d'assainir... Tout arrive.

Buffon cite, en son « *Histoire des quadrupèdes* », des accouplements anormaux, du moins exceptionnels, sans pouvoir se prononcer sur la fécondité de ces croisements, qui seraient plutôt stériles. J'exprime ces croisements d'une façon directe, on peut dire, par le diagramme en croix :

---

(1) A ce propos, il n'est pas sans intérêt de relever, en passant, les mots ou expressions dérivés de ce nom de *chèvre*, tels que *cabriole*, *se cabrer*, un pouls *capricant*, le *chevrotement* de la voix; puis le nom de l'insecte appelé *capricorne;* — de même, *bouc* a donné *bouquin*, de la même façon que *buffle* avait donné *buffleteries*.

Au même titre que le mouton, la chèvre est utile par
un côté, et nuisible par l'autre. Au point de vue éco-
nomique, on l'appelle, ingénieusement, « *la vache du
pauvre* »; et le riche, d'ailleurs, a recours à son lait pour
fortifier ses enfants délicats. Ce lait, peu abondant en
beurre, mais léger et mousseux, est plus sain et meilleur
au goût que celui de brebis. Par contre, la chair du chevreau ne vaut pas celle de l'agneau.

« Les chèvres, écrit Buffon, se laissent têter aisément,
« même par les enfants. Elles sont, ajoute-t-il, comme
« les vaches et les brebis, sujettes à être têtées par la cou-
« leuvre, — et (encore) par un oiseau connu sous le
« nom de « *tête-chèvre* » ou « *crapaud volant* », — qui
« s'attachent à leur mamelle pendant la nuit, et leur
« font, dit-on, perdre leur lait. »

Le *poil* de notre chèvre domestique est assez rude; mais
une race hindoue dite d'*Angora*, en fournit un d'une
finesse et d'un moëlleux très appréciés, dont on tisse des
étoffes ayant le lustre de la soie.

Tels sont les bienfaits que nous prodigue la chèvre;
parlons maintenant de ses méfaits... Laissons parler, plutôt, à notre place, un homme compétent, auteur du
« *Manuel de l'arbre* » déjà cité (2). « La chèvre aussi est
« un terrible ennemi. Elle se nourrit d'herbes, mais aussi
« de bourgeons et de jeunes pousses. Le mouton détruit
« les gazons : la chèvre s'attaque surtout au buisson, à
« l'arbre, c'est-à-dire aux deux organes qui, seuls, peu-
« vent fixer, consolider les pentes escarpées et maintenir

(1) Voir le passage de mes « *Eléments du beau* », où la loi des
unions favorables ou défavorables, fonction respective des moyens
ou des extrêmes, est exprimée par le schéma général de *polarité*.
(p. 182).

(2) Buffon dit exactement la même chose, de son côté.

« la fraîcheur et la fertilité des herbages. Son agilité lui
« permet d'aller détruire la végétation qui cimente, ta-
« pisse les rochers, fixe les éboulis. Là où la forêt serait
« indispensable pour consolider la montagne, la chèvre
« broute un à un les jeunes plants qui doivent remplacer
« les grands arbres, et la forêt protectrice est condamnée
« à disparaître... Voilà pourquoi, conclut-il, les mon-
« tagnes livrées aux moutons et aux chèvres sont presque
« toujours effroyablement dégradées. Voilà pourquoi les
« pays d'Orient, l'Asie mineure, la Perse, la Mésopotamie,
« la Syrie, la Grèce, la Sicile, la côte africaine, l'Espagne,
« nos montagnes provençales, presque tous les rivages de
« la Méditerranée, livrés depuis des siècles aux pasteurs
« nomades et à leurs troupeaux, ont perdu peu à peu leur
« verdure et leurs eaux courantes, et avec elles leur pros-
« périté d'autrefois. »

En m'étendant, comme je viens de le faire, sur le
vandalisme dont l'homme est l'auteur responsable, et dont
les bêtes innocentes ne sont, en définitive, que les aveugles
instruments, je ne crois pas être sorti de mon sujet :
l'effet de ce vandalisme ne porte-t-il point sur la *beauté*,
en même temps que sur l'utilité ? La chèvre, par sa figure et la grâce de ses mouvements, appartenait de droit
à l'Esthétique; mais les paysages qu'elle abîme n'en dépendent pas moins.

Nous aimerions, si le temps nous le permettait, à suivre
l'intéressant animal jusqu'au domaine *artistique;* mais,
laissant de côté la nourrice de Jupiter, *Amalthée,* ainsi
que ses représentations en sculpture comme en peinture,
et même la chèvre fameuse qui doit, dans l'opéra du
« *Pardon de Ploërmel* », traverser le ruisseau de scène sur
un praticable, — nous rappellerons seulement au lecteur
le joli conte d'Alphonse Daudet, « la Chèvre de Monsieur
Séguin », et nous finirons par la fable de La Fontaine :
« *les Deux Chèvres* », délicieux tableau de genre, qui
résume si bien la « psychologie », si l'on peut dire, de
l'espèce :

> Certain esprit de liberté...
> ...S'il est quelque lieu sans route et sans chemins,
> Un rocher, quelque mont pendant en précipices,
> C'est où ces dames vont promener leurs caprices.
> Rien ne peut arrêter cet animal grimpant.

Le sujet de cette fable se trouve déjà dans Mucien, d'après un passage de Pline ; mais le dénoûment, là, n'est pas le même : Mucien rapporte un fait qu'il prétend avoir vu de ses yeux, et le cite comme preuve d'intelligence chez les bêtes : l'une des deux chèvres qui se rencontrent nez à nez sur une planche étroite, au-dessus d'un torrent, a l'idée, fort ingénieuse — autant qu'improbable, de se coucher sur le ventre, de manière que, l'autre passant par dessus, toutes deux sont sauvées; — dénoûment favorable, donné comme authentique, et tendant à soutenir une thèse, tandis que celui de La Fontaine est fâcheux, encore que plus vraisemblable, et se propose comme une leçon.

Les parents sauvages (ou « libres »)
de la Chèvre et du Mouton domestiques

le **Moufflon**, le **Bouquetin**, le **Chamois**, la **Gazelle** et l'**Antilope**

Le *Moufflon* paraît plus voisin du mouton que de la chèvre; il porte, d'ailleurs, en la nomenclature linnéenne, le nom d'*Ovis musimon*, ce qui veut dire « *mouton-mulet* ». Faut-il voir en lui la souche de notre mouton domestique ?... Toujours est-il que, d'après Pline, il aurait donné, dès le temps anciens, par son accouplement avec la *brebis*, des métis (en latin, *umbri*).

Ce qui fait remarquer surtout cet animal, c'est la grosseur de ses cornes, qui sont de coupe triangulaire, annelées, et contournées très élégamment en hélice, (1) de telle façon qu'on voit là plutôt un ornement — et comme une « coiffure » — qu'une arme défensive; ainsi cette

---

(1) Les fameuses « *cornes d'Ammon* », dont on ceignait le front du dieu païen, étaient empruntées au *bélier*. Le moufflon pourrait être qualifié de « *bélier à museau de chèvre* ».

sorte d'*escoffion*, qui rejette ses pointes en arrière, s'harmonise bien avec le regard si paisible de ces bêtes inoffensives.

Le moufflon habite, en Europe, les îles de Corse et de Sardaigne, et, en Afrique, les montagnes de l'Atlas; la variété de ce dernier pays est appelée « *moufflon à manchettes* », dénomination qui n'est pas très juste, car le poil surabondant localisé sur le devant de son corps pend en barbe sous le menton, et se prolonge sur le poitrail avant d'habiller les jambes. Le reste du corps étant dépourvu de toison, cela fait un peu l'effet de certaines bandes de fourrure dont les dames s'enveloppent le cou.

Le *Bouquetin*, lui, comme son nom vulgaire l'indique (*Bock-stein* en allemand, c'est-à-dire « *bouc des rochers* », se rapproche plutôt du genre *Chèvre*. Son nom savant, du reste, est « *Capra ibex* », ce qui veut dire « *Chèvre-Chamois* ». Ses cornes, aussi fortes que celles du moufflon, ne sont pas contournées en hélice, mais seulement arquées. C'est un alpiniste décidé, qui gravit les plus hautes cimes et se plaît au voisinage de ce qu'on nomme les « *neiges éternelles* » (1). Il est bien fâcheux, pour les amateurs de beauté, que cette race tende à disparaître.

Le *Chamois*, qu'on appelle « *Isard* » dans les Pyrénées, est placé par les naturalistes modernes, je ne sais pour quelle raison, près de l'*Antilope* ; son nom générique est celui de ce dernier animal, et son nom spécifique, « *rupicapra* », signifie « *Chèvre des rochers* ». La couleur de sa robe est ce que dit justement son nom populaire, puisque c'est ce nom même qui a passé de l'animal à la nuance jaune-brun bien connue. Bien que son corps soit un peu massif, il fait montre d'une agilité surprenante ; ses cornes sont bien un peu courtes et menues, en proportion de sa taille; et, de teinte noirâtre, recour-

____

(1) Cette expression m'a toujours choqué comme inexacte : il n'y a rien d'*éternel* en ce bas-monde; c'est « neiges *persistantes* » qu'il faudrait dire.

bées en crochet, elles ne sont pas si « *décoratives* » que
celles du moufflon ou de la gazelle; mais ses mouvements sont si gracieux, son aspect est si délicieusement
inoffensif, qu'il faut avoir un cœur bien dur et bien peu
d'esthétique dans l'âme pour le chasser sans nécessité
et par pur plaisir (1). Mais parler d'admiration — ou de
compassion — au chasseur de chamois !... Aussi cette
charmante espèce est-elle en voie de disparition, et la
montagne, dépouillée déjà par le pâtre de son gazon, et
par le bûcheron de sa futaie, est enfin, peu à peu, grâce
au chasseur, privée de la faune qui l'animait. Il est vrai
que, de la peau du gracieux escaladeur de cimes, nous
nous faisons des gants et relions nos livres.

Avec la *Gazelle* (de l'arabe *ghazal*), on atteint, je crois,
l'idéal du type dont la *chèvre*, le *bouquetin* et le *chamois*
offraient déjà de remarquables spécimens. Tout est beau,
gracieux, séduisant en cet animal, aussi peu animal que
possible, et pour qui l'appellation de *bête* semble presqu'une profanation... Sa tête au chanfrein droit, au fin
museau, avec des yeux au doux regard (des « yeux de
gazelle », c'est tout dire), est ornée de cornes longues,
effilées, arquées d'une courbe élégante, en forme de lyre.
Son corps, bien proportionné, n'offre pas les contours
anguleux et le pelage quelque peu rude de la chèvre,
mais il est lisse et potelé ; sa robe est de ton clair et gai ;
ses jambes sont fines, fuselées, chaussées à leur extrémité
de mignons sabots. En résumé, de tout l'ensemble se
dégage une expression de finesse et de suprême élégance,
— j'allais dire d'aristocratique distinction; si bien qu'on
pourrait qualifier la gazelle de «*princesse des quadrupèdes
herbivores...*» Mais j'oublie que mon tableau s'applique
aussi bien au mâle qu'à la femelle — tant l'aspect, ici,
d'accord avec le nom, est féminin.

A ces avantages plastiques, ajoutez la légèreté, la gra-

____

(1) Prendre son plaisir à *tuer*, à « *détruire de la vie* », quelle
inconcevable aberration, quand on y songe !...

cieuse vivacité des mouvements, mais sans la brusquerie d'allures ni la mobilité fantasque de la chèvre.

La Gazelle, à l'inverse du Chamois et du Bouquetin, n'est pas un hôte des montagnes, mais des plaines; elle vit en troupeaux libres dans les déserts de l'Arabie et du nord de l'Afrique, où la rapidité de sa course ne la sauve pas toujours des atteintes du lion. Je ne crois pas qu'elle ait à craindre le chasseur, en ces immenses solitudes; elle est seulement la proie, — le butin, plutôt, des missionnaires de la science, qui l'expédient toute vivante à la ménagerie du *Museum*, où, prisonnière d'un étroit enclos, elle a, pour se consoler, la procession des promeneurs, et leurs propos de naïf émerveillement... Mais j'ai tout lieu de croire, à son attitude, que la gracieuse créature est sourde aux compliments, et moins avide de caresses que de pain de seigle...

L'Antilope. — Les classifications savantes placent la Gazelle et le Chamois parmi les Antilopes; c'est qu'elles font de l'Antilope un groupe, tandis que nous en faisons un type. Or, ce type diffère autant de ceux qui précèdent que l'être composite, hybride, et, pour tout dire, bizarre (1), diffère de l'être simple, de race pure, affiné par la sélection. Considérez seulement cet animal connu sous le nom d'« *Antilope gnou* », et voyez-le à côté de la Gazelle, qu'on lui donne comme parente : son corps osseux, dégingandé, peu net, est porté sur de longues jambes, grêles en proportion, et porte lui-même une tête de bœuf (2), mal dégrossie, à mufle épais, hérissée par ci par là de touffes de poil et surmontée d'une paire de grosses cornes, plutôt en crochet qu'en hélice ; le garrot,

______

(1) Qu'on ne nous accuse pas de critiquer, dans ces tableaux, l'œuvre du Créateur. La disgrâce des formes, que nous appelons « *laideur* », ne vient pas ici, bien évidemment, comme c'est le cas pour les œuvres humaines, de maladresse ou d'incapacité; elle a ses raisons d'être, sans doute, en la finalité totale et générale de l'univers.

(2) Son nom, assez pédantesque, de *Catablepas*, vient d'un mot latin qui désignait, chez les Anciens, certain *taureau* d'Afrique.

GAZELLE

(d'après un dessin original du statuaire E. Navellier).

presque bossu, rappelle le zébu ; et, d'autre part, supprimez la tête bovine, vous avez un cheval, dont cette singulière espèce d'Antilope offre la crinière et la queue, — mais un cheval abâtardi, déchu. Une espèce voisine, qui porte le nom composé d' « *Hippotragus* », tient à la fois, comme ce nom l'indique, du *cheval* et du *bouc* ; une autre, dénommée « *Taurotragus* », combine les caractères respectifs du *bouc* et du *taureau*.

Tous ces mélanges si divers dérivent-ils d'accouplements... « aventureux » — et cependant féconds, — ou bien a-t-on affaire à des types ancestraux complexes, aux caractères encore incoordonnés, lesquels se seraient ultérieurement divisés, se partageant, par une sorte de sélection divergente, entre plusieurs espèces, et constituant, ici la chèvre, là le cheval ou le bœuf ? ...J'avoue pencher vers la première hypothèse.

Ruminants à ramure

Au groupe des Ruminants à cornes *indivises* et *creuses* (*cornes* proprement dites) dont je viens de tracer le tableau, s'oppose celui des Ruminants dont les cornes, de structure et de forme très différentes, ne portent plus ce nom, et prennent celui de « *bois* » ou de « *ramure* ». Ce nouveau groupe comprend le Cerf, le Chevreuil, le Daim, le Renne et l'Elan. Le *Cerf* va nous retenir un peu plus longtemps que les autres, car son histoire offre un grand intérêt; et d'ailleurs, les autres types, ses congénères, n'en diffèrent que par des traits d'ordre secondaire.

Je ne saurais mieux débuter, ici, qu'en citant ce passage, aussi topique que touchant, des « *Histoires naturelles* » de Jules Renard :

« J'entrai au bois par un bout de l'allée, comme il
« arrivait par l'autre bout. »

« Je crus d'abord qu'une personne étrangère s'avan-
« çait avec une plante sur la tête ».

« Puis je distinguai le petit arbre nain, aux branches
« écartées et sans feuilles.

« Enfin, le Cerf apparut net, et nous nous arrêtâmes
« tous deux. »

« Je lui dis : « Approche... ne crains rien. Si j'ai un
« fusil, c'est par contenance... Je ne m'en sers jamais,
« et je laisse ses cartouches dans leur tiroir. »

« Le Cerf écoutait, et flairait mes paroles. Dès que je
« me tus, il n'hésita point : ses jambes remuèrent comme
« des tiges qu'un souffle d'air croise et décroise. Il s'en-
« fuit. »

« Quel dommage ! lui criai-je. Je rêvais déjà que nous
« faisions route ensemble. Moi, je t'offrais, de ma main,
« les herbes que tu aimes, et toi, d'un pas de promenade,
« tu portais mon fusil couché sur ta ramure... »

Tout ce qu'on peut dire sur le Cerf, à première vue,
se trouve condensé dans ces lignes charmantes : d'abord,
cette ramure étonnante qui le distingue, ostensiblement ;
puis son tempérament doux et timide ; — enfin l'admiration sympathique et compatissante que cette belle
créature de Dieu inspire à tout homme qui n'est point
chasseur.

Regardez-la de face, de profil ou de trois-quarts : aucun défaut d'harmonie ne vient choquer votre vue : d'un
corps bien dégagé, ni trop maigre ni trop replet, et porté
par des jambes fines sans être fluettes, (1) se détache une
tête que l'on peut qualifier d'admirable : front large,
avec de jolis yeux presque humains, même féminins
(« *yeux de biche* »), et deux oreilles droites, bien symétriques, en feuilles de laurier ; le tout couronné par cette
ramure qui pourrait paraître bizarre, et s'accorde cependant si bien avec tout le reste, que l'ensemble ne laisse
rien à désirer — ou à regretter. Même, ce *bois* que porte
le Cerf mâle sur sa tête, donne à sa figure un grand caractère, et semble bien convenir à l'hôte habituel des forêts.

---

(1) Je ferai remarquer, à ce propos, que le Cerf de La Fontaine
est trop sévère pour lui-même, ou fait preuve de mauvais goût,
quand il blâme ses « jambes de fuseaux » ; — « *fuselé* », d'ailleurs,
n'est pas un terme péjoratif, au contraire.

Sans prétendre, avec Buffon, qu'il est de nature végétale, on peut dire que c'est là, pour l'habitant des hautes futaies, comme une *livrée forestière*.

Si la Gazelle a plus de joliesse, la beauté du Cerf a quelque chose de plus vigoureux, de plus fier... Nous avons parlé des yeux de cet animal; notons ce trait particulier, que la pupille n'est ni ronde, comme chez tant d'espèces, ni verticale, comme chez le Chat, ou la Chouette, mais qu'elle est fendue *transversalement*. Il y a là, sans doute, une disposition optique favorable au milieu spécial...

Au point de vue *dentaire*, le Cerf est assez bien pourvu; au moins, le mâle a souvent des canines bien développées (mais à la mâchoire supérieure seulement) ; c'est là, comme on sait, une exception parmi les Ruminants, qui sont des brouteurs d'herbe; mais le régime des « bêtes à ramure » est plus varié que celui des « bêtes à cornes », et comporte des aliments plus coriaces : feuillages, bourgeons, jeunes pousses, chatons de saule, de coudrier, fleurs de bruyère et, dans la saison où les bois se dépouillent, mousses, écorces d'arbres; — idéale nourriture, en somme, et qui repose des festins sanglants de carnassiers. Si le sang est répandu sur le territoire des cerfs, c'est celui des cerfs eux-mêmes, — et ce sang qui souille la forêt, c'est l'homme qui le verse...

Si svelte et léger que soit le cerf, il ne faut pas oublier que c'est un *Ruminant*, et que, tout comme le bœuf, son massif parent, il va faire sa digestion à l'écart. Mais cette régurgitation normale — et d'ailleurs latente, ne s'opère pas chez lui aussi aisément; elle se fait par saccades, par une sorte de hoquet — peut-être cette fonction serait-elle en voie de disparaître...

Au fort de l'été, surtout dans les grandes sécheresses, le Cerf est très altéré, et va boire aux ruisseaux, aux sources, là où il peut... Cela nous fait penser à cette poétique et pieuse aspiration du psaume 41 : « Sicut cervus desiderat ad fontes aquarum, ita desiderat anima mea ad te

Deus... Sitivit anima mea ad Deum vivum » (Comme le Cerf soupire après les sources d'eaux vives, ainsi mon âme soupire après toi, mon Dieu...; mon âme a soif du Dieu vivant.)

La constitution physique du Cerf, en dépit de sa délicatesse des traits, est robuste, car il résiste bien aux alternatives de plénitude et d'inanition qui partagent son existence. Si l'on en croit le vieux Pline, son point faible serait l'intestin ; cet auteur prétend qu'un coup même très léger donné sur le ventre suffirait à en provoquer la rupture. En revanche, toujours d'après le même auteur, cet animal serait exempt de la fièvre... (On se demande comment, chez une espèce non domestique, et qui n'est pas sous nos yeux, on peut savoir une pareille chose); sa chair, en conséquence, était considérée chez les Anciens comme fébrifuge.

On connaît la loi de proportion d'après laquelle la durée de la vie, pour chaque espèce, se mesure au temps qu'exige la croissance (elle serait environ de sept fois ce temps) ; or, le cerf, mettant de 5 à 6 ans à grandir, peut, s'il ne périt de mort violente, — atteindre l'âge de 35 à 40 ans ; mais pas davantage (1). Mais jusqu'où ne va point la fantaisie de l'homme ? Deux légendes ont couru le monde au sujet de la prétendue longévité des animaux qui nous occupent. C'est d'abord l'histoire de plusieurs cerfs qu'Alexandre-le-Grand avait parés de colliers d'or (quel luxe étrange !) et qu'on retrouva cent ans après, encore vivants, et même en tel embonpoint, que la peau avait fini par recouvrir ces ornements... Puis celle d'un seul individu pris, sous Charles VI, dans la forêt de Senlis, et auquel on attribue mille ans d'existence, parce que, sur le collier qu'il portait, on avait lu cette inscription :

---

(1) A ce compte, en accordant 14 ans à l'être humain pour se développer, la vie humaine, dans les conditions normales, atteindrait le chiffre de 98 ans; l'homme, ainsi, pourrait aspirer à devenir centenaire... Mais vit-il en ces conditions normales ?...

« *Cæsar hoc mihi donavit* », (César me l'a donné). Mais il était plus simple de penser que ce titre de *Cæsar* désignait un empereur d'Allemagne vivant à l'époque.

Au point de vue psychique, le Cerf est un être doux, timide, inoffensif, « le plus paisible des animaux » suivant Pline. D'après Buffon, qui s'inspire évidemment de ce dernier, (comparez les deux passages), il serait plus curieux que prudent; et, quand il voit des êtres ou des choses nouvelles pour lui, son pas se ralentit, il s'arrête, et son regard exprime « une sorte d'*admiration* »... Il faudrait peut-être lire, ici, « *étonnement* ». Au reste, comme en témoigne le double sens du latin « *mirari* », ces deux états d'esprit se touchent de près.

Le goût qu'on lui prête pour la musique provient probablement de la même source ; et s'il semble prendre plaisir à la flûte, au chant des bergers, c'est que la sonorité, par elle-même, — et j'ajoute : la sonorité *rythmée* et *mélodieuse*, suffit déjà pour ébranler agréablement les fibres de l'être le plus primitif ; c'est là le germe bien menu, sans doute, mais prometteur qui, développé chez l'homme, s'épanouira dans cette riche inflorescence : le sentiment artistique (1).

Le cerf se trouve un peu partout, là où il y a des bois, et surtout des futaies dont il recherche l'abri ; les seuls pays où l'on ne le rencontre jamais sont l'Afrique du Sud et l'Australie. Quant à ses habitudes de vie, elles se résument en ce mot : la *sociabilité*. « Biches et cerfs en-
« core jeunes, dit Buffon, se rassemblent en *hardes* (de
« l'allemand « *herde* », troupeau) ; en général, les cerfs
« marchent de compagnie, et ce n'est que la crainte
« ou la nécessité qui les disperse ou les sépare. » Pline, auquel on aime toujours recourir, pour la naïve origi-

----

(1) Ce principe du *germe*, présent partout, mais qui peut s'atrophier ici, comme il se développe là, — nous explique comment tel représentant de l'espèce humaine, si fort au-dessus du cerf, ne s'arrêtera pas, comme lui, dans sa course, pour écouter la plus belle mélodie du monde.

nalité des tableaux (sous bénéfice d'inventaire), nous les montre traversant les mers à la nage, sur une seule file, chacun posant sa tête sur la croupe de celui qui le pré-cède... Spectacle pittoresque et touchant, qui ferait un joli sujet de peinture.

Pour ce qui regarde la génération, la portée de la femelle se réduit ordinairement à un seul petit, qu'on appelle le *faon*. Ici, comme, à peu près, chez tous les animaux, l'instinct maternel se propose en exemple à notre raison humaine. « A peine le faon est-il né, lisons-« nous dans Pline, que sa mère l'exerce à la course, et « lui enseigne l'art de la fuite ; elle le mène à des en-« droits escarpés, et lui montre à sauter. » Et, ce qui est encore plus admirable, dans ces « *chasses à courre* » qui sont une des hontes de l'humanité (1), les biches, si l'on en croit Buffon, « ont grand soin de dérober le faon « à la poursuite des chiens ; elles se présentent et se font « chasser elles-mêmes pour les éloigner. » (Comparez La Fontaine : « Quand la perdrix voit ses petits... »).

Comme variétés de notre espèce commune (*Cervus elaphus*), je citerai : le cerf de Corse, montagnard, et plus petit de moitié que le nôtre ; — le cerf des Ardennes, au pelage noir ; — puis le cerf dit d'Aristote, et le cerf Axis, de l'Inde, ce dernier remarquable par sa robe tachetée de blanc. Les cerfs à robe *toute blanche* ont toujours été rares, et pour cela même très appréciés ; la biche immaculée de Sertorius était passée, jadis, en Espagne, par une aberration toute païenne, au rang de prophétesse... C'est beaucoup demander à un ruminant, fût-il blanc comme neige, de prédire l'avenir.

Le Cerf, objet de vénerie

Déjà, au paragraphe des généralités, et à propos des Ruminants à *cornes caduques*, nous nous sommes éten-

____

(1) A ce propos, faisons tristement la remarque que les deux accep-tions principales du mot *humanité* sont généralement contradictoires : le « genre humain » se montre si souvent inhumain !...

dus sur les phénomènes alternatifs de croissance, de chute et de repousse de ces appendices, lesquels, à cause de leur consistance ligneuse — plutôt qu'osseuse, et de leur forme ramifiée, prennent le nom de *bois* ou de *ramure*. Nous avons rapporté, à ce sujet, la théorie de Buffon, qui insiste un peu trop, semble-t-il, sur l'analogie qu'offre le « bois » des cerfs avec celui des arbres, et cherche à l'expliquer par le régime spécial de ces animaux. Mais Buffon paraît oublier que chez l'arbre, c'est le feuillage, et non le bois, qui tombe annuellement, et que la ramification s'y opère par bourgeons, non par simple et directe dichotomie.

A ces observations générales, nous nous contenterons d'ajouter ce trait de mœurs intéressant, que le cerf découronné, vers le printemps, de sa ramure, quitte l'endroit qu'il habitait pour s'exiler au plus profond de la forêt, et la tête basse, moins par honte, sans doute, que par crainte de la heurter contre les troncs, car elle est alors très sensible ; et il reste là, bien caché, jusqu'à ce que sa tête soit refaite.

Quand le faon montre sur son chef quelque excroissance prometteuse de ramure, on lui donne, je ne sais pourquoi, le nom de « *hère* », et lorsque pointent les premières cornes, celui de « *daguet* », — cela, en attendant sa dignité de « cerf *dix-cors* »... Ce sont là termes de vénerie, art qui — d'une belle et bonne créature de Dieu, fait un objet de jeu, de ce jeu frivole et cruel dont nous allons parler maintenant.

La *chasse*, — et surtout la grande chasse, la chasse « noble », la *chasse à courre*... C'est, à vrai dire, et j'y consens, quelque chose de pittoresque et d'esthétique en soi : drame sportif et vivant qui a pour acteurs un animal superbe, « *héraldique* », des cavaliers agréablement costumés, une troupe de chiens homogène, ardente, — pour théâtre, les lambris mouvants d'une forêt, — enfin, pour orchestre, la fanfare allègre des trompes. Tout cet ensemble est à la fois très décoratif et très expressif ; et l'on conçoit sans peine qu'il ait inspiré les peintres, les musiciens et les poètes. Je citerai, parmi tant d'ouvrages célèbres, le tableau de Ruysdaël (paysage de forêt où Van de Velde a peint des figures de chasseurs), puis, au domaine musical, le morceau de Mendelssohn bien connu (dans les *Romances sans paroles*), la brillante ouverture du « *Jeune Henri* », que Méhul a tissée très artistement de sonneries cynégétiques, et les échos de chasse lointaine, au début de *Tristan et Yseult* ; — enfin, dans la Littérature, la scène comique des « Fâcheux » (récit du chasseur ridicule), avec un amusant étalage des termes du jargon professionnel ; et ce passage de La Fontaine, extrait d'une fable au sens profond, où la théorie de la « bête-machine », de Descartes, est victorieusement réfutée, et que je ne puis résister au désir de citer ici :

> ...Quand aux bois,
> Le bruit des cors, celui des voix
> N'a donné nul relâche à la fuyante proie,
> Qu'en vain elle a mis ses efforts
> A confondre et brouiller la voie,
> L'animal chargé d'ans, vieux cerf et de dix cors,
> En suppose (1) un plus jeune, et l'oblige par force
> A présenter aux chiens une nouvelle amorce.
> Que de raisonnements pour conserver ses jours !
> Le retour sur ses pas, les malices, les tours,
> Et le change, et cent stratagèmes
> Dignes des plus grands chefs, dignes d'un meilleur sort...
> On le déchire après sa mort.
> Ce sont tous ses honneurs suprêmes...

Ici, laissons la forme artistique pour l'idée. On est heureux de retrouver là la note attendrie (2) qui manque chez Buffon ; si La Fontaine prend parti pour la victime, Buffon, lui, se met du côté des bourreaux ; il expose froidement les ruses du cerf « relancé », sa

(1) Dans le sens latin primitif, c'est-à-dire « *substitue* ».
(2) Avec cette restriction que la conduite du vieux cerf, en cette circonstance, est loin de nous édifier, si on la compare au trait de dévouement de la biche cité plus haut.

dernière ressource, qui est de se jeter à l'eau pour « *dé-rober son sentiment aux chiens* » (lisez *sa trace odorante*), enfin sa mort. « *On la célèbre*, dit-il, par des fanfares »; et il a le cœur d'ajouter : « On la laisse fouler aux chiens (quelle honte pour ce « noble animal !) et on les fait jouir pleinement de la victoire, en leur faisant curée...»

Belle et glorieuse victoire, en vérité, que celle de qua-rante chiens et d'une vingtaine d'hommes armés contre une pauvre bête inoffensive et fugitive...

Buffon, d'ailleurs, en son « *Histoire naturelle des qua-drupèdes* », fait une apologie en règle de la *chasse*, et le « grand seigneur » perce là sous le naturaliste, comme perce, en d'autres endroits, l'opulent éleveur. Ses argu-ments sont déconcertants ; écoutez plutôt : Le Cerf, étant le plus *noble* des animaux de la forêt, « ne sert « aussi qu'aux plaisirs des plus *nobles* des hommes »... « Et plus loin : « pour *ennoblir* encore cet exercice, le « plus *noble* de tous, on en a fait un art... »

Ainsi, pour Monsieur de Buffon, c'est un art plein de noblesse que celui qui consiste à poursuivre une « proie fuyante », comme dit La Fontaine, en se mettant vingt contre un, à lui faire subir, sans nécessité et *par pur plaisir*, les angoisses d'une poursuite acharnée, pour, enfin, le livrer aux fureurs d'une meute...

Mais l'apologiste de la chasse à courre trouve d'autres raisons à l'appui de sa thèse, et plaide l'*utilité;* d'après lui, la chasse est l'école de la guerre... Aujourd'hui sur-tout que la guerre est telle qu'on la sait, cette affirmation fait sourire; et puis on ne voit pas bien comment la pour-suite d'une pauvre bête isolée peut préparer les hommes à combattre un flot d'ennemis, — à moins qu'en égor-geant un Cerf, on ne se fasse la main pour des tueries plus importantes.

Deux arguments d'un tout autre ordre sont proposés, qui ne valent pas beaucoup mieux : celui de la « *diver-sion nécessaire* », et celui du « *besoin de solitude et de beauté* ...» Buffon, personnage officiel, connaît les hommes de cour et les plaint; leur vie de représentation continuelle est écrasante : il faut qu'ils puissent échapper aux affaires — comme aux plaisirs contraints, par un exercice libre, en plein air, et loin de la foule des courtisans... ; soit, — mais est-il nécessaire, pour cela, de tourmenter le prince des forêts, et ne saurait-on trouver d'autres jeux, où le sang ne soit pas répandu ?... Et puis qu'on ne vienne pas nous parler du « *besoin de solitude* », car, je vous le demande, quelle est cette solitude où l'on est entouré de la foule des chasseurs, et que remplit le tumulte des galopades, des fanfares de cors et des aboiements de chiens ? Et quant à la « *belle nature* », est-ce un moyen d'en goûter le charme, que de la traverser dans cette agitation, et lorsque les yeux sont attentifs au Cerf plutôt qu'aux arbres, aux étangs, aux échappées de vue ?... Ce Cerf lui-même qui (le même Buffon l'a écrit), « semblait n'être fait que pour embellir la solitude des forêts », — va-t-on, en troupe nombreuse, dans les bois, pour l'admirer ?...

*
* *

Entre le sentiment du beau et la compassion, il n'y a pas grand intervalle; la beauté n'est-elle pas le signe extérieur d'une harmonie plus ou moins profonde ? En effet, elle inspire l'amour ; et lorsqu'elle est altérée ou détruite par les vandales, ce spectacle apitoie tout homme qui n'est pas dénaturé. Ce chapitre, où, concurremment avec Buffon, j'ai cité Jules Renard et La Fontaine, a commencé sur la *pitié*, et c'est sur la pitié qu'il finit. Ne pouvant tout dire en ce livre, je recommande au lecteur un petit volume (1) où des extraits d'auteurs nombreux et divers s'accordent à condamner toute violence exercée

(1) *L'Eglise et la pitié envers les animaux*, Lecoffre (et Londres, Burns et Oates), 1903, avec préface de Robert de la Sizeranne ; voir spécialement pages 247, 267, 318.

sur les animaux, ces « *frères inférieurs* », suivant la délicate expression de Saint François, avec des exemples parfois légendaires, mais touchants, de bêtes fauves apprivoisées, domptées par l'influence de saints personnages ; — et cela, en vertu d'un principe trop ignoré du monde : que la pureté de l'âme et la sainteté peuvent restituer à l'homme des pouvoirs que le vice et l'irréligion, suites du péché originel, lui avaient fait perdre.

Les Congénères du Cerf

a. — LE CHEVREUIL.

Son nom spécifique (« *Cervus capreolus* ») témoigne de ce fait, admis par les naturalistes, qu'il se rapproche de la *chèvre* ; et Buffon va jusqu'à dire qu'il peut être regardé « comme une chèvre sauvage, qui, ne vivant que de *bois*, porte du *bois* au lieu de cornes » (1). Pour moi, c'est aller bien loin ; et même, je le crains, faire fausse route. Examinez, en effet, cet animal : c'est bien un très proche parent du Cerf, ainsi que le *Daim*, le *Renne* et l'*Elan ;* mais c'est un cerf « en miniature », pour ainsi parler ; sa taille est de moitié plus basse, et sa ramure est peu développée ; mais, s'il a moins de prestance, il a plus de gentillesse et de grâce ; ses yeux sont brillants, expressifs, ses mouvements pleins de vivacité ; tandis que le Cerf, en grand seigneur, habite les hautes futaies, lui, plus modeste, hante les taillis. Moins sociable que son grand cousin, il est plus *familial* : on ne le voit pas marcher en compagnies (ou *hardes*), et chaque famille a son canton à part dans la forêt.

La femelle du Chevreuil ou « *Chevrette* » donne le jour à deux faons, l'un mâle et l'autre de sexe féminin. Buffon nous les montre, ces frère et sœur, liés d'une tendre affection réciproque, tels Paul et Virginie : « Ces jeunes

____

(1) Voir, plus haut, la théorie quelque peu singulière de l'auteur, qui tendrait à justifier scientifiquement ce terme de *bois* qu'on applique à la ramure du cerf.

« animaux, élevés, nourris ensemble, prennent, dit-il,
« une si forte affection l'un pour l'autre, qu'ils ne se
« quittent jamais, — à moins que l'un d'eux, ajoute-t-il,
« n'ait éprouvé l'injustice du sort, qui ne devrait jamais
« séparer ce qui s'aime »... Ne croirait-on pas entendre
Bernardin de Saint-Pierre en personne parlant des deux
enfants créoles de l'Ile de France ?

Il existe en Amérique une variété de Chevreuil *sans
cornes;* les gens du pays lui donnent le nom de *biche,*
qu'il soit mâle ou femelle. Détail intéressant : chez cet
animal, le sabot, bifide comme chez tous les Ruminants,
offre quelque chose d'analogue aux *stylets* des Solipèdes.

Pourrais-je quitter le sujet, moi qui ai tant à cœur
de réveiller la pitié envers les animaux, sans vous recom-
mander de lire cette chanson d'un oublié, Gustave Nadaud, « *la Chevrette* » ?

Homme réfléchi, plein d'humanité, comme Jules Renard, et qui n'entre pas dans un bois pour y verser du
sang, mais pour observer, pour admirer, Nadaud, au profond d'un taillis,

> « distingue des pas
> plus légers que des pas de femme...»

et reconnaît :

> « Deux chevreuils, l'un l'autre suivant,
> Une mère avec son enfant. »

La chevrette guide les pas de son jeune faon, et le
poète imagine qu'elle lui apprend à brouter, à flairer l'ennemi, à éviter les pièges tendus...;

> « Quand tout à coup, dans le feuillage,
> Un bruit... Un homme était aposté là...
> ...Il visa lentement le couple;
> Deux coups de feu partirent... Et je vis... »

Pourtant « cet homme était tranquille... son regard
n'était pas féroce ; ni l'intérêt, ni la brutalité n'expli-

quait ; il n'avait pas... l'excuse de l'indigence... le conseil... de la faim. »

> « Et je vis, se tordant par terre
> La chevrette et son jeune faon.
> *Chasseur, tu n'as donc pas de mère?*
> *Chasseur, tu n'as donc pas d'enfant? »*

b. — LE DAIM.

(En latin savant : « *Cervus dama* ». C'est une espèce très voisine, encore, du Cerf, — et qui, cependant, ne se mêle pas à celle du Cerf, et même la fuit (1). Son pelage présente (en été seulement, et chez l'adulte) une particularité qui distingue, en la race du Cerf proprement dit, les jeunes : il est *tacheté de blanc*. Ces taches blanches sur un fond roux réalisent un accord original, le blanc éclairant — et tempérant à la fois la chaleur sourde du rouge-brun.

Son *bois*, au lieu de continuer à se ramifier, en formant ces branches bien dégagées les unes des autres qu'on appelle « *andouillers* » se dilate, assez près de la base, en *palmes*, qui constituent (le terme en est dérivé) l'« *empaumure* ». Comme il n'entre pas, malheureusement, dans les habitudes des zoologues de faire des comparaisons botaniques, en faisant ressortir les analogies de faune à flore, je me permets de faire observer que cette « empaumure », plus ou moins dentelée, se rapproche singulièrement, par sa forme, des « sommités » qui terminent, — au moins provisoirement, — toute ramification végétale. Ces sommités, en effet, sont comme des bourgeons à demi développés, — ou, si l'on veut, de jeunes rameaux encore entassés, et qui ne se sont pas encore dégagés les uns des autres. Cela se voit très nettement sur la ramure d'un Cerf « dix cors » (2), dont le sommet est constitué

---

(1) Il y aurait là, peut-être, un argument contre la théorie transformiste.

(2) V. A. BOUVIER, *Les Mammifères de la France*, G. Caré, 1891, fig. p. 323.

par des andouillers demeurés sessiles, à l'instar des « rosettes » foliaires ou florales (1). — Chez les congénères du Cerf et du Chevreuil qui sont à bois *palmé*, tels que le Daim, le Renne et l'Elan, ces « rosettes » animales s'élargissent plus ou moins à leur base, et deviennent, p. a. d. « *monopétales* ». On voit donc que la « *ramure palmée* », de même que l' « *empaumure* », n'est, en définitive, qu'un cas particulier de la loi générale de croissance.

Ces ornements de tête sont, d'autre part, des armes offensives que les Daims tournent parfois contre leurs pareils; car ces bêtes si douces se livrent, à l'occasion, de terribles combats; et cela, pour se disputer, dans les parcs où on les remise, la meilleure place. C'est, dans un lieu clos, la *lutte pour l'espace* ; ne se répète-t-elle point, pour notre propre race, sur le rayon, un peu plus étendu, de cette planète ?

Trait curieux : cette guerre des Daims se pratique, comme les nôtres, avec ordre et méthode : il se forme deux camps, et le parti vainqueur occupe le territoire, d'où le vaincu se voit chassé.

Le Daim a disparu presque complètement du sol de l'Europe, où jadis il était assez répandu, et ne s'y trouve plus que dans certains grands domaines, à titre de gibier de luxe (2). Autrement, l'Italie du sud, l'Espagne et l'Afrique offrent encore, par bonheur, des spécimens de cette gracieuse espèce.

c. — Le Renne.

(« ***Cervus rangifer*** » ou « *tarandus* »)

Trois traits saillants se réunissent pour composer sa physionomie : un gros touffon de poils au poitrail ; sur la tête, un bois, abondamment développé ; enfin, des pieds

---

(1) Se dit des organes de la plante qui s'insèrent directement sur leur base, sans l'intermédiaire d'un support, et comme « assis » sur cette base (sedere, sessum).

(2) Je lis, toutefois, dans l'ouvrage de Bouvier (*Les Mammifères de France*) qu'« on le rencontre à l'état sauvage dans le Nivernais, les « Cévennes, et sur différents contreforts des Alpes... et des Pyrénées.»

chaussés de larges sabots. Et chacun de ces traits a son
utilité, sa raison d'être ; chacun d'eux concourt à ce but
final : l'accommodation de l'animal au milieu qu'il habite. Car, ce milieu étant polaire, la touffe de poils protège la poitrine contre le vent glacé ; l'ampleur des sabots
assure les pas sur la neige; enfin, la ramure présente un
rebroussement en avant des premiers andouillers, lesquels se dilatent, à leur naissance, en lames dentelées ou
« *palmures* ». Grâce à cet outil naturel, le Renne peut
rejeter la neige de côté et d'autre, comme avec une paire
de spatules, et brouter les plantes ensevelies sous le tapis
blanc dissimulateur.

Un témoignage, encore, de la Nature prévoyante, — je
devrais dire plutôt, de la Providence divine, nous est
donné par ce fait. que la ramure, en cette espèce, — et
par exception, est commune aux deux sexes. Il ne fallait
pas, en effet, que la femelle fût privée d'un instrument
aussi indispensable à la vie (1).

Le Renne est d'une haute antiquité; ses restes fossiles
se trouvent, mêlés à ceux de l'homme, dans les couches
quaternaires (temps préhistoriques, « *âge du renne* »);
et même sur le territoire de notre pays. Des événements
géologiques encore peu connus l'ont relégué dans la zone
arctique où, domestiqué par les Lapons, il est pour ce
peuple ce qu'est pour nous le Cheval, — et même un peu
plus, car, attaché d'abord aux traîneaux, sa chair leur sert
d'aliment, et sa peau, de vêtement.

---

(1) On peut tirer de là, semble-t-il, un argument contre la théorie
de la *transformation lente par le milieu.* (La fonction nécessaire qui
créerait son organe)... Puisque le Renne doit être pourvu de ce
« chasse-neige » pour subsister, comment supposer, pour cet organe.
un accroissement séculaire pendant lequel, en attendant, l'animal
serait mort de faim... ? — A moins qu'on n'admette que le *rebroussement* antérieur des premiers andouillers ait été le résultat d'efforts
de tête de l'espèce durant de nombreuses générations successives.

d. — L'Elan.

(« *Cervus alces* », ou « *Alces palmatus* », suivant qu'on en fait une simple espèce du genre Cerf — ou qu'on l'élève à la dignité de *genre*) est, en tout cas, le géant du groupe. Il ne porte pas de crinière en poitrail, comme le Renne, et son bois ne se ramifie pas, non plus, en hauteur, mais s'étale en largeur, formant une empaumure digitée, assez semblable, par son contour, aux « palmes » du dattier.

Ce beau quadrupède, plus vigoureux d'aspect et d'expression plus mâle que le Cerf, le Chevreuil et le Daim, a disparu depuis longtemps du centre de l'Europe; on ne le trouve plus guère qu'au Nord, spécialement de la Russie et de l'Amérique... Décidément, la Terre va, de plus en plus, s'appauvrissant en beautés naturelles.

A la suite des Quadrupèdes herbivores à cornes simples ou ramifiées (à ramure), à pieds fourchus et ruminants, que nous venons d'étudier, vient se placer un groupe où plusieurs de ces caractères manquent, ou sont peu distincts; herbivores et ruminants, toujours, leur tête est généralement dépourvue de tout appendice osseux ou ligneux, et leur pied, encore bifide, subit certaines modifications en rapport avec le genre de vie. Ce groupe, moins homogène que les précédents, comprend :

Le *Chevrotain porte-musc* ;

Le *Chameau* et ses congénères : *Lama, Alpaca, Vigogne;*

La *Girafe.*

Et un animal récemment découvert, de nature assez complexe : l'*Okapi.*

Le Chevrotain porte-musc

Nous n'arrêterons pas longtemps le lecteur sur ce petit quadrupède des pays chauds (ancien continent), qui détient le privilège — et pour ainsi dire le monopole de la production du *musc,* de cette substance qu'on hésite à classer parmi les parfums, mais dont une petite quantité, paraît-il, est absolument nécessaire pour fixer toute espèce de parfum. Il offre à peu près la taille d'un jeune Chevreuil, est dépourvu de cornes, et ne présente rien de bien particulier autrement, sauf la poche à musc qui le rend célèbre, et aussi des canines qui, par leur développement, rappellent les défenses du sanglier. Passons de suite au *Chameau*, dont l'histoire présente un intérêt supérieur.

Le Chameau

Ce type original, si différent de ceux que nous avons vus jusqu'ici (*bœuf, mouton* ou *cerf*), — si différent, aussi, de ceux que nous verrons par la suite (*cheval, sanglier, hippopotame, éléphant*), est bien une figure à part parmi les quadrupèdes de tout ordre. Comment en donner quelqu'idée à qui ne l'aurait jamais vu, pas même en image ?... Essayons, toutefois, d'esquisser ses traits par le *style*, et d'en prendre, comme on dit, un « instantané ». Front bombé, dépourvu de toute corne ou ramure; mufle allongé, aux lèvres épaisses et pendantes, la supérieure fendue (*bec-de-lièvre naturel*) : narines largement ouvertes; des yeux longs et très doux; voilà pour le visage. La tête, au port horizontal, et garnie de courtes oreilles, se rattache au tronc par une encolure en S (*cou de Cygne*). Le corps n'offre rien de particulier en lui-même, si ce n'est qu'il est chargé d'une — ou de deux bosses, lesquelles contribuent pour une grande part à caractériser l'animal; il est porté très haut, comme sur des échasses, par quatre jambes d'une longueur remarquable et qui, chez le Chameau à une bosse ou *Dromadaire*, paraissent grêles en proportion du reste, mais qui, telles qu'elles sont, confèrent, comme on le verra plus loin, un grand privilège au « *coursier des sables* »; le pied qui les termine est fourchu, comme chez tous les Ruminants, qui sont en même temps des *Bisulques;* seulement, ici, ce trait ne frappe point la vue, parce que les sabots sont peu développés ; les deux doigts reposent immédiatement sur le sol, à plat, et sont recouverts, en avant, par une sorte de semelle ou sabot surnuméraire. De cette conformation du pied, chez le Chameau, résultent une démarche à la fois

Méhariste en vedette.
(D'après un sujet sculpté sur le vif par le statuaire E. Navellier.)

ferme et souple, et la faculté d'avancer aisément là où le cheval, ce *Solipède*, enfoncerait à chaque pas; elle s'oppose, par contre, à la marche en terrain glissant, — ce qui prouve bien, encore une fois, que l'animal est fait *pour son milieu* (et non *par* son milieu). Aussi, fait remarquer le général *Carbuccia*, les Maures n'ont-ils pu l'acclimater en Espagne.

Les jambes offrent, au genou, des *callosités*, comme il en existe, au reste, une au poitrail. Le Chameau étant, avant tout, un *marcheur*, on comprendra que la fonction de locomotion nous arrête plus longtemps que les autres. Ainsi que le Cheval, il a trois allures : le *pas*, le *trot*, le *galop*, — mais, naturellement, beaucoup plus rapides. Son pas mesure 1 m. 25; et il en fait 85 à la minute; il force donc l'homme qui le suit à faire, dans le même temps, 126 pas (de 86 centim. chacun). Ajoutons ceci que le pas normal du Chameau est l'*amble*, allure qu'on obtient exceptionnellement du Cheval, et qui consiste, je le rappelle, en ce que les deux jambes *du même côté*, droit ou gauche, se déplacent à la fois, — ce qui produit (sur un schéma) des traces parallèles, et non plus croisées, en diagonale. Lorsque furent organisés, dans la campagne d'Egypte, — et plus tard, en celles d'Algérie, des régiments montés à dos de chameau, la question se posa de savoir si ce pas d'amble, rythmé comme le tangage d'un navire, pouvait donner au soldat le mal de mer... Or, l'expérience a prouvé que si certains hommes en étaient incommodés au début, l'accoutumance se faisait vite.

*
* *

Bien que nous ne fassions pas, ici, d'anatomie, ne nous occupant que de l'extérieur, nous ne pouvons manquer, toutefois, ayant affaire à des *Ruminants*, de dire un mot de l'estomac. Naguère, on lui attribuait cinq poches; aujourd'hui, pour les naturalistes contemporains, le nombre de ces poches se réduit à trois (par la fusion du feuillet et de la caillette). Mais ce qui constitue, dans la circonstance, le caractère le plus important, c'est qu'à la *panse*, déjà volumineuse, est annexé un *diverticulum* en forme de melon, avec plus de 800 compartiments servant de réservoirs pour l'eau ; — disposition qui explique la surprenante faculté du Chameau de rester un temps considérable sans boire; — disposition, dois-je ajouter, qui, une fois de plus, ruine la théorie d'une *adaptation progressive au milieu*, et confirme le principe des *causes finales*.

Notons ceci, d'autre part, qu'il y a là comme une seconde rumination : l'animal, en effet, prend d'un coup, et une fois pour toutes, une quantité de liquide qui dépasse ses besoins du moment; et plus tard, par une sorte de régurgitation analogue à celle des aliments solides, il s'abreuve quand il veut à cette citerne intérieure.

Au reste, ceux qui conduisent des chameaux dans le désert n'ont pas à se préoccuper de leur alimentation : ces bêtes, si accommodantes à tous points de vue, savent choisir, en cours de route, les herbes ou les feuillages qui leur conviennent ; car ils broutent à la manière des Chèvres ou des Cerfs. Leurs préférences sont pour les plantes épineuses, à l'exception, toutefois, de l'aloès (1).

∴

Après la conservation de l'individu, la *perpétuation de l'espèce*, après les fonctions de nutrition, celles de *reproduction*. Ces dernières se décomposent ainsi : rut et accouplement, — parturition et lactation.

Comme chez les Cerfs, et d'autres animaux encore, la femelle résiste d'abord à l'accouplement, au point que le mâle doit user de violence pour que l'acte indispensable s'accomplisse. Si, dans la faune, irresponsable, ce ne peut être encore ce que nous appelons la *pudeur*, c'en est du moins l'image, en quelque sorte, et comme le signe précurseur.

La femelle, étant fécondée, porte une année entière, de sorte que pour faire un chameau, il faut trois mois de plus que pour faire un homme. La portée se réduit à un seul petit; c'est la loi, paraît-il, pour tous les ani-

____

(1) V. Général CARBUCCIA : *Le Dromadaire*, p. 224.

maux dont la taille dépasse la nôtre. Un trait de psychologie qui ne se comprend guère, c'est que la mère met un certain temps à reconnaître celui auquel elle vient de donner le jour...

Les Arabes suppriment, par la castration, les inconvénients — et même les dangers que présente l'époque du rut, et c'est pourquoi presque tous leurs chameaux sont hongres.

La durée de vie, chez ces animaux, est de 30 à 40 ans... Mais, si le temps leur paraît long, ils pensent peut-être vivre le double...

* *
* *

Le Chameau, — fait digne de remarque, ne se trouve nulle part sur la planète à l'état libre. Il en est à peu près dans le temps comme dans l'espace; car, si loin qu'on remonte en l'histoire, on le trouve au service de l'homme. Déjà la Bible en fait mention à diverses reprises. C'est donc, on peut le déclarer, l'animal domestique par excellence. Il a toutes les qualités, et presque pas un défaut : sobre par tempérament, — (et tempérament « anatomique », ainsi qu'on l'a vu), il est, de plus, doux, patient, soumis à l'homme, — qui, d'ailleurs, le traite avec une sorte d'affection, où peuvent entrer, certes, des préoccupations d'intérêt... C'est, en effet, une fortune pour l'Arabe : ce dernier ne suppute pas le degré de richesse, comme nous faisons, par la quantité d'argent, mais par le nombre de chameaux. Au moins, il est reconnaissant à Dieu de lui avoir ménagé, dans sa Création, un aussi fidèle serviteur, un auxiliaire aussi précieux. Sans lui, pas de caravane, aucun trafic, nulle existence possible. On ne voit pas l'Arabe sans le chameau, pas plus que le Lapon sans le renne. Appeler cet animal (comme il le fait) « *le vaisseau du désert* », n'est point une vaine métaphore, — sans compter que le balancement lent et mesuré de son pas donne à celui qui le monte la sensation du tangage, et peut même lui causer une sorte de mal de mer...

« La Nature, dit M. Denon, après avoir créé le désert, « a réparé son erreur en créant le chameau... » ; boutade spirituelle, mais dont l'espèce d'athéisme s'accorde assez mal avec l'esprit de piété des Musulmans car, dans leur langage, ils l'appellent, le chameau : « *djimel* », ce qui veut dire « *présent du Ciel.* »

⁂

Jusqu'à présent, il n'a été question, ici, que du *Chameau* en général; mais ce genre comprend deux espèces distinctes, et dont je vais m'attacher maintenant à décrire les différences. La première est celle du *Chameau* proprement dit, ou « *Chameau de la Bactriane* ». Vigoureux d'aspect et trapu, son dos est chargé de *deux bosses;* en outre, le sommet de la tête, le poitrail et le haut des jambes sont fourrés d'un poil abondant. C'est qu'habitant les hauts plateaux de l'Asie centrale, il est soumis à des températures souvent rigoureuses (l'*altitude* des pays chauds, en effet, vaut la *latitude* des pays froids). D'ailleurs, la lourdeur de son corps en fait exclusivement une bête de somme, et les Asiatiques l'emploient comme telle en leurs caravanes à travers le Thibet.

La seconde espèce est celle du Chameau qu'on nomme « *Dromadaire* », d'un mot grec qui correspond à notre mot français de « *coursier* ». Mais il faut distinguer encore ici deux races : le *Dromadaire d'Algérie*, qui sert, comme le chameau d'Asie, de bête de somme, autant que de monture, — et celui du centre de l'Afrique (et aussi de l'Egypte), auquel les *Touaregs* ont donné le nom de « *méhari* », ce qui signifie « *distingué* ». Le *méhari* est, en effet, un Dromadaire sélectionné (1), qui mérite un nom si flatteur, et par l'élégance de ses formes, et par

____
(1) Soit naturellement, soit par élevage.

la rapidité de son allure ; il remplace, au Sahara, le cheval, très rare en ce pays, et regardé comme animal de luxe. Le meilleur coursier, au surplus, ne pourrait fournir, comme fait le *méhari*, un parcours de 30 à 40 lieues par jour.

Il y a deux façons de conduire le Dromadaire : ou librement, comme font les Arabes d'Algérie, et « *à la baguette* » (au sens purement concret, et non dans l'acception figurée, qui est péjorative) ; — ou bien à la manière des Egyptiens, en leur passant un anneau dans les narines; ce dernier moyen, s'il n'est pas indispensable, devrait être évité.

*
* *

En dehors des services que rend le Chameau, soit comme bête de somme, soit comme monture, il donne à son maître, par dessus le marché, son poil et ses résidus digestifs, de son vivant, — et, après sa mort, une chair comestible. Le *poil de chameau* sert à confectionner la tente de l'Arabe, plusieurs pièces de son vêtement (1); et quantité d'objets de toutes sortes; des résidus même de l'animal, desséchés au soleil, se tire un combustible précieux dans un pays où manquent bois et charbon... J'allais oublier, comme produit alimentaire important, le *lait de chamelle* ; plus riche en sucre qu'en beurre, il se rapproche, trait curieux, du lait de notre espèce humaine, du *lait de femme* (2).

Une question se pose, à la fin de cette étude, qu'on ne jugera point déplacée, je présume, en un livre consacré à l'Esthétique de la Nature : *le Chameau est-il laid ?*...

1) Notamment, la cordelette qui serre le « *haïk* » autour de sa tête.

2) A ce propos, je signale une autre analogie : la forme *elliptique* des globules sanguins, caractère exceptionnel chez les Mammifères, et qui se trouve couramment chez les Oiseaux... Y aurait-il quelque relation entre cette forme de cellules, en somme respiratoires, et la rapidité de locomotion ?

En fait, il est *bossu*, ce qui constitue, chez l'homme, une difformité; et l'on a beau nous apprendre que cette bosse, simple ou double, est ici normale, et qu'elle est même *utile*, qu'elle constitue un privilège, sa vue nous impressionne, et, fatalement influe sur notre appréciation.

Et cependant, nous restons en suspens, malgré tout : le premier mouvement, à l'aspect du Chameau, n'est pas de s'écrier, comme il arrive pour certains hôtes de la ménagerie : « *le vilain animal !...* » On ne prononce pas le mot de *beauté*, sans doute, — mais non plus celui de *laideur*. Et pourquoi cela ? — C'est que la tendance « *anthropomorphique* », c'est-à-dire à juger par comparaison avec l'homme, est contre-balancée par l'habitude, bientôt acquise, de *prendre l'animal comme il est*, et de comparer non plus l'ensemble de ses traits à la figure humaine, mais chacun de ces mêmes traits à tous les autres. C'est ainsi que la protubérance dorsale, — même doublée chez le Chameau de la Bactriane, ne choque plus le regard, du moment qu'on la perçoit en liaison avec tout le reste, et surtout comme un caractère spécifique; ce qui exclut toute idée d'infirmité, de difformité monstrueuse, et ce qui devrait, ici faire rejeter le mot de « *bosse.* »

Ce qui parachève la réhabilitation esthétique du Chameau, c'est — sans parler de la douceur de ses yeux, et de la vivacité si frappante en un si grand corps, — la notion du pays qu'il habite, des indigènes qui l'accompagnent, et de tout ce qui se rapporte, enfin, à sa vie. A son histoire naturelle se joint alors son « histoire » proprement dite, son *histoire sociale*. Déjà l'enfant, vite revenu de son étonnement devant une bête, en définitive, si singulière (1), associe sa figure au paysage d'Orient, aux

---

(1) ...« Le premier qui vit un chameau
        S'enfuit à cet objet nouveau ;
        Le second s'approcha ; le troisième osa faire
        Un licou pour le Dromadaire... »

(La Fontaine.)

types et costumes dont il a regardé souvent les images. Cela compose un tout avec lequel il se familiarise, et qui satisfait même son goût, comme s'il avait l'intuition des harmonies qui relient, par accommodation providentielle, l'être à son milieu. Plus tard, il apprendra comment le pacifique Mammifère fut associé, d'abord, à la vie du peuple d'Israël, puis à celle des Musulmans; il trouvera son nom très souvent cité dans la Bible, et rappelé dans la liturgie catholique; enfin, le voyant participer à nos guerres humaines, depuis l'expédition de Cyrus en Chaldée jusqu'à celle de Napoléon en Egypte, et montrer autant de bravoure dans les combats que de docilité dans les caravanes, — sa sympathie ne pourra qu'augmenter. Car, de même que l'Eléphant, le Cheval, et, récemment. le Chien, — le Chameau eut l'honneur — ou la malechance — d'être classé comme *animal de guerre* ».

Et lorsque l'examinant isolé, « déraciné », captif derrière les grillages du Museum, hors de son cadre naturel, et servant de spectacle aux curieux, — à notre sympathie se mêle de la compassion : récapitulant par la pensée tous les fardeaux qu'il a portés; ses milliers de pas dans le désert, les souffrances qu'il a endurées avec l'homme, et pour l'homme... — « Non, se prend-on à dire, *le Chameau n'est pas laid.* »

Les congénéres du Chameau : Lama, Alpaca, **Vigogne**

L'histoire du *Lama* sera plus brève à conter que celle du Chameau. Si les naturalistes l'ont placé près de ce dernier, c'est qu'il s'en rapproche par plus d'un caractère. En effet, bien que cet animal soit de taille très inférieure à celle du Chameau, qu'il n'ait pas, comme celui-ci, de bosse sur la dos, et que son corps soit garni d'une épaisse fourrure, il conserve avec lui un « air de famille » incontestable. Mais si c'est un parent du Chameau, c'est un parent moins « représentatif », et, par compensation,

plus gracieux. Comparez sa silhouette à celle du dromadaire : la tête, au galbe plus fin, aux yeux aussi doux,
mais plus ouverts, et surmontée d'oreilles bien dégagées,
se termine en museau plutôt qu'en muffle; et l'encolure,
à la courbe moins prononcée, fait presque un angle droit
avec la ligne du dos, d'une horizontalité parfaite.

Le Lama habite les plateaux de l'Amérique du Sud,
où, depuis longtemps, il est domestiqué, et sert au transport du minerai de la région des Cordillères. On tire de
lui, d'autre part, lait, viande et laine; aussi l'appelle-t-on
« *le Chameau du Nouveau-Monde* ». Il a du Chameau,
en effet, l'endurance et la docilité; comme lui, il plie les
genoux pour recevoir son chargement, et part au premier
coup de sifflet. Mais sa marche est loin d'être aussi rapide
et aussi soutenue que celle de son parent aux longues
jambes; il ne fait pas plus de 4 à 5 lieues par jour; et,
après 4 à 5 jours de trajet, il s'arrête, et spontanément,
se repose; « car, observe Buffon, c'est une bête très métho-
dique, qui fait tout par poids et par mesure. Coups ou
caresses n'y font rien ; quand le moment est venu pour
lui de faire halte, il s'accorde un répit de 24 heures.
Très doux de son naturel, il se défend, lorsqu'on le maltraite, d'une manière originale, en crachant à la figure
de son conducteur; d'après la formule, toujours noble,
du grand écrivain-naturaliste, « il n'a d'autres armes
que celles de l'indignation. »

L'*Alpaca* (ou « *paco* ») et la *Vigogne* (Vicunnia) sont
des espèces très voisines, habitant la même contrée, et
dont l'industrie des tissus tire une laine plus ou moins
fine (1).

L'Alpaca jouit d'un privilège que pourrait lui envier
le Lama : comme on ne peut le mettre au trait, et qu'on
n'en veut qu'à sa toison, il peut vivre en pleine liberté

____

(1) L'étoffe connue sous le nom d'*alpaga* tire ce nom de l'animal.
--- de même que « *camelot* » vient de Chameau. Quelles singulières
vicissitudes a subies ce dernier vocable !

au cœur des montagnes, où l'on vient le chercher, à certaines époques, pour la *tonte*. Aussi bien l'éleveur d'Alpacas est-il forcé de se donner du mal pour rassembler la troupe indépendante. On verra le même fait plus loin, au sujet des chevaux sauvages.

La Girafe

Voici maintenant un animal plus étonnant encore, en son genre, et plus curieux, peut-être, que le chameau. Son nom vulgaire vient de l'arabe « *zurafa* » ; et, quant à son nom scientifique, en latin « *camelopardalis* » (chameau-léopard), il traduit la combinaison de traits caméliens avec un pelage tigré de félin. En réalité, le type de la girafe est plus complexe encore, car elle tient à la fois du chameau, du cheval, de l'antilope et de la chèvre ; c'est un des types composites les plus remarquables de la faune.

Sa tête, qui rappelle un peu celle de la brebis, paraît petite en proportion du reste ; elle porte une bosse frontale chez le mâle, et, dans les deux sexes, une paire de cornes très courtes. Ses yeux sont assez grands, bien fendus et frangés de longs cils ; le museau, effilé du bout, offre des lèvres très mobiles, la supérieure plus allongée que l'inférieure, — disposition qui, jointe au développement d'une langue préhensile, permet à la girafe de cueillir aisément les feuilles d'arbres ; car cet herbivore — trait intéressant à noter — ne broute pas, comme les autre, à terre, mais « en l'air » ; — et cela, grâce à l'extrême *allongement du cou*, qui n'a son pareil chez aucun quadrupède connu. Cette prodigieuse encolure est le trait de physionomie qui frappe le plus en la girafe ; d'ailleurs, en dépit de ses dimensions, le cou de cet animal n'est soutenu que par une ossature de sept vertèbres, d'où son peu de flexibilité ; la girafe a le cou raide.

C'est un animal gigantesque, en définitive ; et, ce qui accentue encore cette impression, c'est son genre de stature en quelque sorte *déséquilibré* : en effet, les jambes de devant étant sensiblement plus longues que celles d'arrière, le corps tombe, pour ainsi dire, « en porte-à-faux », et le dos s'incline fortement de la naissance de l'encolure à celle de la queue, — d'où le nom, assez pédantesque, de *Devexa*, que les naturalistes ont donné au genre, et qui signifie, en bon français, « *dont le dos est en pente* ».

Faisons remarquer, ici, l'instinct d'analogie si curieux qui, prêtant aux objets inanimés, naturels ou artificiels, la figure d'êtres vivants, a fait donner le nom de « *girafe* » à ce plan incliné, ce tremplin d'où les baigneurs, au bord de la mer, s'élancent pour plonger.

C'est dans le même esprit que deux autres engins bien connus ont été baptisés *chèvre* et *chevalet* ; l'imagination, même chez les moins cultivés, est si vive, qu'il lui suffit de quelques lignes, dirigées dans tel ou tel sens, pour évoquer la physionomie d'un être, si complexe qu'il soit. — Ce qui prouve, soit dit en passant, que le travail de l'esprit est simplificateur, et qu'il ne prend, des traits que lui fournit la vue, que l'essentiel.

Ainsi, la girafe est — sinon le plus grand, — du moins le plus *haut* des mammifères terrestres, et la conformation de son corps, telle qu'on vient de la décrire, lui donne une expression de *gracilité*, en même temps que de *raideur* et de *gaucherie* ; comme l'écrit Buffon, « sa dé-« marche est vacillante, ses mouvements sont lents et « contraints ; elle ne peut ni fuir ses ennemis, dans « l'état de liberté, ni servir ses maîtres, dans l'état de « domesticité. » Ainsi, si ce n'est pas un animal nuisible, ce n'est pas, non plus, un animal utile (à l'homme, tout au moins) ; et cette incapacité, qui lui évite le labeur du dromadaire, constitue pour lui un heureux privilège.

Cette attitude forcée de la girafe, tendue en haut et en avant, comme l'est cet engin qu'on appelle une « chèvre », et qui serait mieux appelé de son nom, lui est très commode pour brouter les feuillages, mais devient

Girafe

(d'après un dessin original du statuaire E. Navellier).

gênante lorsqu'elle veut paître, à l'exemple des autres Ruminants, les herbages ; et, pour y parvenir, force lui est d'exécuter, avec ses jambes de devant, le « *grand écart* », ce qui ne laisse pas que d'être bizarre, et fort disgracieux.

En décrivant l'extérieur de l'animal, nous n'avons pas parlé de son *pelage*. Il n'est point rayé, comme celui du tigre, ou du zèbre, mais tacheté, tel celui du léopard (d'où son nom scientifique). A ce propos, on trouve, entre Pline et Buffon, un désaccord assez piquant, et dont on peut tirer d'utiles conséquences pour la psycho-physiologie... Pline parle de taches blanches sur un fond rougeâtre, et Buffon, de taches rousses sur un fond blanc. Qu'est-ce à dire ?... Mais c'est le dernier, en somme, qui a raison : l'erreur du premier s'explique par ce fait, qu'il n'a vu la girafe que de loin ; or, à certaine distance, les parties claires dominent les parties foncées, au point que les intervalles entre les taches sont pris pour les taches mêmes. En réalité, la robe de la girafe, semblable à celle du léopard, offre un semis de losanges brun-rouge sur fond incolore (1).

La Girafe habite principalement le centre de l'Afrique, en ses régions plates et boisées ; mais, même en ces pays d'accès si difficile, elle est traquée par les chasseurs, et se fait de plus en plus rare. Sa race disparaîtra fatalement, et, une fois de plus, l'homme, ce « roi de la Na-

---

(1) Dans mes « *Eléments du beau* » (p. 227), j'expose, en l'appuyant d'un diagramme, le principe de « *l'inversion du point de vue* » : le champ d'une feuille de papier étant traversé par des raies de plus en plus larges, et formant une série continue dans le même sens, l'œil y verra d'abord des *raies noires sur fond blanc*, — puis, à partir d'un certain point, des *raies blanches sur fond noir*. Il y a là un phénomène d'optique physiologique très intéressant, et dans lequel l'instinct psychique entre pour une grande part ; en effet, nous avons une tendance naturelle à compter comme « accidents » les bandes d'un champ « écartelé » auxquelles l'étroitesse par rapport aux autres confère une sorte d'individualité, que ces bandes, d'ailleurs, soient claires ou sombres.

ture », et qui en est plutôt le tyran, aura détruit, sans pressante nécessité, une remarquable créature de Dieu.

L'Okapi

Notre planète, explorée presqu'en tous ses recoins, ne nous ménage plus guère de surprises. « Le bocage était sans mystère »... Et cependant, à une date assez récente, en 1900, dans l'Etat indépendant du Congo, au centre du Continent africain, on a découvert un animal nouveau : c'est l'Okapi.

Ainsi que tous les êtres composites, il est d'un classement difficile. Mais, au fond, qu'importe ? Toute classification est nécessairement subjective, et naît d'une tendance de notre esprit à rétablir l'ordre dans un ensemble dispersé ; car, objectivement, et en dehors de nous, il n'y a que ce fait réel et vivant : le *lien d'affinité*, lequel reconnaît pour cause, soit le transformisme, — soit, comme nous l'avons insinué, une série d'accouplements irréguliers.

Quoiqu'il en soit, l'Okapi, par son encolure élancée, l'inclinaison de son dos d'avant en arrière, ses oreilles droites en cornet et un soupçon de cornes au front, rappelle la girafe, — tandis que les rayures dont son pelage est varié, mais aux jambes seulement, fait penser au zèbre. On dirait l'œuvre d'un artiste épris tout à la fois de fantaisie et de correction, et qui, s'inspirant d'abord du quadrupède à cou gigantesque, à garrot fuyant, tout en atténuant ses hardiesses, aurait fini par quelques coups de pinceau barrant les jambes et le bas des reins d'amusantes zébrures.

Le squelette de l'okapi présente beaucoup d'analogie avec celui d'une espèce fossile, tenant à la fois du bœuf, de la girafe et de l'antilope, et qu'on a nommée l' « *Helladotherium*, parce qu'on a retrouvé ses os en Grèce (*Hellade*), lors des fouilles de Pikermi.

Quadrupèdes herbivores sans cornes
et à sabot unique (Solipèdes)

Ce groupe assez petit, mais grand par l'importance, qui se compose du cheval, de l'âne, du zèbre et de quelques espèces voisines (onagre, hémione, couagga) ne se distingue pas seulement du vaste groupe des ruminants par l'absence de cornes et d'estomac complexe, mais aussi par une conformation spéciale du pied, lequel n'est pas fourchu, mais forme un sabot unique, indivis ; et c'est de là, justement, qu'ils tirent leur dénomination de « *Solipèdes* », s'opposant à celle de « *Bisulques* » (on devrait dire « *Fissipèdes* »).

Bien, toutefois, qu'à l'extérieur, ce pied, formé par un seul doigt, paraisse simple, — si, dans la dissection, on pénètre jusqu'au squelette, on aperçoit, sur les côtés de l'os appelé le « canon » (et qui provient de la soudure des métatarsiens) (1) deux osselets effilés, accolés à ses flancs, et symétriquement placés, qu'on nomme les « *stylets* ».

Que sont ces minces appendices ? — Les vestiges d'autres doigts disparus. Mais comment le sait-on ?... — Par l'importante découverte qu'ont faite des paléontologistes tels que Marsh, de formes fossiles éteintes qui, reliées entre elles et rattachées aux formes vivant actuellement sous nos yeux, déroulent une série régulière, laquelle va des quatre sabots de l'*Orohippus* aux trois de l'*Anchitherium*, puis au sabot médian de l'*Hipparion*, flanqué de deux latéraux écourtés. Il n'est pas difficile de passer de ceux-ci aux *stylets* qui accompagnent le « canon » du cheval.

On surprend donc ici les stades successifs d'une *évolution régressive*, — ou, si l'on veut, les phases d'un travail séculaire d'atrophie qui a réduit peu à peu le pied

(1) On appelle ainsi la rangée d'osselets qui, dans le pied humain, précède les orteils, —comme les « *métacarpiens* » précèdent les doigts de la main; — et qui reste cachée sous les chairs.

de ces animaux de cinq doigts égaux et posant ensemble sur le sol, à quatre, puis à trois (dont deux n'appuyant pas à terre), pour aboutir au type « *solipède* » à doigt unique (c'est celui du milieu), lequel a pris, pour ainsi parler, tout le pouvoir, en évinçant ses concurrents, réduits à rien ou à leur plus simple expression, déchus, devenus inutiles.

Tous ces ancêtres, — ou du moins ces précurseurs de notre *cheval* sont éteints ; seule, une race a survécu, qui rappelle, par la structure de son pied, les formes primitives : c'est le *Tapir*. Cette espèce d'éléphant manqué, comme l'appelait le caricaturiste Cham, offre, à l'instar de l'*Orohippus*, déjà cité, quatre doigts chaussés de sabots, dont le médian seul touche à terre, les autres étant écourtés.

C'est ainsi que, sur les stylets d'un pied de cheval, on peut lire, en quelque sorte, son passé, comme l'histoire des usurpations successives grâce auxquelles le « maître-doigt » est parvenu à dominer, l'un après l'autre, ses quatre associés, de manière à régner seul, à gouverner, sans collaborateurs, la marche de l'animal. Et cette évolution à rebours, cette « *régression* », est en même temps une utile leçon de choses, pour nous démontrer que la recherche pure et simple de l'*utilité*, — ou, si l'on préfère, de la *destination*, dans un organe quelconque, peut demeurer vaine et stérile, si l'on n'y joint la considération du développement de cet organe au cours des générations successives. Déjà nous avions dit qu'il ne fallait pas s'en tenir, pour pénétrer le secret des variétés de forme, à la conception de *finalité*, c'est-à-dire au *pourquoi*, mais s'enquérir aussi du *comment*, de cette sorte de fatalité vitale et plastique qui tend constamment à réaliser un tout, — je ne dis pas *harmonieux*, toujours, mais cohérent, bien équilibré, « *harmonique* ». Autrement, n'ayant de regard que pour l'utilité présente, immédiate, de tel organe, de telle ou telle partie du corps d'un animal, on risque fort d'être déçu. Si le sabot du cheval, par exemple, constitue pour ce dernier un caractère utile, avantageux, en favorisant la sûreté de sa marche et la rapidité de son allure, — les quadrupèdes similaires, ses prédécesseurs, ne jouissaient pas, eux, de ce bénéfice, encore à l'état naissant, ou de développement incomplet ; bien plus, formant la transition entre le type « *multiongulé* » et le type « *uniongulé* », les doigts qui, chez eux, en voie d'atrophie, ne touchaient plus terre, devenaient gênants ; à l'inutilité se joignait, alors, plus ou moins, la « nocivité », de telle sorte qu'en présence d'un être tel que l'*Anchitherium*, le principe de finalité semble se trouver en mauvaise posture (1).

Pour conclure, et tout concilier, on peut dire que le pied des quadrupèdes herbivores, en général, comme toute espèce d'organe qui se modifie, qui progresse ou déchoit dans la suite des temps, se justifie dans sa structure actuelle, à la fois par la cause efficiente et par la cause finale, l'une qui répond au comment, l'autre au pourquoi. Or, tout semble attester dans l'univers que si celle-ci tend vers un but, elle ne l'atteint, ce but, que par les moyens fournis par celle-là. Je propose donc d'ajouter, au principe d'*utilité*, celui du *développement nécessaire*. En résumé, pour le dire en deux mots, le *finalisme* n'est pas quelque chose d'immédiat, et demande un large crédit ; l'idée divine ne se déploie pas d'un seul coup ; elle se *déroule*.

Le Cheval

Nous avons exposé plus haut la classification d'Owen. Prenant pour base un caractère assez subtil et d'appa-

---

(1) Comme aussi, — trait piquant, — le principe darwinien du « caractère utile » qui se transmet ; car ce caractère, il ne s'est affirmé que peu à peu, par une lente évolution ; et par conséquent, avant d'être utile, il a passé par tous les degrés du *superflu* et de l'*oiseux*.

rence secondaire (1), le nombre pair ou impair des doigts de pied (de ceux seulement qui touchent le sol), il divise les Ongulés (ou porteurs de sabot) en paridigités et imparidigités, ces derniers étant répartis en trois familles,

Etude de cheval (la jument « Madelon »).
(*D'après un sujet sculpté sur le vif par le statuaire E. Navellier.*)

représentées respectivement par le *cheval*, le *tapir* et le *rhinocéros.*

C'est mettre le cheval, n'est-il pas vrai ? en assez mauvaise compagnie ; lui, ce « noble animal », si beau de formes, si affiné, et doué de si hautes qualités, le placer côte à côte avec cet éléphant manqué qu'est le tapir, et ce quadrupède rébarbatif qu'est le rhinocéros... Et cela parce qu'il est, comme eux, « *imparidigité* » !... Mais faites attention que les classificateurs modernes sont des généalogistes, et qu'ils remontent au passé lointain. Or,

____

(1) Je dois reconnaître, cependant, que ce détail coïncide avec d'autres traits de plus grande importance, et des rapports de filiation préhistoriques.

l'être si perfectionné que nous appelons le cheval a, paraît-il, eu pour ancêtres — ou prédécesseurs, des types encore barbares, épais de formes, à la démarche lourde et, à en juger par le squelette, d'aspect plutôt menaçant : ce sont l'*Anchitherium*, l'*Orohippus* et l'*Hipparion*. Leurs ossements fossiles, habilement reconstitués, nous permettent de suivre, pas à pas, les progrès de l'espèce. Rapprochés, d'autre part, des ossements d'autres espèces primitives, ils semblent attester que le cheval, le tapir et le rhinocéros ont, en ces temps reculés, des ancêtres communs, ce qui justifie le rapprochement, en taxinomie rigoureuse, de créatures si dissemblables. A ce sujet, comme en d'autres pareils, on peut dire :

> Pour devenir ce que nous sommes,
> Il faut plus de mérite, en somme,
> Que pour l'avoir toujours été... (1)

⁎

⁎ ⁎

La figure du cheval nous est si familière, qu'il est bien difficile de la juger en soi, et d'une façon, comme on dit, « objective ». En effet, ainsi que je l'ai fait ressortir en d'autres écrits, il faut distinguer en tout être, en tout objet, l'expression spécifique et l'expression harmonique, — la première basée sur la considération de l'espèce, et par conséquent relative, — la seconde, fondée sur l'aspect immédiat de la forme et de coloris, et par conséquent absolue. Or il arrive que, dès l'enfance, nous prenons l'habitude de mettre un nom spécial sur chaque être nouveau qui tombe sous nos yeux, chien, chat, bœuf ou cheval, et d'en faire, en quelque sorte, une personnalité, dont l'aspect, une fois passé le premier moment de surprise, n'étonne plus, et dont nous n'apprécions — ou dé-

---

(1) Extrait d'un drame « aristophanesque » inédit, où je mets, dans la bouche d'un oiseau, cette réplique à la protestation de ses congénères, indignés de ce qu'on veut les rattacher aux reptiles.

précions — la figure que par comparaison avec d'autres types, d'autres personnalités animales. Que si le cheval nous apparaissait pour la première fois, comme un être neuf, inattendu, nous serions peut-être effrayés à sa vue, comme le furent les Indiens d'Amérique, lorsqu'ils virent s'avancer vers eux les cavaliers espagnols.

Mais, encore une fois, l'accoutumance est si forte que, pour voir dans le cheval, comme dans le bœuf, le chat ou le chien, un pur ensemble de lignes et de couleurs, en abstrayant l'idée d'espèce, il faut un effort d'esprit presque impraticable.

Toutefois, dans le tableau que je vais tracer du « noble animal », je devrai tenir compte à la fois des deux points de vue, l'harmonique et le spécifique, — ce que chacun de nous, d'ailleurs, fait d'instinct, lorsqu'il dit, indifféremment, du cheval, que c'est « une merveille de proportion », — ou « l'un de nos plus élégants quadrupèdes ».

Buffon, pour faire son éloge, rabaisse à plaisir les autres animaux : « C'est, écrit-il, celui qui, avec une grande taille, a le plus de proportion et d'élégance dans les parties de son corps »... (Et le cerf, le chamois, la gazelle ?) — « Comparativement au cheval, l'âne, poursuit-il, est mal fait..., le lion a la tête trop grosse..., le bœuf, les jambes trop minces et trop courtes pour la grosseur de son corps, le chameau est difforme, et les plus gros animaux, le rhinocéros et l'éléphant, ne sont, pour ainsi dire, que des masses informes... ; et puis, le cheval n'a pas, comme l'âne, un air d'imbécillité, ou de stupidité comme le bœuf... »

Les voilà là, vraiment, bien arrangées, les pauvres bêtes ! Qu'on me permette, ici, sans attenter le moins du monde à la primauté de « la plus noble conquête... » de prendre en faute, au point de vue esthétique, l'illustre écrivain du Muséum... L'adverbe *trop*, qui trop souvent revient sous sa plume, n'est guère juste, autant pour ce qui touche au principe que pour ce qui regarde chaque animal critiqué : d'abord l'âne, comme on le verra, n'est point « mal fait » ; le lion, que les Arabes appellent « *le seigneur à la grosse tête* », tire de l'ampleur de son chef, encore accrue par la crinière, un caractère admirable de majesté ; les jambes du bœuf ne sont pas, comme il le prétend, en disproportion avec le reste de son corps ; supposez-les plus longues et plus massives, et vous verrez l'effet de cette correction présomptueuse. J'ai déjà dit, plus haut, ce qu'il fallait penser du chameau, lequel n'est pas un *bossu*, comme nous l'entendons, car il n'est pas infirme. Passe pour le rhinocéros, où l'on peut voir, cependant, une manière de chevalier rustique et redoutable) ; mais quant à l'éléphant, c'est presque un blasphème que de le traiter de « masse informe ». Ce mot d'*informe*, au reste, ici, n'a point de sens : en effet, l'éléphant est *conformé* d'une certaine manière, — et d'une manière très caractéristique, et très « personnelle » (1). Enfin, prêter à l'âne « un air d'imbécillité », — au bœuf, « un air de stupidité », m'apparaît une exagération choquante ; l'expression du bœuf est plutôt paisible, et celle de l'âne, résignée.

D'ailleurs les critiques de Buffon reposent sur une idée fausse... Loin de moi la pensée de dénigrer, à mon tour, le cheval, et d'affaiblir le juste sentiment d'admiration pour sa beauté ; mais il a son *caractère*, et les animaux auxquels on le compare ont aussi le leur ; je vais même plus loin, et j'ose dire : *ils ont leur genre de beauté.*

Que si l'on tient au parallèle entre les divers types d'une même classe, un autre parti reste à prendre : c'est de chercher à savoir ce qui caractérise la figure du cheval, et la distingue de ses congénères, ou des quadrupèdes ruminants et des pachydermes. C'est dans cet esprit que nous allons étudier les formes du modèle qui pose, pour l'instant, devant nous.

---

(1) Le troisième dérivé: « *difforme* », ne doit s'appliquer qu'à l'être *tératologiquement* monstrueux.

Le corps d'un quadrupède tel que le cheval peut se diviser, esthétiquement, en trois parts : une expressive du sentiment, la *tête* (1) ; — une autre, dont la fonction, plutôt négative, est de dissimuler les viscères ; c'est le *tronc* ; — enfin, une troisième, traductrice de l'allure : les *membres*. Ajoutez-y deux régions limitrophes ou de transition : l'*encolure* et la *croupe*, et deux organes accessoires, *crinière* et *queue*. Mais, comme je l'ai fait remarquer ailleurs, aucune de ces parties, que l'analyse, forcément, sépare, n'a de beauté ; celle-ci se dégage de l'ensemble, de l'harmonieux assemblage.

Au point de vue plastique, ou du simple contour, la tête du cheval se fait remarquer, d'abord, par l'absence de tout appendice rigide, corne ou ramure ; le seul, à peu près, des quadrupèdes précédemment décrits qui, pareil au cheval en cela, ne soit pas cornu, est le chameau ; mais la tête, chez ce dernier, est tendue horizontalement, comme s'il défiait la vaste étendue devant lui ; tandis que, chez le coursier de nos régions, elle est inclinée, faisant avec le poitrail un angle de 45° environ. Cette inclinaison contribue, pour une bonne part, à l'expression paisible et résignée de l'animal, — du moins de l'animal au repos ; car cette tête chevaline est très mobile, et ses attitudes diverses sont aussi harmonieuses qu'expressives en leur variété : qu'un stimulant, comme la sonnerie du clairon, un coup d'éperon, ou telle cause extérieure la réveille, elle se redresse, et ce geste vif, passager, lui communique un air de fierté très différent de celui du chameau, — fixe, obstiné, plutôt impassible.

Mais la tête est significative, surtout, en ce qu'elle est le lieu de rendez-vous des organes des sens, ces portes ou fenêtres ouvertes sur le monde extérieur. Les yeux du cheval, placés de côté, comme ceux de tous les Mammifères, le singe excepté, sont bien ouverts, bordés de cils,

----

(1) C'est la partie du corps, chez tous les animaux supérieurs, la plus significative ; aussi la prend-on de préférence, pour emblème (comparez la tête du bœuf ou du cerf).

et très doux, très sympathiques ; ses oreilles, courtes et pointues, sont en état de mobilité perpétuelle ; elles trahissent une préoccupation habituelle que n'exprime pas, notez-le, l'attitude ordinairement calme du reste du corps. La tête se termine, à sa partie inférieure, par un museau moins bestial que celui de maint quadrupède, et qui ne saurait être qualifié de « *muffle* ». Lorsque l'animal renâcle, et surtout lorsqu'il devient vieux, on voit saillir ses dents de devant (les incisives), qui sont plates et longues (1). On sait qu'un espace vide les sépare, ainsi que chez la plupart des grands herbivores, des dents molaires ; c'est ce qu'on appelle la « *barre* » (nom bien mal donné, soit dit en passant, puisqu'il s'applique à un vide). Inutile d'insister ici sur l'indication de l'âge fournie par l'examen de la dentition.

L'encolure, qui relie la tête au tronc, est un trait caractéristique du cheval, et c'est même, chez lui, un trait de beauté (quand elle est, comme le décrit Dorante dans « *Les Fâcheux* », « l'encolure d'un cygne (2), effilée et bien droite... » En effet, la cambrure du cou, chez un sujet normal, n'est pas exagérée ; ses lignes sont en pente douce, et celle de dessous rejoint le poitrail d'un mouvement presque insensible. Cette encolure du cheval est encore embellie par « *la Nature artiste* », comme aurait dit Sully-Prudhomme, d'une crinière bien fournie de poil et flottante. Le genre humain a toute sa chevelure sur sa tête ; l'espèce chevaline l'a sur le cou. Ici comme partout ailleurs, c'est une utilité qui devient ornement. Tailler la crinière « en brosse », de même que raccourcir le panache de la queue, c'est nuire à la santé de l'animal comme à sa beauté ; car la Nature n'a pas réalisé ces deux choses en vain ; ce n'est pas seulement la « *Nature ar-*

(1) C'est un défaut chez l'homme, et principalement chez la femme ; il est fréquent chez les Anglaises d'un certain âge.

(2) La comparaison avec un *cou de cygne* est, d'ailleurs, assez inexacte : la courbe en S appartiendrait plutôt au chameau.

tiste », mais aussi, et avant tout, la Nature *ouvrière*, logique et prévoyante (1).

L'encolure est, pour ainsi dire, une zone de transition, par où l'œil passe, imperceptiblement, de la tête au tronc, lequel comprend le *dos*, le *ventre*, le *poitrail* et la *croupe*. J'ai dit qu'au point de vue esthétique, le tronc n'avait qu'une expression négative; en effet, si, comme lui, la tête et les membres servent d'enveloppe à l'anatomie, ces deux parties du corps traduisent, — l'une, le sentiment, et l'autre, le mouvement; tandis que la seule fonction qui soit dévolue au tronc (outre celle de centre de rattachement) est de dissimuler au regard, en les abritant, les rouages de vie. Quoiqu'il en soit, l'harmonie des lignes ne montre, même ici, nulle défaillance : la légère dépression du dos se relève, à la croupe, de manière à faire équilibre à la saillie de l'encolure; — et, comme cette dernière, la croupe a son ornement : c'est une queue formant un panache soyeux, souple, ondoyant, et qui surpasse en élégance toutes celles que nous avons vues jusqu'ici (queues en pinceau ou « flagellées » du bœuf, du cerf ou du chameau). Il est intéressant d'observer, toutefois, que deux espèces d'Antilope nous ont déjà montré, — l'une (Hippotragus), la crinière, — et l'autre (l'Antilope Gnou) la crinière et la queue du cheval; mais ces attributs essentiellement chevalins s'associaient d'une façon bizarre à des cornes contournées et volumineuses ; et c'était là, si l'on ne considère que le point de vue « décoratif », un ornement précoce, anticipé.

*
* *

Crinière et queue ne sont, en somme, que les *exubé-rances localisées* d'un pelage qui recouvre le corps de

---

(1) *Crinière* et *queue* ne peuvent-elles être assimilées au *flabellum* romain, au « *chasse-mouches* » arabe ?... Et, justement, n'appelle-t-on pas « *émouchoir* » une queue de cheval emmanchée servant à chasser les mouches ?

l'animal tout entier d'un poil fin et serré; c'est ce qu'on appelle, — à tort, — la *robe* du cheval; cette « robe », qui mériterait mieux le nom de « *justaucorps* », est, suivant les races, ou même les individus, de couleur très diverse ; et, de plus, elle peut être unie ou variée de bien des façons. On connaît des chevaux *noirs*, et d'autres *blancs*, — d'autres « *bais* », c'est-à-dire brun-rouge (du latin *badius*) — d'autres *aubères* ou fleur-de-pêcher (entre le bai et le blanc); — d'autres *alezans*, de teinte fauve tirant sur le roux (de l'arabe *halsa*)...

> « Mon cheval alezan ; tu l'as vu ? — Non, je pense... »
> (MOLIÈRE, *Les Fâcheux*).

On appelle *rouans*, ceux dont le poil est mélangé de blanc, de gris et de bai, — *miroités*, ceux dont le pelage est semé de taches claires, — et *cavecés*, ceux qui ont la tête noire ; — enfin, les *gris pommelés* sont connus de tout le monde.

Chacun de ces partis de coloration a son caractère, et son genre de mérite, indépendamment du goût spécialiste et des préjugés de la mode. Un pelage uniformément blanc ou noir donne l'impression d'unité, d'homogénéité ; le blanc, en général, représente l'intégralité de la lumière ; ses qualités propres sont, par conséquent, la clarté, la pureté, le rayonnement, la sérénité ; — le noir, son opposé, symbolise l'obscur ; c'est la nuit qui s'oppose au jour ; il exprime, en dehors de son unité propre, la confusion, la « maculature », la concentration, la tristesse : aux chars de fête on attelle, de préférence, des chevaux blancs, — des chevaux noirs aux chars funéraires. Mais d'autre part, — les femmes le savent bien, le noir amincit ; aussi le cheval noir (« *moreau* », comme on disait jadis), a-t-il l'air assez distingué. Les autres teintes ont chacune leur expression propre ; leur association en zones, taches ou semis, est distrayante pour le regard, « *amusante* », comme disent les artistes ; enfin, chez le cheval qu'on qualifie de « *cavecé* », le contraste d'un pelage plus ou moins clair et d'une tête noire, a quelque chose de saisissant.

Il n'est pas superflu de noter ce fait, que les variations de couleur, chez le Cheval comme chez tous les autres animaux, n'affectent guère que les races domestiques, — les races libres et sauvages offrant, dans leur pelage, une grande uniformité. Ainsi des robes de paysannes comparées à celles des citadines.

*
* *

La tête et le corps du Cheval, tels que nous venons de les décrire, sont comme une architecture vivante, dont les *membres* (je n'ai pas à changer le mot) seraient les piliers, — piliers mobiles, au reste, articulés, qui ne font pas que soutenir, et servent à la progression. La première idée qui vient à l'esprit, quand on considère un cheval, est que chacun des quatre membres qu'on lui voit se compose d'une *cuisse*, assez mince au train de devant, plus robuste au train de derrière, — puis d'une *jambe*, enfin d'un pied portant le sabot ; et l'on en juge ainsi d'après notre structure de bipède, où ces trois parties se succèdent ostensiblement à partir du tronc. Mais c'est là une illusion, qui vient de ce que la *cuisse* (ou plutôt son os, le fémur), est, chez les quadrupèdes, cachée, noyée dans les chairs, de telle sorte que ce qu'on prend pour elle est, en réalité, la jambe, — très courte, en vérité, et dont la brièveté nous déconcerte... Et, par contre, ce qu'on est tenté de prendre pour la jambe, c'est le *pied*. Ce pied, effectivement, est extraordinaire, et — si j'ose ainsi m'exprimer, « paradoxal » : tandis que, chez l'homme, il est constitué par des os courts, et fait avec la jambe un angle presque droit, il est formé, chez le Cheval (comme, aussi, chez le Bœuf et d'autres quadrupèdes à sabots), par un os très allongé, le *canon*. Ce dernier a pour origine les deux métatarsiens médians, qui seuls ont persisté, — les deux autres étant réduits, par le processus d'atrophie séculaire dont j'ai parlé, à des sortes d'épines osseuses, visibles pour l'anatomiste seulement, sur les côtés dudit canon, et qu'on appelle les « *stylets* ». En résumé, le pied du Cheval se compose, intérieurement, d'un os long, unique (le « canon »), se rattachant, en haut, à l'os de la jambe (tibia) par l'intermédiaire des osselets du tarse (notre « *cou-de-pied* »), et portant, en bas, deux phalanges, dont la dernière est chaussée du sabot. A l'extérieur, on distingue plusieurs parties que l'on nomme : le *boulet*, le *paturon*, la *couronne*, les *quartiers* et *talons*, la *fourchette*, la *sole*, — termes de maquignon, bien minutieux pour le simple amateur. Celui-ci retiendra seulement la manière élégante dont l'extrémité du pied, chaussée du sabot, pose à terre; car le Cheval est, plus manifestement que le bœuf et d'autres Ongulés, « *digitigrade* » : il marche « sur la pointe du pied » (1).

*
* *

Le mouvement chez le Cheval
Geste et mouvement locomoteur. Analyse des différentes allures. Leur représentation artistique.

Chez tout être qui vit, — à l'expression, à la beauté des formes au repos viennent s'ajouter l'expression, la beauté du *mouvement* ; et, chez les quadrupèdes en particulier, c'est celui des membres dans la marche, ou la course, qui, naturellement, attire le plus notre attention, — sans préjudice, au reste, des mouvements du corps, de la tête et de l'encolure, de celui des yeux, des oreilles,

(1) Dans son traité de zoologie, Claus, identifiant les membres du Cheval avec ceux de l'homme, distingue, à l'avant-train, un bras, un avant-bras et une main (p. 1438 de la traduction). Mais le Cheval, comme le bœuf. etc., est *quadrupède*, et non pas bipède (ou « bimane ») : aussi, parler de main, déjà, est un fâcheux abus de langage, et ne doit-on attribuer à ces animaux que deux paires de jambes et quatre pieds.

de la crinière et de la queue, plus particulièrement et plus hautement expressifs.

Or, ce *mouvement locomoteur* est de ceux que leur rapidité relative rend très difficilement perceptibles à la vue ; on voit bien qu'un cheval trotte ou galope, mais on ne le voit pas trotter ou galoper. Cette incapacité de notre organisme à suivre, en leur évolution, les mouvements qui dépassent — ou qui n'atteignent pas — certain degré de vitesse, est pour nous un bien plutôt qu'un mal; car la Nature proportionne ainsi le stimulant extérieur à nos propres forces internes, et nous épargne une multitude d'efforts et de perceptions aussi stériles que minutieuses. Nous ne voyons, en définitive, dans un mobile, que ce qu'il nous importe d'y voir.

*
* *

Mais l'homme, de son naturel, est curieux; il tient à se rendre compte de ce qui lui échappe; il veut savoir le pourquoi, le comment, et quand il les a conçus, il s'efforce de tirer parti de cette connaissance, d'où la Science pure, puis appliquée. Bien plus, il veut faire bénéficier l'Art des résultats acquis par la Science.

Deux catégories d'hommes avaient intérêt à connaître la marche du Cheval en ses différentes allures : les savants — et les artistes, les uns pour résoudre certains problèmes de mécanique animale, —- et les autres, afin de reproduire aussi fidèlement que possible, par le pinceau ou le ciseau, un mouvement dont les Arts plastiques, ou « d'immobilité », ne peuvent retracer à la fois qu'un seul stade, sous forme d'*attitude*.

De là, recherche des procédés ou expédients scientifiques capables de décomposer le mouvement, dans telle ou telle allure, en ses phases successives. Faute de pouvoir ralentir à son gré la course d'un quadrupède, on raccourcit le temps de vision ; mais, par ce moyen, le mouve-

ment n'apparaît pas dans sa continuité réelle; il n'est pas
ralenti, mais fragmenté. Toutefois, les images partielles
qu'on en obtient peuvent être si rapprochées l'une de
l'autre, qu'en opérant leur synthèse dans le *zootrope* (1),
il s'offre à notre vue comme un tout continu.

Les méthodes d'analyse ou de décomposition du mouvement sont de deux sortes : *schématiques* ou *figuratives*.
En dehors de ces dernières, dont il sera parlé tout à
l'heure, il existe divers moyens de noter « *pas à pas* »,
c'est le cas de le dire, les allures d'un quadrupède tel que
le Cheval. Ce résultat s'obtient, tout d'abord, soit par
l'intermédiaire de l'oreille, par les *bruits*, soit par celui
de l'œil, par les *traces* ou *pistes*. Dans le curieux ouvrage
de Vincent de Goiffon (« Mémoire artificielle des principes
relatifs à la fidèle représentation des animaux tant en
peinture qu'en sculpture », — Alfort, 1769), une portée
musicale de 4 lignes, pareille à celle du plain-chant, sert
de cadre à des signes analogues aux notes d'une mélodie;
c'est le *rythme* seul qu'ils indiquent. Marey, l'éminent
professeur au Collège de France, a modifié cette notation,
lui donnant un caractère de précision qui permet d'éva-
luer la durée des foulées et de leurs intervalles. Déjà,
donc, un aveugle, au rythme des pas frappés sur le sol,
peut distinguer si le cheval, qu'il ne perçoit point par
la vue, marche au pas, à l'amble, trotte ou galope. A
l'*amble*, l'oreille n'entend que 2 bruits (à chaque pas),
les deux pieds du même côté portant au même instant
sur le sol; au *pas*, elle entend 4 bruits successifs; puis, au
trot, 2 bruits seulement, comme à l'amble, avec cette différence que chacun de ces bruits provient du frappement

(1) Ou « *phénakisticope* », c'est-à-dire : appareil donnant à l'œil
l'illusion du mouvement.

simultané, — non plus des pieds d'un même côté, mais de ceux des deux côtés opposés, agissant en diagonale; enfin, au *galop*, on perçoit 3 bruits; le premier correspond à la foulée du pied gauche d'arrière, agissant seul, — le second, à celle du pied droit d'arrière et du pied gauche d'avant, agissant diagonalement, d'un mouvement croisé; — et le troisième, à la foulée du pied droit de devant, frappant seul à son tour.

Ainsi, déjà, le sens de l'*ouïe*, tout naturellement, et sans aucun savant détour, nous documente sur le rythme des allures (1). Le sens de la *vue* nous apporte, à son tour, un document direct, aussi naturel, en les traces de pas ou *pistes*. Il faut seulement prendre garde à ceci, que l'animal, à certaines allures, posant le pied d'arrière à l'endroit même que vient de quitter le pied d'avant, les traces de pas se superposent, et que, par suite, on n'a pas le tableau complet des foulées successives. C'est ce qui se produit pour le *pas*, comme pour le *trot*, et ce qui fait que, sur les pistes, ces deux allures se confondent. Cet inconvénient n'existe pas pour l'*amble*, où les traces sont séparées, donnant ainsi le tableau complet des foulées.

*
* *

Les résultats de l'observation directe, par les bruits ou les traces de pas (pistes), n'étant pas suffisamment instructives, le professeur Marey a fait intervenir la *méthode graphique*, qui fournit cette fois des documents précis : par l'intermédiaire d'appareils inscripteurs dont le détail ne peut trouver place ici, l'on observe des *courbes* représentant, de façon schématique, la trajectoire du pied aux différentes allures. A ces schémas est jointe une *notation rythmique* en longues et brèves, rappelant, en plus simple, la portant musicale de Vincent et Goiffon; et, de cette

---

(1) V. **Marey**, la machine animale, p. 169 (amble, pas) 164 (trot), 174 (galop).

manière, la lecture « juxtalinéaire », pour ainsi dire, du pas, du trot, ou du galop, devient accessible même aux profanes.

Méthode chronophotographique

Mais cela ne peut suffire aux artistes, — ni même aux savants qui ne se contente pas d'un simple schéma, et demandent à l'image même de la réalité vivante et mouvante une source nouvelle de précisions.

D'où la substitution — à la méthode schématique, — de la méthode « *figurative* ». Celle-ci consiste en la reproduction, par le dessin, la photographie instantanée ou la chronophotographie, des phases d'un mouvement que notre regard ne peut suivre. Soit une *roue* qui tourne avec une telle rapidité que tous ses rayons se fusionnent pour l'œil en une seule image, un « flou », — si, par un procédé plus vif que la vue, je parviens à saisir au vol chaque rayon, l'un après l'autre, j'aurai décomposé le mouvement rotatoire en ses éléments ; c'est comme si j'avais ralenti ce mouvement ; et le résultat se trouve obtenu, cependant, par une accélération du processus visuel, en quelque sorte.

Le procédé tout d'abord employé fut celui de la *photographie instantanée*, par objectifs multiples, (procédé de Muybridge). Déjà, le peintre Meissonnier, par des croquis pris sur un cheval actionnant un manège, avait, en se plaçant au centre, reconstitué les principales attitudes du quadrupède. Muybridge demanda à la lumière elle-même d'opérer ce travail, et ses photographies en séries régulières composent une sorte de gamme diatonique (ou « chromatique », si l'on veut) d'attitudes où les artistes peuvent puiser des notes encore inédites.

Enfin, réalisant un progrès considérable, Marey parvint, avec un objectif unique, et tout un dispositif approprié, à développer des gammes d'attitudes assez précises pour qu'on pût caractériser le mouvement dans ses modalités essentielles, et saisir 'sur le vif ses phases les plus cachées ; — cela sur les êtres les plus divers, même microscopiques.

A la photographie instantanée de Muybridge succédait ainsi la *chronophotographie* de Marey : merveilleuse invention, d'où l'on a tiré, de nos jours, la *cinématographie* (1). Ajoutant ses précisions aux renseignements déjà précieux fournis par les bruits, les traces de pas, et les tracés, elle met en plein jour les attitudes successives du cheval en marche, comme si notre œil, doué soudain d'un pouvoir magique, pouvait suivre, à son aise, le jeu des pieds, quand ils se lèvent, s'étendent en avant, et reposent, un court instant, sur le sol.

Décomposition des allures. — Mais les *figures*, si claires qu'on les suppose, ont besoin elles-mêmes d'une interprétation ; il faut savoir les lire. On n'y saisit **pas** l'allure, continûment, sur un seul cheval, pour ainsi dire, mais on en recueille les phases une à une, et discontinûment, sur une série de chevaux séparés. Il est donc opportun d'expliquer l'image par la parole, et de dire, en empruntant à Dugès une ingénieuse formule, que la marche du *quadrupède* est assimilable à celle de 2 *bipèdes* qui se suivraient de tout près. Rien, alors, de plus aisé que de définir chaque allure : l'*amble* se traduira par la marche de 2 hommes à la file, avançant le même pied, droit ou gauche, en même temps, comme il arrive dans une marche militaire; c'est le cas le plus simple. Si $a\,b$ représente le bipède antérieur (train d'avant), et $c\,d$, le bipède postérieur (train d'arrière), on aura le schéma 1, le sens du mouvement étant de gauche à droite.

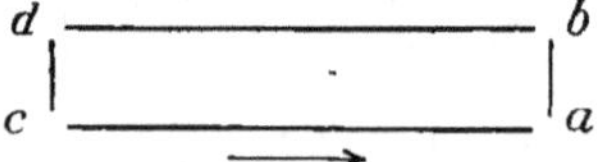

(1) La *cinématographie* n'est, en définitive que le développement d'images chronophotographiques en série, donnant au spectateur l'illusion du mouvement, non plus, cette fois, par un trajet circulaire, comme au *zootrope*, mais en ligne droite.

Pour le *pas* du quadrupède, on supposera que l'homme d'arrière avance le pied gauche un peu après que celui d'avant avance le droit, — puis le pied droit, de même, un peu avant que celui qui le précède avance le gauche, — ce qui produit une marche à la fois successive et *croisée*.

Dans le *trot*, le schéma 2 reste identique, avec cette différence que le pas croisé n'est plus successif, mais simultané.

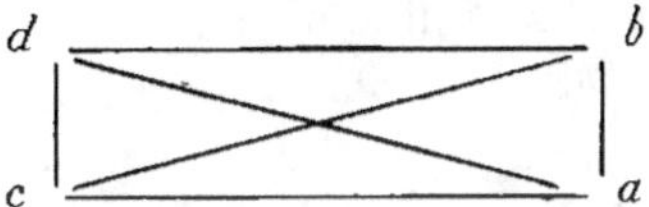

Pour ce qui est du *galop*, l'assimilation du quadrupède à 2 bipèdes se suivant est moins praticable, chacun de ces deux bipèdes opérant un saut, dont le premier temps est isolé, et le second, croisé avec le bipède antagoniste. Aussi bien la comparaison de Dugès, très précise pour l'amble, encore valable pour le pas, ne s'étend guère au galop. Toutefois, on peut s'en faire une idée, selon Marey, en supposant deux enfants qui se suivraient en gambadant (pas de course enfantin ou *galop bipède* (1).

Le *galop*, d'ailleurs, comme le *trot*, est une allure *sautée*, non marchée; après les 3 bruits qui le dénoncent à l'oreille, comme on l'a vu, se place un silence; ce silence correspond au moment où, le bond effectué, le corps du cheval, projeté en avant, ne touche plus terre : de là,

(1) « Il semble, dit l'auteur, qu'on ait obtenu la notation du cheval en superposant deux de ces notations du *galop bipède*. »

la locution vulgaire, mais bien vivante : « tomber *les quatre fers en l'air...* »

Rapelons ceci, pour terminer, que, dans le *pas* et le *trot*, les traces ou « pistes » se superposent. Or c'est ce qu'exprime, pour la marche humaine, cette locution . « *emboîter le pas* », que les dictionnaires définissent ainsi : « marcher, à deux ou plusieurs, en file serrée, de manière que celui qui suit pose le pied juste à la place laissée libre par celui qui le précède. »

La *méthode chronophotographique* de Marey permet de saisir et de mesurer, non seulement chaque allure en particulier, mais les transitions d'une allure à l'autre. En outre. elle s'applique à l'étude de la *force* mise en jeu, à chaque moment de la marche, et des réactions ou contre-coups que le pas, le trot ou le galop exerce sur le reste du corps. On comprendra que nous ne puissions entrer dans ce détail.

La synthèse après l'analyse. — *Recomposition du mouvement.* — C'est par les artifices qu'on vient de voir qu'on arrive à décomposer un mouvement trop vif en ses phases successives. Mais ce premier résultat reste incomplet, forcément, par ce fait que les images partielles obtenues, si nombreuses et serrées qu'on les suppose, laissent encore entre elles des intervalles ; et, d'ailleurs, cette fragmentation du mouvement en images multiples détruit l'impression de *continuité*. Or, cette impression perdue par l'analyse, la synthèse nous la fait recouvrer. Cette synthèse, comme l'analyse qui l'a précédée, se réalise au moyen d'artifices très ingé-nieux. Le premier appareil qui ait servi à reconstituer la course d'un cheval, par exemple, et à donner à l'œil l'illusion du mouvement, fut nommé par Plateau, son inventeur, le « *phénakisticope* », — terme tiré du grec, comme toujours, et qui peut se traduire exactement par ce mot français : « *trompe l'œil* ». Cet instrument, en effet, repose sur une illusion d'optique, ou, si l'on veut, sur une propriété de l'organe visuel, en vertu de laquelle il suffit de dix images perçues par seconde, à la suite, pour que cet organe ait l'impression d'un mouvement ininterrompu.

Or, ces images, dont chacune représente un « temps » de l'allure, étant disposées sur le pourtour intérieur d'un cylindre tournant, se fusionnent pour l'œil, qui les saisit au passage à travers des fentes également espacées. On réalise ainsi, par un détour mécanique, artificiellement, ce qui s'opère au naturel, quand on voit un cheval marcher, ou galoper, sans savoir comment il marche, ou galope.

Le *phénakisticope* de Plateau, tout d'abord, eut le succès d'un jouet scientifique; puis les savants s'en sont emparés ; et, sous les noms de *stroboscope*, de *zootrope* et de *praxinoscope*, il a subi des perfectionnements qui en font un instrument sérieux de laboratoire. C'est l'ancêtre glorieux, mais trop oublié, du *cinématographe*. Le nom de ce dernier appareil implique encore l'idée de *mouvement;* c'est, en effet, l'application d'une branche de la mécanique assez austère, la « *Cinématique* »; et, par une fortune inverse de celle du phénakisticope, c'est devenu un objet de curiosité, de divertissement populaire.

Questions d'Esthétique soulevées par la décomposition du mouvement, et la révélation, par ce fait, d'attitudes inaperçues

Les appareils qui recomposent le mouvement arrivant, en somme, au même résultat que la vue directe pure et simple, il n'y a pas lieu de se demander, à ce propos, dans quelle mesure la Science peut se mettre au service de l'Art; mais si la question esthétique ne se pose pas au sujet de la synthèse, elle doit être posée au sujet de l'*analyse*. Laissons donc là le phénakisticope, et revenons à la *chronophotographie*.

Les différentes images d'un cheval au *pas*, au *trot*, ou

au *galop*, étant étalées sous nos yeux, et chacune d'elles fixant une attitude, la rendant, de fugitive qu'elle était, stable et persistante, on peut se demander si toutes valent d'être reproduites par le dessin, la peinture ou la sculpture... Les Arts plastiques, en effet, étant impuissants à donner le mouvement aux figures, il faut bien que, pour représenter ce mouvement, l'artiste, en la série d'images qui passent devant lui, arrête son choix sur l'une d'elles, et sur celle-là seule.

Ici se place un cas bien curieux : celui du cheval vivant trottant, ou galopant, sous le regard direct de l'artiste. Ce dernier, restant incapable de saisir au vol un temps quelconque de l'allure, en est réduit à « faire d'imagination », « *au petit bonheur* », comme on dit, — d'où bien des chances pour lui d'être inexact. Or, si l'on compare certaine frise du Parthénon aux épreuves photographiques de Marey, la concordance entre l'œuvre de l'homme et le travail de la lumière est parfaite; qu'il s'agisse du galop d'un cheval ou de la course d'un athlète (peint sur un vase grec), l'attitude artistique est conforme à la réalité... Comment la chose est-elle possible ?... Il y a là un fait de divination, de prescience, de « mathématique inconsciente et infaillible », des plus remarquables, et dont la cause est à chercher.

Mais revenons à l'artiste moderne, mis en possession par la Science d'un moyen de contrôle qui lui permettra des représentations fidèles de la Nature. Ne serait-il pas embarrassé par la multiplicité même des images ? Entre dix attitudes d'un cheval au galop, laquelle choisir ? Laquelle est la plus digne d'être élue ?

Ici, qu'on me permette de le dire, le zèle artistique des savants a besoin d'être réprimé : grisés, en quelque sorte, par le vin nouveau de la découverte scientifique, ils tendraient à faire accepter *toutes* les attitudes, sous ce prétexte que l'Art y gagnerait en variété... Au nom de l'Esthétique — positive autant qu'idéaliste, nous nous élevons contre cet éclectisme inconsidéré.

Et d'abord, l'Art est fait, en somme, pour représenter ce que nous voyons à l'œil nu, et non pas ce que tel ou tel artifice nous révèle. Eh quoi ? Il faudrait que l'artiste s'empare de ces épisodes latents, inaperçus, « *microscopiques* », pour ainsi dire, par rapport au temps, et qu'il puise au hasard dans le vocabulaire de l'instantané ?... Mais, en ce vocabulaire, tous les mots ne sont pas bons à prendre. Qu'est-ce, alors, qui pourra guider son choix ? — L'intuition du goût ? — Mais elle ne peut avoir, ici, cette spontanéité qui la rendait efficace chez les Anciens, car toute sélection s'appuie sur des considérations plus ou moins conscientes, et l'intelligence raisonnante (non toujours raisonnable) des modernes fait souvent tort à l'instinct créateur.

Or, ici, le principe de *polarité*, dont nous avons, ailleurs, donné maint exemple, intervient opportunément pour fixer, sur une gamme d'attitudes, les degrés fâcheux et les degrés favorables. Les premiers occupent, comme toujours, les deux extrêmes et ce qu'on nomme, à tort, le « juste-milieu ». Effectivement, dans un mouvement donné, le temps initial et le temps final sont des points critiques, l'un comme trop précoce, et l'autre, trop tardif, le premier exprimant l'effort, et le second, la lassitude; et quant au temps moyen, il traduit l'équilibre, et, par suite, ne donne pas l'impression de mobilité. — Quels seront, alors, les points favorables ? — Ceux situés aux deux régions droite et gauche, également éloignées l'une et l'autre du centre et des extrêmes; et ces deux régions ont chacune leur idéal propre, représentant les phases inverses et complémentaires du mouvement. C'est ainsi que nous autres Occidentaux, représentons l'Oiseau volant les ailes *levées* et que les Japonais, au contraire, le figurent les ailes baissées.

A l'éclectisme artistique que les savants déduisent de leurs expériences de laboratoire, on peut donc, en se basant sur ces expériences mêmes, opposer le principe de *sélection*. Cette sélection, les artistes de l'Antiquité,

comme on l'a vu, l'ont opérée d'eux-mêmes, intuitivement, et l'on reste émerveillé de la concordance parfaite entre les sculptures du Parthénon, représentant des
coureurs ou des coursiers, et les images chronophotographiques prises, mécaniquement, sur le vif.

Or, je trouve, dans l'œuvre de M. Jacques Passy, un
passage très remarquable, qui, tout en confirmant le
principe de polarité, nous livre le secret de cet heureux
choix. Cet auteur (voir *Revue scientifique* du 2 jan-
vier 1892), constate tout d'abord : « Que, sur une série
« d'attitudes prises sur le vif, les unes nous paraissent
« invraisemblables ou sans intérêt, les autres, au con-
« traire, fixent nos préférences et nous paraissent seules
« mériter d'être reproduites... » (A la bonne heure !)
« Or, les premières se trouvent correspondre aux stades
« d'égalité ; elles ne donnent pas l'idée du mouvement ;
« les secondes répondent, au contraire, aux phases ins-
« tables ou de transition et, comme telles, sont bien en
« situation. » Puis il ajoute : « Physiologiquement, toutes
« les images successives persistent un temps égal sur la
« rétine ; psychiquement, les images des phases transi-
« toires ou d'équilibre instable sont plus excitantes
« (*hyperesthésiantes*) ; elles accrochent davantage notre
« regard ; les autres passent inaperçues ; elles sont
« anesthésiantes ; les convenances seraient justement
« inverses s'il s'agissait d'exprimer la stabilité. »

Ainsi tombe ce préjugé, trop répandu dans le monde,
qui rejette le défaut d'une innovation artistique sur
« l'inaccoutumance du goût. » — « Si des attitudes
« encore inédites paraissent tout d'abord un peu
« étranges, écrit Marey, c'est... que nous ne sommes
« pas encore habitués à les voir représenter. » (Article
dans la *Revue scientifique*). Argument assez faux, d'ailleurs, car on s'accoutume à l'erreur, à la laideur, aussi
bien — et même mieux, hélas ! qu'à la vérité, qu'à la
beauté.

Mais qu'on me laisse tirer de tout cela une conclusion

peut-être inattendue : c'est que, si l'on admire la révélation par la Science des phases cachées d'un mouvement — il est une autre merveille, plus digne encore de notre admiration ; c'est la manière dont l'Ordonnateur de toutes choses a proportionné à notre perception tant de mouvements divers, les uns plus rapides, les autres plus lents, ménageant ainsi notre sensibilité, nous épargnant la peine de suivre exactement et pas à pas, aussi bien l'épanouissement d'une rose que le galop d'un cheval.

Tempérament physiologique et psychique du Cheval

Anatomie, physiologie, psychologie, trois anneaux d'une même chaîne, la structure du corps étant en rapport étroit avec ses fonctions, et la mentalité de l'animal, s'il est permis de s'exprimer ainsi, se trouvant en connexion intime avec les fonctions spéciales du système nerveux.

Le trait le plus saillant de la structure anatomique du cheval est la simplicité de son estomac, qui l'oppose, comme tous les Solipèdes, aux Ruminants (1) ; non seulement le cheval ne rumine pas, mais une certaine valvule, à l'entrée de son appareil digestif, empêche cette régurgitation parfois bienfaisante, le vomissement.

Une autre particularité du cheval. c'est que, chez lui, la vésicule biliaire fait défaut; ce qui m'amène à dire que cet animal est « *sans fiel* »... Au moins, la « *cholécystite* », qui nous menace, lui est-elle épargnée. — Enfin. détail curieux, il partage avec l'Oiseau le privilège d'un cercle osseux autour de l'œil.

On nourrit le cheval avec de l'avoine, du foin ou du maïs; l'avoine le stimule, le foin le rafraîchit et le maïs l'engraisse; et, pour le reposer, on le met « *au vert* ». Sa dent ménage le pré bien moins que celle du bœuf. Les Arabes donnent à leurs chevaux des dattes, et du lait de

____

(1) Ces derniers, par respect pour la symétrie, devraient être appelés « *Fissipèdes*. »

chamelle; on voit, dans les caravanes à travers le désert, les poulains têter les femelles de dromadaires.

Si le bœuf mugit, le cheval *hennit;* le « hennissement » est une sorte de gamme chromatique, tantôt descendante et tantôt ascendante. Buffon en décrit 5 variétés, répondant chacune à un sentiment spécial, désir, satisfaction, frayeur, etc.

Le même Buffon fait, des *tares* du cheval, un tableau que nous devons citer, comme « revers de la médaille », en contraste avec les hautes qualités de sa figure ; il s'agit du noble coursier qu'un long et dur servage a fait, physiquement, déchoir :

« Il... porte... les empreintes cruelles du travail et de « la douleur ; la bouche est déformée par les plis que le « mors a produits ; les flancs sont entamés par des plaies. « ou sillonnés de cicatrices faites par l'éperon (1) ; la « corne des pieds est traversée par des clous ; l'attitude « du corps est encore gênée par l'impression subsistante « des entraves habituelles. »

Le tempérament *psychique* ou « caractère » du cheval est éminemment sympathique ; craintif pour de petites choses, il montre, aux grandes occasions, comme tous les nerveux, un vrai courage. Il est, à l'exemple de presque tous les animaux, sensible aux caresses, et, quand on le maltraite, rancunier... On ne peut vraiment pas lui demander la charité chrétienne, et le pardon des injures !...

Le spirituel et compatissant auteur des « *Histoires Naturelles* », Jules Renard, admire, en le cheval, cette docilité qui ne se dément jamais (2) :

« Il n'est pas beau, mon cheval, dit-il, mais il m'at-« tendrit. Je n'en reviens pas qu'il reste à mon service,

____

(1) Au point de vue du *style*, le « grand écrivain » commet ici une faute de logique : les *cicatrices* ne sont pas le dommage, mais la réparation du dommage par la Nature.

(2) Bien entendu, chez le cheval dompté, domestiqué, plié à sa tâche quotidienne.

« et se laisse, sans révolte, tourner et retourner. Chaque
« fois que je l'attelle, je m'attends qu'il me dise *non*,
« d'un signe brusque, et détale. — Point. Il baisse...
« sa grosse tête, recule avec docilité entre les bran-
« cards... » N'est-ce pas délicieux ?

Chevaux domestiques et chevaux sauvages (ou libres).

Dans sa fable du « *Cheval qui s'est voulu venger du cerf* », La Fontaine observe ceci :

> De tout temps les chevaux ne sont nés pour les hommes :
> Lorsque le genre humain de glands se contentait,
> Ane, cheval et mule aux forêts habitaient ;
> Et l'on ne voyait point, comme au siècle où nous sommes.
> Tant de selles et tant de bâts,
> Tant de harnais pour les combats.
> Tant de chaises, tant de carrosses..

Ces vers, si pittoresques, résument le contraste saisissant entre l'animal sauvage — ou libre — et l'animal
domestiqué, fait esclave de l'homme. Mais qu'on ne s'y
trompe pas : depuis l'antiquité la plus reculée, le cheval
n'est connu qu'à l'état domestique ; les « *trapans* » des
steppes de l'Asie centrale et les « *mustangs* » des plaines
de l'Amérique du Sud sont des chevaux *devenus sauvages* ; les premiers colons espagnols avaient emporté ces
derniers d'Europe ; et même, arrivant sur leur dos, ils
avaient épouvanté les gens du pays, aussi peu familiari-
sés avec ce genre de quadrupèdes que les Romains, avant
Pyrrhus, l'étaient avec les éléphants (1).

Si, captif, le Cheval est ordinairement d'une docilité
exemplaire, il fait preuve, en liberté, de courageuse
initiative et de sollicitude touchante pour sa progéniture :
vivant en troupes, et non pas en troupeaux, dans la
plaine, ces animaux, « fiers plutôt que féroces », comme
dit Buffon, font aux poulains, en cas de danger, un rem-

---

(1) Le croisement de ces chevaux libres avec les chevaux domestiques produit ce qu'on appelle les « *muzins* ».

part de leur corps. — Mais, noble bétail émancipé, tôt ou tard ils retombent sous notre joug ; cernés par les chasseurs, pris dans un cercle qui va toujours se rétrécissant, ils endossent le harnais, livrée de servitude et de travail. « L'homme, écrit Buffon, fait de ce bel animal...
« un martyr ; à peine est-il né, qu'il l'attache entre deux
« brancards d'un véhicule... et c'est entre ces deux bran-
« cards qu'il doit subir une vie de souffrance... »

L'esclavage du cheval n'est pas seulement pénible ; il est encore humiliant — à notre point de vue, tout au moins. « Ceux même, dit notre auteur, qu'on n'entre-
« tient que pour le luxe, et dont les chaînes dorées ser-
« vent moins à leur parure qu'à la vanité de leurs maî-
« tres, sont encore plus déshonorés par l'élégance de
« leur toupet, par les tresses de leurs crins, par l'or et
« la soie dont on les couvre, que par les fers qui sont
« sous leurs pieds... »

Que dirait Buffon du *cheval de course*, innocente créature que l'homme associe à ses spéculations, à ses jeux de hasard ?... Il ne faudrait pas, cependant, pousser le tableau trop au noir ; le cheval n'est pas toujours ni partout maltraité ; d'ailleurs, la Providence l'a mis au service de l'homme, et l'usage n'est pas l'abus. Aussi, les trois appareils destinés à le dompter, le *mors*, l'*éperon* et le *fouet*, ne deviennent instruments de supplice qu'entre des mains brutales ou malhabiles ; celui qui sait « monter » ou « conduire » se garde bien de tourmenter la bouche de l'animal, de piquer ou frapper ses flancs sans nécessité. Ajoutons ceci, qu'avec la bride et l'éperon, manœuvrés en sens inverse l'un de l'autre, le cavalier dirige sa monture comme le marin, son navire.

*
* *

La substitution, aujourd'hui générale, du moteur mécanique au moteur animé, vivant, peut être un progrès matériel, mais n'est sûrement pas un progrès esthétique.

En tout cas, elle soulève ce problème, auquel sont également intéressés l'éleveur et l'artiste : Quel est l'avenir du cheval ? Est-il appelé, comme tant d'autres espèces, à disparaître ?

...Du train dont vont les choses, on peut prédire un âge prochain où l'homme, entouré de toutes sortes de machines et d'artifices, deviendra lui-même un être complètement artificiel et machinal ; produit de la pensée, la machine tuera la pensée ; car le progrès matériel, nous le constatons, hélas ! tous les jours, est le chemin qui mène au matérialisme.

Les congénères du Cheval (*Equus caballus*)

Ce sont : l'*Ane* (Equus asinus), et ses hybrides, le *Mulet*, l'*Hémione* (Asinus hemionus) et l'*Onagre* (Asinus onager) ; enfin, le *Zèbre* (Equus zebra), et le *Couagga* (Equus Quagga)

L'Ane (*Equus Asinus*)

Buffon s'est posé la question suivante : l'âne n'est-il qu'un cheval dégénéré, — ou bien forme-t-il une espèce distincte ?... Et, après avoir discuté le pour et le contre, il se range à l'opinion que « l'âne est un âne », en définitive, que son sang est pur, et quoique sa noblesse « soit moins illustre, elle est tout aussi bonne, tout aussi « ancienne que celle du cheval... » (1).

Il se distingue de ce dernier par sa petite taille, une tête moins fine, des yeux moins ouverts, une queue peu fournie, « en pinceau », et surtout ces longues oreilles dont notre tour d'esprit malicieux s'empare pour des métaphores et des plaisanteries assez sottes... Au lieu de faire du « *bonnet d'âne* » le symbole de l'ignorance, on

(1) Une des raisons qui pourraient faire croire que l'âne descend du cheval (par évolution régressive) est sa ressemblance avec le *cheval sauvage* (petite taille, robe uniformément grise, queue en pinceau, croix sur le dos) ; mais sont-ce là des preuves suffisantes ?

ferait mieux de chercher la raison d'être du fait, de se demander quel est le but d'un pareil développement du conduit auditif. Chez le *lièvre*, ou le *lapin*, cela peut être un signe de timidité, c'est-à-dire, au fond, le privilège de mieux entendre, afin d'être averti du danger ; mais chez l'*Ane* ?...

L'honneur, pour cette humble créature, d'avoir porté Jésus au jour des Rameaux, expliquerait, suivant une

« Ane brayant ».
(D'après un sujet sculpté sur le vif par le statuaire E. Navellier.)

pieuse légende, la *croix* que dessinent, sur son garrot, deux bandes foncées. Véritable ou non, ce symbole est propre à relever l'âne dans notre estime.

Buffon, qui se contredit fréquemment, commence ici par dire que, mis en parallèle avec le cheval, l'âne est « *mal fait* » ; — puis, quelques lignes plus loin, il écrit :

« On ne fait pas attention qu'il serait pour nous le « plus beau, le *mieux fait*, le plus distingué des animaux « si dans le monde il n'y avait pas de cheval (1). Il est « le second au lieu d'être le premier, et pour cela seul

(1) Encore une exagération, cette fois en sens inverse ; est-ce qu'en fait de « *distinction* », l'âne ne le cède pas à la gazelle, par exemple ?

« il semble n'être plus rien. C'est la comparaison qui
« le dégrade ; on le juge, non pas en lui-même, mais
« relativement au cheval ; on oublie qu'il est *âne*, qu'il
« a toutes les qualités de sa nature, tous les dons atta-
« chés à son espèce, et on ne pense qu'à la figure et aux
« qualités du cheval, qui lui manquent et *qu'il ne doit*
« *pas avoir.* »

A la bonne heure ! Et c'est bien parlé, cette fois. Buffon formule avec élégance une doctrine esthétique que
nous avons exposée, avec complet développement, dans
nos « *Eléments du beau* » et notre « *Sphère de beauté* » (1).

Si, dans notre Occident, l'âne est méprisé, l'Orient,
lui, le révère, et parfois jusqu'à l'excès. En Inde, on
admet que les nobles défunts se réincarnent dans le corps
de ce quadrupède... Quelles extrémités !

Les qualités de l'âne sont inverses (et complémentaires) de celles du cheval : tandis que ce dernier est ar-
dent, impétueux et fier (quand il n'est pas dompté), lui,
par opposition, apparaît tranquille, humble, patient. De
plus, il est très sobre, peu raffiné quant à la nourriture
— et cependant plus délicat que le cheval pour la bois-
son ; Pline observe qu'il craint de se mouiller les pieds,
et se détourne pour éviter la boue ; ainsi le « manant »
en remontre, sur ce point, au grand seigneur.

Tout jeune encore, l'âne est vif et gai, plein de gentillesse et de grâce (sans aller jusqu'à mimer le chien favori, comme en la fable de La Fontaine). En prenant de
l'âge, il devient lourd et têtu.

Mais cet animal, trop rabaissé chez nous, rend de
grands services ; c'est « *le cheval du pauvre* », comme la
chèvre est « *sa vache* » ; il sert de bête de somme — ou
de trait, à volonté : son lait a des propriétés thérapeuti-
ques (lait d'ânesse) ; enfin son tégument, très dur autant

---

(1) Voir. dans le premier de ces ouvrages, le chapitre intitulé :
« *Idéal et degrés de classification* ».

qu'élastique, est employé pour la confection de ce qu'on nomme la « *peau de chagrin* » (*Sagri* des Arabes), — et aussi, ce qui n'est pas banal, des tambours, grosses caisses et timbales d'orchestre, dont, sous la dénomination populaire de « *peau d'âne* », il fournit la membrane vibrante. C'est ainsi qu'après sa mort, maître Aliboron lègue ses dépouilles à l'Art musical et fournit la matière des *instruments de percussion*, des instruments « *rythmiques* », comme le mouton, de son côté, fournit celle des *instruments à corde* (instruments « *mélodiques* ») (1).

*
* *

Le fabuliste, en cette scène d'un nouveau genre où les hommes, sous un travestissement animal, sont les acteurs, introduit l'*âne* à plusieurs reprises. Il nous le fait contempler, d'abord, en ses gestes, et nous fait écouter son *braiement* formidable :

> ..... et le grison se rue
> Au travers de l'herbe menue,
> Se vautrant, grattant et frottant,
> Gambadant, chantant et broutant...
> (Le Vieillard et l'Ane.)

Dans « *Le Lion et l'Ane chassant* », le premier dit à l'autre :

> Si je ne connaissais ta personne et ta race,
> J'en serais moi-même effrayé...

Et, dans « *Le Lion s'en allant en guerre* » :

> — Renvoyez, dit quelqu'un, les ânes, qui sont lourds...
> — Point du tout, dit le roi, je les veux employer.
> L'âne effraiera les gens, nous servant de trompette...

En d'autres fables, La Fontaine peint l'état d'avilissement où le pauvre être, par suite d'un préjugé séculaire, est tombé. Dans la pièce intitulée « *L'Ane et le petit*

(1) Quant aux *instruments à vent* (bois ou cuivres, tuyaux d'orgue), ils sont empruntés aux règnes végétal et minéral.

Chien », il lui prête un acte ridicule ; mais c'est une façon détournée de persifler le rustre prétentieux :

> Voyant son maître en joie, il s'en vient lourdement,
>   Lève une corne tout usée,
> La lui porte au menton fort amoureusement,
> Non sans accompagner, pour plus grand ornement,
> De son chant gracieux cette action hardie...

« *Le Lion devenu vieux* » nous montre la condition dégradée du baudet sous un nouveau jour ; sous un jour
en quelque sorte « *réfléchi* » : il est estimé si bas, que son
attaque, après tant d'autres, est jugée par le roi des animaux comme un déshonneur ; car

> Voyant l'âne même à son antre accourir,
> Ah ! c'est trop, lui dit-il, je voulais bien mourir,
> Mais c'est mourir deux fois que souffrir les atteintes.

Le « *coup de pied de l'âne* » est passé en proverbe.
Remarquez que La Fontaine, n'imitant pas Phèdre en
cela, le sous-entend dans son apologue.

Cependant, maître *Aliboron*, dans un autre endroit,
prend sa revanche :

> Trouvez-vous pas bien injuste et bien sot
> L'homme, cet animal si parfait ? Il profane
> Notre auguste nom, traitant d'*âne*
> Quiconque est ignorant, d'esprit lourd, idiot.
> Il abuse encore d'un mot :
> Il traite notre rire et nos discours de *braire*.
> Non, non, c'est à vous de parler,
> A leurs orateurs de se taire.
> Voilà les vrais braillards...

> (*Le lion, le singe et les deux ânes.*)

On éprouve un soulagement, cette fois, à entendre
réhabiliter le *paria* de notre faune domestique, et rire
aux dépens des « brayeurs » de l'espèce humaine.

Le Mulet

L'âne, en se croisant avec la femelle du cheval, la *jument*, donne un hybride peu ou point fécond, mais pré-

cieux pour sa vigueur : le *mulet*. L' « esprit » de sa descendance se trouve si joliment résumé dans La Fontaine
(« *le Mulet se vantant de sa généalogie* »), que je me borne
à transcrire cette courte fable :

> « Le mulet d'un prélat se piquait de noblesse
> Et ne parlait incessamment
> Que de sa mère la jument,
> Dont il contait mainte prouesse.
> Il eût cru s'abaisser servant un médecin.
> Etant devenu vieux, on le mit au moulin
> Son père l'âne alors lui revint en mémoire. »

L'Hémione et l'Onagre, etc.

Quelques mots seulement sur ces deux types, intermédiaires entre le cheval et l'âne. Leurs noms, qui dérivent
du grec, les désignent assez clairement : *hémione* veut
dire « demi-âne », et *onagre*, âne des champs, âne sauvage. L'un et l'autre habitent les hauts plateaux du Thibet et les déserts de Mongolie. Ce sont, en quelque sorte,
les membres libres, indépendants, de la famille chevaline.
Il faut y joindre encore le *zèbre* et le *quagga*, dont le
pelage étrange va nous arrêter un instant.

Ce pelage est varié de bandes foncées tranchant sur un
fond clair, et si régulièrement disposées qu'on croirait
voir là quelque chose d'artificiel... Aussi bien le nom de
robe qu'on donne au pelage des quadrupèdes n'a jamais
été mieux placé. Les formes chevalines, en effet, sont
habillées ici d'un tissu rayé qui s'ajuste au corps. Il est
à remarquer que les rayures s'étendent *transversalement*
aussi bien à l'axe du corps qu'à celui de la tête et des
quatre membres ; et comme ceux-ci font un angle droit
avec celui-là, le trajet de ces rayures, forcément, change
de direction, de sorte qu'on ne doit pas les qualifier de
« parallèles », — mais, plus exactement, de « *concentriques* » ; tronc, tête et jambes sont comme encerclés
de leurs anneaux, dont la série se contourne, aux points
de transition, pour conserver partout le sens transversal.

L'effet, en somme, de cette bigarrure est plus singulier qu'il n'est beau; dans la langue des ateliers, on dirait qu'il est « *amusant* »... D'ailleurs, le cas n'est pas isolé; il se rencontre aussi chez le tigre, chez la panthère; le nom d' « *Hippotigris* » que la science donne au zèbre, rappelle celui de « *Camelopardalis* » que porte, on le sait, la girafe.

Chez le *quagga*, les mêmes bandes existent; elles sont seulement brunes au lieu d'être jaunes ou noires; et, — trait à noter surtout, elles s'interrompent au niveau de la croupe, laissant le ventre et les quatre membres de teinte unie. L'on dirait d'un travail de peinture inachevé - ou bien qui se serait effacé en partie... Lequel des deux cas est le plus probable ? Il est malaisé de le dire; mais cette question de détail se rattache étroitement au problème général de l'évolution, à la question de savoir si le cheval a précédé le zèbre, — ou bien le zèbre, le cheval. Quant à l'origine des raies, elle pourrait s'expliquer de la façon suivante : toute espèce de bariolage des tissus vivants revient, en définitive, à ce fait : une interruption périodique dans le processus de *pigmentation*. Or ce dernier reconnaissant pour cause l'action de la lumière, on ne peut expliquer l'alternance des bandes claires et des foncées comme on explique le contraste, chez les Poissons plats, d'un dos basané et d'un ventre pâle ; il faut donc admettre une autre cause, interne cette fois, et inhérente à l'animal. Cette cause organique, ne serait-ce point l'*influx nerveux* ?... De même que le flux magnétique, il tendrait, en de certains cas, à produire des « *lignes de force* ». autrement dit des courants définis, alignant la matière colorante par zones parallèles ou concentriques. Les « *troubles trophiques* », qui, dérivés d'un état nerveux, produisent des taches sur la peau, jettent sur la question un trait de lumière : certain état de l'organisme, bien que normal, et non pathologique, pourrait amener un pareil résultat. transmissible, comme tous autres caractères spécifiques, à la race ; et la bigarrure étrange du zèbre serait ainsi la trace extérieure d'un magnétisme exceptionnel.

Par son tempérament psychique, la *Quagga*, de robe moins décorée, s'éloigne du zèbre : autant ce dernier est rude, et d'humeur intraitable, autant lui, le Quagga, s'apprivoise aisément; — au point que les colons du Cap l'attèlent, comme un cheval, à leurs charrettes. Et d'ailleurs, cette simple variété de l'espèce vit à part, sans se mêler à ses congénères pourtant si proches; elle forme, à l'état libre, des troupes homogènes et séparées; ainsi des escadrons que divise une légère différence d'uniforme.

Le groupe « à part ».

Dans cette sorte de « corps d'armée » que représentent les *quadrupèdes herbivores*, nous avons distingué 2 divisions, l'une comprenant les régiments armés de cornes ou de ramures, et au pied fourchu (*Ruminants*), et l'autre, le régiment, cette fois unique, dépourvu de tout appendice frontal, et au pied chaussé d'un simple sabot, celui des chevaux et de leurs congénères (*Solipèdes*). Restent quelques escadrons difficiles à classer (1), et dont nous avons fait deux brigades rangées à part : la première comprend le Sanglier et ses congénères, Phacochère, Babiroussa, Pécari; puis le Porc et l'Hippopotame; — la seconde, l'Eléphant, le Tapir et le Rhinocéros. Passons en revue, à son tour, cette « *grosse cavalerie* ».

Le Sanglier (*Sus scrofa*).

Le type *porcin*, qui comprend le sanglier et le porc, — lequel n'est qu'un sanglier domestique, à vrai dire, a fort intrigué Buffon. Cet écrivain philosophe et naturaliste, toujours oscillant entre l'évolution et la fixité des espèces, s'inquiète de ne pouvoir le rattacher aux deux

(1) Et tirés des anciens « pachydermes ».

types *Ruminant* et *Solipède*. En effet, la physionomie du
Sanglier, pour commencer par lui, s'offre assez nouvelle.
Au point de vue purement esthétique, elle n'a, ni la
majesté du bœuf, ni l'air d'innocence débonnaire du
mouton, ni la vivacité de la chèvre ; encore moins l'élégance du cerf ; et bien que le chameau, ni la girafe, ne

Jeune Sanglier.
(D'après un sujet sculpté sur le vif par le statuaire E. Navellier.)

puissent prétendre au prix de beauté, ce sont des animaux
pleins de noblesse, si on les compare à ce porc libre et
féroce qu'est le sanglier. La partie antérieure de son
corps, son « avant-train », présente une ampleur démesu-
rée pour sa taille, et cette corpulence partielle fait un contraste inquiétant avec l'exiguïté relative de l'arrière-train ;
on pressent une force « *ramassée* » en avant, prête à fon-
dre sur vous, à vous écraser de sa masse... La tête, qui
prend le nom de « *hure* » (face hérissée), se rattache immédiatement au tronc, sans l'intermédiaire d'un cou :
cette tête au front déprimé, percée de deux vilains petits
yeux, avec un museau glouton qui s'appelle un « *groin* »,

et finit en « *boutoir* », est bien le signe idéal de la stupidité brutale; et, par surcroît, les armes qu'elle porte
sont, en quelque sorte, des défenses manquées, trop peu
développées pour mériter ce nom, — et trop, d'autre
part, pour être assimilées à des dents normales. Il est
à remarquer que les oreilles sont ici dressées, tandis que
chez le porc domestique, elles sont pendantes.

Le pelage du Sanglier est très rude, à cause des *soies* qui
le composent; tout concourt à faire de lui, en définitive,
un être peu sympathique. Bas sur jambes, il n'en trotte
pas moins vivement et « charge » les chasseurs avec im-
pétuosité, ce qui fait penser à « la *princesse d'Elide* »
de Molière.

> « Quel diable de plaisir trouvent tous les chasseurs
> De se voir exposés à mille et mille peurs !
> Encore si c'était qu'on ne fût qu'à la chasse
> Des lièvres, des lapins, et des jeunes daims, passe...
> Ce sont des animaux d'un naturel fort doux,
> Et qui prennent toujours la fuite devant vous.
> Mais aller attaquer de ces bêtes vilaines,
> Qui n'ont aucun respect pour les forces humaines
> Et qui courent les gens qui les veulent courir,
> C'est un sot passe-temps que je ne puis souffrir.

Le pusillanime *Moron*, qui parle ainsi, dépeint le
Sanglier,

> «...qui, par nos gens chassé,
> Avait d'un air affreux tout son poil hérissé
> Les deux yeux flamboyants ne lançaient que menace,
> Et sa gueule faisait une laide grimace
> Qui, parmi de l'écume, à qui l'osait presser,
> Montrait de certains crocs... Je vous laisse à penser...

On pourrait définir le Sanglier « *un herbivore terrible* »
Il est si loin, par ses mœurs comme par sa figure, des Ruminants ! — Il a pourtant, comme eux, le pied bifide;
mais, outre que les sabots sont pointus, ce pied s'accompagne, sur les côtés, de deux doigts surnuméraires, lesquels d'ailleurs, sont arrêtés dans leur développement,
et n'atteignent pas le sol (les *stylets*).

Nous avons déjà constaté le fait chez les formes fossiles qui sont considérées comme les prédécesseurs du cheval; seulement, chez ces derniers, c'était le seul doigt du milieu (le troisième), qui posait à terre, — tandis qu'ici, chez le Sanglier, de même que chez les Ruminants, deux doigts, le troisième et le quatrième, s'appuient à la fois sur le sol; — d'où je propose de nommer ceux-ci « *Bi-dactylograbes* », par opposition à ceux-là, qui recevront la dénomination de « *Mono-dactylograbes* ». Ce classement, auquel je sacrifie ma répugnance pour les termes techniques, me paraît préférable à celui de « *Paridigités* » et d' « *Imparidigités* »; il a, de plus, cet avantage, de compléter la terminologie qui distingue des *Digitigrades*, des *Onguligrades* et des *Plantigrades*.

Quoi qu'il en soit, nous touchons là, dans ces faits, le résultat de deux actions séculaires, — l'une qui tend à l'atrophie des doigts latéraux, dont les stylets du Sanglier, comme ceux du bœuf et du cheval, sont les vestiges, — et l'autre, dont la tendance est de mettre les deux doigts médians de niveau, pour les faire concourir à la marche. Quant à savoir le lien qui rattache la généalogie des ces quadrupèdes à ces deux tendances, c'est une question qu'on nous permettra de laisser ici de côté.

Le Sanglier, dont la femelle s'appelle *laie*, et le petit *marcassin*, est une de ces bêtes dont la chasse est tout à fait légitime, vu les déprédations qu'elles commettent, — bien innocemment, il est vrai — dans les cultures. Aussi cette espèce nuisible disparaît peu à peu de nos pays civilisés.

Les Congénères du Sanglier

Ce sont : le *Phacochère*, le *Babiroussa* et le *Pécari*. Le premier vit en Afrique (Ethiopie, Abyssinie); le second, en Inde et dans l'archipel des Moluques; et le troisième, en Amérique.

Avec son mufle énorme, armé de crocs plus formidables encore que ceux du Sanglier, et sa hure compliquée d'excroissances verruqueuses, le *Phacochère* est bien le quadrupède le plus repoussant qui soit au monde. Dans le groupe esthétiquement peu favorisé des *Porcins*, c'est comme une surenchère de laideur. Pourquoi la Nature, à côté d'êtres séduisants, harmonieux de formes, nous montre-t-elle de ces « *monstre normaux* », et qui font souche ? — On ne peut répondre que par ce mot : c'est un mystère (1).

Le *Babiroussa*, dont le tégument est plus lisse, et dont la tête offre des lignes plus régulières, inspire moins l'horreur que la curiosité, grâce à ses défenses plantées et dirigées d'étrange façon; l'animal en possède deux paires; l'une, comme chez le Sanglier, a pour origne la mâchoire inférieure; l'autre sort de la mâchoire supérieure; mais, par un phénomène bizarre qui n'a d'analogue que dans le règne végétal (2), — au lieu de saillir directement au dehors, elle n'apparaît au jour qu'après avoir percé la peau de la lèvre correspondante, — ce qui l'a fait passer, jadis, pour une paire de *cornes*. Les deux paires sont d'ailleurs recourbées en cercle et tournées en dedans, de telle manière que leur pointe touche presque les yeux de l'animal; ce dernier paraît ainsi plus menacé que menaçant... *Le principe de finalité*, — comme, aussi bien, celui de « *transmission du caractère utile* » paraissent, dans la circonstance, en défaut... Mais qui peut dire ?...

Ajoutons ce détail, que les défenses du *Babiroussa* fournissent un ivoire très recherché, même plus estimé que celui que donne l'éléphant... Voilà bien du raffinement chez un porc !

Enfin, le *Pécari*. C'est celui des trois qui se rapproche

---

(1) Depuis, la réflexion m'a suggéré cette idée, que la Création, en somme, n'a point la *beauté* pour but exprès, mais une sorte de *nécessité*, provenant de la rigueur des lois naturelles; le beau vient par surcroît.

(2) Il est fait allusion, ici, aux rameaux du *prêle* (Queue-de-Cheval), qui percent ainsi, pour venir au jour, les tissus de la tige.

le plus du cochon ; il peut, du reste, à son exemple, se domestiquer. A l'état libre, il traverse les forêts de l'Amérique du Sud en troupes nombreuses, et devient, par ce fait, assez redoutable. Je me souviens d'une gravure qui avait fort impressionné mon imagination d'enfant : elle représentait un chasseur grimpé sur un arbre, au milieu des lianes tendues comme des cordages, et fusillant un bataillon serré de *pécaris* qui grouillait au pied. L'homme était à l'abri, et, de son poste élevé, décimait leur troupe; mais, ses munitions épuisées, il ne pouvait redescendre sans risquer sa vie.

Le Porc, ou Cochon

Sa femelle prend le nom de *truie*, et son petit, celui de *cochon de lait*. On appelle le mâle qui est destiné à la reproduction de l'espèce, un « verrat » (1) synonyme : *pourceau*.

Sa figure : corps assez épais, même avant l'engraissement, et d'une seule venue; n'a pas le garrot « en montagne », comme le Sanglier, mais lui ressemble pour tout le reste, — sauf que ses oreilles, au lieu d'être dressées, sont pendantes, ce qui lui prête un air moins féroce, et plus nonchalant. Son pelage est fait de poils très forts, les « soies » (du latin *setum*); mais ces poils étant clairsemés, surtout chez le jeune, l'animal paraît nu; et l'effet n'est point banal, de cette peau toute rose chez un tel être... Il y a, d'ailleurs, des races à poil blanc, et d'autres à poil noir.

Son tempérament ? — Pline juge le porc « le plus brute des animaux ». Il ne songe effectivement qu'à manger, à manger toujours, à manger n'importe quoi. « *Sus vero.* dit Chrysippe, *quid habet præter cream ?...* » C'est un omnivore, dans toute la force du terme; tout lui est bon, aussi bien les résidus et l'eau de vaisselle que les glands

---

1. Du latin « *Verres* », lequel est devenu nom propre, et de famille, chez les Romains; il correspond à celui de *Cochon* (ou de *Leporc*) en notre langue.

de chêne et les pommes de terre. Si vous le voyez fouir le
sol de son boutoir, c'est pour déterrer les racines de ca-
rotte sauvage, ou ramener à la surface les vers de terre,
dont il est friand. D'où les grands dégâts qu'ils causent

Verrat de race craonnaise ».
(D'après un sujet sculpté sur le vif par le statuaire E. Navellier.)

les porcs, aux cultures, quand on ne prend pas la précaution de les en écarter, — et qui ne sont rachetés que par
leur instinct de découvrir ce champignon de luxe : la
truffe.

Mais la voracité du porc n'est pas, qu'on le note
,bien, notre gourmandise; elle a sa source et sa raison
d'être dans le besoin constant de remplir un vaste estomac, — de même que la grossièreté de ses appétits a pour
cause un sens du goût obtus (comme il en est, aussi,
pour le sens du toucher) (1).

(1) Le toucher devient plus obtus encore dans cette maladie du
porc qu'on appelle la *ladrerie*.

Bien que le porc ne soit pas classé comme carnivore, et encore moins comme carnassier, il ne manque pas, à l'occasion, de se jeter sur la chair vive ; et c'est ainsi qu'il dévore parfois sa progéniture, et même — chose terrible à dire, les petits enfants au berceau.

La psychologie du Cochon se résume, en définitive, en cette apostrophe humoristique de Jules Renard (« *Histoires naturelles* ») : « Si rien ne te dégoûte, tu dégoûtes tout le monde).

Cet animal, comme presque tous les animaux domestiques, est fort craintif, et pusillanime; quand il pleut et qu'il fait de l'orage, on voit les pourceaux courir, affolés, avec des grognements de frayeur, pour se réfugier dans l'étable. Je ne connaîs rien de plus sinistre et de plus repoussant à la fois que le grognement de la pauvre bête et ses hurlements de détresse, quand on la garotte pour l'égorger... On se rappelle ici le tableau plaisant et touchant que La Fontaine a fait du Cochon qu'on mène à la foire; la Chèvre et le Mouton qui l'accompagnent dans la charrette sont optimistes, et ne se plaignent pas; mais :

> ...« Dom pourceau criait en chemin
> Comme s'il avait eu cent bouchers à ses trousses...
> ...Ces deux personnes là, dit-il,
> ...pensent qu'on les veut seulement décharger.
> La chèvre de son lait, le mouton de sa laine ;
> Mais quant à moi, qui ne suis bon
> Qu'à manger, ma mort est certaine.
> Adieu mon toit et ma maison...»

* *
*

De même que l'Ecrevisse et le Homard, parmi les Crustacés, et l'Huître parmi les Mollusques, le Cochon n'éveille, en général, que des idées culinaires; c'est que, de tous les Mammifères, c'est celui dont la cuisine tire le meilleur parti ; sa chair, accommodée de cent façons, fonde une branche importante de l'industrie alimentaire, la charcuterie ; jambons. lard, petit-salé, saucisses, andouilles et boudins sortent de là, — et de plus, cette graisse tirée des intestins, qu'on appelle « saindoux ».

Pline, « l'anecdotique », s'étend longuement sur l'abus que faisaient de la viande de porc les Romains de la décadence; il cite, en particulier, cet Apicius, fondateur d'une « *école de gourmandise* » (!), auteur du traité « *de gulæ irritamentis* « (sur les stimulants de la g...). On rougit au récit des raffinements que ces païens apportaient aux plaisirs de la table. — En revanche, la chair du porc, classé comme *animal immonde*, est prohibée chez les Juifs et les Mahométans. Toujours est-il que cet animal savoureux reste chez nous — et peut-être à tort, le symbole de toute malpropreté physique ou morale; la langue en témoigne suffisamment, et l'on peut stigmatiser de son nom ceux qui se repaissent de lui sans mesure.

L'Hippopotame

Ce nom, qui signifie « *cheval de fleuve* », n'est guère bien choisi, car le pachyderme en question n'a rien du cheval; même, il s'éloigne de ce dernier de toute la distance qui sépare la lourdeur épaisse et stupide de l'élégante vivacité. La dénomination de « *cochon du Nil* », que lui conféraient les Anciens, lui convient plutôt. Cependant, il diffère du porc par plusieurs points. Sa tête énorme ne finit pas en *groin*, mais en *muffle*, et ce muffle bestial, aux larges narines, est fendu d'une gueule vraiment formidable. Le baillement de l'hippopotame ouvre une véritable caverne, d'où font saillie des crocs capables de tenir en respect le tigre lui-même. Sa taille est d'ailleurs colossale; c'est un des plus grands — ou des plus gros Mammifères connus, et l'épaisseur de ses téguments justifie son titre de « *pachyderme* », comme le développement de son corps ferait créer pour lui le groupe des « *Obèses* »; il pèse jusqu'à 2.500 kg. Ce corps massif s'appuie sur des jambes semblables à des piliers, mais bien plus courtes que celles de l'éléphant ; elles se terminent par un pied dont les quatre doigts appuient ensemble sur le sol ; ces doigts sont réunis par de menues membranes qui aident à la nage ; c'est, en quelque manière, un « Mammifère *palmipède* ».

L'hippopotame, en somme (je cite ici les auteurs de la « *Zoologie élémentaire* » (1) « est un des rares animaux parfaitement laids », — et, j'ajouterai : des plus rébarbatifs. Toutefois, malgré les défenses redoutables dont sa gueule est armée, son tempérament, comme celui de toutes les grosses personnes, est assez débonnaire. Son régime, au surplus, est franchement herbivore, et ce puissant colosse se nourrit de racines, de millet, de riz, de canne à sucre. Sa vie se passe au bord des grands fleuves africains et particulièrement du plus considérable de tous, le Nil. Il est amphibie, mais ne se trouve à l'aise que dans l'eau; sur terre, il se meut difficilement; il ne sort d'ailleurs que la nuit; c'est un noctambule.

Pline raconte de lui des choses qui, si elles étaient vraies, feraient de l'hippopotame un prodige d'intelligence : il entrerait à reculons dans le pâturage qu'il s'est choisi, de manière à dépister ceux qui le poursuivent...
...Mieux encore que cela : pour éviter les inconvénients de la pléthore, il se saignerait lui-même, et procéderait à cette opération chirurgicale en se piquant une veine de la cuisse aux roseaux récemment coupés; après quoi, il boucherait la plaie avec du limon... « *Si non e vero, ben trobats !* »

La première brigade du « groupe à part » (*Pachydermes*), suivant notre comparaison militaire, comprenait le sanglier (et ses 3 congénères), le porc et l'hippopotame. Tous ceux-là ont, au pied, un nombre de doigts *pair :* 2 chez le sanglier et le porc, et 4 chez l'hippopotame.

Voici maintenant la seconde brigade, composée cette

(1) De Faideau et Robin. (Larousse, édit.)

fois de l'éléphant (et du daman), du tapir et du rhinocéros. Le nombre des doigts de pied, chez ceux-ci, est
impair : 5 chez l'éléphant et 3 chez le rhinocéros. Le
tapir forme la transition entre pari — et impari-digités,
avec ses 4 doigts aux pieds de devant, et ses 3 doigts
aux pieds de derrière.

L'Eléphant

Vous avez lu plus haut que Buffon, comparant l'éléphant au cheval, ne voit guère en lui qu'« une *masse
informe* »... Que l'éléphant soit un être *massif*, on ne
peut en disconvenir; mais, quoiqu'en dise le célèbre
naturaliste, il n'est pas « informe » (1). La structure de
ce vaste corps est même très précise, et ses contours bien
arrêtés. D'autre part, il y a dans cette lourdeur une certaine majesté rustique qui en impose; cet animal offre
l'aspect sérieux et comme détaché de toute coquetterie
du vieux savant.

Sa taille est, en vérité, colossale, et ses quatre membres,
droits et robustes, tels des piliers de cathédrale... Avec
cela, de très petits yeux dans une tête énorme, des
oreilles larges, plates et tombantes, le cou très court, —
ou, pour mieux dire, pas d'encolure. Le pied se divise
en 5 doigts tous égaux, appuyant également sur le sol,
et dissimulés sous la peau.

Le tégument est en rapport avec la puissance de l'animal : c'est un cuir très épais et très dur, presqu'invulnérable; mais le point faible est sous le ventre. Cette peau
d'éléphant est *nue*, peut-on dire, au moins « clairsemée »
de quelques poils peu visibles; ce qui présente un contraste frappant avec les gros Mammifères à fourrure;
d'autre part, elle est ridée par endroits, et fait des plis :

(1) C'est une chose assez pénible de voir comme les écrivains
réputés les meilleurs sont peu scrupuleux quant à la rigueur des expressions; la Littérature, par ce qu'on appelle le *style*, est « une
dupeuse de pensée ».

tel un vêtement qui ne serait pas ajusté de partout. A
défaut de crinière et de queue, elle fait ici l'office d'un
chasse-mouches; en effet, au gré de l'animal, elle se tend,
d'abord, aux points où celui-ci se sent piqué; puis, se

« Éléphant aux prises avec un Crocodile ».
(D'après un sujet sculpté sur le vif par le statuaire E. Navellier.)

fronçant d'un effort brusque, écrase les insectes par di-
zaines.

Dans la figure de l'éléphant, le trait le plus caractéristique est la *trompe;* c'est sur son existence qu'est fondé le
groupe des « *Proboscidiens* » (de *proboscis,* trompe).
groupe qui ne contient guère que ce seul quadrupède. Ce
prolongement extraordinaire du museau en un tube
élastique dont le calibre enferme les deux narines, sert
à la fois au flair, à l'odorat, — et au tact ; à ce dernier
effet, il se termine par un appendice très mobile en forme
de doigt. Ainsi la trompe supplée à l'absence de cou, qui
ne permet pas à l'animal de baisser la tête. D'où l'attitude du Proboscidien au pâturage diffère de celle si familière aux Ruminants, dont le cou s'incline très bas

sur le sol; ceux là « *broutent* », au sens strict; lui, l'éléphant « *cueille* » à distance, — de même qu'il ne « *lape* » point, et qu'il « *pompe* », pour s'abreuver.

Cette trompe s'enroule, d'ailleurs, soit pour embrasser les objets, soit pour les porter à la bouche; elle est « *volubile* », — avec moins de grâce, il faut l'avouer, que les végétaux qui portent ce nom. La bouche, qui reçoit d'elle ses aliments, est bien pourvue de molaires, pour les triturer; ces *molaires* méritent bien leur nom, taillées comme le sont les meules à broyer le grain. Ainsi l'Art imite la Nature. Si les canines font ici défaut, et si les incisives elles-mêmes manquent à la mâchoire inférieure, ces dernières, en revanche, prennent à la mâchoire supérieure, un développement prodigieux, et constituent ce qu'on appelle les « *défenses* » (1). Les défenses de l'éléphant décrivent une courbe à concavité *supérieure;* il est curieux de constater que chez le *Dinothérium*, son prédécesseur aux temps géologiques, leur direction est inverse. Des changements d'orientation assez analogues ont été notés par nous dans les coquilles d'*Ammonites*. Il faut sans doute en chercher la cause dans un mouvement périodique à révolution séculaire.

Un privilège de l'éléphant, que l'homme pourrait lui envier, c'est que sa dentition se renouvelle jusqu'à 8 fois de suite... Tout se prolonge, en ce colosse.

Les dents nous amènent, par une transition naturelle, au *régime*. Comme tant d'autres puissants animaux, l'éléphant est un mangeur d'herbes, — ce qui va contre ce préjugé que la viande est ce qu'il y a de plus fortifiant (2). Sa nourriture, assez variée, se compose d'her-

---

(1) Qu'on s'arrête un instant sur ce mot... Le langage témoigne ici que ce ne sont point là des armes *offensives*...

« Cet animal est très méchant
Quand on l'attaque, il se défend. »

(2) A vrai dire, il y a *force* et *force:* celle du *carnivore*, qui se dépense par saccades, en bonds, — et celle de l'*herbivore*, qui se dépense, inversement, d'une façon plus continue, en un travail lent, mais de longue haleine.

bages, de racines, de feuilles, et même du bois des arbres,
quand il est tendre; il goûte, aussi bien, au fruit des pal-
miers, dont, avec sa trompe, il renverse aisément le
tronc. Ses dégâts sont, au reste, considérables dans les

« Il passe... (Eléphant et pélicans) ».
(D'après un sujet sculpté sur le vif par le statuaire E. Navellier.)

cultures; mais c'est la rançon des précieux services qu'à
l'état domestique, il rend aux habitants de l'Inde.

La durée de son existence, — sauf accident, bien entendu, est, comme toujours, en proportion du temps
qu'il met à croître : or, n'étant complètement formé
qu'à 30 ans, il peut vivre 125 ans en moyenne; — et cela,
encore, en captivité; car, chez l'animal en liberté, l'on
peut supposer une carrière encore plus longue. Mais la
condition absolue est le séjour dans un climat chaud.

Dans les pays qu'il habite, l'éléphant recherche les
forêts, les vallées profondes, la marge des grands cours
d'eau; il nage avec aisance, en dépit de sa masse, et peut
plonger longtemps, grâce à sa trompe qu'il tient émergée

de façon à puiser de l'air. Son pas, dans la marche, est pesant, mais rapide; un cheval, pour le suivre à cette allure ordinaire, est obligé de prendre le trot; il peut fournir une étape de 30 lieues par jour.

Pline écrit que l'éléphant, le plus grand de tous les animaux terrestres, est celui qui approche le plus de l'homme par l'intelligence. Cette haute opinion est quelque peu rabattue par Cuvier; ce dernier juge que, sous le rapport de l'instinct, il est loin d'égaler le cheval ou le chien... Mais c'est là une question qu'il est bien malaisé de résoudre, et surtout pour l'éléphant sauvage (ou libre), de l'existence duquel nous ne sommes pas témoins.

Les fables que l'Antiquité raconte à son sujet peuvent être citées, au moins, comme amusantes... Un éléphant, par exemple, marchant en tête du troupeau, découvre-t-il les traces du chasseur ? Il arrache l'herbe à cet endroit, et fait passer la touffe informatrice de main en main... je veux dire : de trompe en trompe... Pline va jusqu'à dire que la noble bête, déjà sensible à l'amour comme à la gloire, et fière de se voir parée de riches harnais, a des sentiments religieux, et qu'à l'exemple de certains hommes, elle professe le culte des astres, adore le soleil et la lune. D'après ce grand crédule, les ablutions auxquelles elles se livre, à des époques déterminées, seraient rituelles...

Ce qu'on ne peut refuser, toutefois, à l'éléphant, c'est un ensemble de qualités qui le rendent éminemment sympathique : il est doux, pacifique, et ne s'irrite que contre ceux qui le maltraitent; sa docilité, dans les travaux qu'il partage avec l'homme, est extrême; on l'emploie, dans l'Hindoustan à soulever de lourds madriers, et faire d'autres œuvres de force; et, comme un ouvrier soumis, il s'y prête de bonne grâce; — à cette condition, toutefois, qu'on le traite par la douceur. Les hommes, qui ne se font pas scrupule, pour leurs besoins, de se servir des bêtes contre d'autres bêtes, et même de la même espèce, font chasser l'éléphant sauvage par l'élé-

phant domestique, — trahison forcée à laquelle ce dernier
se plie encore; — mais il se montre généreux vis-à-vis
de ses congénères. Pline parle de 30 éléphants que le roi
Bocchus avait condamnés à périr; attachés à des poteaux
comme des criminels, on lâcha sur eux 30 autres éléphants; mais on eut beau les exciter, *on ne parvint jamais
à en faire des bourreaux...* Pareil exemple, c'est triste
à dire, n'est pas à l'avantage de l'homme !

Deux races de ces pachydermes peuplent les parties
chaudes de l'Ancien continent : l'éléphant d'Afrique —
et celui des Indes. Le premier, *l'éléphant africain*, est
plus grand de taille; il a le front fuyant, aplati; ses défenses sont énormes, et ses oreilles, très développées,
lui servent d'éventail. Il a pu rester libre, mais à son
détriment, car s'il échappe au servage de l'homme, c'est
pour être chassé par lui; l'homme ne le fait pas servir,
tout vivant, à ses besoins; il le tue pour acquérir son
ivoire. Cette chasse, comme toutes les autres, étant im-
modérée, se tourne, au reste, contre nous, et l'*éléphant
d'Afrique*, décimé, disparaîtra bientôt, nous privant, fort
justement, d'un produit par trop convoité.

Son congénère *hindou*, bien que privé·généralement
de sa liberté, n'a pas un sort aussi misérable. Cependant,
« *le collier dont il est attaché* »...Sa taille est moins haute,
et sa corpulence moindre: il a le front bombé, mais ses
oreilles, comme ses défenses, sont réduites à des dimensions moyennes. Domestiqué par les indigènes et les colons, il leur est infiniment précieux; aussi bien la race
s'en conserve, par intérêt. Toutefois, un jour ou l'autre,
cet état de choses peut prendre fin : en effet, l'éléphant
se reproduit difficilement en captivité, et, pour combler
les vides, on est obligé de chasser, — de « ramener »,
plutôt, des individus vivant libres dans leurs forêts. Or
cette réserve n'est peut-être pas inépuisable.

Outre le *Dinothérium*, déjà cité, les prédécesseurs fossiles de l'éléphant sont représentés par la *Mastodonte* et
le *Mammouth*, tous deux de taille gigantesque. Le Mas-

todonte, ainsi nommé pour ses dents à surface mamelon-
née, se montre, à l'origine, pourvu de deux paires de
défenses, l'une à la mâchoire supérieure, l'autre à l'inférieure; dans la suite des générations, celle-ci s'est atrophiée; celle-là seule à persisté; d'où l'on peut conclure
que les grands combats d'animaux, aux temps préhistoriques, allaient toujours diminuant de violence. A la fin
de l'époque tertiaire apparaissent des formes plus rapprochées des espèces actuellement vivantes : tel est l'*Elephas meridionalis*, dont notre *Museum* possède un superbe
squelette. Quant au *Mammouth* (*Elephas primigenius*),
d'origine plus récente et dont on a trouvé des exemplaires
entiers, encore revêtus de leur peau, comme embaumés
dans les glaces de Sibérie, il diffère de notre Eléphant
par ses défenses très recourbées, et surtout par son épaisse
fourrure. Ce dernier trait s'explique et se justifie par la
rigueur du climat. Depuis, les troupes proboscidiennes
ont émigré aux pays chauds, où la toison protectrice,
ayant cessé d'être utile, est tombée (1).

Ajoutons ce renseignement intéressant l'histoire des
matières artistiques : ce qu'on appelle, dans le commerce,
« *ivoire de Sibérie* », provient des défenses de mammouths
accumulées dans les terrains glacés du *diluvium*.

De même que le Cheval, mais plus lourdement, — plus
majestueusement aussi, l'éléphant porte l'homme et
traîne ses voitures : c'est un « moteur animé »; l'homme
le fait participer également à ses travaux, à ses combats,
à ses jeux. Le char de triomphe de Pompée, revenant
d'Afrique, celui de Bacchus, au retour des Indes, est attelé
de ces pachydermes. En Hindoustan, c'est à dos d'éléphant que les grands personnages se promènent. La
Fontaine, qu'il faut toujours citer dans une histoire
pittoresque des animaux, nous montre, très spirituelle-
ment, un rat « des plus petits » voyant passer un éléphant « des plus gros », et raillant :

(1) Les quadrupèdes bien fourrés, comme le *Yack*, vivent à des
latitudes chaudes, mais refroidies par l'altitude.

> « Le marcher un peu lent
> De la bête de haut parage...
> Sur l'animal à triple étage
> Une sultane de renom,
> Son chien, son chat et sa guenon,
> Son perroquet, sa vieille, et toute sa maison
> S'en allait en pèlerinage... »

En contraste avec cette pompe, on peut mentionner de petits éléphants qu'en certains pays, on attelle à la charrue. Mais les Anciens faisaient plus encore, sinon mieux, et utilisaient contre l'ennemi cette puissance incomparable : ils avaient l'*éléphant de guerre*, comme nous avons eu, jadis, le « chameau de guerre », comme nous avons maintenant le « chien de guerre ». Les premiers que virent les Romains accompagnaient l'armée de Pyrrhus ; on les surnomma « *bœufs de Lucanie* ». Ils portaient sur leur dos des tours pleines de soldats, qui lançaient de là leurs flèches comme du haut d'une citadelle, tandis qu'eux, de leur masse pesante, foulaient aux pieds des files de fantassins. Ces animaux, ainsi accaparés par l'homme pour des buts aussi étrangers qu'inconscients, partageaient ainsi avec lui danger, labeur et gloire. Caton, qui, dans ses « annales », rapporte Pline, a passé sous silence le nom des généraux, cite à l'ordre du jour, comme combattant dans les rangs des Carthaginois, l'éléphant *Surus* (1). D'autres, connus pour leur bravoure, recevaient des noms de héros : tel ce *Patrocle*, qui seul de sa troupe, osa franchir un gué dangereux, et que le roi décora d'un collier d'argent. Son frère d'armes, *Ajax*, qui s'était récusé, se laissa, dit-on, par honte, mourir de faim.

Enfin, une dernière fonction du noble proboscidien, c'est d'*amuser*. Le « roi des animaux » use — et abuse — de ses sujets de cent manières; et celle-ci n'est pas précisément la plus glorieuse... Il est singulier, à ce propos, et assez attristant de noter le contraste entre l'attitude

---

(1) Ce qui veut dire « pieu ».

humaine — et l'animale; cette dernière, en effet, est souvent plus digne, plus noble, et plus réfléchie, elle est, en même temps, plus naturelle. Aussi bien y a-t-il quelque chose de pénible en ce spectacle de l'éléphant qu'on fait participer aux jeux du cirque, — que ce grave et débonnaire personnage qu'on fait combattre contre des gladiateurs, auquel on fait exécuter des tours de force, jusqu'à danser, paraît-il, sur la corde... N'est-ce pas avilir une noble et naïve créature de Dieu, que de lui faire imiter nos artifices, et de le travestir en funambule ?

Nous ne parlerons du *Daman* (Hyrax) que pour mémoire. Pourquoi les savants ont-ils placé, dans leurs classifications, ce petit Mammifère, assez semblable à l'*Agouti*, près du colossal éléphant ? C'est que, par sa dentition et la conformation de ses pieds, il se rapproche des pachydermes. — Il y a là, sans doute, des liens généalogiques mystérieux dont une histoire naturelle comme la nôtre, fondée sur les ressemblances extérieures, ne doit pas tenir compte.

Le Tapir

Dans son « *Jardin d'acclimatation* », le spirituel caricaturiste Cham ne pouvait manquer de donner une place au *Tapir*; et, frappé par la brièveté de sa trompe, qui semble un organe avorté : « C'est l'ambition, dit-il, qui l'a défiguré : il voulait passer éléphant, mais n'a jamais poussé les choses assez loin pour y parvenir »... Tout anthropomorphisme mis à part, cette plaisante appréciation n'est pas, au point de vue scientifique, si méprisable; le *Tapir* peut représenter, dans sa persistance, comme un essai de la Nature en style « proboscidien ». Ce Mammifère fossile qu'on appelle *Dinothérium*, et qui survint plus tard, n'offre-t-il pas, avec la forme générale de l'Éléphant, une trompe encore incomplète ?

Quoi qu'il en soit, le Tapir ne peut guère passer pour un animal agréable à voir; de la taille d'un veau, à peu

près, il a la corpulence du porc, et est bas de jambes ;
ses yeux sont petits, enfoncés, ses oreilles pointues et
dressées. Ses pieds, qu'on ne remarque guère, intéressent
le naturaliste, à cause d'un défaut de symétrie qui, pour
ce dernier, est très significatif : en effet, le Tapir a 4 doigts
aux pieds de devant, et 3 seulement à ceux d'arrière ;
il tient donc par là le milieu, — ou forme, si l'on veut,
le passage entre les Ongulés à doigts pairs et les Ongulés
à doigts impairs. Les classements modernes, en le plaçant
dans le second groupe, le rapprochent plutôt du Cheval ;
mais le Cheval est un « *évolué* », tandis que le Tapir est,
au contraire, un « *attardé* »...; ce serait même un « *dégénéré* », car les ancêtres qu'on lui donne avaient les jambes
plus longues et le corps plus élancé.

Ce singulier animal habite les forêts marécageuses du
Brésil et de l'Hindoustan; on observe chez lui les mœurs
de l'Hippopotame, et en particulier l'habitude qu'il a de
fuir longtemps entre deux eaux. Il est d'ailleurs inoffensif, et ne pourrait en dire autant de l'homme, qui le pourchasse pour son cuir.

Le Rhinocéros

Il approche de l'éléphant par sa grande taille ; mais il
paraît plus petit, parce que ses jambes, en proportion de
son corps, sont bien plus courtes. De même que l'éléphant, il est traité par Buffon de « *masse informe* », ce qui
n'est pas plus vrai pour celui-ci que pour celui-là. Le Rhinocéros est mal conformé, j'en demeure d'accord, — ou
plutôt, son genre de conformation ne nous apparaît pas
harmonieux ; au moins peut-on dire qu'il est « *harmonique* », c'est-à-dire que les différentes parties de son
corps se combinent de manière à réaliser un tout homogène : beauté — non de sélection, certes, mais d'*adaptation*.

Trois choses caractérisent surtout ce colosse : le *tégument*, — les *pieds*, — et les *cornes* ou *défenses*. Le tégu-

ment, comme un cuir noirâtre très épais, est à l'épreuve de la dent des fauves et de la balle des chasseurs ; mais, au lieu de réaliser, ainsi que nous l'avons vu chez l'éléphant, un vêtement ajusté de partout, il fait de larges plis au niveau du cou, des épaules et de la croupe, de manière à former des sortes de tabliers, frustes et taillés largement, ce qui donne à l'animal je ne sais quel air de corroyeur, ou de maître-cordonnier, pour ainsi dire, le *Hans Sachs* de la faune...; — disposition, d'ailleurs, aussi logique que prévoyante, qui permet à ce pesant colosse d'étendre son corps en tous sens sans que sa peau soit trop tendue.

Les *pieds*, ici bien apparents, se terminent chacun par 3 doigts égaux, et posant tous à terre; ce qui fait du rhinocéros, d'après la terminologie que je propose, un « *tri-dactylograde* ». Ces doigts sont entourés de larges sabots.

Les *cornes* ou *défenses*. Unique chez le Rhinocéros d'Asie (*R. unicornis*), double chez le Rhinocéros d'Afrique (*R. bicornis*), cette corne diffère des défenses de l'éléphant en ce qu'elle n'est pas, comme celles-ci, une dépendance de la mâchoire, et ne peut, par conséquent, être considérée comme une dent; mais, tout en représentant plutôt une *corne*, elle diffère de celles des Ruminants et par sa nature *impaire*, et par la place qu'elle occupe effectivement, unique ou double, elle n'est point, comme comme chez le bœuf, par exemple, « *géminée* », ne forme pas une paire ; et, d'autre part, au lieu d'armer le sommet de la tête, elle est plantée juste au milieu de la face, — la seconde corne, quand elle existe, s'insérant plus bas, un peu au-dessus de la lèvre supérieure. D'après Buffon, cette position de la corne, chez le Rhinocéros (qui d'ailleurs en tire son nom (1), est un avantage pour l'animal : en effet, protégeant à la fois le mufle et la face, elle lui permet de résister aux attaques de son principal adver-

----

(1) *Rhinocéros,* corne sur le nez, *nasicorne.*

saire, le tigre ; ce dernier, qui, comme tous les félins, saute à la figure de sa proie, ne peut, suivant la forte expression d'un auteur « *coiffer* » le Rhinocéros sans risquer lui-même de s'empaler.

La tête qui porte cette armature redoutable est très allongée, et de direction presque horizontale ; on y voit deux yeux très petits, et qui sont habituellement mi-clos; les oreilles ne sont pas tombantes, comme chez le porc, mais dressées, et se portent en avant ; la lèvre supérieure déborde sur l'inférieure et, protractile, agit comme une petite trompe. La dentition du Rhinocéros se compose de 4 fortes incisives, deux à chaque mâchoire, et placées aux coins de la bouche, puis de 24 molaires ; et cela sert à triturer les chardons, les arbrisseaux épineux et les cannes à sucre... Décidément, et quoiqu'on dise, le régime végétarien n'est pas si débilitant !

Habitat ; tempérament, mœurs et coutumes. — Le Rhinocéros habite le bord des fleuves; au rebours de l'éléphant, il vit généralement solitaire. Malgré sa mine rébarbative, il est, ainsi que l'hippopotame, dépourvu de férocité ; mais il montre, dans ses manières, la brusquerie du porc, et sa stupidité. C'est, en somme, un herbivore assez pacifique, — sauf qu'il ravage les cultures ; et quand il entre en fureur, ce qui parfois arrive aux plus doux, il devient terrible. On raconte qu'un certain roi de Portugal ayant eu l'idée — au moins bizarre, d'envoyer au pape, en présent, un rhinocéros, ce colosse, en regimbant, fit chavirer le vaisseau qui le transportait.

Formes fossiles. — Les premiers de ces pachydermes, dont on a retrouvé les corps, admirablement conservés dans la glace, aux contrées septentrionales (comme ceux des Mammouths), étaient couverts d'une épaisse toison ; ainsi que l'éléphant, le Rhinocéros a vu son poil tomber, au cours des générations successives. et cela, vraisemblablement, à la suite d'émigration aux pays chauds.

Usages. — Le Rhinocéros est un de ces animaux qui ne

sont utiles à l'homme qu'après leur mort. L'ivoire de sa
corne est très estimé des Hindous, qui savent le sculpter
avec art ; ils lui attribuent, même des propriétés médicales. Parmi les présents offerts à Louis XIV par le roi de
Siam, figuraient six de ces défenses, — cadeau certainement mieux choisi que celui de la bête vivante

Mammifères terrestres (*suite*)

Grands fauves

Les animaux qui vont nous occuper à présent appartiennent toujours à la grande classe des Mammifères, et des Mammifères *terrestres;* mais ils contrastent avec les *Quadrupèdes herbivores,* précédemment décrits par tout un ensemble de caractères qui a pour base le régime. En effet, ce sont des mangeurs de chair (carnivores), et, qui plus est, de chair vivante et palpitante (carnassiers). — ce qui retentit sur leur forme et sur leur tempérament psychique (« bêtes féroces »).

En général, leur taille n'est pas très considérable et n'atteint jamais celle des grands quadrupèdes herbivores ; puis ils diffèrent de ceux-ci par leur allure : l'énergie des fauves est plus faite de vivacité que de masse : elle se dépense en bonds, et pas en effort continu ; on voit bien cela dans le chien, qui passe d'une agitation folle à la torpeur, et, réciproquement, se couche paresseusement des heures entières, pour se redresser ensuite. se détendre comme un ressort, bondir, courir ou folâtrer...

D'autre part, les fauves sont, en grande partie, des animaux « *féroces* ». — épithète qui, d'ailleurs, ne saurait être péjorative chez des êtres qui ne tuent que par nécessité, et ne sont terribles que parce qu'ils sont affamés. Mais, parmi ces « criminels irresponsables », l'homme en a trouvé quelques-uns qui, domptés par une éducation séculaire, sont devenus ses compagnons de vie et ses collaborateurs, au point de le seconder même dans ses chasses. Ainsi en est-il du chien, que l'homme oppose aux autres fauves, lesquels sont, pourtant, ses parents plus ou moins proches. Le chien qu'on dresse, par exemple, à chasser le renard, trahit, en quelque sorte, la cause des siens pour épouser le parti de l'homme. N'est-ce pas un peu l'histoire des esclaves païens, gladiateurs ou autres, qui, pour obéir au tyran, tournaient l'épée contre leurs frères en humanité ?

Les grands fauves se subdivisent naturellement en deux familles : *félins* et *canins*, dont les types respectifs sont le chat et le chien. Les principaux félins sont : le lion, le tigre, la panthère et le léopard, auxquels nous ajoutons : le couguar (ou puma), qui est le lion de l'Amérique ; le jaguar, ou tigre du même pays ; et l'ocelot, panthère américaine ; puis le guépard, l'hyène, le lynx (loup-cervier d'autrefois), le caracal et le serval ; enfin, l'animal le plus civilisé, le plus affiné, le plus intéressant du groupe : le chat.

Et quant au second groupe, celui des canins, il sera représenté dans notre galerie par le loup, le chacal et le renard, avec leur parent assagi, devenu, plus que le chat, notre commensal : le chien. A ces types bien nets s'en ajouteront d'autres aux caractères plus mélangés : l'ours et le raton laveur.

Il s'agit maintenant de brosser, pour les principaux, tout au moins, de ces quadrupèdes, un tableau concis, mais complet, pittoresque et scientifique à la fois, qui mette bien en relief leurs traits expressifs, et soit le commentaire exact de leur image ; l'image seule, en effet, comme nous le disions au début, n'est pas suffisante ; elle impressionne, et nous « informe », mais ne s'explique pas. Cela dit pour ceux qui, d'après l'idée régnante, la mettent, abusivement, au premier plan.

N. B. — Un caractère anatomique important qu'il ne faut pas omettre de mentionner chez les grands fauves, c'est la forme du *pied*, dont les doigts ne sont plus enveloppés, comme chez les quadrupèdes herbivores, par un ou plusieurs sabots, mais portent à leur extrémité de petits ongles, souvent recourbés en griffes, ce qui vaut à ces quadrupèdes carnivores la dénomination *d'onguiculés*, par opposition à celle *d'ongulés* donnée aux porteurs de sabots.

Les félins

Le groupe des *félins*, qui tire son nom de « *feles* »
(chat, en latin) (1) a pour caractères communs, généraux:
une tête ronde, un corps élancé, fait pour bondir, des
pattes puissantes, armées de griffes rétractiles (ce qui permet au chat, en particulier, de faire « *patte de velours* » ;
les pattes de devant ont 5 doigts, celles de derrière n'en
ont que 4. Ils sont *digitigrades*, c'est-à-dire qu'ils marchent « sur la pointe du pied », — mais de telle sorte
que, pendant la marche, la dernière phalange de chaque
doigt se soulève, de manière à éviter le frottement de
l'ongle sur le sol, et son usure.

Deux espèces seulement sont apprivoisées : celle du
chat, qui nous délivre des souris, — et celle du *guépard*,
dressé par les Arabes pour la chasse. Cette famille des
« Félins » présente à nos regards l'étonnante majesté du
lion, l'inquiétante splendeur du tigre, la joliesse sournoise, énigmatique, du chat.

Ces animaux ne se trouvent pas en Australie, qui,
comme on sait, a sa faune propre.

Le Lion (*Felis leo*)

« Classer le lion avec le chat, dit Buffon, dire que le
« lion est un chat à crinière et à queue longue, c'est défi-
« gurer la Nature au lieu de la décrire... » Mais on peut
lui répondre que, cette crinière, la lionne ne l'a point,
et son absence, chez la femelle, accentue l'air de famille
qui rapproche, en qualité de *félin*, le fauve du désert de
notre pacifique commensal.

Privilège exclusif du mâle, la crinière a sans doute
des fonctions utiles à l'animal, et, comme d'autres appendices, semble avoir quelque rapport avec la fonction

(1) La langue latine a, pour désigner le même animal, un autre
mot : *catus* (ou *cattus*), et c'est de cet autre mot que dérive celui de
chat.

génératrice. En attendant, elle est, à nos yeux, un pur ornement, et sans elle, disent les auteurs de la *Zoologie élémentaire* (1), « il est probable que c'est au tigre qu'on « aurait décerné le titre de « roi des animaux ».

La tête, qui s'amplifie de cette chevelure, est par elle-même, déjà, très volumineuse ; les Arabes appellent, pittoresquement, le lion, « le seigneur à la grosse tête ». Ce titre de « seigneur » qu'ils lui confèrent témoigne de l'impression que le lion produit, d'ailleurs, sur tous les hommes, — impression de majesté, inspirant le respect, — de férocité, aussi, suggestive d'effroi. C'est l'image d'une puissance redoutable, à la vérité, mais bien atténuée par l'expression pour ainsi dire « philosophique » des yeux ; le regard n'est pas aigu, menaçant, comme celui du tigre, mais assez doux, dans sa noble fierté. Sa démarche est plutôt lente ; on la dit *oblique*, sans donner la raison du fait ; en tout cas, elle ne témoigne pas contre la franchise du tèmpérament léonin. D'ailleurs, le lion, ainsi que la plupart des félins, ne *court* pas, mais progresse par bonds.

Sa voix est bien à l'unisson de son tempérament héroïque ; remarquez que, dans notre langue, une seule lettre initiale la distingue de celle du bœuf : au lieu de *mugissement*, c'est *rugissement* ; un roulement, au lieu d'un sourd murmure ; mais quelle différence d'expression dans ces deux graves sonorités !

Oui, le lion est bien un seigneur, le seigneur du désert, — et seigneur bien armé, — non de défenses comme l'éléphant, ou de cornes comme le buffle, le bison, mais de dents aiguës, que renforce, au reste, une langue en forme de râpe, assez rude pour écorcher la peau et la faire saigner en léchant ; aussi, de plus, au bout des pattes, de griffes capables de faire à beaucoup d'animaux, comme à l'homme, de mortelles blessures. Ajoutez une

____

(1) FAIDEAU et ROBIN, *Zoologie élémentaire.* (Larousse.)

« Lionne au repos ».

(D'après un sujet sculpté sur le vif par le statuaire E. Navellier.)

queue qui, d'un coup, peut vous renverser, et dont le lion se sert, aussi, comme de chasse-mouches.

Mais le noble félin n'abuse pas de ces armes que la Nature lui a concédées ; c'est une « bête *fauve* » (étymologiquement, d'après la teinte de son pelage), mais ce n'est pas ce qu'on peut appeler une « bête féroce »... En général, — nous avons souvent insisté là-dessus, — on a bien tort de disqualifier par des épithètes « indignées » des êtres irresponsables, qui ne tuent que pour se nourrir, et ne sont pas plus coupables, en définitive, que les chasseurs (au moins ceux d'autrefois) qui seraient autrement morts de faim, en des pays où ne foisonnaient pas fruits et légumes. Certes, cela nous peine de voir dévorer par le lion cette bête inoffensive et gracieuse qu'est une gazelle ; mais c'est la loi du monde : les herbivores doivent servir de pâture aux carnivores ; et même ceux-ci, pour pouvoir subsister, se mangent, nécessairement, entre eux. Ce qui nous désarme, en nous rassurant, chez le lion, c'est l'absence de cette « frénésie famélique » qui nous fait horreur dans le tigre, et que, par tendance anthropomorphique, nous décorons du nom de magnanimité.

On a rapporté quantité d'exemples de cette tendance à la pitié que paraît montrer le prince des félins, — majesté qui ne tolère aucune offense, mais ne se permet, par contre, aucune violence inutile. En faisant la part de l'exagération et du fabuleux, il est permis de croire que le lion n'attaque pas l'homme sans provocation, et qu'il lui fait parfois grâce de la vie, devant un geste implorateur (V. Pline...). Mais pour ma part, je ne m'y fierais pas trop.

Détail curieux : le lion boit en lapant, comme le chien, mais, au contraire de ce dernier, il ne recourbe pas sa langue en-dessus, mais *en-dessous*, ce qui lui fait perdre du temps, et beaucoup d'eau... Il doit y avoir une raison à cela.

L'entretien d'un lion captif, au Museum, est excessivement coûteux : il faut, à ce puissant personnage, environ 15 livres de viande crue tous les jours (1).

La femelle du lion, la *lionne*, est de plus petite taille que son seigneur et maître, et sa tête est dépourvue de crinière. Il en est toujours ainsi dans la faune : le « *beau sexe* », — au moins le sexe coquet, est le sexe fort... L'espèce humaine (en nos temps modernes) a renversé le sens de cette loi.

L'espèce du lion est de celles qui, fatalement, sont appelées à disparaître... Et c'est dommage, au moins pour l'esthétique. Mais l'homme s'est acharné à sa perte, — justifié sans doute en cela par le besoin de sécurité de ceux qui fondent les premières cités en marge du désert. Jules Gérard est devenu, comme « tueur de lions », une célébrité. Au fait, Hercule — et tous les héros plus ou moins divinisés, dans le monde antique, pouvaient bien être, simplement, des Jules Gérard.

La chasse au lion exige une grande intrépidité et beaucoup d'adresse ; car, s'il manque l'animal, le tireur est perdu. Beaucoup d'Anglais, en particulier, ont tâté de la griffe et de la dent de ce fauve ; et, à ce propos, je recommande la lecture d'un tout petit livre, très curieux, d'un auteur anglais, J. Crowther Hirst : « *Is Nature cruel ?* » On y trouvera de nombreux exemples qui semblent prouver ce fait, assez inattendu, que les victimes des grands fauves ne souffrent pas, — ou ne souffrent pas, du moins, autant qu'on l'imagine, — soit que le premier coup porté par l'animal suffise à les paralyser, soit que l'extrême frayeur qu'ils éprouvent anesthésie leur sensibilité.

----

(1) « En captivité, le lion devient relativement doux, et ne ferait pas grand mal aux dompteurs, si ceux-ci n'exigeaient de lui des exercices qui font souffrir sa fierté. » (FAIDEAU et ROBIN, *Zool. élémentaire*, p. 36). Je remarque, en général, avec plaisir, les sentiments généreux de compassion pour les animaux, et d'indignation contre leurs bourreaux ou leurs exploiteurs, que respire cet excellent ouvrage.

Comparez : « *L'Eglise et la pitié envers les animaux* » (Lecoffre, et Londres, Burns et Oates, 1903).

On conçoit, par tout ce qui vient d'être dit sur le lion, quel rôle considérable cet animal joue dans l'Art, où, plus ou moins stylisé, traduit dans la pierre où le bronze, reproduit en couleur sur la toile, le papier, le bois des écussons ou l'étoffe des pavillons, il cesse d'être le carnassier redoutable et se transfigure en décor.

Et c'est ainsi que l'animal périssable jouit, sans le savoir, — comme déjà vous l'avez vu pour la plante, — d'une sorte de seconde vie, paisible et glorieuse. Nous ne nous attarderons pas à faire ici mention des monuments de tout pays et de toute époque où la majesté léonine est représentée, ni des poésies ou morceaux en prose qu'elle inspira ; il y faudrait un volume entier. Nous rappellerons seulement que La Fontaine a mis le lion en scène dans une quinzaine de fables. Dans celle intitulée : « *Le lion et le moucheron* », le fabuliste fait un portrait concis, mais parfait, du fauve exaspéré par les piqûres d'un adversaire insaisissable :

> Le quadrupède écume, et son œil étincelle ;
> Il rugit. On se cache, on tremble à l'environ.
> Le malheureux lion se déchire lui-même,
> Fait résonner sa queue à l'entour de ses flancs.
> Bat l'air, qui n'en peut mais...

Dans « *Le lion et le rat* », La Fontaine fait honneur au roi des animaux de son caractère généreux ; en épargnant le rat étourdiment tombé sous sa patte,

> Montra ce qu'il était, et lui donna la vie.

Enfin, en cet ingénieux apologue du « *Lion abattu par l'homme* », une leçon de modestie est donnée à ce dernier qui s'est représenté vainqueur du fauve :

> Avec plus de raison nous aurions le dessus,
> Si nos confrères savaient peindre...

Le Tigre (*felis tigris*).

Buffon dépeint le tigre « trop long de corps, trop bas « sur jambes, la tête nue, les yeux hagards, la langue...

« toujours hors de la gueule... Il n'a, dit-il, que le ca-
« ractère de la basse méchanceté et de l'insatiable
« cruauté ».

Ce portrait mêle deux sortes de caractères : ceux de la
forme et ceux de la physionomie. Or, il faudrait ici distinguer... Au point de vue physionomique, l'appréciation
est assez juste, car la face du tigre exprime la férocité ;
mais je répète à cette occasion ce que j'ai déjà dit tant
de fois, c'est que ce terme de *férocité* ne doit pas être
pris au sens moral, comme s'il s'agissait d'un être responsable. On devrait s'exprimer autrement, et dire, par exemple, « que le tigre offre, dans ses traits, l'*image de la
férocité*. » Et c'est ainsi qu'un pareil animal, en nous faisant horreur, peut, dans les desseins du Créateur, servir
de « *repoussoir* », à la lettre, aux espèces inoffensives et
sympathiques, telles que la gazelle ou la brebis, qui se
proposent, en quelque sorte, comme symboles d'innocence et modèles de douceur.

Autrement, pour ce qui regarde la forme corporelle
proprement dite, le jugement de Buffon, à mon sentiment, n'est pas juste : l'allongement du corps, qui nous
agrée dans le *chat*, n'est pas un défaut, et les pattes du
tigre, comme celles du chat, ne paraissent pas disproportionnées avec le corps. Il est vrai que « *la tête nue* » du
terrible félin a quelque chose de déplaisant, — mais c'est
surtout par comparaison avec le *lion* (du moins le lion
mâle), et lorsqu'on voit le tigre après ce dernier, on re-
grette cette luxuriante crinière qui donne à son possesseur un caractère à la fois plus majestueux — et plus débonnaire... — *plus débonnaire*, je dis bien, car, si surprenant que cela puisse paraître de prime abord, l'abondance de poil, autour de la tête ou sous le menton, adou-
cit ce que les traits peuvent avoir d'anguleux, de sec et
de dur. Observez comme le visage féminin gagne à porter d'épais cheveux, et quel air de sécheresse confère la
calvitie ; et quant à la *barbe*, chez l'homme, bien qu'elle
soit signe de virilité, et qu'elle ait engendré cette expres-

sion d'air « *rébarbatif* », son absence m'a toujours causé une impression désagréable; la mode — au moins bizarre, irrationnelle et, quoiqu'on dise, peu hygiénique, des mentons rasés, « à la romaine », et qui dénude, même, les joues et les lèvres masculines, accuse fâcheusement la saillie des contours; elle fait des visages arides et sévères.

Peut-être, aussi, l'absence de crinière chez le tigre concorde-t-elle avec d'autres caractères dont elle augmente la dureté, comme la taille, la direction des yeux, — car chez le *chat*, de mignonne stature, et pourvu d'yeux très doux, elle ne choque point... Que l'Esthétique est donc chose délicate !

Les yeux du tigre sont « hagards », ainsi que Buffon l'écrit, justement cette fois, et sa langue lui pend hors de la gueule toujours béante, — contraste notable avec les mêmes traits chez le lion, dont le mufle est plus reposé, et le regard plus calme, même quelque peu mélancolique.

Mais, ce qui fait la beauté du tigre, ou plutôt, à mon sentiment, son *caractère luxueux*, c'est son pelage, c'est sa *robe*.... A ce propos, signalons l'abus de langage qui qualifie de « *tigrées* » les peaux de panthère et de jaguar, lesquelles sont, — ce qui n'est pas la même chose, *tachetées*, tandis que la peau du tigre est *rayée;* le corps, la tête, les membres et la queue sont traversés, sur fond roux (et blanchissant au ventre) de bandes noires, assez analogues à celles du zèbre, mais qui s'en différencient par ce fait qu'au lieu d'être parfaitement continues, elles s'interrompent par endroits, comme si l'animal avait été flambé. (1)

Le même problème biologique qui se posait pour la robe du zèbre, se pose encore pour celle du tigre, — comme, au reste, pour tous les pelages, plumages et feuil-

____

(1) Comparez cette espèce de papillon auquel on a donné le nom de « *flambé* ».

lages où le pigment se répartit régulièrement dans le système tégumentaire, en produisant des dessins ou peintures d'effet décoratif. Nous laissons aux savants spéciaux le plaisir de chercher la cause du phénomème; rappelons toutefois notre idée d'interruption périodique dans l'action probablement ondulatoire du système nerveux trophique.

En résumé, c'est l'ensemble de ces différents caractères : absence de crinière, muffle bâillant, écartant les moustaches et découvrant les dents, yeux relevés à la chinoise, queue serpentine (on pourrait dire presque « vipérine » ; enfin, par-dessus tout, — c'est le cas de le dire, — pelage flambé comme au feu, — c'est la combinaison de tous ces traits, s'assemblant harmoniquement,, à la façon d'un accord musical, qui réalise ce type de félin qu'on nomme le *tigre*. — Est-il beau ? Est-il laid ?... Je ne sais guère ; mais, pour être précis et rester en dehors de toute appréciation sentimentale, je dirai qu'il est expressif au plus haut degré, et que son expression est complexe; sans difformité d'aucun genre qui puisse nous dégoûter, il inspire la terreur et l'antipathie par son aspect féroce ; et dans le riche costume dont la Nature l'a doté, il apparaît, le tigre, comme un prince sanguinaire et magnifiquement vêtu; tels ces tyrans d'Asie qui joignaient aux mœurs les plus cruelles un luxe tout oriental.

Il appartient, au reste, à l'Orient, et reste localisé en Asie, où il habite, indifféremment, les forêts, les déserts, et le bord des fleuves; là, il se cache dans l'épaisseur des bambous, d'où, en quelques bonds prodigieux, il tombe à l'improviste sur sa proie, sans en excepter l'homme ; et, dans le chiffre de mortalité des Hindous, les victimes de sa dent et de sa griffe comptent pour des milliers.

C'est donc un des animaux les plus dangereux et parfaitement nuisibles, auxquels l'homme, pour sa sûreté, doit faire la chasse. Et cependant, si peu intéressant que puisse être ce fauve, on est ému d'une certaine compassion à l'égard de la femelle à qui l'on enlève ses petits pour les enfermer dans quelque muséum ; car cette bête féroce, en somme, elle aussi, est une mère.

La Panthère (ou le Léopard), *felis pardus.*

La panthère (ou le léopard, car on peut confondre dans la même description ces deux espèces très voisines) est beaucoup plus petite que le tigre, et s'en distingue surtout par le dessin de son pelage, qui n'est pas composé de raies ou bandes plus ou moins allongées et parallèles, mais de *taches*, en forme de roses, et bien séparées les unes des autres. Dans sa fable « *du singe et du léopard* », La Fontaine s'étend sur cette peau, dont le roi « veut

> « Avoir un manchon..., tant elle est bigarrée,
> Pleine de taches, marquetée,
> Et vergetée et mouchetée... »

Cette abondance d'épithètes est assez fortement représentative, la bigarrure faisant allusion au contraste de coloris, — le marquetage, à la répartition du pigment, — et la moucheture évoquant l'idée d'un essaim qui se serait abattu sur le fond clair. Mais la vergeture est de trop, comme s'appliquant plutôt au pelage du tigre, qui est *rayé*, tandis que celui du léopard (ou de la panthère) est *tacheté*.

Dans la morale — ou plutôt, ici, l'*esthétique* de cette fable (1), La Fontaine, mettant en parallèle la somptuosité du léopard et l'agilité du singe, fait dire à ce dernier :

> « Cette diversité dont on vous parle tant
> Mon voisin léopard l'a sur soi seulement ;
> Moi, je l'ai dans l'esprit... »

Et, parlant lui-même à son tour, le fabuliste ajoute :

---

(1) Cette fable, sans en avoir l'air, est une des plus *profondes* de La Fontaine ; et c'est sans doute pour cela qu'elle est moins populaire.

« Le singe avait raison. Ce n'est pas sur l'habit que la
diversité me plaît; c'est dans l'esprit :

> L'une fournit toujours des choses agréables;
> L'autre en moins d'un moment lasse les regardants. »

Et il conclut, en lançant ce trait :

> « Oh ! que de grands seigneurs, au léopard semblables,
> N'ont que l'habit pour tout talent...

*
* *

Ce nom de *léopard* a pour origine un préjugé : il est,
en effet, formé du mot *lion* et du mot « *pardus* », qui
signifie *panthère,* en latin ; car les anciens croyaient que
cet animal était le produit des deux espèces qu'on vient
de nommer. Cuvier et, avec lui, Buffon, ont bien démontré l'erreur : le léopard n'est pas le résultat d'un
croisement (au moins on le pense); ce n'est pas un métis;
mais, encore une fois, sa ressemblance avec la panthère
nous a permis de le confondre avec elle dans la description.

La panthère (pour lui garder son nom usuel), a,
comme le tigre, un air de férocité; et, suivant les expressions de Buffon, « l'œil inquiet, le regard cruel ».
Je note ces deux traits de physionomie chez les « bêtes
féroces » (hors le lion), remarquant leur corrélation, —
qui, je crois, n'avait pas encore été observée : l'inquiétude, en effet, comme opposé du calme, est, primitive-
ment, synonyme d'*agitation* : or, l'agitation peut prove-
nir — ou de la crainte, — ou de la fureur... Chez le
fauve dont il s'agit, ce n'est pas la crainte, assurément,
qui fait son œil inquiet, mais plutôt la soif de sang.

Fauve des plus dangereux, avec le tigre, la panthère
justifie la chasse obstinée qu'on lui fait. Il est vrai que
le besoin de sécurité n'en est pas le seul motif, et que
l'appât d'une pelleterie précieuse est pour beaucoup dans
cette poursuite. On sait que Bombonnel en a détruit un

grand nombre, et s'est illustré, après Jules Gérard, le
« *tueur de lions* », comme « *tueur de panthères.* »

De même que la tigresse et que la lionne, la panthère
femelle est douée de la tendresse maternelle, et ce sentiment instinctif la porte, suivant les cas, à la fureur
contre l'homme . — ou bien, au contraire, à la sympathie... Je ne peux résister à l'envie de citer un trait de
mœurs, chez ce fauve, assez touchant, — bien qu'il ne
soit pas bien authentique, peut-être. D'après Pline l'Ancien, Démétrius le naturaliste, rapporte que le père du
philosophe Philinus travers un désert, « tout à coup,
« il aperçoit une panthère couchée au milieu du chemin ;
« elle attendait quelque voyageur: saisi d'effroi, il veut
« retourner sur ses pas; mais l'animal se roule autour de
« lui, joignant aux caresses les plus pressantes, des signes
« de tristesse et de douleur, auxquels on ne pouvait se
« méprendre, même dans une panthère. Elle était mère,
« et ses petits étaient tombés dans une fosse, à quelques
« distance. — Le premier effet de la compassion fut de
« ne plus craindre, et le second, d'examiner ce qu'elle
« demandait ; elle lui tirait doucement l'habit avec ses
« griffes ; il se laisse conduire : et, dès qu'il a compris la
« cause de sa douleur..., il retire les petits. La mère avec
« eux accompagne son bienfaiteur jusqu'au-delà des dé-
« serts. Il était aisé de voir qu'elle exprimait sa recon-
« naissance. »

Ce tableau, — qu'il peigne ou non la réalité, n'est-il
pas délicieux ?

L'Hyène *(hyena)*.

Il y a des fauves impressionnants et majestueux, tel
le lion, — d'autres terrifiants, tels le tigre, la panthère;
d'autres, enfin, repoussants, et, pour trouver une épithète qui s'oppose à la noblesse de l'allure, « *ignobles* »:
telle nous apparaît l'hyène : par sa figure, et principalement par son mufle, elle se rapproche du loup, du chacal

et du chien. Ses oreilles sont larges, béantes, en cornets pointus; ses yeux, qu'ils soient bridés ou saillants, suivant l'espèce, ont une expression plutôt farouche que féroce; elle a le cou raide (il est frangé d'une crinière); elle porte la tête basse, et son corps, incliné d'avant en arrière, offre une ligne en dos d'âne désagréablement anguleuse ; il est haut juché sur pattes (1) et revêtu d'un pelage dont le dessin varie suivant les espèces : la hyène dite « *rayée* » est, pour la robe, pareille au tigre, et la hyène « *tachetée* », semblable à la panthère.

L'aspect extérieur de cet animal est bien le reflet de son tempérament et de ses habitudes : lâche et sournoise bête, il ne vit guère que des restes de fauves nobles et qui chassent pour leur propre compte; et, ce qui est plus terrible, plus répugnant encore, ce mangeur de charognes se fait détrousseur de cadavres... Malgré tout, il s'est trouvé quelque amateur pour tenter son éducation: et, si l'on en croit Buffon, il réussit si bien que le fauve, dressé par le bâton à relever sa crinière, ne regimbait pas, et même jouait comme un chat avec son maître, qui lui mettait impunément sa main dans la gueule... Tant l'homme a de pouvoir sur les animaux !

La *hyène rayée*, reculant devant les colons, a disparu du sol de l'Algérie; on la trouve encore dans les régions chaudes de l'Asie: quant à sa congénère, la hyène tachetée, elle reste confinée dans le Sud de l'Afrique.

* * *

Le Nouveau-Monde a trois grands félins qui correspondent respectivement à ceux de l'Ancien : ce sont : le Couguar (ou *Puma*), lion de l'Amérique. — le *Jaguar*, qui en est le tigre. — et l'*Ocelot*, — la panthère.

Pour se faire une idée du *Couguar*, il faut se représenter la lionne: c'est effectivement, un lion sans crinière;

(1 Ce fauve a, comme caractère exceptionnel, 4 doigts seulement aux pieds de devant comme à ceux de derrière.

la femelle, ici, a donné le ton au mâle. Cette espèce a
de très beaux yeux, et la peau si tendre, qu'elle se laisse
entamer par la sarbacane des Indiens; son tempérament
est doux ; c'est un lion dégénéré, — ou, si l'on préfère,
« civilisé ».

Le *Jaguar* (*felis unca*), qu'on appelle aussi l'*Once*, est
au tigre ce que le Couguar est au lion ; mais il faut
observer que sa robe n'est pas rayée, comme l'est celle
du tigre, mais tachetée, sur le modèle de la panthère ;
c'est, d'ailleurs, un tigre adouci.

Enfin, l'*Ocelot* (*felis pardalis*), panthère du Nouveau
Continent, de taille plus petite, (ainsi que les précédents).
Son pelage est particulièrement remarquable, dit Buffon,
« par la vivacité des couleurs et la régularité du dessin ».
Celui-là n'est pas doux comme les deux premiers, mais
féroce ; des jeunes, âgés seulement de trois mois, dévo-
rèrent une chienne qu'on leur avait donnée comme
nourrice... Comble d'ingratitude — ou, si l'on veut,
d'appétit. Cette espèce peut-être classée parmi les « carnassiers sanguinaires » ; plus altérés de sang qu'affamés
de chair, ils se contentent de saigner leur proie; c'est
ce que j'appellerais « *un gaspillage de viande par appétit
de jus* ».

Le Chat (*felis catus*).

C'est avec grand plaisir, et soulagement, que nous
laissons là les félins terribles pour le *Chat*, ce membre
d'une famille si redoutable, et qui nous est si familier,
ce cousin du tigre et de la panthère devenu notre commensal et qui, tranquille au coin de l'âtre, nous berce de
son ronronnement, avec lequel les enfants jouent, sans
autre danger qu'un coup de griffe, quand on le pousse
à bout, et auquel, en y mettant du sien, on fait faire
« *patte de velours* ».

Sa physionomie, tandis qu'il dort — ou fait semblant
de dormir, là, tout auprès de moi, tapi sur ma table de

travail, entre mes livres et mes papiers, qu'il ne dérange pas, sa physionomie me repose de toutes ces figures de fauves, si peu rassurantes. Je remarque qu'au contraire de ceux-là, sa tête ramassée, toute ronde. offre, par devant, une *face* véritable, se rapprochant un peu de la face humaine, et contenant, comme elle, les yeux, les naseaux et les lèvres dans un même plan vertical; et que ces yeux, fendus obliquement, mais grands et bien ouverts, avec leur iris clair, lumineux, sont pareils à certains yeux humains qu'on appelle justement « yeux de chat ». Il est vrai qu'au grand jour, la pupille se rétrécit, au point de se réduire à une ligne (ce qui se produit chez les sujets sur lesquels on a pratiqué l'iridectomie. D'autre part, chez cet animal « *nyctalope* », les yeux brillent dans les ténèbres, « à peu près, dit « Buffon, comme les diamants qui réfléchissent au « dehors, pendant la nuit, la lumière dont ils se sont « pour ainsi dire, imbibés pendant le jour. »

Cette particularité lui est commune avec le hibou appelé « Chat-huant », qui lui aussi présente une face où les yeux, au lieu d'être séparés, d'être placés latéralement, sont géminés, et réunis sur un même plan. Mais, malgré cette analogie de structure, le regard est si différent !

Chez le Chat, le corps est sensiblement allongé, d'une longueur qui s'accentuera davantage encore chez les « *Mustéliens* », surnommés « vermiformes » ; déjà, le corps du Chat, quand il marche, ondule à la façon d'un ver, d'un annelé. Les pattes sont courtes, bien fourrées, armées de griffes qui peuvent rentrer, au gré de l'animal, dans les chairs, qui sont, comme disent les savants, « rétractiles » ; le Chat fait, quand il veut, « *patte de velours* », — ainsi s'exprime, poétiquement, la langue populaire.

Quant au pelage, il présente beaucoup de variété, surtout comme teinte : parmi les chats que nous pouvons voir tout autour de nous, il en est de marquetés, à diffé-

rentes couleurs, d'autres peints tout entiers d'une seule
couleur, rousse, grise, blanche ou noire. La race de
Siam se fait remarquer par son pelage, pareil à celui

« Étude de Chat ».
(*D'après un sujet sculpté sur le vif par le statuaire E. Navellier.*)

du lièvre, avec du noir au museau, au bout des oreilles
et des pattes. Dans la race dite « *angora* », le poil est
très long, chevelu; mais, chez tous les chats. surtout
bien soignés, il est soyeux, lustré, doux au toucher; et,
de plus, électrique, car il suffit de caresser leur dos

dans l'obscurité pour en voir jaillir des étincelles (1).
La queue est longue, bien fournie, très mobile, et, comme
en beaucoup d'autres animaux, remplace, par sa mimique, les membres antérieurs, spécialisés pour la locomotion.

Telle est la figure du Chat, sa conformation extérieure :
la souplesse et l'agilité de ses mouvements, bien mesurés d'ailleurs et précautionneux, sont connues de tous.
C'est l'animal prudent par excellence... Que si vous le
rencontrez en chemin, il attend, immobile, et les yeux
fixes, que vous le dépassiez; puis, à demi rassuré, il
repart en flèche se mettre en lieu sûr.

En résumé, le Chat est un félin réduit de taille et perfectionné, un félin mignon, minutieux, qui, féroce encore
à l'état sauvage, comme un tigre en miniature, se montre, en domesticité, doux, pacifique et sociable, qui ré-
jouit nos regards par sa joliesse, et notre esprit par sa
gentillesse.

Tous ceux qui ont vu manger un chat ont remarqué
la peine qu'éprouve cette espèce à mâcher; et cela tient
à la brièveté de leur dentition : ces « *quenottes* » de chat
ne sont habiles qu'à déchiqueter la chair, et sont, à la
broyer, assez inhabiles. Ils boivent en lapant, et très
fréquemment, et sont aussi avides de lait que de poisson.
Ce fait, qu'ils jouent longtemps avec une souris, et la
tuent, à l'occasion, sans en faire leur proie, semble prouver que, bien repus d'ailleurs, ce qui est nécessité de
chasse à l'état libre, devient un jeu. Les oiseaux que
l'on conserve en cage paraissent les tenter plus encore
que les souris.

La gestation de la chatte est de 6 semaines environ;
elle met bas 4 à 6 petits, dont beaucoup, hélas ! sont
bouches inutiles, destinées, dès leur naissance, à la
noyade. Il faut ajouter, d'ailleurs, ce trait déconcertant,

___

(1) Même, chez l'animal mort, la peau jouit de cette propriété,
qu'on utilise dans l'*électrophore*.

que le père étant sujet à dévorer, comme Ugolin, sa progéniture, la mère est contrainte de la cacher à ses yeux, — et que... cette tendre mère elle-même, au besoin, n'hésite pas à croquer ceux qu'elle vient de mettre au monde... La cause de cette perversion bizarre de l'instinct maternel, si développé dans le règne animal ? On ne la connaît pas.

Le sommeil du chat ? — Il est souvent feint, simulé; lorsque ce doux félin, quelque peu hypocrite, ferme les yeux comme pour dormir, l'obliquité de ceux-ci s'accentue; ce qui, joint à la bouche close, au redressement des fines moustaches, lui prête un air patelin très divertissant. — Mais, d'après Pasumot (un correspondant de Buffon), si le chat dort rarement (pour de vrai), son sommeil est si profond qu'il confine à la léthargie.

*

* *

J'en viens maintenant au *tempérament psychique*, le plus intéressant pour nous, — à la psychologie du chat. Le portrait qu'en a fait Buffon est peu flatté... « Le chat, a-t-il écrit, mu par une antipathie que peu, je le présume, partageront, — . « le chat est un domestique infidèle « qu'on ne garde que par nécessité, pour l'opposer à « un autre ennemi domestique encore plus incommode « et qu'on ne peut chasser »...

Mais, — j'en demande excuse à Monsieur de Buffon, — c'est doublement faux, cela : d'abord, parce que le chat n'est domestique qu'en tant qu'il fait partie de la maison (*domus*); car autrement, on n'exige de lui aucun service régulier, comme on fait du chien, par exemples ; — puis, parce que quantité de gens gardent chez eux et *auprès d'eux* ces charmants animaux, simplement pour en jouir, et sans nécessité de chasser rats et souris. C'est donc, le plus souvent, un *animal de luxe*, qu'on ne « tolère » pas, comme avance Buffon, mais qu'on aime pour lui-même, et sans dessein utilitaire ; c'est, en un mot, dans la maison, un hôte « *esthétique* ».

Buffon n'a pas compris cela ; il n'a pas compris le chat ; du chat, en effet, son mépris s'étend sur ses partisans. « Car, dit-il, nous ne comptons pas les gens qui, « ayant du goût pour toutes les bêtes, n'élèvent les chats « que pour s'en amuser... » Cette seule incidente, « ayant du goût pour toutes les bêtes », confirme notre opinion, en mettant le chat, — animal à part et exquis, de pair avec les autres... accusation d'éclectisme à quoi s'oppose, justement, la préférence des amateurs.

Buffon nous concède, toutefois, que ces animaux, « surtout quand ils sont jeunes, ont de la gentillesse »; il admet, même, un peu plus loin, que « le chat est joli, léger, adroit, et qu'« il est propre ». — Ne voilà-t-il pas de précieuses qualités ?... Buffon s'y arrête peu, et insiste sur les défauts. « Les jeunes chats, poursuit-il, sont gais, « vifs, jolis. et seraient aussi très propres à amuser les « enfants, si les coups de patte n'étaient pas à craindre. » Bien petit danger, n'est-ce pas ?... Et puis le chat, à l'occasion, sait faire « patte de velours ». — Mais poursuivons le réquisitoire : « Ils ont, écrit l'auteur, une ma- « lice innée, un caractère faux, un naturel pervers ; « souples et flatteurs, comme les fripons, ils ont la même « adresse, la même subtilité, le même goût pour faire « le mal...; ils savent couvrir leur marche, dissimuler. « épier les occasions, attendre, choisir l'instant de faire « le coup, se dérober ensuite au châtiment ; leurs mou- « vements sont obliques, leurs yeux équivoques ; ils ne « regardent jamais en face ». (1)

Que tout cela est donc, pour le moins, exagéré ! Et d'ailleurs, appartient-il à un homme de science, à un naturaliste de profession, de juger l'être irresponsable, comme s'il s'agissait d'une créature humaine ? Il ne peut

_____

(1) Ceci n'est pas absolument vrai, et, pour ma part, j'ai été bien souvent fixé par l'œil des chats, et leur regard plutôt *magnétique* que dissimulé.

être question, ici, de morale, et les mots de *vol*, de *rapine*, comme ceux d'*hypocrisie* et d'*égoïsme*, appliqués à un chat, sont absolument « déplacés », — autant que le terme de *cruauté* qu'on applique au tigre ; la faune n'a pas les vices de l'humanité, non plus, d'ailleurs, que les vertus; elle n'en a que la figure. (1)

Quant à l'indépendance dont le chat fait preuve, c'est une question de savoir si c'est un mal, en soi, ou un bien. Buffon, avec bien d'autres, admire la soumission du chien ; mais, dans cette soumission, n'entre-t-il point quelque servilité (du moins, dois-je dire pour être conséquent avec moi-même, son image) ?... Il reconnaît que « les chats, quoique habitants de nos maisons, ne « sont pas des animaux entièrement domestiques ;... « Ceux, dit-il qui sont le mieux apprivoisés n'en sont « pas plus asservis... » Retenez ce dernier qualificatif; il est de sens péjoratif, bien nettement, et sa négation n'implique aucun blâme. Disons donc, pour être équitable, que le chien est dévoué, mais servile, — et que le chat est personnel, mais fier.

Les défauts les plus graves du chat, dont Buffon ne parle guère en son réquisitoire, et que nous ne dissimulerons pas, nous, dans notre plaidoyer, sont, d'abord, l'habitude qu'il a de prolonger, en se jouant, les affres de sa victime, de la pauvre souris qu'il dédaigne, à l'occasion, comme proie, — puis cet instinct dénaturé qui le porte, trop fréquemment, à se repaître de sa progéniture... (2). Mais tout cela, par quel secret mobile, et dans quel but ?...

Quoiqu'il en soit. j'ai jugé piquant de rapprocher de

(1) Attribuer, au surplus, à l'animal, une âme responsable, déjà, ne serait-ce point adhérer à la doctrine antiscientifique du transformisme *intégral*, d'après laquelle l'homme, même au point de vue des instincts supérieurs, ne serait séparé de la bête que par un simple degré d'évolution ?

(2) On se rappelle le trait sinistrement ironique du comte Ugolin « dévorant ses enfants pour leur conserver un père...»

l'acte d'accusation buffonien l'éloge — un peu dithy-
rambique que je trouve dans le petit traité de zoologie
élémentaire de Faideau et Robin. « Le chat domestique,
disent ces auteurs, est l'un des animaux les plus calom-
niés. De tout temps l'homme « s'est acharné sur ce joli
félin (1) et a trouvé bon de lui attribuer une partie de
« ses propres défauts. C'est que le chat, si doux et si
« capable d'attachement lorsqu'il est bien traité, ne sera
« jamais un esclave comme le chien ; il est très fier et
« très indépendant, ce qui ne constitue pas des défauts.
« Par sa grâce, sa gaîté, son extrême propreté, le chat
« est le plaisir des yeux ; il ne faut pas exiger plus de
« lui. »

Un trait de caractère dont je n'ai pas jusqu'ici fait
mention, bien qu'il soit peut-être le plus remarquable,
c'est son *sybaritisme*. Buffon le dit « voluptueux » :
mais je le dirai plutôt « sybarite », terme qui implique
moins l'ardeur amoureuse que la passion du confortable ;
et c'est cette passion-là qui lui fait choisir la meilleure
place, au coin de l'âtre et les tissus les plus moelleux
pour s'y tapir. En tout cas, qu'on le loue, qu'on le
blâme, le Chat reste le compagnon préféré de l'idéaliste,
qu'il soit artiste, littérateur ou penseur, car il est discret,
silencieux, ne dérange rien, et, paraissant réfléchir, aide
à rêver, à méditer plutôt ; c'est, en un mot, un commensal éminemment *esthétique*.

Après avoir décrit *le* Chat, en général, il convient de
parler *des* chats, car il y a, comme dit le proverbe, *chats
et chats*...: on connaît diverses races de ces félins ; mais
ces races sont peu nombreuses, et leur énumération sera
vite faite ; en effet, l'espèce du Chat est bien moins sujette
à varier que celle du Chien, par exemple, peut-être par

(1) Pas au temps des Égyptiens, en tout cas.

ce fait qu'elle est demeurée plus libre, qu'elle n'a pas subi le même degré de domestication. C'est, effectivement une remarque intéressante à faire, que les animaux domestiques offrent une bien plus grande variété, surtout dans la couleur du poil, que les animaux dits « sauvages ».

Voici les seules races de Chat, sauvages ou privés, que l'on connaisse :

Le *Chat sauvage* de nos pays, dont une variante, remarquable de coloris, est particulière à l'Espagne (1).

Le *Chat* dit *des Chartreux*, d'un beau gris uniforme.

Le *Chat ganté* (plutôt Chat « à manchettes » (*Felis maniculata*), habitant l'Egypte et la Palestine, et en qui l'on pense voir la souche de notre Chat domestique. Il faisait partie, chez les Egyptiens, de la faune sacrée, à qui il était interdit de toucher, sous peine de mort. Il eut, tout comme les personnes humaines, l'honneur d'être momifié. D'autre part, il servait à la chasse du gros gibier, ainsi que l'atteste une peinture ancienne, conservée au British Museum.

Puis le *Chat angora*, célèbre par l'abondance et la douceur de son poil (comparez le lapin et la chèvre angora).

Le *Chat bleu* (c'est-à-dire ardoisé), natif de Perse, et se trouvant aussi au Cap de Bonne-Espérance ; il est aux chats ce que le « barbet » est aux chiens, dit Buffon.

Le *Chat siamois*, au pelage de lièvre, avec du noir aux yeux, au bout des pattes, à la queue, remarquable par ses prunelles d'un bel azur, et qui, sous une certaine incidence, paraissent rouges ; la race dite « royale » offre ce trait curieux d'avoir le bout de la queue bifurqué, ce qui ne se perçoit extérieurement que comme une luxation, au toucher. Cette variété, lancée par le Jardin d'acclimatation, il y a quelques années, jouit, chez les Parisiens, d'une grande faveur.

Le *Chat*, très rare, *du Thibet* dit « de Pallas », en

---

(1) Ce Chat porte au bout des oreilles une touffe de poils en pinceau, ce qui fait le passage au lynx.

souvenir du naturaliste, ou « Chat Manul », à tête excessivement large et front bas.

Enfin, le *Chat chinois* (de la province de Pé-chi-ly), à long poil, jaune ou noir, est très recherché des dames de ce pays ; il présente ce caractère, tout exceptionnel en l'espèce, d'avoir les oreilles pendantes, ce qui témoigne, paraît-il, d'un état de domestication prolongé.

Ajoutons à la liste le *Chat-tigre*, ou « Margay », de l'Amérique du Sud, qui a plutôt le pelage de la panthère.

*
* *

Bien que ceci soit une histoire *de la Nature*, le terme d'« esthétique » qui vient s'ajouter m'autorise à quelques incursions dans le domaine des *Arts*. En effet, il existe un certain nombre d'animaux dont la physionomie pittoresque — ou le rôle social important — a excité dans tous les temps l'intérêt des artistes et stimulé le génie d'interprétation. Suivant la loi qui veut l'adaptation de la forme au genre de matière, ils ont sculpté le Chat, comme le Lion, dans la pierre, ou fondu dans le bronze ; ils l'ont peint en des fresques, des tableaux, en ont fait le décor d'objets ou d'ustensiles de toute sorte, et de telle manière que ses traits essentiels seuls soient traduits, ce qui s'appelle *styliser*. Mais le Chat n'a pas inspiré que les Arts plastiques : la Musique, à son tour, l'a pris comme thème, et seulement de ce qu'elle pouvait traduire de lui : du mouvement ; la valse en *ré bémol* de Chopin, intitulée *du Chat qui pelote*, en est un exemple très réussi ; les inflexions sonores tournoyantes expriment avec bonheur le jeu des pattes roulant et déroulant une bobine. Enfin, dans la Littérature (et déjà dans le langage ordinaire), le séduisant félin devenu, d'animal sacré, animal *évocateur*, a suggéré quantité de figures métaphoriques et de locutions proverbiales ou pittoresques : la « Dent du chat » (montagne), l'« Œil de chat » (pierre précieuse), les « chatteries », faire « la

14

chattemitte », jouer « au chat perché » ; puis « c'est le
chat », expression de scepticisme ironique à l'adresse de
ceux qui dissimulent quelque délit ; « acheter chat en
poche » (un objet sans l'avoir vu), et cet avis précieux
de « ne pas réveiller le chat qui dort »... On n'admire
pas assez cet instinct si prompt et si juste d'analogie qui
a fait, en dehors des grammairiens, ces jolies trouvailles.

Mais ces inventions populaires sont encore dépassées
par le génie de La Fontaine. Ce dernier met souvent le
Chat en scène, dans ses fables, et il faut avouer qu'il ne
lui donne pas souvent le beau rôle : les surnoms et sobri-
quets sous lesquels il désigne le félin font allusion à ses
rapines (Rodilardus ou Ronge-lard, Grippe-fromage), ou
bien à sa mine hypocrite (Mitis, Tartuf, Archipatelin),
aussi Raminagrobis et Grippeminaud, empruntés à Rabelais. La Fontaine l'appelle, en certain endroit, « Majesté
fourrée » ; il le magnifie comme l' « Alexandre des
Chats, », l' « Attila, le fléau des rats ». Des fables dont il
est le sujet, on a tiré certaines expressions proverbiales,
par exemple : « attacher le grelot », «tirer les marrons
du feu », dont le langage courant, ennemi de l'abstrait,
vivifie son vocabulaire. A propos de cette dernière locution, je ne puis m'empêcher d'arrêter l'esprit du lecteur sur l'art merveilleux, dans sa concision, avec lequel
sont dépeints les gestes de Raton, lequel,

Avec sa patte,
D'une manière délicate,
Ecarte un peu la cendre et retire les doigts,
Puis les reporte à plusieurs fois ;
Tire un marron, puis deux, et puis trois en escroque
(Et cependant, Bertrand les croque)...

Telle est l'histoire de ce félin si attachant et d'étude
facile, sur lequel nous nous sommes laissés attarder,
certains qu'on ne nous en fera pas le reproche. Les quelques variétés que comporte son espèce ont été signalées
tout à l'heure. Il faut mentionner à présent trois types
assez voisins et que, sans préjuger de leur généalogie

réelle, on peut grouper sous ce titre : *les congénères du Chat*. Ce sont : le *Guépard*, le *Serval* et le *Lynx*.

Le Guépard.

Ce nom de *Guépard* serait une corruption de *lépard*, venu lui-même de *léopard*. L'animal est, en effet, tacheté comme la panthère (1) ; mais, par la conformation de son corps, plus efflanqué, il fait penser plutôt au chacal ; sa tête est, cependant, assez semblable à celle du Chat ; son échine porte une crinière, d'où son nom latin de *Felis jubata* ; je le mettrais volontiers avec le Chat-Tigre et d'autres pareils, dans la catégorie des « félins somptueux ». Comme il n'est pas dangereux pour l'homme, les Arabes le dressent, comme un chien, à chasser la gazelle. Pauvre jolie gazelle ! Elle n'a pas que des ennemis dans la faune sauvage ; il faut encore que l'homme lui en suscite en celle des animaux domestiques...

Le Serval.

Encore un beau félin, bien costumé par la Nature, et qui, lui aussi, s'est mis à la mode du léopard ; mais celui-ci reste indomptable et féroce. Il est haut sur pattes, comme le guépard ; mais, d'après la figure que j'ai sous les yeux, il paraît, vu de face, plus régulier de traits ; son front très haut laisse, entre deux oreilles dilatées, droites et de forme triangulaire, un espace qui fait un triangle inverse ; ainsi les deux yeux, géminés comme chez le Chat, avec la même obliquité, paraissent placés plus bas et cet arrangement des lignes du visage donne à l'animal un air intelligent et volontaire assez accusé. Quelques naturalistes lui ont donné le nom de *Chat-pard*, ce qui signifie « chat-panthère » et l'expression de *chapardeur* vient sans doute de là, rapportée par les tirailleurs sénégalais à notre service.

(1) Nous rappelons ici que *panthère* et *léopard* sont à peu près synonymes.

Le Lynx.

On connaît l'expression : « il a des yeux de lynx »,
pour désigner quelqu'un doué d'une vue perçante...
C'est là tout ce qui nous reste d'une légende très en
faveur chez les Anciens. Non seulement on croyait que
le regard de cet animal transperçait les murs, mais on
avait l'idée que son urine se concrétait en pierres précieuses ; les médecins d'aujourd'hui diraient que c'est
un cas de *lithiase gemmaire*... Ce lynx portait aussi le
nom de *loup-cervier* ; et pourquoi ? Sans doute parce
que, d'une part, il était pris, de loin, pour un loup, à
cause de son hurlement — et que, d'autre part, il atta-
quait les cerfs, ou plutôt que son pelage est ponctué, à
la manière des faons, lorsque ceux-ci revêtent, en termes
de chasse, la « livrée ».

Aujourd'hui, l'on connaît le lynx comme un fauve,
parent du Chat, un félin sauvage, mais au regard doux,
aux prunelles luisantes, dont la robe est mouchetée, plutôt que tachetée, et qui présente ce trait singulier d'avoir
les oreilles (analogues, d'ailleurs, à celles du Serval)
surmontées d'un pinceau de poils, caractère qui se trouvait déjà, au reste, en le Chat d'Espagne. En outre, il
ne porte pas de moustaches, mais seulement des
favoris (1).

Il existe une autre race de lynx, dont le pelage est tout
uni, sans compter le *Caracal*, qui n'est autre, probablement, que le Lynx de Perse.

Le Lynx figure dans l'iconographie antique, avec le
tigre et la panthère et autres fauves tachetés, comme attelage au char de Bacchus. Ainsi la *nébride*, ou peau de
panthère, était le vêtement rituel aux fêtes de ce dieu.
Le marquetage de la peau était donc, pour les païens,
symbole dyonisiaque ?...

---

(1) Chez la panthère, on a vu qu'il y avait à la fois moustaches
et favoris. Quelle chose étrange que nos modes, et nos divers ports
de barbe, si artificiels, se trouvent déjà dans la Nature toute naïve !

Les Canins

Bien qu'assez peu éloignés, en somme, des félins, le groupe des *Canins* présente avec eux un contraste sensible : le corps est plus maigre et la panse moins rebondie ; le pelage est uni et forme à l'animal un vêtement simple, non galonné : le poil en est plus rude et fait d'étoffe moins rase, pour ainsi dire, d'étoffe velue qui tend à s'émécher, plutôt fourrure que pelleterie. La tête n'offre pas une forme arrondie, à joues épaisses, mais s'allonge en museau pointu, dépourvu de moustaches ; elle exprime la finesse plutôt que la force ; les pattes sont beaucoup plus minces, armées de griffes aussi, mais qui ne sont pas rétractiles. Ces animaux, au reste, sont, ainsi que les précédents, *digitigrades*, c'est-à-dire qu'ils marchent sur la pointe du pied ; seulement, leurs ongles, ne pouvant pas rentrer dans la chair, s'émoussent et s'usent au contact du sol. La queue est touffue, formant, chez le renard en particulier, un somptueux panache. Il est à remarquer que la plupart de ces caractères ne sont rien moins qu'absolus chez le *Chien*, dont les races, multipliées à l'extrême, réalisent des types aussi différents du type primitif que différant entre eux ; sous ce rapport, le bouledogue est aussi peu semblable au lévrier que celui-ci l'est au Chat, par exemple. Ainsi la domesticité tend à brouiller l'ordre naturel des groupes animaux par une variabilité qu'on peut qualifier, avec Darwin, de *désordonnée*.

Toutes exceptions mises à part, les fauves du groupe canin, plus effilés qu'affinés, n'ont point l'air de noblesse qui distingue ceux du groupe félin ; le loup et le renard sont au tigre, au léopard, ce que le « manant » finaud et rapace est au seigneur violent et tyrannique.

Si le groupe félin nous a donné le *Chat*, le groupe canin, son opposé dans tout, nous a dotés du *Chien* : vraie symétrie de complémentaires.

Le Loup (*Canis lupus*).

N'a pas de caractère bien particulier en dehors de ceux qui viennent d'être décrits comme caractères généraux du groupe canin ; et, bien que ce dernier tire son nom du *chien* (canis), il est mieux représenté par le loup. D'ailleurs, la race dite du *Chien-loup* peut en donner l'idée à ceux qui ne l'ont vu que dans les livres. Bien dressé sur ses pattes sveltes et nerveuses, les antérieures droites comme des colonnettes, les postérieures (ainsi, du reste, que chez tous les quadrupèdes) coudées et tendues en arrière, avec son museau fin, ses oreilles de moyenne taille et son corps bien dégagé, ce fauve n'aurait pas figure déplaisante si, de sa gueule largement fendue, ne pendait pas toujours une langue haletante et comme altérée de sang.

« Le loup, écrit Buffon, est l'un de ces animaux dont l'appétit pour la chair est le plus « véhément ». C'est, effectivement, le type idéal du carnivore, et même du « carnassier », et le terme voisin de *carnage* convient parfaitement aux chasses qu'il fait pour apaiser cette faim proverbiale.

Le tempérament psychique du loup peut se résumer en deux mots : c'est une bête à la fois *farouche* et *féroce*, le premier de ces adjectifs impliquant une certaine poltronnerie... Peut-être, isolé, serait-il moins à craindre que d'autres animaux sauvages ; mais, dans les contrées telles que la Russie, d'où sa race n'est pas encore disparue, il se groupe en bandes nombreuses et poursuit le voyageur en traîneau ou en *troïka*. Qui n'a vu des estampes représentant cette scène dramatique : des Moscovites traversant la steppe au long tapis blanc dans leur léger véhicule attelé de chevaux fringants ; les loups, en troupe serrée, courant derrière eux... et l'*isvotchik* qui presse l'attelage dans un galop et lutte de vitesse, pendant que les voyageurs, à coups de carabine, en font rouler trois à quatre sur la neige... Mais il en reste trente

à cinquante, toujours courants et menaçants, et si ces
« chasseurs par nécessité » n'atteignent pas bientôt un
village, les voilà perdus, dévorés, périssant d'une mort
affreuse.

Le proverbe connu : « Les loups ne se mangent pas
entre eux » n'est pas vrai, du moins au sens propre (1).
« La férocité du loup, remarque Buffon, s'exerce sur
« ceux de sa propre espèce ; ils s'entre-dévorent et lors-
« qu'un (des leurs) est grièvement blessé, les autres...
« s'attroupent pour l'achever. » Après tout, c'est peut-
être une forme de compassion pour leur éviter la souffrance...

Le *Chien* montre, paraît-il, beaucoup d'antipathie
pour le loup, qu'il regarde sans doute comme un faux-
frère. J'emprunte au célèbre écrivain ce joli tableau de
mœurs animales :

« Un jeune chien frissonne au premier aspect du loup;
« il fuit à l'odeur seule ; elle lui répugne si fort qu'il
« vient en tremblant se ranger entre les jambes de son
« maître » (moins par dégoût, il semble, que par peur).

Mais certains dogues font preuve d'un plus grand
courage et ne redoutent pas une lutte corps à corps. La
conclusion finale de ce combat révèle bien la différence
de tempérament qui sépare ces deux types, en somme
congénères ; car, vaincu, le Chien ne manque pas d'être
dévoré par son adversaire — tandis que, vainqueur, « il
« abandonne son cadavre aux corbeaux, ne trouvant
« pas, comme dit Buffon, que « l'odeur d'un ennemi
« mort soit agréable. »

C'est que le Chien est un parent civilisé du loup. Pris
très jeune, ce dernier perd un peu de sa sauvagerie ;
mais, avec l'âge, la nature reprend le dessus et sa domestication est impraticable. Quelle distance morale, pour

---

(1) Il n'est même pas toujours vrai au sens figuré, comme en
témoignent l'histoire de la Révolution française et celle de la Révolution russe.

ainsi parler, entre l'animal qui *guette* les troupeaux et celui qui les garde !

Le loup est une de ces espèces franchement nuisibles. que l'homme a dû chasser partout où il a voulu s'établir ; actuellement, il a complètement disparu du sol de l'Angleterre ; on en trouve encore, par-ci, par-là, en France, pays plus riche en forêts ; mais, s'il existe encore des « lieutenants de louveterie », ils ont moins d'occupation que sous Louis XIV.

*

* *

Comme *races*, on peut citer, en dehors de notre *Loup d'Europe*, répandu surtout en Russie et dans la péninsule scandinave — le *Loup des prairies* en Amérique (dont une variété aurait été domestiquée par les Indiens ; celui plus spécial au Mexique, « le plus beau des loups », dit Buffon, et le *Loup noir du Canada*. Nous pouvons ajouter le *Chacal*, intermédiaire entre le loup et le renard (*Canis aureus*, ou Chien doré) et qui habite, en particulier, l'Afrique du Nord. On prétend qu'il sert de guide à l'hyène dans sa recherche des charognes. Répugnants tous deux, ces animaux sont pourtant utiles en assurant, au désert, le service de la voirie. Mais le Chacal est peut-être plus odieux. Il réunit, écrit Buffon, « l'impudence « du chien à la bassesse du loup et... semble n'être qu'un « odieux composé de toutes les mauvaises qualités de « l'un et de l'autre. »

*

* *

Nous avons eu l'occasion, déjà, de mentionner le *Loup-cervier*, qui n'est pas autre chose que le *Lynx* (c'est-à-dire un « félin »). Quant au *Loup-Garou*, son origine est plus obscure : les uns y voient le loup qui mange les enfants et « dont il faut se *garer* » ; les autres, des hommes métamorphosés en loups, qui couraient, au dire des gens superstitieux, la nuit, dans les campagnes. Le fauve dont nous venons d'esquisser l'histoire naturelle est un des animaux les plus poulaires ; le *folk-lore* est rempli de légendes à son sujet et le langage usuel fourmille de locutions qui se rapportent à lui, comme « avoir une faim de loup », « marcher à pas de loup », « entre chien et loup », et d'autres aussi pittoresques. Tout le monde s'est fait, dans son enfance, raconter *Le Petit Chaperon rouge* ; mais bien peu comprennent le sens profond de ce conte de fées. Que figure-t-il, ce *loup* qui, par un subterfuge plutôt digne d'un renard, attire l'enfant dans un guet-apens, pour le croquer ?... Il faut ici faire foi aux érudits qui ont trouvé dans les livres sacrés de l'Inde cette chose incroyable et répugnant à notre sens européen : le loup, cet animal ténébreux, malfaisant, pris pour emblème de cet astre radieux, splendide et bienfaisant : le *soleil*... Mais le vrai peut souvent, on l'a dit, être peu vraisemblable. C'est que, sur le terrain de l'analogie, les Anciens faisaient d'aventureuses enjambées. D'abord, le soleil d'Orient est plus redouté, peut-être, qu'admiré ; ne l'appelons-nous pas, nous-mêmes, nous, les Occidentaux, « dévorant » ?... Il « mange » les nuages ; mais surtout, dans la manière de voir de nos pères, il a l'air, à son lever, de poursuivre l'aurore, qui s'enfuit, disparaît à sa vue... Le *Petit Chaperon rouge* serait ainsi le symbole enfantin de cette aurore « aux doigts de rose », de l'aurore nouvelle qui va rejoindre, en « mère-grand », les vieilles aurores disparues ; elle-même disparaît à son tour, engloutie par l'astre ravisseur...

Après le loup fabuleux, légendaire, le loup métaphorique et proverbial, le loup symbolique, prétexte à féerie, voici, dans les fables de La Fontaine, le loup qu'on pourrait dire *allégorique*. Celle intitulée *Le Loup et le Chien* montre l'avantage de la liberté, supérieur à tous les biens de l'état domestique (« le collier dont je suis attaché »); mais, parmi nos commensaux, il en est beaucoup, j'en suis sûr, qu'un retour à l'état sauvage ne tenterait guère... La fable du *Loup et de l'Agneau* proclame — ironiquement — la « raison du plus fort ». Dans *Le Loup devenu berger* nous est montré l'insuccès d'un hypocrite stratagème : « Qui est loup agisse en loup... » C'est plus sûr pour lui, pense le fabuliste ; j'ajoute que c'est plus sûr, surtout, pour nous autres, les moutons, si facilement dupes des « mauvais bergers »... La fable du *Cheval et du Loup*, avec un scénario différent, prêche la même morale, utilitaire toujours. Ceux qui croient payer suffisamment un service rendu, en s'abstenant de nuire au bienfaiteur, se reconnaîtront dans *Le Loup et la Cigogne*, et ceux qui desservent un confrère vis-à-vis de leur protecteur, méritent, comme représailles, de subir le sort du *loup*, dont la peau, par une vengeance du *renard*, est recommandée au *lion* malade comme couverture. Et cet apologue, encore, du *Loup et des Brebis*, qui nous détourne de faire la paix avec des ennemis sans foi ; celui du *Loup et du Chasseur*, qui nous apprend quel péril on court à vouloir — ou trop accumuler — ou trop épargner ; enfin, celui du *Loup et des Bergers*, que je me plais surtout à citer, car il confirme, ingénieusement, la thèse, si souvent soutenue par moi, de l'absence de cruauté chez les fauves. Il est parfaitement logique, autant que réjouissant, ce loup qui, pris de scrupule, se convertit au régime végétarien, et qui dépouille ensuite tout remords, lorsqu'il aperçoit les bergers

> Mangeant un agneau cuit en broche...

Le fauve est carnassier, en définitive, parce qu'il est carnivore ; et, tuant *par nécessité*, comme le dit si bien La Fontaine, il ne mérite pas plus l'épithète de « cruel » ou celle de « féroce » que la ménagère assommant un lapin ou « saignant » une volaille. Il n'y a pas d'assassin dans la faune.

Le **Renard** (*Canis Vulpes*).

Tout en étant bête aussi sauvage que le loup, le *renard*
a, dans sa figure et dans son tempérament, plus de finesse ; il est rusé plutôt que brutal, et l'homme a beaucoup moins à redouter de lui. Sa tête est plus volumineuse que celle du loup, mais son museau plus effilé, ses
dents plus fines. Il porte longues oreilles, et sa queue,
bien fournie, forme un très beau panache. Bien qu'ayant
les pattes courtes, il est très léger à la course. Son pelage varie singulièrement, comme on verra, suivant les
races, très nombreuses. Un trait d'intérêt secondaire,
mais assez curieux, chez ce fauve, c'est que la pupille
de l'œil est oblongue et verticale, au lieu d'être ronde
comme chez le loup, le chacal et le chien. Certaines
variétés de celui-ci peuvent donner quelque idée du renard à ceux qui n'ont pas vu ce dernier animal ; toutefois, s'il existe des « *chiens-loups* », il n'y a pas de
« *chiens-renards* ».

Le renard a « du flair », et, avec cela, exhale une odeur
très forte, répugnante, et fort incommode pour ceux qui
visitent un jardin zoologique. Sa voix n'est pas un aboiement, comme celle du chien, ni un hurlement, comme
celle du loup, mais un *glapissement*. Autant, pendant
l'hiver, et quand il neige, il est bruyant, autant il est
muet, l'été.

L'espèce du renard ne s'unit pas à celle du chien ; si
ces deux espèces, au point de vue du croisement, ne sont
pas antipathiques, au moins demeurent-elles indifférentes
l'une à l'autre. Comme chez le chien, les petits naissent
les yeux clos. Il doit y avoir, à cette particularité, quelque raison d'être ; mais elle nous reste encore inconnue.

« Le renard, dit Buffon, avec une nuance d'éloge,
« n'est point animal vagabond, mais animal *domicilié*. »
Oui, sans doute, mais parfois aux dépens d'autrui ; car,
n'étant pas trop habile à creuser le sol, il profite du terrier construit par le blaireau. Grâce à ses artifices, il par-

vient à déloger le légitime propriétaire ; — ainsi fait
« dame belette », dans une fable de La Fontaine :

> Du palais d'un jeune lapin
> ...S'empara ; c'est une rusée ;
> Elle porta chez lui ses pénates, un jour...

Ce cas de « *parasitisme par expulsion* », plus violent
que celui du coucou, ne semblerait peut-être pas si blâmable aux collectivistes, ennemis de la propriété, et dont
le mot d'ordre est : « *Otes-toi de là, que je m'y mette...* »

Savourez, à présent, le récit pittoresque que Buffon,
dont nous citons parfois les bons morceaux, fait d'une
« sortie » du renard :

« Il se loge au bord des bois, à portée des hameaux ;
« il écoute le chant des coqs et le cri des volailles..., les
« savoure de loin (1), il prend son temps..., se glisse, se
« traîne ; il ravage la basse-cour, il y met tout à mort, —
« se retire ensuite lentement, en emportant sa proie,
« qu'il... porte à son terrier ; il revient quelques mo-
« ments après en chercher une autre, qu'il emporte et
« cache de même, mais dans un autre endroit (et ainsi
« de suite) jusqu'à ce que le jour, ou le mouvement
« de la maison, l'avertisse qu'il faut se retirer et ne plus
« revenir. »

Le tempérament psychique du renard est trop connu
pour qu'on y insiste longtemps ; il se traduit par les
épithètes de *rusé*, *matois*, *artificieux*, etc. Mais La Fontaine en a fait le bouc émissaire de toutes les roueries
humaines. Il semble pourtant en rabattre un peu, quand
il dit, dans une certaine fable :

> Mais d'où vient qu'au renard Esope accorde un point,
> C'est d'exceller en tours pleins de matoiserie...

Ces vers laissent percer un doute sur la supériorité de
maître Goupil en cette matière.

---

(1) A juger de ce début, on croirait vraiment que Buffon habitait
lui-même le terrier du renard... Mais l'écrivain, de son cabinet, voit,
par l'imagination, beaucoup de choses...

Ici se pose une question d'esthétique et de biologie
tout à la fois, d'un bien grand intérêt, sur la correspondance qui peut exister entre le développement des organes des sens et celui de telles ou telles qualités psychiques chez les animaux. Le langage semble l'attester
par ces expressions de *tact*, de *flair*, de *goût*, d'*entendement* et de *coup d'œil*, lesquelles, tout en s'appliquant
au domaine supérieur de l'instinct, ou de la pensée, font
allusion à la sensation pure et simple.

Or, l'étude des « spécialités instinctives », au règne
animal, nous montre l'instinct de construction, c'est-à-
dire du travail *manuel*, en corrélation avec la structure
de ce qu'on peut déjà qualifier de *main*, chez le castor ;
celui de prudence et de circonspection, en rapport, chez
le lièvre, avec la longueur des oreilles ; — enfin, les tendances astucieuses du renard, en concordance avec la
finesse du museau...

Mais, hâtons-nous de faire remarquer qu'une pareille
correspondance entre l'aptitude psychique et le mode de
conformation (au moins extérieure), peut être, en certains cas, illusoire, à cause que le développement de l'appareil interne et latent ne paraît pas toujours retentir
sur celui de l'apareil externe et manifeste : la fourmi,
dont les antennes sont bien inférieures en longueur à
celles des longicornes, a l'*intelligence tactile* autrement
développée ; et, en dépit de ses longues oreilles, Maître
Aliboron, qui peut avoir d'autres défauts, ne passe pas
pour un peureux, à l'instar du lièvre... Est-il sûr que la
hardiesse de l'aigle se rattache directement à sa vue
perçante ?

D'autre part, les expressions de *tact*, de *flair*, de *goût*,
d'*entendement* et de *coup d'œil* valent surtout pour
l'homme, chez lequel elles sont prises au figuré, comme

qualités intellectuelles ou morales ; et d'ailleurs, chez l'homme lui-même, observe-t-on toujours cette corrélation entre l'aptitude physiologique et la qualité d'ordre psychique ?... Une femme aux mains fines, experte à palper des étoffes, fait-elle toujours preuve de *tact* en sa conduite ? Le gourmet, qui sait déguster des mets de choix et des vins fins, est-il doué pour cela de *bon goût* ? Les sauvages, qui, comme on le sait, ont les trois sens de l'odorat, de l'ouïe et de la vue plus affinés que nous, les civilisés, nous dépassent-ils en « *flair* » pour juger les hommes, traiter des affaires, et surtout en « *entendement* », en claire *vision* mentale ?... Ainsi, l'allusion que fait le langage instinctif, dans une circonstance toute morale, à la capacité des « cinq sens de nature », semble devoir se rapporter à une autre cause, — et c'est peut-être tout simplement, la tendance à transporter les mots du sens propre au sens figuré, la tendance « métaphorique ».

On me demandera, maintenant, d'où elle vient, cette tendance à première vue singulière... — Mais, probablement, de l'impossibilité où nous sommes d'exprimer *l'abstrait* directement, — l'unique ressource que nous ayons pour le traduire en paroles étant dans ses *signes* matériels et concrets, c'est-à-dire dans les *gestes*, les *jeux de physionomie* et les inflexions de voix qui le manifestent au dehors. La femme qui fait preuve, en telle occasion, de *tact* moral, aura tendance à faire certains mouvements de tête, discrets et mesurés, à remuer ses doigts délicatement (comparer cette expression de « *doigté* »), à « friser » les yeux de telle façon, à parler avec précaution, avec des inflexions de voix prudentes et ménagées. Et ainsi pour le reste. — Ici, la Science doit se reconnaître spiritualiste ; car, évidemment, le fait primordial n'est pas dans le corps, simple instrument au service de l'intelligence, au service de l'*âme*. L'âme, il est vrai, est orientée dans ses opérations, limitée et comme « canalisée » par la structure même de l'instrument ner-

veux (je n'ai pas dit « déterminée »...) Or, une de ses
conceptions, la *délicatesse*, idée très générale à son origine, se particularise et se différencie, suivant qu'elle
suit la route des organes sensoriels spéciaux ou celle de
l'organe central de la pensée, du réseau cérébral. De là
ressort que le tact physique — et le psychique — sont
deux choses différentes, et que l'excellence de l'un n'entraîne pas nécessairement l'excellence de l'autre. Que si
nous nous servons du même mot pour les désigner tous
les deux, c'est parce que, comme je l'ai dit ailleurs (1),
notre « *appareil sémaphorique* » n'a qu'un alphabet de
signaux pour annoncer la marée des sentiments — et
celle des sensations. — Reste à découvrir le lien profond
et secret qui rattache telle réaction visible, comme un
geste des doigts, par exemple, à tel état d'âme déterminé...

*

* *

Telles sont les réflexions que nous a suggérées le museau pointu du *renard*. — On peut se poser maintenant
la question de savoir si c'est un animal nuisible, ou bien
utile... Sa voracité ne distingue pas, il est vrai, et tout
lui est bon, les œufs comme la viande, le lait et le fromage comme les fruits, et, spécialement, le raisin. Ce
carnivore tourne à l'omnivore ; et, friand de miel, ose
même s'attaquer aux abeilles, aux guêpes, aux frelons,
qui le percent de mille dards, mais qu'il écrase en se
roulant par terre... Mais, tout compte fait, il paraît
qu'on exagère beaucoup ses dégâts. C'est, en quelque
sorte, la rançon du service qu'il nous rend en purgeant
le sol d'une foule de petits rongeurs ; et s'il détruit,
comme on l'assure, des bêtes nuisibles, il faut donc le
classer comme animal utile, — relativement tout au

(1) Dans ma « *Sphère de beauté* » (chez Alcan), au chapitre du
Mouvement.

moins; car, outre ses méfaits de basse-cour (1), Goupil est grand amateur de gibier, — ce qui fait dire à Buffon que « le loup nuit plus au paysan, — le renard, plus au « gentilhomme. »

Un trait de l'espèce que nous décrivons, c'est que, par une curieuse exception aux lois générales, elle comporte presque autant de variétés que celles des animaux domestiques ; cela tient sans doute à ce qu'elle est plus sensible que d'autres espèces sauvages aux influences de climat, et, doit-on ajouter, plus « plastique ». On connaît des renards de tout pelage, « de toute robe » : il en est de roux, de bleus, de gris, de noirs, de blancs et d'argentés, sans compter les combinaisons de couleurs. Ceux de Bourgogne sont appelés « charbonniers », à cause de leurs pieds noirs. Nous citerons à part, comme type de beauté, l'*Isatis*, ou renard bleu du pôle, qui, dans la nomenclature linnéenne, porte le nom de « *Canis lagopus* », ce qui veut dire « à pieds de lièvre ». Le pelage du *renard noir* est le plus estimé des fourreurs, et vient immédiatement après celui de la marte zibeline (marte de Sibérie). On chasse le renard en tous pays, pour sa peau, au moins autant que pour défendre le bétail ; c'est, en Angleterre, le sport aristocratique par excellence.

*

* *

La Fontaine a pris le renard, à son tour, comme prétexte et point de départ d'idées souvent très profondes, et qu'on n'a pas toujours suffisamment dégagées. Ce n'est pas, croyons-nous, s'écarter du sujet que d'en citer quelques exemples.

La fable du *Renard et de la Cigogne* a pour base matérielle un fait biologique, un fait d'histoire naturelle, à

_____

(1) Lire, dans La Fontaine, le tableau si vivant de la dévastation d'un poulailler (fable du *Fermier, du Chien et du Renard*).

savoir la différence, au point de vue de la préhension
des aliments, entre le *bec* et le *museau*, le bec ne pouvant guère tirer parti d'un plat, ni le museau d'un vase
à long col. Sur cette donnée, La Fontaine a construit
une pièce admirablement symétrique, où les deux personnages, tour à tour, ont à subir le supplice de Tan-
tale ; et l' « écornifleur », comme l'appelle le fabuliste,
est justement puni par où il a péché ; par une inversion
réciproque de la vaisselle, l'échassier au long bec lui
rend, comme on dit, « la monnaie de sa pièce ».

Dans *Le Renard et les raisins*, le fondement de l'apologue est la prédilection de Goupil, carnassier de profession, pour ce dessert sucré ; et le fait moral qui s'en
dégage est cette tendance humaine à déprécier, par dépit, le bien qu'on ne peut atteindre... « *Ils sont trop
verts* », — boutade aujourd'hui passée en proverbe.

En deux fables assez diverses, il est question de la
queue du renard, de cet appendice en panache que nous
avons admiré comme un ornement naturel. Sans y penser, La Fontaine soulève, à son sujet, deux questions esthétiques que, dans un livre tel que celui-ci, l'on ne
saurait passer sous silence : la première est celle du conflit entre la beauté d'un organe et son utilité...

« Et que me sert ma queue ? Est-ce un poids inutile ? » s'écrie la malheureuse bête, que les chasseurs
ont laissée là, blessée et gisante, en proie à un essaim
d'insectes ailés, que son chasse-mouches naturel est im-
puissant à disperser.

Et, dans l'autre fable, le vieux « croqueur de poulets »
et « preneur de lapins » qui, pris au piège, a dû y laisser
son panache, espère échapper à la honte en persuadant
à ses confrères de sacrifier un appendice plutôt gênant...

> Que faisons-nous, dit-il, de ce poids inutile
> Et qui va balayant tous les sentiers fangeux ?
> Que nous sert cette queue ?

Ce passage est à rapprocher de celui où le cerf, se mirant « dans le cristal d'une fontaine » :

> Louait la beauté de son bois
> Et ne pouvait qu'avec peine
> Souffrir ses jambes de fuseaux...

Nous avons fait justice, vous rappelez-vous, des doléances de ce cerf, quant à la maigreur de ses quatre membres ; en effet, disions-nous, « *fuselé* » n'est pas un terme péjoratif ; et, en proportion avec son corps, ce beau quadrupède à ramure a les jambes fines et « fluettes » plutôt que grêles... Mais, par la même occasion, nous avons critiqué la conclusion de La Fontaine, vraiment par trop utilitaire. Notre conclusion, à nous, on la pressent : c'est que, dans la Nature, il ne se trouve rien d'oiseux, de redondant ; et ce qui nous apparaît un pur ornement, a toujours son rôle à remplir dans la vie de l'être, — rôle ou fonction qui n'est pas constamment manifeste, et ne « saute pas aux yeux », mais qui doit se découvrir tôt ou tard.

Passant rapidement sur la fable du *Lion malade et du Renard*, nous noterons seulement ce fait, déjà décrit en vers par Horace, de l'avantage que procure l'art d'étudier les *pistes.* Il me semble avoir lu quelque part que certains animaux pousseraient la sagacité jusqu'au point de regagner leur gîte à reculons, afin de faire perdre leurs traces aux chasseurs. C'est bien le cas de dire, avec les Italiens : « *Si non e vero, ben trovato.* »

Enfin, ce dernier trait, très intéressant pour l'étude de la science qu'on appelle « psycho-physiologique ». Je le trouve dans une fable assez peu connue, et qu'on n'apprend guère aux enfants : *Le Renard et les Poulets d'Inde* (lisez : les *dindons*). Le tableau, d'ailleurs, est charmant. Ces volatiles sont perchés sur un arbre, et il s'agit, pour notre « croqueur de volailles », qui ne peut les atteindre là, de les faire descendre... Comment s'y prend-il ? Le rusé simule une escalade, puis roule à terre, et contrefait le mort ; puis il ressuscite, se livre à des exercices variés, *fait briller sa queue* ; bref, il captive si bien leur attention par ses jongleries, qu'éblouies, fascinées, les « pauvres gens » (c'est l'expression de La Fontaine) tombent de l'arbre l'un après l'autre.

> L'ennemi les lassait en leur tenant la vue
> Sur même objet toujours tendue,
> Les pauvres gens étant à la longue éblouis.
> Toujours il en tombait quelqu'un ; autant de pris...

N'est-ce pas délicieux, cette description vivante et pittoresque de l'*hypnose* ?

Le Chien *(Canis familiaris)*.

Cet animal célèbre, le plus populaire de tous les animaux, et de temps immémorial au service de l'homme, a subi dans sa forme extérieure de telles variations, qu'il est impossible d'en tracer un portrait général. Si la conformation du corps et des membres est à peu près la même en toutes les races, que dire du pelage, et surtout de la tête ?... Quelle énorme différence entre le long et fin museau du lévrier — et le mufle tronqué du bouledogue !... — entre les oreilles droites du fox-terrier et les oreilles tombantes de l'épagneul, — comme entre le poil ras du braque, par exemple, et le poil « chevelu » du griffon, ou la fourrure frisée du caniche !... Si l'on ne connaissait « sa personne et sa race », comme dit La Fontaine, ne croirait-on pas avoir sous les yeux autant d'espèces différentes ? Et ce qu'il y a de piquant en cette affaire, c'est que le *chien*, par sa figure, est plus éloigné du chien que du *loup*, du *renard*, et même du chacal Ces trois fauves, effectivement, sont ses congénères ; tous trois portent, en la nomenclature linnéenne, le nom générique de *canis* (par une sorte de galanterie vis-à-vis de l'animal civilisé, notre fidèle commensal), et ne se distinguent que par le nom « spécifique » : le loup s'appelle, pour les savants, « Canis lupus » ; — le renard,

« Canis vulpes », — et le chacal, « Canis aureus » ; l'épithète classique qui revient au chien a quelque chose de sentimental et comme d'attendri, qui, tranchant sur le pédantisme, n'est point pour nous déplaire : « Canis familiaris » (Chien familier). Ce « Chien familier » s'oppose ainsi, très heureusement, à ces chiens sauvages et farouches que sont le *loup*, le *renard*, le *chacal*.

Duquel de ces trois types, peut-on le faire descendre ?... Question presqu'aussi difficile à résoudre que celle de l'origine du blé, de la plupart des végétaux et des animaux cultivés ou domestiqués depuis les temps préhistoriques. Toujours est-il que certains caractères de notre chien, si transformé qu'il puisse être par l'éducation, rappellent la physionomie de tel ou tel de ses « parents pauvres » ; ainsi du *chien-loup*, et de celui qu'on nomme, en anglais, « *fox-terrier* » (chien-renard).

*

* *

Nous avons dit qu'à cause de l'excessive variété de formes présentée par le chien dans ses différentes races, un schéma commun était impossible... Toutefois, certains traits (sans parler de l'organisation intérieure) se retrouvent un peu partout ; ce sont : d'abord, les yeux à pupille arrondie, ce qui distingue le chien du loup ; puis les *oreilles tombantes* (sauf quelques rares exceptions), — puis encore une dentition remarquable (jusqu'à 42 dents, parmi lesquelles celles qui tirent, justement, leur dénomination de l'animal, les « *canines* », — enfin, un détail puéril, en apparence, mais qui, paraît-il, offre une certaine importance : c'est le port de la *queue* relevée, et même enroulée, de la queue « en trompette », comme on dit... Remarquez que ce dernier trait, qui ne s'observe pas chez les congénères sauvages (ou *libres*) du chien domestique, est — avec les oreilles tombantes — le signe d'une servitude séculaire, ou, si l'on veut, d'un affinement continu. Pourquoi ? Il est difficile de le sa-

voir ; mais il est curieux de signaler ce fait, qu'un chien
malade, inquiet, ou suspect de rage, tient la queue baissée, comme le font, à l'état normal, le renard et le loup...
A ce caractère, devenu savant, la queue « en trompette »,
Linné a cru bon d'ajouter: « *cauda sinistrorsum recur-
vata* », ce qui veut dire : « queue recourbée du côté
gauche... »

Ici, nous nous abstiendrons de tout commentaire ; car,
tout inattendu que cela paraisse, il y faudrait un livre
entier. C'est, en effet, là, un cas particulier de cette
question transcendante, et bien obscure encore, des mouvements *dextrogyres* ou *lævogyres*, autrement dit, de la
droiterie ou de la *gaucherie*, aussi bien dans la flore
(plantes volubiles) que dans la faune (Coquilles de Mollusques), et dans le jeu de la lumière polarisée que dans
la direction de l'écriture.

Le chien, à l'état domestique, n'a pas seulement,
comme caractère propre, les oreilles qui pendent et la
queue qui s'enroule ; mais, de plus, il *aboie*, ce que ne
fait pas le loup, ni le renard, — ni même, paraît-il, le
chien sauvage. Il faut ajouter, toutefois, qu'en certaines
circonstances (et même constamment, en certains pays),
les chiens *hurlent* tout comme les loups, ou glapissent
à la manière des renards. Qui n'a pas entendu, dans sa
vie, glapir des roquets ou « hurler à la mort » des dogues
tragiques ?

L'aboiement peut être un signe de supériorité chez
le chien ; mais cette forme de voix, par son timbre et
le rythme de son émission, est plutôt désagréable ; elle
n'est « esthétique » que par association d'idées, lorsque
du lointain, elle arrive à l'oreille du voyageur égaré,
signalant un abri, un foyer sauveur...

*   *

L'animal que nous étudions ici paraît assez bien partagé sous le rapport des cinq sens ; la vue et l'ouïe, chez

lui, sont parfaites ; mais c'est par l'odorat surtout qu'il excelle ; et je n'ai pas à l'apprendre aux chasseurs. En revanche, le goût, chez lui, n'est guère affiné... ; du moins, son clavier gustatif (autant, à vrai dire, qu'olfactif) paraît avoir ses touches à l'inverse des nôtres ; car il dédaigne souvent les parfums et les arômes qui nous délectent, et se repaît, à l'occasion, des plus dégoûtantes ordures... Notons ceci, d'ailleurs, que la perfection, surtout en *intensité*, des fonctions sensoriales est un trait essentiel chez l'animal, comme chez le sauvage, — tandis que chez l'homme, — l'homme civilisé, elle n'a qu'une valeur secondaire.

Si l'on compare la *démarche* du chien à celle des félins, tels que le chat, on trouve de grandes différences : le chat, dans ses allures, trahit la délicatese et la prudence sournoise de son tempérament ; — le chien, dans les siennes, révèle son humeur franche, brusque, primesautière. Mais sa façon de progresser est bien celle, en général, de tous les fauves, ou *quadrupèdes carnivores*, qu'on oppose aux herbivores par ce fait qu'ils ne marchent guère longtemps, d'un pas tranquille et mesuré, et courent précipitamment, procédant par sauts et par bonds. Comparez, sous ce rapport, le chien de chasse au bœuf de labour.

« Bien que voraces, dit Buffon, ils supportent un jeûne prolongé. » Mais faut-il croire à cette chienne, oubliée dans une maison de campagne, et qui aurait vécu 40 jours sans autre nourriture que l'étoffe et la laine d'un matelas qu'elle déchiquetait de ses dents ?...

Le chien boit souvent, et même, en première période de la rage ; l' « hydrophobie » ou aversion pour l'eau, ne survient que plus tard : ainsi son absence n'est pas un signe sur lequel on doive se reposer. D'autre part, c'est une croyance populaire que la privation trop prolongée de ce liquide suffit pour engendrer le mal.

La durée d'existence étant, pour chaque espèce animale, proportionnelle au temps exigé pour le dévelop-

pement, et cette sorte de bail que l'être mortel fait avec
la vie étant de 7 ans, le chien, qui ne met que 2 ans à
se faire adulte, ne vit ainsi que 7 fois 2 ans, c'est-à-dire
14 ans ; quelques macrobes parviennent jusqu'à l'âge de
20 ans. L'âge du chien se laisse reconnaître à deux signes : les dents qui, de blanches et pointues, deviennent
noires et mousses, — et le poil, qui blanchit au museau,
sur le front, autour des yeux.

*

* *

Contrairement à celui des grands quadrupèdes herbivores, le tempérament du chien, assez semblable, au
reste, en ceci, à celui des félins, est très contrasté. Le
chien est, tour à tour, impétueux — et nonchalant ; il
s'excite et se déprime avec une égale facilité, passe brusquement de l'attitude languissante au mouvement désor-
donné. Le chien de luxe, lui, qu'on garde en les appartements, et qui est choyé par ses maîtres à un degré
véritablement ridicule, s'alourdit et se détériore par la
surcharge de nourriture, jusqu'à dormir toute la journée. Ce sommeil est accompagné de rêves, — « et c'est
peut-être, pense Buffon, une douce manière d'exister... »

Ce Buffon, qui n'a pas fait du *chat* un portrait très
flatteur, ne ménage pas ses éloges au *chien*, érigeant en
principe que, chez l'animal aussi bien que chez l'homme,
les qualités intellectuelles et morales (s'il est permis de
s'exprimer de la sorte), autrement dit, les qualités *psychiques*, priment les avantages du corps. Aussi bien, la
psychologie du chien doit nous arrêter un peu plus
longtemps que sa figure. Mais, comme préliminaires à
cette étude, on me permettra de faire une remarque personnelle sur le lien qui rattache à la configuration corporelle de l'animal certains traits de son tempérament,
— de sa « mentalité de chien »... N'avez-vous jamais observé vous-mêmes que ce quadrupède est d'assez petite
taille, surtout par rapport à l'homme, son maître ?... —

Or, ce fait d'infériorité quant à la *hauteur* a des conséquences dont naturalistes et psychologues ne paraissent pas s'être beaucoup occupés ; et cependant il entre comme facteur dans le tempérament psychique de l'animal et son attitude vis-à-vis de nous. Considérez, en effet, ceci, que le chien, fût-il de la plus grande espèce, étant plus près du sol, et plus éloigné de l'homme, qui le domine par sa stature (1), il en résulte pour lui une gêne sensible... Figurez-vous un instant l'espèce humaine dominée de cette manière par quelque race de géants... N'aurions-nous pas cet ennui perpétuel d'être contraints à lever la tête afin d'épier les gestes et la physionomie du maître, et ne devrions-nous point, constamment, nous régler sur lui pour craindre ou pour espérer, pour nous prêter à la caresse ou nous garer de la menace ? — Si, donc, vous avez un chien qui s'attache à vos pas, mettez-vous, en esprit, « dans sa peau », abaissez-vous à son niveau ; vous comprendrez mieux, alors, ses tours et détours, ses appréhensions devant l'homme qu'il ne connaît pas, et qui se traduisent en aboiements que vous attribuez à la fureur.

*

* *

La psychologie humaine se divise naturellement en deux parts : psychologie *morale*, — psychologie *intellectuelle* ; pour ce qui est de l'animal, la moralité n'étant pas en question, et l'intellectualité restant sujette à litige, on ne doit parler que de facultés « *affectives* » et de facultés « *compréhensives* ».

Facultés "affectives" du Chien

On trouvera dans quantité d'ouvrages des exemples — plus ou moins authentiques — de l' « affectivité » canine. Nous nous bornerons ici à constater que le chien

(1) Et, corrélativement, par sa qualité de *bipède*.

a cinq qualités de premier ordre, « vertus cardinales »,
pour ainsi dire, qui — faut-il l'avouer ? — nous font
trop souvent défaut, à nous autres hommes : il est (sauf,
bien entendu, certaines exceptions), *fidèle*, — *docile*, —
dévoué, — *affectueux*, — et *brave* ; il accompagne son
maître partout et toujours, et ne l'abandonne pas, même
au tombeau ; il lui est entièrement soumis, le défend en
cas de péril, s'expose lui-même pour, à l'occasion, lui
sauver la vie ; enfin lui donne, par ses caresses, les plus
touchants témoignages d'attachement.

Mais, observez que toutes ces vertus ne s'exercent qu'à
l'égard du *maître* ; le *maître* seul les inspire, et en reçoit
le bénéfice ; si d'autres en profitent, c'est grâce à l'éducation donnée par le *maître*, comme il arrive pour les
chiens sauveteurs du Mont Saint-Bernard. Vis-à-vis de
l'étranger, du visiteur nouveau, ou simplement mal
vêtu, tout change de face : le chien devient hargneux,
agressif, et la personne qui frappe à quelque porte hos-
pitalière peut s'attendre à voir devant soi, comme si elle
entrait en forêt, une sorte de loup, hérissant son poil et
découvrant ses crocs...

C'est que le chien, — Buffon le confesse lui-même, —
« est naturellement aussi cruel, aussi sanguinaire que le
« loup ». « Seulement, ajoute-t-il, il s'est trouvé dans
« cette nature féroce un point flexible sur lequel nous
« avons appuyé... » Heureuse et très juste expression,
et qui rattache, en définitive, toutes les qualités du chien
à son asservissement par l'homme ; elle rend même
compte, en partie, de « ce besoin de servitude *qu'on ne
s'explique pas* », disent les auteurs de la *Zoologie élémentaire*. Mais Buffon dérive, il semble, de sa ligne logique,
quand il ajoute que « tout, chez cet animal, s'est modifié par l'exemple et modelé sur les « qualités de son
maître... » — Optimisme bien peu justifié, trop souvent ; car combien de maîtres, hélas ! bien loin de donner le bon exemple à leur serviteur quadrupède, pourraient en tirer des leçons... Non, quoi qu'en dise Buffon,

le chien n'apprend pas *de* l'homme la fidélité, ni l'esprit de soumission, ni même le dévouement, — surtout le pardon des injures (quand il lèche la main qui le frappe) ; il apprend ces choses *par* l'homme ; l'homme le dresse à cela, comme le dompteur dresse ses fauves à des exercices que lui-même ne pratique guère.

En résumé, l'on peut dire, sans rabaisser cet être exceptionnel, et sans l'exalter non plus outre mesure, que c'est le produit très précieux d'un dressage séculaire, rendu facile et fructueux par le tempérament éminemment malléable du sujet. Là où les uns voient de l'abnégation, d'autres n'y trouvent que servilité ; mais la vérité n'est-elle pas entre ces deux extrêmes ?

Facultés "compréhensives" du Chien

Voilà ce qu'on peut dire de précis, et en toute justice, sur les facultés « affectives » du chien. Passons à l'examen de ses facultés « *compréhensives* ». L'auteur que nous critiquons par moments, mais dont nous admirons souvent les aperçus, a écrit cette phrase profonde : « Sans avoir, comme l'homme, la lumière de la pensée, « il a (le chien) toute la chaleur du sentiment. »

Tout le monde est d'accord, je présume, pour concéder au chien, avec les restrictions que nous avons dites, cette « *chaleur de sentiment* ». Quant à lui refuser, au moins d'une manière absolue, la « *lumière de la pensée* », c'est une autre affaire. Et d'abord, quand il jette sur vous un regard caressant et chaud de tendresse, est-ce que ses yeux ne brillent point ?...

Laissons-là, d'ailleurs, ce terme de *pensée*, beaucoup trop général et trop vague... Ici, comme à propos de tout animal supérieur, se pose l'éternelle question de savoir si, dans les actes que nous lui voyons faire, c'est l'instinct seul qui se manifeste, — ou s'il faut faire intervenir l'*intelligence*.

Vaine querelle, encore, de mots, pure logomachie...

L'instinct, *l'intelligence*... Mais ce ne sont point là des « *entités* », comme on dit dans l'Ecole ; ces tendances, dont on a fait à tort des substantifs, — et des substantifs opposés, désignent tout simplement ce qui, dans les fonctions de l'esprit, les fonctions psychiques, est *automatique* — et ce qui est *autonome*, — autrement dit ce qui se fait spontanément, sans intention et souvent sans effort de notre part — et ce qui s'opère par nos soins, intentionnellement, en toute connaissance de cause... et de fin.

Or, le départ de ces deux choses, *chez l'homme*, est déjà, dans maintes circonstances, très difficile ; et *chez l'animal*, qui ne peut exprimer par la parole ce qui se passe en lui, cela devient presque impossible. Aussi l'accord ne s'est-il jamais fait, sur ce point, entre les philosophes. Aussi bien, laissant là ces tentatives infructueuses, j'ai cru plus aisé — et plus intéressant aussi, — de rechercher jusqu'où s'élèvent les capacités mentales d'un animal qualifié d' « intelligent », tel que le chien, et quelle est la limite qu'elles restent impuissantes à franchir.

Notre méthode est simple : nous prenons, tour à tour, chacune des facultés de l'esprit, c'est-à-dire des divers pouvoirs manifestés par « *ce quelque chose qui n'est pas le corps* », mais qui s'en sert comme d'un instrument ; et nous faisons voir comment elles s'exercent chez l'animal, mis en comparaison avec l'homme.

Ces « facultés » classiques sont au nombre de six ; ce sont, par ordre d'importance : *l'imagination* — la *sensibilité* — la *mémoire* — *l'attention* — la *raison* — la *volonté* ; autrement dit : la faculté de se former, intérieurement, des images du monde extérieur,

celle d'en concevoir peine ou plaisir :

celle de les rappeler, de les « reproduire », au besoin ;

celle de se fixer, plus ou moins longtemps, sur une image déterminée :

celle de coordonner les idées fournies par ces images

(ou venues de l'au-dedans), en les subordonnant entre elles, logiquement ;

enfin, celle de se déterminer pour telle ou telle idée, qui sert de règle de conduite.

Observez ceci, tout de suite, que chez les premières facultés (imagination, sensibilité, mémoire), la part d'automatisme ou d'instinct est plus grande, tandis que chez les trois dernières (attention, raison, volonté), c'est la part d'autonomie et d'intelligence qui domine. Mais étudions le jeu de ces diverses facultés chez l'animal, et spécialement, chez le *chien*.

a) D'abord, l'*imagination*. Le chien, c'est évident, n'en manque pas. Toute la différence avec l'homme (et elle n'est pas petite), c'est, en deux mots, que le chien s'*imagine*, au lieu que l'homme, en bien des cas, fait plus : il *imagine*, — c'est-à-dire, en termes moins laconiques. que la faculté de former des images est *passive*, chez l'animal, tandis que, chez l'homme, elle peut devenir *active;* ainsi dans la Science et dans l'Art.

b) Puis, la *sensibilité*. En fait d'émotions, le chien, on peut dire, les a toutes ; seulement elles restent en rapport avec ses idées propres, ses idées « canines », et ne dépassent guère la limite des besoins ou préoccupations matérielles ; par exemple, le chien éprouve comme nous le sentiment de la *crainte*, — mais exclusivement en face d'un danger physique. Il peut aussi, c'est vrai, comme on le voit souvent, manifester l'appréhension de perdre son maître ; mais, si sa sensibilité, sur ce point, est toute affective, et prend une apparence morale, elle ne s'applique pas à ce que nous appelons la « *moralité* ». Le chien est tout à fait étranger au sentiment de la *pudeur*, qu'on pourrait définir « une préoccupation d'ordre purement moral, et de rang tout à fait supérieur »; la preuve en est dans le mot de « *cynisme* », inspiré par les habitudes relâchées de la race canine, son défaut de tenue.

c) Passons à la *mémoire*. Elle est très développée chez le chien, comme en témoignent une foule d'exemples.

D'ailleurs elle porte aussi bien sur un fait abstrait, tel un ordre reçu, ou un châtiment infligé que d'une épisode de chasse. Mais le chien n'apprendra jamais par cœur les fables de La Fontaine où l'on parle de lui...

d) L'*attention*, au premier abord, paraît échapper à l'aveugle instinct, et par conséquent ne serait pas le fait de l'animal, si ce dernier, ainsi que certains le prétendent, était un être exclusivement instinctif ; en effet, pour être attentif à quelque chose, il faut, pensons-nous, le *vouloir*. Mais, d'autre part, le seul degré d'intensité dans l'imagination peut suffire ; l'imagination alors, ne se *porte* pas sur l'objet, elle y est *portée* ; le chien de chasse en arrêt devant le gibier en est une preuve ; — et, d'autre part, ce même chien peut se montrer attentif *intelligemment*, par pur bon vouloir, aux commandements de son maître. Mais, chez lui, cette faculté de concentration sur un seul objet ne va point jusqu'à l'étude d'un problème ou la composition d'une œuvre artistique.

e) Nous voici parvenus au point le plus délicat, et, pour ainsi parler, sur les hautes cimes de l'esprit, car il s'agit maintenant de la *raison*. Nous l'avons définie plus haut : la faculté de coordonner, en les subordonnant les unes aux autres, les images ou les idées. Nul ne me contredira, je présume, si j'avance que ce travail, chez l'homme lui-même, est loin d'être toujours autonome et réfléchi, et qu'en mainte occasion, il se fait tout seul (1). La plupart de nos actes rappellent le cavalier, ou le conducteur de voiture, qui, lorsque le cheval est « habitué », le laisse aller librement, tout en ne lâchant pas les rênes... Voyons-nous un drapeau flotter ? L'image visuelle de ses couleurs et de sa forme ondulante s'associe, d'un seul coup, à l'image sonore de son clapotement ; et sans aucun effort de tête, les deux images se fusionnent en-

(1) Remarquez que les mouvements *réfléchis* et volontaires deviennent, par l'exercice répété, *réflexes*, automatiques, comme on le constate, par exemple, chez les pianistes...

semble, et même avec d'autres idées latérales (celle de *patrie*, par exemple), pour former un tout. Ainsi, sans doute, du chien, qui, des chasseurs, des chevaux et des cors, du cerf aux abois et de la forêt, compose, automatiquement, un ensemble dont, la nuit d'après, on l'entend rêver...

Mais, au-dessus de la raison simplement *coordinatrice*, il existe une raison « *raisonnante* », qui ne tend pas seulement à concevoir, mais à *conclure* ; et celle-ci, souvent, est prise au sens de « sagesse ». N'en accorderez-vous pas une parcelle à cet animal qui ne se contente pas de faire un tout des détails vécus, et sait en tirer la bonne conclusion ?... Car, si le chien est susceptible d'éducation au plus haut point, c'est qu'à l'*imagination*, qui lui représente l'expression de physionomie de son maître, à l'*attention*, qui lui fait tenir l'œil constamment sur lui, s'ajoute le pouvoir de *raisonner* sur tout cela, de « ruminer », si vous préférez, tout cela dans sa tête, à cette fin d'y conformer sa conduite.

Toutefois, même si l'on accorde à l'animal le pouvoir le *raisonner*, on doit reconnaître que ce pouvoir, encore, tout comme celui d'*imaginer*, de s'*émouvoir*, de *se souvenir*, et d'*être attentif*, — ne dépasse pas le cercle, assez restreint, des « contingences ». A l'homme seul revient ce noble privilège d'exercer sa raison sur des objets d'ordre supérieur et tout idéal. Sans doute, il ne le fait pas toujours, hélas ! tant s'en faut... mais si l'individu peut faiblir, l'espèce garde sa prérogative mentale, — tandis que, s'il est des chiens plus intelligents que les autres, leur sera-t-il jamais loisible de « ratiociner », comme nous, sur la raison, et d'inventer le syllogisme ?...

f) Reste la question de la *volonté*. Au moins, cette faculté-là semble bien autonome, et, par conséquent, paraît devoir échapper à l'instinct. *Choisir*, effectivement, entre deux partis, laisse nécessairement supposer qu'on met la main soi-même au gouvernail, car celui-ci ne s'oriente pas tout seul... Mais ne peut-on appliquer à l'animal cette doctrine qui, pour l'homme, est hétérodoxe, — et d'ailleurs, pour peu qu'on y réfléchisse, inadmissible, — à savoir que, dans le parti que l'on prend, on ne « se détermine » pas, mais qu'on « est déterminé... » ? Autrement dit, que de deux images qui se présentent à l'esprit, c'est la plus forte qui l'emporte, et décide de l'acte ultérieur...

Appliquée par une certaine école à l'humanité, cette doctrine a des apparences scientifiques ; mais détruisant, par le fait, la *liberté morale* qui est le privilège de notre espèce, elle se met en flagrante contradiction avec l'idée de *responsabilité*, reconnue par la justice humaine elle-même. L'homme, être responsable, a donc la liberté du « *vouloir* ». Or, il n'en est pas de même pour l'animal : et ce dernier, étant « amoral », *irresponsable* par conséquent, enfin *impeccable* (par infériorité) (1), rien n'empêche qu'il soit déterminé, dans ses actes, par l'image prépondérante.

Le chien ne résiste à la tentation d'un bon morceau que sous le fouet de son maître, — et si l'homme l'imite parfois en cela, il est jugé par l'homme, son congénère, qui l'assimile à la bête, — ce qui prouve son haut idéal.

C'est sur ce dernier mot que nous resterons. Pour résumer cette longue, mais pas inopportune digression, nous dirons que, tout bien pesé, ce n'est point la différence entre l'*instinct* et l'*intelligence* qui fait l'animal inférieur à l'homme, puisqu'il existe, chez ce dernier, des instincts d'ordre supérieur, ceux du vrai, du bien et du beau, — et même « l'instinct religieux », — et que, d'autre part, tels et tels actes, chez l'animal, analogues aux actes humains, paraissent témoigner d'une certaine intelligence. Mais ce qui creuse, on peut le dire, un abîme entre la faune et le « règne humain », c'est la triple

---

(1) On pourrait dire, sans jouer sur les mots, que l'animal, étant « amoral », ne saurait justement être accusé d'« *immoralité* », comme l'être humain est exposé à l'être.

notion de *vérité*, de *vertu* et de *beauté*. Si l'on gardait encore là-dessus quelques doutes, qu'on aille contempler la façade d'une cathédrale, ou bien écouter quelque symphonie, ou bien encore lire une vie de saint.

Le chien, comme le cheval, ou le bœuf, est, d'ailleurs, un *quadrupède*, et ses yeux ne se lèvent que sur l'homme ; l'homme se tient debout, sur ses pieds, les mains libres, et son regard, s'il veut, peut monter vers le ciel, « *et erectos in sidera tollere vultus* »... Ajoutons ceci que, seul d'entre tous les êtres animés, il sait, au besoin, plier les genoux, — non pour saisir quelque objet à terre, ou prendre une position plus commode, mais pour *prier*, pour implorer un Etre supérieur à lui, — supérier à tout, et dont, par un privilège admirable, lui seul a connaissance.

Races de Chiens

Tout ce que nous avons dit jusqu'à présent se rapporte à l'*espèce* canine. Mais il faut tenir compte, désormais, des différences qui créent les *races*. Après l'étude *du chien*, celle *des chiens*.

Nous disons les « *races* », et non les « variétés », parce que ce terme de « race » désigne plus spécialement le produit de croisements artificiels, opérés par l'intermédiaire de l'homme, et sur des animaux domestiques. Les variétés « naturelles », ou de *chiens sauvages*, en effet, sont beaucoup moins nombreuses et bien moins connues, et les croisements qui se font à l'état libre sont très difficiles à vérifier (1).

Le *chien sauvage*, au surplus, paraît descendre lui-même d'une lignée ayant vécu jadis à l'état de domesticité, puis abandonnée à elle-même, et qui, dès lors,

---

(1) Les Anciens pensaient que le chien peut s'allier au *loup*, même au *tigre*. Certains auteurs modernes prétendent que les chiens de Sibérie s'allient au *renard* comme au loup... Mais tout cela demeure encore fort **douteux**.

aurait fait retour au type ancestral. Car l'espèce est au service de l'homme depuis un temps immémorial. Quelle est son origine, autrement dit, quel est le type sauvage qui serait la souche de toutes nos races domestiques ? Ce serait, d'après Buffon, « le chien à museau effilé, aux « oreilles droites, au poil long et rude, traits qui carac- « térisent actuellement le *chien de berger* ou « chien de « Brie ».

Les races de chiens, — à part quelques variétés natu- relles dues à l'influence du climat, — sont le produit d'une *sélection* qui, certes, n'est pas toujours esthétique, — ni même, oserai-je ajouter, profitable, et qui met en- semble, comme l'exprime si bien le grand naturaliste, « les plus grands ou les plus petits, les plus jolis ou les « plus laids... » C'est à cette sélection à rebours que l'on doit ces petits monstres que les grandes dames, on ne sait pourquoi, affectionnent particulièrement ; aussi hargneux de caractère que vilains de figure, et gâtés par un régime aussi délétère qu'avilissant, ils donneraient une piètre idée de l'espèce canine, s'il n'y avait point, pour en relever le prestige, le *terre-neuve* ou l'*épagneul*.

*
* *

Il n'y a, en définitive, qu'un seul mode de classifica- tion absolument naturel : c'est celui fondé sur la généa- logie. Mais si, pour les races domestiques, créées par l'homme et provenant de croisements opérés de sa main, l'origine de chaque race est connue, nous ne savons rien, ou presque rien, de la filiation de ces races elles- mêmes. Aussi bien en est-on réduit, comme pour les es- pèces sauvages, à chercher, dans les caractères internes ou les traits extérieurs de physionomie, un critérium de différence. Or, par ce fait que les races diffèrent entre elles par plus d'un caractère, ce critérium reste soumis à l'appréciation des classificateurs. C'est ainsi que Buffon classe les chiens domestiques d'après la direction des *oreilles*, distinguant les chiens à oreilles dressées (*chien-loup, chien de berger, chiens de Sibérie, de Laponie, du Canada, du Cap*) de ceux à oreilles molles et pendantes (*chien de chasse, basset, épagneul, barbet*).

Cuvier, lui, le prend de plus haut : son critérium est dans la capacité cranienne, en rapport avec le degré d'intelligence ; ce qui crée trois groupes de chiens : ceux dont les os pariétaux sont les plus rapprochés (*dogues*), — ceux chez qui ces deux os craniens sont, au contraire, plus écartés (*épagneul, barbet, chien de berger, chien courant*), — enfin, ceux qui représentent la moyenne entre ces deux extrêmes (*mâtin, grand danois, lévrier, chien de la Nouvelle-Hollande*).

Laissant de côté ces divers points de vue, nous nous baserons sur la riche énumération de M. Alexandre Landrin, pour esquisser la physionomie des principaux types.

Le « *chien de boucher* » (*Canis laniarius*), est le chien de garde par excellence.

Le *grand danois* est le géant de l'espèce.; le *danois moucheté*, très élégant dans sa robe blanche semée de ronds noirs, est un chien de luxe très estimé.

Le *lévrier*, dont le nom a perdu sa signification primitive, en France du moins, depuis qu'il n'est plus employé à chasser le lièvre, représente, en l'espèce canine, le type élancé : tête allongée, au front très bas, au fin museau ; oreilles à demi pendantes, jambes hautes et sveltes ; et surtout, ventre étonnamment relevé d'avant en arrière, d'où le terme de vénerie qui le qualifie de « *harpé* ». Tous ces traits annoncent une vélocité d'allure incomparable, qui l'a fait apprécier pour la chasse au chien courant, en différents pays. Comme variétés du lévrier, citons le *sloughi*, fidèle compagnon de l'Arabe, avec son cheval barbe, — le *barzois*, qui est au Russe ce que le sloughi est à l'Arabe, — enfin, le lévrier italien ou « *levron* », de petite taille, dont la femelle, la *levrette*, fut longtemps à la mode chez les grandes dames.

Je ne mentionne pas le *chien turc* pour sa beauté, mais pour cette singularité qu'il présente d'avoir le corps glabre, presqu'en entier.

Ceux qu'on réunit sous la dénomination commune de « *chiens de berger* » offrent des physionomies pourtant assez diverses : comparez le « *berger de Beauce* » au « *berger de Brie* » ; le premier a quelque peu l'aspect d'un lévrier ; le second, à long poil, hirsute, fait penser plutôt au barbet ; et quant à celui d'Ecosse, le *colley*, la touffe de poils blancs qui lui pend sous la gorge le distingue nettement des autres.

Le *chien du Mont Saint-Bernard* est, par sa fonction, si sympathique, qu'il pourrait être laid sans qu'on cesse de l'admirer ; mais il se trouve qu'il est beau ; la beauté morale, si je puis m'exprimer ainsi, est, chez lui, jointe à la beauté physique... La variété à poil long est plus séduisante à l'œil que celle à poil ras ; mais qu'importe au voyageur enseveli dans la neige, lorsqu'il sent sur sa face glacée la moiteur d'un museau, et que, rouvrant les yeux, il voit ceux, si doux, si compatissants, de son sauveur à quatre pattes...

Ce bon chien des Alpes a, pour ainsi dire, son pendant — au moins comme figure, — dans notre *chien des Pyrénées*, image de la force tranquille et réfléchie. Ce trait-là, nous l'avions déjà observé chez un fauve non domestiqué, chez le *lion*.

Voici maintenant un type assez différent de ceux-là : le « *loulou de Poméranie* », ou *chien-loup*, très en vogue. ces derniers temps, avant qu'on eût adopté le lévrier allemand ; ce dernier représente l' « après-guerre », comme l'autre, l'« avant-guerre ». — Le Poméranien de bonne race est assez agréable, avec son museau droit (caractère primitif), son pelage opulent et sa queue bien fournie ; mais les petites variétés sont des sortes de « roquets » assez déplaisants, — ce qui ne les empêche pas, au reste d'être à la mode... La Mode a-t-elle toujours le souci du beau ?

La famille des *épagneuls*, par son nom, serait originaire de l'Espagne ; ses types principaux sont : l'*épagneul soyeux*, ou grand épagneul, très affectueux autant qu'intelligent, chien de chasse où de pur agrément, à volonté. Ses formes sont simples, harmonieuses plus que caractéristiques. Son petit cousin, le « *King Charles* », ne mérite pas, esthétiquement, l'honneur exorbitant d'avoir été le chien favori du roi d'Angleterre Charles II, qui lui a légué son nom. Son museau très court, sa tête en boule, avec des yeux saillants, et ses oreilles traînant par terre, en font une manière de petit monstre dont le goût semble une étrange aberration. Ce même chien était jadis, en France, appelé « gredin »... Faut-il voir là quelque rapport avec ce terme à sens péjoratif ?... Un autre parent dégénéré de l'épagneul est le « *bichon* », ou *chien maltais*, dont le *havanais* est comme une réplique... N'insistons pas sur ces quadrupèdes minuscules dont le poil empêche de voir les pattes, et qui tiennent dans un manchon.

Voici, pour relever l'espèce, le *Terre-Neuve*, qu'on pourrait surnommer le « *Saint-Bernard de l'Océan* ». Son aspect est celui du chien de montagne ; de haute stature, et l'air noble, mais non raffiné, il inspire le respect, et quand on connaît ses sauvetages, l'admiration.

Le *barbet*, lui, n'appartient pas à la catégorie des « chiens héroïques », mais à celle des chiens familiers et fidèles. Le crâne est, chez lui, plus développé que chez tous ses congénères, ce qui répond à son intelligence. Il porte, en la nomenclature linnéenne, le qualificatif d' « *aquaticus* », parce qu'on l'employait autrefois à la chasse du gibier d'eau. Son poil, abondant et laineux, — tout noir ou tout blanc, est, en outre, *frisé*, chez la sous-variété qu'on nomme « caniche », et forme de curieux tire-bouchons. Ce dernier est connu comme « chien d'aveugle » ; il est, aussi, dressé par les saltimbanques à faire des tours ; c'est un chien charitable et c'est un chien savant. Le *chien-lion*, qu'on peut classer parmi les « tou-

tous de manchon », en est, avec le « *bichon* des Baléares »,
la miniature.

Le *griffon*... Son nom vient-il des chiens dits « *gref-
fiers* » (ou « baux ») sous Louis XII, — ou bien de la
nature de son pelage ? Assez voisin du caniche, mais différent de lui par son poil rude, et sa tête forte, il comporte
deux sous-variétés : le *râtier*, très utile en les caves, les
écuries, et le *griffon-singe*, à face simiesque, en effet, et
le corps comme inondé d'un flot de poils. Citons, comme
son proche parent, le *chien bouffe*, au poil laineux et
formant un épi sur le dos.

Les *chiens de chasse* proprement dits (parmi lesquels
se trouve l'*épagneul*, déjà cité) se subdivisent, comme on
sait, en *chiens courants* et *chiens couchants* ou « d'arrêt »; les premiers poursuivent le gibier à la course, les
seconds le faisant lever sur place. Sans entrer dans un
détail trop « cynégétique », je nommerai seulement les
plus beaux, les plus réputés : parmi les « courants », les
chiens de Saintonge, de Gascogne, d'Artois, de Vendée, le
limier de Saint-Hubert ou « *chien de sang* », vrai fauve
sanguinaire dressé par le chasseur. Arrêtons nos regards,
aussi, sur le *basset*, où l'ingéniosité des éleveurs a su réaliser et fixer un caractère assez désavantageux, sinon pour
la fonction à remplir, du moins au regard de celui qui
réclame la proportion, l'harmonie des formes. Le basset,
que ses jambes courtes aident à forcer le gîte du lapin, est
un exemple du beau sacrifié à l'utile.

Parmi les chiens d'arrêt, — en outre de l'épagneul,
je ne puis omettre le *braque* (du haut allemand « *brac-
cho* », chien de chasse), au poil ras, aux oreilles pendantes, dont la race française de Saint-Germain est célèbre, et qui compte aussi quelques spécialités anglaises, le
pointer, le *setter* (guetteur) ou « chien docile », et le
« *retriever* », pour le gibier d'eau. Les lecteurs anglais ne
me pardonneraient pas d'avoir passé ces illustrations sous
silence.

La série des races canines se termine par le groupe im-

posant des *dogues*. Encore ici, nous trouverons géants et
nains, types formidables et types ridicules. L'aspect d'un
molosse (du « dogue de Bordeaux », par exemple) n'est
pas rassurant : de très forte taille et trapu, « herculéen »,
peut-on dire, ce chien à l'épais museau, — au museau
menaçant, appelant la muselière, aux babines pendantes
et la peau de la face toute plissée, sillonnée de rides, est
vraiment terrible ; mais peut-on dire qu'il soit laid, absolument ?... Il est, en effet, des cas où la force, même sans
harmonie, s'impose à notre admiration.

Ce n'est plus le cas du *bouledogue*, qui, lui, pour le
coup, est carrément affreux. Et pourquoi ? — parce que,
d'abord, il est de plus faible stature, que sa tête énorme
n'est plus en proportion avec le corps, et que, d'ailleurs,
cette tête en tous ses traits, exprime la férocité vulgaire
et stupide... Considérez ce mufle qu'on dirait accidentel-
lement écrasé, ces yeux tout ronds, comme des boules
de billard, ces babines pendantes, et surtout ce nez démesurément retroussé, qui semble tirer à soi la lèvre supérieure, laquelle, en se levant, laisse voir une mâchoire
dont les crocs ne lâchent point prise... Chez le grand
dogue, ou « *molosse* », il y avait encore quelque chose du
chevalier ; à côté de lui, le bouledogue à l'air d'un bas-
écuyer, mimant, sans majesté, l'attitude dominatrice de
son maître... Et comme on est toujours le sous-ordre de
quelqu'un, il se trouve un troisième type de dogue, un
dogue en réduction, pour ainsi dire, que l'indulgent auteur de la Zootechnie du chien juge lui-même « une caricature du bouledogue »... la caricature d'un monstre...
jugez un peu ! C'est du *Mopse*, plus connu sous le nom
de *Carlin*, que je veux parler ; ce nom de « carlin » lui
viendrait d'un acteur qui, dans son rôle d'Arlequin, se
couvrait la figure de ce demi-masque de couleur noire,
qu'on appelle un « loup ». En effet, le Carlin porte sur
sa vilaine face un masque adhérent de même couleur.
Il est, d'ailleurs, d'une intelligence médiocre et d'un
caractère maussade. Par surcroît, son haleine est mal-

odorante, au point qu'on a fini par le bannir des appartements — où, chose véritablement incroyable, la mode l'avait longtemps toléré.

Le plus bas degré de dégénérescence du chien se manifeste dans le *roquet* — nom spécifique devenu, dans la suite, péjoratif, et qui s'est généralisé pour désigner tout rebut de l'espèce canine. Et maintenant, il ne nous reste plus, pour finir, que de noter le *chien de rue*, mis par les classificateurs, très sérieusement, sous l'étiquette latine de *Canis familiaris hybridus*... Celui-là n'est pas un produit de sélection ou de croisement artificiel. « Né, comme écrit M. Laudrin, de l'accouplement *hasard*, (il) a les caractères de toutes les races et d'aucune. » C'est, on le voit, le chien de *Chantecler*, le fruste, mais excellent *Patou*, quand il dit au Coq :

> ...Je suis un horrible mélange!
> Je suis le Chien total, fils de tous les passants!
> J'entends japper en moi la voix de tous les sangs :
> Griffons, mastiffs, briquets d'Artois ou de Saintonge ;
> Mon âme est une meute assise en rond, qui songe !
> Coq, je suis tous les Chiens, je les ai tous été.

Et le Coq *Chantecler* en tire cette conclusion, très touchante :

> Ça doit faire une somme énorme de bonté !

Les neuf fonctions du Chien

Chien de garde, Chien de berger, Chien de chasse, Chien de trait, Chien de voirie, Chien policier, Chien de guerre, Chien sauveteur — enfin, Chien de luxe... Quelle admirable énumération ! Et pourrait-on citer, dans toute la faune, un animal aussi universellement utile et qui pourvoie également à nos besoins de sécurité, de transport et d'hygiène, qui soit notre aide et notre compagnon fidèle, à la guerre comme à la chasse, et, dans le même temps, nous soit une *compagnie* discrète autant qu'agréable ?

Dans chaque fonction qui lui est dévolue, le Chien montre une docilité, une abnégation, un dévouement vraiment exemplaires ; et, par surcroît, ajoute au tableau une note pittoresque, artistique. Celui d'une chasse ne serait pas complet si le peintre — à la cavalcade, aux sonneurs de cor, au cerf qui court dans les taillis — ne mêlait le tumulte ordonné d'une *meute*. Déjà, dans la réalité, c'est un spectacle intéressant que celui des allées et venues de cet adjudant à quatre pattes, qui fait serrer les rangs à sa troupe flâneuse (le troupeau) et l'oriente au but indiqué. Si la vue de chiens attelés à des charrettes, en d'autres pays que le nôtre, nous est pénible et nous paraît même irrationnel, il est réconfortant de voir d'autres représentants de l'espèce admis dans le cadre de nos armées et partageant avec nos soldats l'honneur de nous défendre ; d'autres, encore, en temps de paix, seconder nos braves sauveteurs, au point de mériter, comme eux, des médailles... Et que dire des *Chiens du Mont Saint-Bernard*, qui participent à l'œuvre de charité chrétienne et, sous la conduite des religieux, font (oh ! bien inconsciemment !) l'office de bons Samaritains.

D'autres sont employés à des besognes moins héroïques : tels les chiens de Constantinople, auxquels est abandonné le service de la voirie. Et, par contraste avec ces chiens utiles et répugnants, voici leurs congénères élégants, mais inutiles : les *Chiens de luxe*... Mais, mettant à part ceux qui sont beaux et dignes d'être perpétués, j'ai dit ce que je pensais des autres.

Le Chien, utile ou inutile, suivant les cas, ne devient nuisible que lorsqu'il est attaqué de ce mal, aussi terrible qu'étrange, qui rend cruels et redoutables les êtres les plus inoffensifs : la *rage*. A l'état sain, toutefois, s'il n'est pas intelligemment dressé, il peut se révéler dangereux. Il y a des chiens « méchants » et qui mordent leur maître.

Le Chien dans l'Art

Quelques mots sur le Chien dans l'Art ne seront pas déplacés dans une histoire *esthétique* de la Nature ; car, si l'Art n'est pas fait pour imiter la Nature, et pour répéter, incomplètement, le réel, son but le plus notoire est d'extraire, de la réalité vivante, les formes, les mouvements et les attitudes les plus caractéristiques et les plus idéales aussi, que le commun des mortels ne sait pas dégager de la masse.

C'est pourquoi, visant à faire connaître le Chien sous ses aspects expressifs et pittoresques (ce dernier mot est bien, ici, en situation), je renvoie le lecteur aux œuvres de peinture qui le représentent.

En dehors des spécialistes dits « animaliers » (1), bon nombre d'artistes ont associé le Chien, dans leurs portraits ou leurs scènes de vie, à la figure humaine. C'est ainsi qu'il pose comme personnage important dans le tableau d'Annibal Carrache représentant *Mercure offrant la pomme à Pâris*. Assis sur ses pattes de derrière et celles de devant fermement appuyées sur le sol, ce beau type de chien de berger italien lève un regard intelligent sur le dieu qui, dans son vol, descend, tel un grand oiseau, mettre le fruit précieux dans la main tendue pour le recevoir. (Voir, au chapitre de la *Figure humaine*, une reproduction du tableau). (*Attitudes.*)

Dans une autre toile, non moins célèbre, la *Chasse de Diane*, du Dominiquin, figure un couple de lévriers dont l'un, le corps tendu comme un arc prêt à se débander, est retenu dans son élan par les bras vigoureux d'une des chasseresses, tandis que l'autre, indifférent, penche son museau sur la flaque d'eau, préoccupé de boire ; contraste d'attitude et de tempérament admirablement rendu par le peintre.

Les *Noces de Cana* sont d'un ordre plus idéal, et pour-

(1) Je me reprocherais de ne pas citer ici le très remarquable sculpteur **E. NAVELLIER**, dont les figures de quadrupèdes illustrent admirablement la première partie de ce troisième tome.

tant Paul Véronèse, qui n'a songé qu'à peindre un festin, n'a pas dédaigné de mettre, au premier plan, deux représentants de l'espèce canine.

Dans le *Saint Eustache* de Jan Breughel, au Musée de Madrid, le cerf, admirable de sérénité, apparaît au chasseur, qui met un genou en terre, tandis que son cheval, démonté, tourne le dos à cette scène et que ses chiens, immobiles et tout apaisés, regardent...

Je passe sur le grand épagneul, à l'air très doux, couché tout de son long au pied de l'enfant (*Prince Balthazar Carlos*) si fièrement campé par Vélasquez, et j'arrive à Téniers, qui, peintre de la vie populaire intime, n'a pas manqué de jeter, parmi ses foules en goguette. quelques chiens « divagant », suivant le terme consacré.

Je cite enfin, pour achever, le petit chien d'appartement que Paul Delaroche a mis, flairant la porte, en cette toile dramatique où, assis sur leur lit, aux aguets, les *Enfants d'Edouard* attendent l'événement. Ici, surtout, l'accessoire vient renforcer l'idée tragique, objet essentiel ; et c'est un des principes les plus observés en peinture.

*

* *

L'Art littéraire, abstrait, mais plus profond, a, pour « peindre » (ou, comme on dit alors, « dépeindre »), des images moins fortes, mais qui suscitent plus d'idées, sont plus directement suggestives. C'est pourquoi nous ouvrons, encore une fois, notre La Fontaine, qui nous informe, à propos du Chien, de plusieurs choses très profitables.

La fable intitulée *Le Loup et le Chien* nous montre le contraste entre l'animal domestique et l'animal sauvage auquel l'épithète de *libre* — que je préfère lui donner, convient surtout en la circonstance. Cet apologue, en effet, célèbre la liberté comme un bien préférable même à l'existence la plus sûre. Celle-ci a son revers dans le *collier*, mot devenu proverbe.

Dans *L'Ane et le petit Chien*, maître Aliboron, jaloux
du « bichon » favori, en fait, tout en récriminant, un
portrait qui résume ce que je disais du chien de luxe :

> ...Ce chien, parce qu'il est mignon,
> Vivra de pair à compagnon
> Avec Monsieur, avec Madame...
> ...Que fait-il ? Il donne la patte ;
> Puis aussitôt il est baisé...

Le Chien qui lâche sa proie pour l'ombre nous a laissé
cette vive expression, si richement métaphysique ; celui
qui porte au cou le dîner de son maître révèle une faiblesse morale (propre à l'espèce humaine) : celle qui consiste, alors qu'on a la charge d'un bien, à réclamer, si
ce bien est menacé par d'autres, sa part du butin. — Je
cueille aussi, dans cette fable, un terme curieux, pris
toujours au sens figuré, et que La Fontaine fait revenir
au sens propre, étymologique :

> Et chacun de tirer, le mâtin, la *canaille*...

Remarquez, à ce propos, le peu de tendresse dont fait
preuve le langage courant à l'égard d'un animal pourtant sympathique à la plupart ; ne dit-on pas « un temps
de chien » (ou « un chien de temps ») et le seul mot de
chien ou de *chienne* ne passe-t-il pas pour une injure ?...
C'est que, si le Chien est précieux, et souvent digne
d'être aimé, il est souvent aussi, fort désagréable ; et,
d'autre part, comme on l'a dit plus haut, le mot de
cynisme est dérivé, et non sans raison, de son propre
nom.

Je ne retiens de la fable ayant pour titre *Le Faucon
et le Chapon* que l'allusion populaire au fameux *Chien
de Jean de Nivelle*... L'origine en est, paraît-il, historique. L'apologue intitulé « L'éducation » nous montre,
dans *César* et *Laridon*, deux frères

>   dont l'origine
> Venait de chiens fameux, beaux, bien faits et hardis,

et qui, par la différence de milieu, se sont écartés singulièrement l'un de l'autre ; car, tandis que l'un, fréquentant la forêt,

> Fut le premier César que la gent chienne ait eu,

l'autre, élevé dans la cuisine, au lieu de « chasser de race », comme son frère, devient souche des *tourne-broche*, lesquels, communs en France,

> Y font un corps à part, gens fuyant les hasards,
> Peuple antipode des Césars...

La fable des *Deux Chiens et de l'Ane mort* ne nous fournit que cette locution : « Ce n'est pas la mer à boire. »

Enfin, de celle où figurent à la fois le *Corbeau*, la *Gazelle*, la *Tortue* et le *Rat*, je tire ces trois vers, qui en disent bien long sur la cruauté de la chasse :

> La gazelle s'allait ébattre, innocemment,
> Quand un chien, maudit instrument
> Du plaisir barbare des hommes...

Car l'homme a ce privilège de dresser l'animal contre l'animal — ce qui ne l'empêche pas de se dresser lui-même, à l'occasion, contre son semblable.

Nous avons eu l'occasion, en parlant des races, de citer le *Chantecler* d'Edmond Rostand. Ce poète si profondément original, ironiste qui s'attendrit et rêveur qui s'emporte contre la sottise, a fait du Chien, dans *Patou*, le type de la bonté, de la franchise et de la simple et droite intelligence ; idéaliste humble et grondeur, et qui s'entend si bien avec l'autre idéaliste, glorieux et claironnant, contre les perfides et les frivoles... Car la morale de Rostand n'est pas, comme celle de La Fontaine, une morale utilitaire.

L'Ours.

La place qu'il convient de donner à cet animal dans la classification est, paraît-il, un sujet de contestation parmi les zoologues. Mais à nous, qui ne faisons cas

que des caractères extérieurs et de la physionomie général, il n'importe guère. Ce qu'on peut établir avec assurance, c'est que l'Ours est éloigné des félins et proche,
au contraire, des canins. Regardez-le : ne dirait-on pas
d'un *Terre-Neuve* amplifié de formes, alourdi, chargé
de fourrure et farouche ? Son aspect général est plus uni,
plus lisse, en quelque sorte, que celui du Chien ; sa tête,
son corps et ses quatre membres sont tout d'une venue
— trait de figure qu'accentue encore un pelage de teinte
uniforme, tout blanc, tout noir ou tout brun.

Le front est déprimé ; les yeux sont très petits, les
oreilles courtes et dirigées en arrière ; la tête se rattache
au corps par un cou assez long, mais épais, et l'animal la
tient baissée, comme si c'était pour lui un poids trop
lourd. Sa queue est insignifiante. Ses membres très
charnus et tout habillés de poil se terminent par un pied
solide, à cinq doigts, et qui, aux deux membres antérieurs, lui sert de main, pour ainsi dire. En effet, ce
quadrupède prend aisément et volontiers l'attitude bipède : dressé sur ses pattes de derrière, il use de celles
de devant pour manger, pour grimper sur les arbres ou
les rochers... et pour étouffer, aussi, l'adversaire dans
un terrible embrassement. Quand il marche normalement, « à quatre pattes », il s'appuie sur la plante des
pieds, d'où il est connu et désigné, même par les chroniqueurs de journaux, sous la dénomination de *plantigrade*. C'est là un des traits qui l'opposent au Chien,
marchant, lui, « sur la pointe du pied », *digitigrade*.
Aussi l'Ours n'est-il pas bon coureur ; il s'avance lentement et lourdement, en se balançant, comme on sait ;
l'expression de sa démarche, à cause de ce dandinement,
serait plaisante, si l'aspect de ce gros quadrupède bourru
n'imposait le respect.

Le lion rugit et le chat miaule ; le loup hurle, le renard
glapit et le chien domestique aboie ; la voix de l'Ours
est un grognement mêlé, quand on l'irrite, d'une sorte
de grincement de dents.

Dans son *Histoire des animaux*, plus remplie de fables que de faits, Pline l'Ancien a écrit que « les jeunes ne sont, (à leur naissance) qu'une masse de chair informe, sans yeux, sans poil, et d'où les griffes font saillie ; c'est en léchant cette masse que la mère leur donne une figure... » Or, cette légende s'est perpétuée jusqu'à nous, au point de devenir proverbiale et de donner naissance à la locution si gauloise, consacrée par La Fontaine, dans sa fable *Le Paysan du Danube*.

> ...Toute sa personne velue
> Représentait un ours, mais un ours *mal léché*...

On se demande, au reste, comment, avec la langue imbibée de salive, on peut arriver à développer des formes organiques...

* * *

Mais il y a Ours et Ours, et le thème que je viens de noter comporte, comme toujours, des variations. On en connaît sept principales : l'*Ours blanc, du pôle*, et l'*Ours blanc* dit *Arctos*, qu'il ne faut pas confondre avec le précédent (1) ; puis l'*Ours brun* des Alpes et des Pyrénées, l'*Ours noir*, l'*Ours gris* des Montagnes Rocheuses et de l'Himalaya ; enfin, comme représentant minuscule du genre, l'*Ours des cocotiers*.

Nous avons prémuni le lecteur contre la confusion faite si fréquemment entre l'Ours blanc du pôle et celui qu'on rencontre au Nord des deux continents, mais en dehors de la zone glacée ; le premier, d'abord, est marin, tandis que le second est terrestre ; puis son pelage garde sa blancheur de neige en toute saison, au lieu que le se-

---

(1) Ce nom d'*Arctos*, ici, pourrait induire en erreur, en suggérant l'idée du pôle « arctique »... Mais il faut se rappeler que c'est le nom même de l'Ours, en grec, et qu'on en a tiré l'adjectif *arctique*, à cause de la constellation dite « de la Grande Ourse », vers laquelle est tourné le pôle nord.

cond, lorsque vient l'hiver, change sa fourrure blanche
contre une autre, de couleur brune ; enfin, il ne partage pas avec les autres espères d'Ours ce privilège de
pouvoir se tenir debout, en se servant de ses pattes de
devant comme de mains. En outre, son front très déprimé, son poil très long et sa forte taille font de l'Ours
polaire une espèce très distincte et la plus sauvage de
toutes. Vivant en contact permanent avec la mer, il se
nourrit, naturellement, de poisson : c'est un carnassier
comme les autres, mais *ichtyophage* ; à ce régime viennent s'ajouter, à l'occasion, les cadavres de mammifères
aquatiques, tels que phoques, morses ou balcines.

L'Ours polaire est chassé, comme tant d'autres animaux, pour sa fourrure. Toute chasse est cruelle, bien
que nécessaire, parfois ; mais celle de l'Ours polaire a
quelque chose de particulièrement révoltant : comme cet
animal n'est pas amphibie, au sens absolu du mot et
qu'il ne peut nager bien longtemps de suite, les chasseurs (qu'on pourrait presque appeler des pêcheurs),
suivent sa trace en chaloupe. « On les force de lassitude, dit Buffon ; s'ils plongent, ce n'est que pour
quelques instants, et dans la crainte de se noyer, ils se
laissent tuer à fleur d'eau. »

L'*Ours brun*, lui, ne se trouve que dans les climats
tempérés et même au midi de notre continent. Il était
bien connu des Grecs et des Romains et, avec d'autres
puissants fauves, avait le triste, l'humiliant honneur de
figurer aux jeux du Cirque... Voilà l'usage que le « roi
de la Création », l'« *homo sapiens* », fait de sa supériorité. Cet Ours brun est carnassier, d'ailleurs, et se nourrit
de chair vivante.

« Il est intelligent, remarque Buffon, malgré son air
lourd ; c'est qu'il est aussi prudent et réfléchi. »

L'*Ours noir* habite l'Amérique septentrionale ; son
régime est plutôt frugivore — peut-être par nécessité,
car, chassé par les frimas de l'extrême Nord, en hiver,
il se contente, comme nourriture, de glands.

L'*Ours gris*, ou *Grizzli*, est cantonné dans les Montagnes Rocheuses et sur les plateaux de l'Himalaya. Il est plus fort que l'Ours brun et mieux armé de griffes.

Enfin, l'*Ours des cocotiers*, habitant de la Cochinchine et de l'Archipel malais, est, pour ainsi parler, un diminutif d'ours, et, sa taille aidant, prend un peu l'aspect d'un chien ; son pelage, d'un beau noir, est varié d'un collier jaune, signe particulier, fantaisie toujours mystérieuse de l'énergie vitale, qui ne se contente pas d'être modeleuse et se fait, par surcroît, décorative... Cette curieuse espèce d'ours tire son nom de la prédilection qu'elle montre pour le palmier à noix de coco ; elle en dévaste les plantations et s'avère par là frugivore. D'ailleurs, son tempérament est assez doux et permet de l'apprivoiser ; l'Ours des cocotiers est ainsi *le moins ours des ours*... Car ce n'est pas sans raison que cette dénomination zoologique est appliquée à l'homme et prise en mauvaise part. « L'Ours, dit Buffon, n'est pas seulement sauvage, mais solitaire ; il fuit... toute société ; et j'ajoute : aussi bien celle de ses semblables que celle de l'homme ; s'il s'éloigne de l'homme, en effet, c'est, comme le font remarquer, en termes très vifs, les auteurs de la *Zoologie élémentaire*, « qu'il n'a « pas à se louer de lui et ne peut lui être reconnaissant « de lui devoir une chaîne et un anneau dans le nez. »

Ceci est une allusion aux *montreurs d'ours* en foire — une de ces privautés que le maître de la Nature se permet à l'égard des bêtes dites *curieuses*, c'est-à-dire des animaux qui ne lui sont pas familiers, comme le Chien, le Chat, le Cheval, et qui sont créés, pense-t-il, et mis au monde pour le divertir... Pour moi, ç'a toujours été un spectacle plutôt pénible, que ce citoyen libre des montagnes enchaîné comme un esclave et auquel on apprend des tours de baladin... Encore a-t-il un sort moins misérable que ceux de ses congénères qui passent leur vie, au Muséum, au fond d'une fosse, en spectacle à la foule ignorante et banale.

En liberté, ce plantigrade recherche les lieux à la fois escarpés et solitaires et fait son habitation d'un trou de rochers ou d'un tronc d'arbre creux. Là, sans faire de provisions, il s'engourdit pour la saison d'hiver et *vit sur sa graisse.* C'est un de ces animaux que j'ai qualifiés de *dioïques,* à l'instar des plantes à fleur, pour ce fait que mâle et femelle habitent séparément... Bon moyen d'éviter les querelles de ménage.

Ainsi que l'Ours blanc du pôle, l'Ours brun et autres espèces de nos latitudes sont activement chassés, tant pour leur chair et leur graisse que pour leur peau, leur fourrure. La graisse d'Ours est, paraît-il, souveraine contre les rhumatismes ; on l'utilise aussi dans la cuisine ; la chair n'est bonne que chez l'ourson, car, chez l'adulte, elle devient huileuse. Quant à la *peau,* qu'il ne faut pas, depuis La Fontaine, vendre par anticipation, c'est, de toutes les fourrures de seconde catégorie, la plus estimée.

Buffon rapporte, sans sourciller, les procédés divers par lesquels on se rend maître de ces animaux : ou bien on met le feu aux troncs d'arbre qui leur servent d'abri, ou bien — délicat stratagème ! — on arrose d'eau-de-vie le miel, dont ils sont friands ; on les grise, on les alcoolise...

Quand le pauvre animal est forcé par les chasseurs, il s'accule à la paroi d'une roche et, debout, se défend en jetant des pierres à l'ennemi, et « c'est dans cette attitude qu'il reçoit le coup mortel. »

. .

La Fontaine, que nous nous plaisons toujours à citer comme peintre d'animaux très exact, met l'Ours en scène dans quelques-unes de ses fables. *Le Lion s'en allant en guerre* sait utiliser ses sujets d'après l'aptitude de chacun : l'éléphant devra

17

> Sur son dos
> Porter l'attirail nécessaire,
> Et combattre à son ordinaire ;
> L'*Ours* s'apprêter pour les assauts...

Dans *L'Ours et les deux Compagnons*, on voit, comme en un tableau (avec le mouvement de la phrase en plus), le plantigrade dont on escompte la fourrure s'avancer « au trot » et l'un des deux fanfarons user du stratagème bien connu :

> Se couche sur le nez, fait le mort, tient son vent,
> Ayant quelque part ouï dire
> Que l'ours s'acharne peu souvent
> Sur un corps qui ne vit, ne meut, ni ne respire ;
> Seigneur Ours, comme un sot, donne dans ce panneau ;

mais...

> De peur de supercherie,
> Le tourne, le retourne, approche son museau,
> Flaire au passage de l'haleine...

Les expressions proverbiales jaillissent, décidément, des vers du fabuliste comme les étincelles sous les quatre fers d'un coursier : après « *la peau de l'ours* », voici « *le pavé de l'ours* »... Vous avez vu, du reste, tout à l'heure, que ce quadrupède, se tenant debout, pouvait lancer des pierres... Après la fatale aventure de l'*Amateur de jardins*, je cite, pour terminer, l'apologue plus profond intitulé *Les Compagnons d'Ulysse*. La question de beauté est de celles qui sont le plus discutées dans le monde : le « beau » est-il quelque chose d'absolu, ou de relatif ? A-t-on le droit d'affirmer que le nègre est laid, absolument, que le hibou, le chameau, l'éléphant, sont disgraciés de la Nature ?... La Fontaine, qui n'était pas esthéticien, mais qui savait donner à toute question un tour clair et pittoresque, fait soutenir par l'Ours lui-même la thèse du beau « subjectif ». Quand Ulysse lui suggère l'idée de reprendre la forme humaine, en s'écriant :

> Eh ! mon frère,
> Comme te voilà fait ! Je t'ai vu si joli !
> — Ah ! vraiment, nous y voici,
> Reprit l'Ours à sa manière :
> Comme me voilà fait ! — *Comme doit être un ours.*
> *Qui t'a dit qu'une forme est plus belle qu'une autre ?*
> *Est-ce à la tienne à juger de la nôtre ?*
> *Je m'en rapporte aux yeux d'une ourse, mes amours.*

Ce compagnon d'Ulysse qui, métamorphosé par la baguette de Circé, ne désire plus (ainsi que les autres) changer d'état, je lui donne entièrement raison, lorsqu'il se dit *fait comme doit être un Ours* et qu'il s'en rapporte là-dessus au goût de sa femelle ; c'est, en effet, là ce que je désigne sous ce nom : « beauté *spécifique* », c'est-à-dire propre à l'espèce — on pourrait dire, en style simple : « genre de beauté ». — Mais je lui donne tort, quand il doute *qu'une forme soit plus belle qu'une autre*, car, ici, comme partout, la diversité comporte nécessairement une échelle de valeurs, une hiérarchie ; et si l'Ours est beau « dans son genre », il est, indiscutablement, inférieur en beauté, non seulement au type humain (pris à son *optimum*), mais à celui du lion, du cerf ou du cheval. Il existe certainement, au-dessus de tout, une beauté *harmonique*, indépendante de l'espèce, un idéal d'ordre supérieur et qui se dégage du pur ensemble de lignes. Or, osera-t-on soutenir que cet idéal se trouve aussi bien dans la forme de la grenouille qu'en celle du lézard, dans la forme du marabout qu'en celle du paon, dans la forme du porc qu'en celle du cheval ?

Tout compte fait, laissons là ces termes de *beauté*, de *laideur*, sur lesquels, en la faune, on n'est pas constamment d'accord ; et, tout en appréciant comme il convient chaque spécialisation de la forme, réservons notre admiration pour les cas où cette forme « se généralise », soit au dehors, soit dans notre esprit.

Vous m'accorderez, au moins, que citer La Fontaine à propos de l'Ours, dans un ouvrage d'Esthétique, n'est pas du temps perdu.

Le Raton laveur (*Procyon lotos*).

Je ne dirai que peu de mots sur un petit animal qui doit son nom et sa réputation à l'habitude singulière qu'il a de tremper ses aliments dans l'eau avant de les avaler. Quel est le but de cette manœuvre ? Un correspondant de Buffon, Blanquart des Salines, attribue le fait au défaut de salive. Il avait remarqué que le Raton n'humecte pas la viande fraîche et saignante, non plus que les fruits juteux, succulents, mais seulement les substances sèches.

Ce petit quadrupède est, pour certains traits d'organisation, rapproché de l'Ours : mais, d'autre part, son nom scientifique (*Procyon*) semble témoigner de ses affinités avec le Chien... En réalité, il tient à la fois des deux. Sa tête rappellerait plutôt celle du renard, mais avec des oreilles plus courtes ; ses yeux sont grands et de teinte glauque ; son museau est court et pointu ; son pelage touffu, doux au toucher, est varié, sur la tête, de deux bandes transversales superposées, la supérieure d'un ton clair et l'inférieure, qui passe au niveau des yeux, d'un ton très foncé ; de sorte qu'il a l'air de porter ce genre de masque qui ne cache qu'une moitié du visage, et qu'on nomme, je ne sais trop pourquoi, un *loup*. La queue, longue, épaisse et bien fournie, est traversée d'anneaux dont la teinte sombre offre, comme disent les peintres, un « rappel » du masque en question. Le corps, court et trapu, s'appuie sur deux paires de membres de taille inégale, celle de devant étant sensiblement moins longue que celle de derrière, disposition qui lui permet de grimper facilement aux arbres, et aussi de se servir des pattes antérieures pour porter les aliments à sa bouche ; mais ses doigts n'étant pas suffisamment flexibles, l'animal est forcé d'employer ce qu'on peut appeler *ses deux mains* ; il les joint, de ce geste naïf qui nous charme chez le petit enfant. A l'exemple de ce dernier, il gambade plutôt qu'il ne marche. Est-il — ou se croit-il — attaqué, vous le voyez se rouler en boule, à la manière du hérisson ; mais ce n'est pas, ici, une boule épineuse.

Le Raton laveur est de la Jamaïque, aux Antilles ; il descend, là, des hauteurs, sur les plantations de canne à sucre, dont il prélève sa part. Ce parent dégrossi, « bien léché » de l'Ours, s'apprivoise aisément ; traité comme animal domestique, il se montre doux, familier, même caressant. Buffon le compare, pour sa gentillesse, au *maki*... Mais cette sagesse de tempérament est toute superficielle, et pour peu qu'on lui lâche la bride, l'animal reprend ses instincts sauvages, et gare, alors, au poulailler ! ·

Petits fauves.

Après ceux que j'ai nommés les *grands fauves*, soit félins, comme le lion, le tigre et le chat ; soit canins, comme le loup, le renard et le chien, soit formant un groupe moins défini (ours et raton laveur), voici ceux que, par opposition, j'appelle *petits fauves* (1).

Ils forment trois groupes bien distincts, auxquels nous conserverons les noms en usage : *Carnivores*, *Insectivores* et *Rongeurs*, faute de trouver une désignation plus topique.

1° Carnivores. — Et d'abord, faisons défiler ce régiment de bêtes menues, mais sanguinaires, animaux carnassiers n'offrant pas l'aspect majestueux, « épique », des grands fauves, mais sveltes et fluets de corps, avec une certaine grâce suspecte, et qui n'est peut-être que *gracilité*. Ce sont : la belette, le furet, la marte, la fouine, le putois, l'hermine; puis la civette et ses congénères, la mangouste et l'ichneumon d'Egypte ; enfin, le blaireau, la loutre et le glouton.

---

(1) Ces qualificatifs de grands et de petits que j'applique aux fauves n'implique pas toujours une différence de taille ; mais on ne pouvait séparer le chat du tigre, dont il est parent, ni les canins des félins.

La Belette.

On trouve, disséminés çà et là, dans les fables de La Fontaine, les traits principaux qui composent sa physionomie : c'est tantôt : *demoiselle belette au corps long et fluet*, ou bien *l'animal à longue échine*; tantôt, *dame belette au long corsage*, ou *la dame au nez pointu*.

Ce qui caractérise, en effet, tout d'abord, ce membre de la tribu des *Mustéliens*, c'est l'allongement extraordinaire de son petit corps, caractère qui, d'ailleurs, ne lui est pas exclusif, et qu'elle partage avec le furet, la marte, la fouine et autres congénères, d'où le qualificatif un peu exagéré de *Vermiformes*, dont on a doté tout le groupe. Mais ce caractère est particulièrement accentué chez la belette ; de plus, l'épine dorsale, chez elle, jouit d'une flexibilité singulière, qui lui permet de plier son corps dans tous les sens et de se faufiler dans les passages les plus étroits ; chacun connaît l'histoire de *La Belette entrée dans un grenier*.

> Par un trou fort étroit,

et qui, s'y étant engraissée, devenue

> Grasse, mafflue et rebondie.

n'en put sortir...

Cette même flexibilité d'échine lui fait soulever le dos en arc : la belette sait faire, comme le chat, le *gros dos*. Tous ses mouvements sont souples, onduleux, « serpentins », pour ainsi parler. Jules Renard la' décrit « pauvre, mais propre, distinguée », passant et repassant, « par petits bonds, sur la route, d'un fossé à l'autre. « *(Histoires naturelles)*.

Contraste curieux : cet animal si propre, et dont la robe est toujours nette et luisante, dégage une odeur infecte, et même ne redoute pas l'infection... Buffon rapporte qu'on trouva un jour des belettes nouvelles-nées dans la carcasse à moitié pourrie d'un loup... et ce nid peu alléchant avait été choisi par la mère et tapissé par elle de feuillage.

Ce petit animal fait preuve d'une hardiesse incroyable; et c'est, avec le renard, le plus dangereux ennemi des volailles ; il les aime, si l'on veut, mais à la façon dont nous « aimons » le gibier. Cependant, pour ce qui regarde le régime alimentaire, il partage son année en deux saisons : si, l'été, la belette s'attaque aux basses-cours, elle nous dédommage en partie, l'hiver, en faisant, comme le chat, la chasse aux rats et aux souris ; mais elle dévaste aussi bien les colombiers que les poulaillers ; aussi est-ce une bête nuisible au premier chef.

La Fontaine fait allusion à ce régime en partie double dans sa fable de *La Chauve-Souris et des deux Belettes*, l'une de celles-ci « envers les souris de longtemps courroucée », et l'autre « aux oiseaux ennemie » ; et, remarquez-le bien, c'est sur ce fait biologique que s'appuie l'ingénieux apologue, puisque le Cheiroptère, participant aux deux natures, doit son salut à cette ambiguité.

C'est d'ailleurs, ainsi que tous ceux du groupe « vermiforme », un animal plus que carnassier : sanguinaire ; Buffon écrit qu'il se saoûle de sang ; « c'est, dit-il, le tigre des petits individus. »

Et cependant, étant ce qu'elle est, la belette se montre susceptible d'éducation. On raconte que certain homme de la campagne ayant perdu sa belette dans une foire, le petit fauve, par tours et détours, sut retrouver son maître dans la foule. Si ce détail intéresse le lecteur, je le renvoie à l'*Histoire des animaux* de Buffon ; il y a là la longue lettre adressée à l'illustre naturaliste par un correspondant, M. Giély ; ce dernier raconte par le menu toutes les gentillesses et « chatteries » d'une belette appartenant à sa femme. De cette zoologie quelque peu frivole, on pourrait peut-être tirer quelques documents pour l'étude de l'instinct et de l'intelligence chez les animaux.

Le Furet.

C'est, en quelque sorte, l'aristocrate de la famille et comme un farfadet parmi les gnômes. Il a, c'est vrai, pareillement à tous les autres, hélas ! mauvaise odeur ; mais, avec sa taille mignonne et son pelage immaculé, ses yeux rutilants et la gentille prestesse de ses mouvements, conquis la faveur populaire ; en dehors de ses fonctions cynégétiques, qui le font apprécier des chasseurs, il est chanté par les fillettes dans la ronde bien connue :

> Le furet au bois, Mesdames,
> Le furet du bois joli...

Originaire des pays chauds, il ne peut subsister en nos contrées que grâce à des soins minutieux ; aussi doit-on le regarder comme un animal domestique. Très vigoureux, toutefois, malgré sa débile apparence, et en même temps assez souple pour se glisser dans les terriers très profondément, on s'en sert pour la chasse au lapin. Afin qu'il ne travaille pas pour son propre compte et de peur qu'il n'étrangle le gibier du premier coup, on lui met la muselière ; de sorte qu'il pousse seulement le lapin dehors — ou plutôt dans le filet tendu à l'entrée... Pauvre lapin, pauvre furet !

La Marte.

Entre la Marte, d'une part, et, de l'autre, la belette et le furet, la fouine, le putois et l'hermine, il n'y a pas, au moins pour la figure, de différences bien tranchées. Tous ces « petits fauves » nous attirent par leur sveltesse, leur expression de finesse et certaine élégance de manières qui rappellent le Chat ; mais ils nous repoussent par leur odeur et par leurs instincts sanguinaires.

Au temps où vivait Buffon, la Marte commune (*Mustela Martes*), se trouvait encore en Bourgogne, dans les bois, et dans la forêt de Fontainebleau. Je ne sais si on la rencontrerait aujourd'hui dans ces mêmes localités ; très rare en France, elle n'existe pas en Angleterre, où il n'y a pas de massif forestier important. Une variété célèbre est la « Marte zibeline », c'est-à-dire sibérienne, un des

rares animaux sauvages dont le nom revient souvent
sur les lèvres des dames du monde et pour cause... Encore une espèce précieuse condamnée, par l'imprévoyante
cupidité de l'homme, à disparaître...

La Fouine.

On appelle parfois la Fouine « Marte domestique » —
nom fort mal donné, car, de même que le putois, ce Mustélien, non seulement n'appartient pas à la maison, mais
est l'ennemi de la maison. Seulement, tandis que la
Marte se retire au plus profond des bois, la Fouine se
tient toujours à proximité des habitations — et cela, dans
un seul but de rapine. Si on appelle cela de la domesticité !...

C'est, avec la belette, le plus grand ravageur de pou-
iaillers et de colombiers ; elle dévore pigeons et poules,
suce leurs œufs ; et, ce qu'elle n'a pas dévoré elle-même,
elle l'emporte pour nourrir sa progéniture — sollicitude
maternelle dont, véritablement, on ne saurait lui faire
un crime.

Le Putois.

Très proche parent de la fouine, il annonce déjà, par
son seul nom, sa terrible malodorance (1) ; elle est si
forte que les chiens, qui ne sont pas pourtant des modèles
de délicatesse, répugnent à sa chair et que son pelage,
si beau qu'il soit, se vend à vil prix, tant il est imprégné
de cette odeur.

Faisons remarquer à cette occasion que la chimie des
glandes d'où sort la matière odorante, diffère d'une
espèce à l'autre : car ce qui, chez le putois, la belette, le
blaireau, même le furet, est senteur fétide, devient, chez
la marte, la fouine, et, comme nous le verrons, chez la
civette, une sorte de parfum... On saisit ici, comme par-

(1) Du latin *putere*, qui signifie *puer*.

tout ailleurs, le passage insensible du bon au mauvais.

Le Putois possède une qualité dont on pourrait peut-être tirer parti : c'est de faire aux lapins une guerre acharnée : si j'en crois Buffon, « une seule famille de putois suffit pour détruire une garenne. » Mais ce n'est pas là qu'il conviendrait d'utiliser ses talents, c'est en des contrées telles que l'Australie, où la pullulation de ces Rongeurs est un véritable fléau.

Comme la Nature, aux pays du soleil, tend à varier l'uniformité des pelages (nous en avons vu un exemple chez le zèbre), il existe, dans l'Hindoustan, une espèce de putois dont le corps est rayé, dans toute sa longueur, de six bandes foncées. C'est, semble-t-il, un bien grand luxe pour un animal aussi répugnant... Soyons toutefois convaincus que cet avantage naturel — tout aussi bien que le désavantage de l'odeur, a, en dehors de nous et de notre point de vue personnel, sa raison d'être.

L'Hermine (*Putorius ermina*).

Plus blanche que la blanche hermine, est-il chanté dans l'opéra des *Huguenots*... Ce petit Mustélien, en effet, est célèbre par la blancheur immaculée de sa robe. Mais c'est là seulement sa toilette d'hiver, car, l'été venu, son pelage se fonce et devient roussâtre, ce qui la fait nommer, en certaines régions de France, *roselet*. D'ailleurs, en hiver même, sa blancheur n'est pas absolument entière, et le bout de la queue reste noir, d'où son nom populaire de *belette à queue noire* ; on pourrait ainsi la confondre avec ce dernier animal, sans ce trait particulier qu'en toute saison, le bord de ses oreilles et le bout de ses pieds restent blancs.

Il importe d'ajouter ceci, au surplus, qu'en captivité, l'hermine garde, même en hiver, son pelage foncé ; ce n'est plus, alors, la *blanche hermine* ; et cette remarque est fort importante, car c'est une preuve que l'*albinisme*, ici, reconnaît pour cause un abaissement de la température extérieure ; l'animal étant abrité du froid, ce phénomène ne se produit pas ; et l'on peut dire, aussi, qu'il n'a plus raison de se produire, puisque, comme on sait, ce blanchissement de pelage est une mesure de protection : prenant la teinte de la neige, l'hermine se dissimule aisément, ses ennemis la confondant avec son milieu, fait bien connu de *mimétisme* (1) — lequel devient naturellement inutile chez l'animal captif, aussi bien protégé contre ses ennemis que contre le froid.

Le procédé que la Nature emploie pour arriver à ses fins est, en cette occasion, comme en tant d'autres, l'*automatisme* : là où l'homme, dans le même but, se saupoudrerait artificiellement de farine (2), ou se revêtirait d'un habit blanc, l'animal voit son pelage blanchir spontanément et comme par une main invisible. Ce mimétisme protecteur est donc *automatique* (3), et il s'étend sur les deux saisons, car si, l'hiver, l'hermine prend les couleurs de la neige, elle revêt, pendant l'été, la livrée de la terre brune ; c'est là son uniforme *kaki*.

« A l'odeur près, écrit Buffon, c'est (l'hermine) un joli petit animal, les yeux vifs, la physionomie fine et les mouvements si prompts qu'il n'est pas possible de les suivre de l'œil. »

A voir ainsi cette gracieuse, cette esthétique créature, la croirait-on proche parente du putois et de la belette ?

---

(1) Il est assez curieux de penser que c'est le même pelage qui, par sa blancheur, cache l'animal à ses ennemis — et le fait remarquer des dilettantes...

(2) C'est le stratagème du matou, dans la fable de La Fontaine : *Le Chat et le vieux rat :*

       Blanchit sa robe et s'enfarine.
       Et de la sorte déguisé...

(3) On en peut voir un exemple chez l'homme lui-même, que le *hâle*, ayant sa cause dans le soleil ou le vent froid, protège justement contre le soleil ou la bise. Seulement, ici, l'automatisme est direct (comme en le régulateur à force centrifuge), tandis que, dans le cas de l'hermine, il n'agit qu'indirectement, le but final n'étant pas la protection contre le froid, mais la défense contre l'ennemi. Ce stratagème naturel, impliquant comme un raisonnement tacite, dénonce plus clairement encore une action providentielle.

Et cependant, ainsi que tous les autres membres de la tribu, elle a des mœurs carnassières et sanguinaires. « Quelque petit que soit cet animal, dit Pontoppidan, dans son *Histoire naturelle de la Norwège*, il fait périr les plus grands, tels que l'élan et l'ours ; il saute dans l'une de leurs oreilles pendant qu'ils dorment et s'y accroche si fortement avec ses dents qu'ils ne peuvent s'en débarrasser. Il surprend de la même manière les aigles (?) et les coqs de bruyère, sur lesquels il s'attache et ne les quitte pas même lorsqu'ils s'envolent, que la perte de leur sang ne les fasse tomber. »

Pour nous autres, hommes, la question se pose de savoir s'il faut classer l'hermine parmi les bêtes utiles — ou les nuisibles — car si, d'un côté, elle rend service aux cultivateurs en détruisant la « vermine », de l'autre, elle nuit aux éleveurs en s'introduisant, comme la fouine et la belette, dans les basse-cours.

Mais, au point de vue *somptuaire*, elle rachète ces méfaits par la précieuse qualité de son pelage ; ainsi, privée de vie, elle devient désormais utile sans restrictions — sort commun, d'ailleurs, à tant d'êtres vivants !... Elle devient *utile*... ; il serait plus juste de dire *agréable*, car la fourrure qu'elle fournit a des fonctions plutôt décoratives que protectrices ; c'est moins, en définitive, un vêtement qu'un *ornement*, ornement d'ailleurs périmé, qui, des épaules royales ou princières, a passé aux lambrequins héraldiques. Un manteau d'hermine se composait de nombreuses peaux cousues bord à bord (en surjet) et dont on relevait la blanche monotonie par les mouchetures qu'on connaît, tirées des bouts de queues noirs. Bien peu, sans doute, parmi les nobles porteuses de ce manteau, se sont inquiétées du pauvre petit animal qui en avait fourni l'étoffe, et dont c'était l'étoffe vivante... *Sic vos, non vobis...* Toutefois, quelques bonnes âmes, sans aucune ambition de fourrure, se sont intéressées à l'hermine en tant que créature de Dieu. Une certaine comtesse de Noyan écrivait à Buffon, jadis : « Vous êtes trop juste, Monsieur, pour ne pas faire réparation d'honneur à ceux que vous avez offensés. Vous avez fait un outrage à la race de l'hermine en l'annonçant comme une bête que l'on ne pouvait apprivoiser. J'en ai une depuis un mois, que l'on a prise dans mon jardin (et qui, reconnaissante des soins que je prends d'elle, vient m'embrasser, me lécher et jouer avec moi comme le pourrait faire un petit chien. »

Civette, Genette et Moufette.

Sur la place du Palais-Royal, à Paris, se trouve depuis longtemps un grand débit de tabac dont l'enseigne porte *A la Civette*. Bien que le produit de secrétion de cet animal soit, ainsi que le tabac, employé comme arôme, on ne saisit pas bien le rapport qui peut exister entre la pipe, ou la cigarette, et un article de parfumerie… Toujours est-il que le *zibeth*, ou parfum de la Civette, assez différent du musc, mais jouissant des mêmes propriétés, est tombé en désuétude et remplacé par l'*ambre*; l'ambre lui-même, à son tour, est passé de mode… Peut-être le *zibeth* est-il encore employé parfois, par les confiseurs, en qualité de condiment.

Mais une question plus intéressante serait de savoir à quel usage peut servir la glande à *zibeth* chez l'animal lui-même — en d'autres termes quelles sont les fins immédiates de cet attribut singulier, ses fins éloignées n'étant que secondaires. La question, au surplus, s'étend à tous les Mustéliens à peu près, et même à toutes les espèces plus ou moins odorantes et parfumées par la Nature…

Je laisse ce problème à résoudre à de plus compétents que moi, et m'occupe à présent de la figure de l'animal. La Civette a, comme tous ceux du groupe, le corps allongé, bas sur pattes, le museau fin, avec une belle queue rayée transversalement, *cerclée* d'anneaux à teinte foncée, ce qui s'harmonise bien avec son pelage tacheté.

Signe particulier : le dessous des yeux est barré d'un trait noir.

La *Genette* n'est guère qu'une variété de la Civette et n'a pas besoin d'une description spéciale ; on l'appelle quelquefois *Chat d'Espagne* ou *Chat de Constantinople*,

On remarque sur son garrot une courte crinière. Sa fourrure est assez jolie ; les « manchons de genette » étaient jadis en vogue et leur prix était très élevé. C'est Buffon qui nous apprend ce détail ; et il ajoute : « Mais, comme on s'est avisé de les contrefaire en peignant de taches noires des peaux de lapin gris, le prix en a baissé des trois quarts et la mode en est passée... »

La Mode... Encore et toujours la Mode !... Et, pendant ces fluctuations du caprice humain, la Genette transmet, traditionnellement, sa façon de robe à ses descendants...

Mouffette vient de *mephitis*, nom latin de cet animal, et qui lui a été donné pour son odeur, véritablement méphitique.

Nous nous demandions à l'instant quel pouvait être le rôle des glandes dites « puantes » en cette famille de petits Mammifères assez attrayants par ailleurs... Or, le cas de la Mouffette nous éclaire là-dessus : l'humeur malodorante peut être projetée par elle à distance, et asphyxier ses ennemis — ou sa proie. C'est donc, ici du moins, un moyen de défense — ou d'attaque (1).

La Mouffette est américaine et fait sa principale nourriture des oiseaux. On ne peut pas dire qu'elle les *attire* par son odeur ; mais celle-ci agit, sans doute, à la manière du serpent, par une sorte de fascination.

Deux autres types sont les représentants, en Egypte, des Mustéliens carnivores : la *Mangouste* et l'*Ichneumon*. Ce dernier, dont le nom signifie *qui suit une piste*, était l'objet, chez les Egyptiens, d'une vénération particulière et cela pour la chasse qu'il faisait aux reptiles veni-

____

(1) On voit que notre *guerre des gaz* existait déjà dans la Nature.

meux ; mais ces derniers devenant plus rares, l'Ichneumon « s'adresse maintenant à la basse-cour ; aussi, remarquent les auteurs de la *Zoologie élémentaire*, n'est-il
plus vénéré. »

Le Blaireau.

Ce n'est pas, à vrai dire, un des plus élégants du
groupe que nous étudions : son corps est trapu, très bas
sur pattes, le train de derrière empâté ; son museau se
termine en groin ; son pelage est plus foncé sous le
ventre que sur le dos, ce qui fait exception à la règle ;
sa teinte, d'un gris uniforme, est relevée, de chaque
côté de la tête, d'une tache noire en forme de triangle
allongé, qui part de l'œil et traverse l'oreille ; c'est
comme un « rappel », en termes de peinture, de la
teinte foncée des pattes.

Le blaireau n'est pas, à l'exemple des autres Mustéliens, digitigrade, mais, comme l'Ours, *plantigrade* ; ses
pieds sont conformés pour fouir. Il possède, lui aussi,
des glandes à sécrétion fétide. Ce petit fauve est d'humeur
farouche, mais inoffensif ; il se creuse un terrier où il
passe une grande partie de son temps à dormir ; aussi
devient-il très gras. Omnivore, il partage cependant avec
ses congénères une préférence marquée pour la chair vive
et sanglante.

La chasse au blaireau est connue. Pour forcer la pauvre
bête dans son gîte, on emploie des chiens spéciaux, des
bassets à jambes torses qui, seuls, peuvent pénétrer dans
l'étroit boyau de tranchée ; l'assiégé se défend comme il
peut, provoquant, dans son recul, des éboulements, espé-
rant ainsi bloquer l'envahisseur ou l'ensevelir sous la
terre... Alors, pour s'en emparer, les chasseurs percent
le terrier par-dessus ; l'animal est saisi par des pinces
et ramené, par ce moyen cruel, autant qu'inélégant, à la
surface...

Et tout cela pour permettre aux peintres de faire des
tableaux... et même, au commun des mortels, de se
faire la barbe ou de se laver les dents...

La Loutre,

qui a eu l'honneur d'être célébrée dans un poème du père Vanière — assez peu connu, d'ailleurs — le *Praedium rusticum*, est un Mustélien aquatique ; de structure assez semblable aux précédents, il en diffère par ses pieds qui, devant s'adapter à l'eau, sont palmés, et par sa queue, aplatie comme celle du castor.

La loutre ne se creuse pas de terrier, mais, au bord des rivières ou des étangs, elle profite de toute anfractuosité du terrain pour en faire sa retraite, « sous les « racines des peupliers, des saules, dans les fentes de « rochers et même dans les piles de bois à flotter. » (Buffon).

Dire qu'elle vit en marge des eaux, c'est dire qu'elle se nourrit d'animaux aquatiques : poissons, crustacés, batraciens et rats d'eau, tel est son gibier ordinaire.

Je parle ici de la *Loutre d'eau douce* ; mais il existe également une *Loutre marine*, ou d'eau salée, celle-ci plus grande et plus forte que l'autre ; sa tête a quelque analogie avec celle du phoque, dont elle rappelle les mœurs. Malheureusement pour elle, son pelage est splendide ; aussi l'homme, y voyant une fourrure à son propre usage, lui fait une guerre acharnée, et, comme toujours, par ses excès, tue « la poule aux œufs d'or ».

« Il y en avait, écrit Buffon (au Kamtchatka) en 1742, une si grande quantité que les Russes en tirèrent plus de huit cents. » « Comme ces animaux n'avaient jamais vu d'hommes auparavant, ajoute M. Steller, ils n'étaient ni timides, ni sauvages ; ils s'approchaient même des feux que nous allumions, jusqu'à ce qu'instruits par leur malheur, ils commencèrent à nous fuir. »

L'attachement de la femelle au mâle et son dévouement pour ses petits, longuement décrits dans ce passage de l'*Histoire naturelle* de Buffon, rend cette cruauté plus abominable encore... J'admire le sang-froid des naturalistes quand ils racontent ces massacres...

Le Glouton.

Avec le Glouton (*Gula borealis*) se clôt la série des petits fauves de la tribu des *Carnivores* (par opposition aux « Insectivores » et aux « Rongeurs »). Les auteurs de la *Zoologie élémentaire*, que j'aime à citer pour leur zèle à justifier la faune innocente, irresponsable, remarquent que le nom dont on a gratifié cet animal s'appuie sur une légende reconnue fausse. « Cet animal, poursuivent-ils, « mange à sa faim, comme les autres..., et enterre sa « nourriture lorsqu'il en a trop. »

Mais, d'autre part, ce petit Mammifère nous impressionne défavorablement par une hardiesse empreinte de férocité, qui le fait s'attaquer à de grands quadrupèdes, assez traîtreusement. En disant cela, j'ai sous les yeux une image représentant *un renne attaqué par un glouton* ; ce dernier s'est accroché au dos de l'infortuné ruminant, qui fuit, éperdu, sans pouvoir se débarrasser de ce fardeau vivant et meurtrier.

Par une coïncidence assez curieuse, peu de temps après avoir vu cette image pour la première fois, je lus dans un journal qu'on avait découvert en Mongolie, au fond d'un ancien *tumulus*, un tapis dont le dessin figurait *un élan courant avec un griffon sur le dos*... N'est-ce pas, exactement, la même scène, interprétée différemment ?

II. Insectivores.

Le second groupe des « fauves mineurs » est celui qu'on désigne sous la dénomination d' « Insectivores », par opposition à celui des « Carnivores », qu'on vient d'étudier. Il comprend le *hérisson*, la *musaraigne* et la *taupe*. Ce qui caractérise surtout ces nouveaux types, c'est leur dentition, en parfait accord avec le régime : comme ils ne se nourrissent point de chair succulente, et font leur proie de petits êtres aux tissus coriaces, incrustés de chitine, la Providence les a pourvus de molaires hérissées de pointes, et, par surcroît, de mâchoires à jeu latéral plus facile. Ici, encore une fois, la théorie de

« *la fonction qui crée l'organe* » me semble en défaut, car si l'on admet que l'habitude de mâcher des carapaces d'insectes est arrivée, avec le temps, à produire une dentition conforme au régime, comment les nombreuses générations qui se sont succédé au cours de cette évolution, de ce travail de transformation séculaire, n'ont-elles point pâti ?... La supposition n'est possible que si l'on admet que le changement de régime et le changement de dentition ont marché de pair. Mais, quand même, il serait intervenu, au milieu une phase critique où l'espèce aurait périclité, sinon péri...

Le Hérisson.

Il est trois animaux, dans la classe des Mammifères, également pourvus d'un pelage hérissé, mais assez différents pour tout le reste, et qu'il faut se garder de confondre : ce sont : l'*échidné*, — le *hérisson* — et le *porc-épic*. Le premier pourrait s'appeler « hérisson rudimentaire », et le troisième, classé comme Rongeur, « hérisson méridional », à cause de son habitat, le hérisson proprement dit appartenant à la faune de nos climats.

Chez ce dernier, le pelage, qu'on pourrait qualifier d'« érectile », ne couvre pas le corps entier ; il s'étend, à l'instar d'un manteau à capuchon, sur la tête, le dos et les reins, laissant le reste à nu, pour ainsi dire ; et la ligne de démarcation très nette qui l'en sépare lui prête un air artificiel... Mais c'est là l'aspect du hérisson en sécurité, du hérisson désarmé, relâchant sa cuirasse. Qu'un danger le presse, il se ramasse instantanément en boule ; alors le capuchon lui couvre la tête et le cou, et le manteau protège le ventre et les pattes ; l'animal apparaît ainsi comme une châtaigne géante – et vivante... Est-ce que la coque épineuse de ce fruit n'est pas elle-même une défense, un « appareil de protection offensif », plutôt, pour résister aux causes de destruction ?... Remarquez que le nom populaire de l'Oursin, cet échinoderme hérissé, est « *châtaigne de mer* ».

Trait remarquable de l'instinct de prévoyance chez cet animal : en l'absence de tout danger présent, il ne s'endort pas, cependant, sans s'être recouvert, au préalable, de son armure ; ainsi l'ennemi qui voudrait le surprendre, dans son sommeil ne trouverait qu'une boule hérissée de piquants, ne laissant aucune prise. J'oubliais de dire que, lorsque le hérisson se découvre, les dards de sa cuirasse se couchent en arrière les uns sur les autres, et cette partie de son pelage, tout en restant distincte, ne semble plus qu'une fourrure ordinaire ; alors il n'est plus hérisson que de nom.

En sa qualité d'*insectivore*, il est profitable aux jardins, détruisant hannetons, scarabées, larves de toute sorte, et même la vipère, dont il ne craint pas la morsure. On peut donc le classer comme animal utile, — et, comme animal utile, on doit le protéger.

La peau du hérisson, paraît-il, trouve, en certaines campagnes, un emploi bien inattendu : on en coiffe le veau qui doit être sevré, de façon que la mère, une fois piquée, n'y revienne pas.

La Taupe (*Talpa cœca*).

Voici, dans la Taupe, une créature du bon Dieu qui n'intéresse point par sa figure, mais par ses mœurs. En effet, sa tête sans cou, son museau finissant en trompe, ses formes vagues, empâtées, l'insuffisance de ses yeux, enfin la conformation spéciale de ses pattes antérieures, n'en font pas un être agréable à voir... Mais, justement, on ne le voit guère, et notre principe esthétique du « *beau patent, du laid latent* », trouve encore ici sa confirmation. Répétons ici, même, ce que nous avons dit ailleurs : la disgrâce de l'animal n'est pas la cause de sa retraite souterraine, mais l'effet de cette retraite ; le laid, en général, dans la Nature, ne se dissimule pas aux regards par une sorte de pudeur inconsciente : c'est l'infimité du milieu qui fait l'être infime. Empressons-nous d'ajouter que cette infimité de l'être, en rapport avec celle du milieu, n'a rien en soi de dégradant : comme je le disais tout à l'heure, les mœurs de la Taupe dépassent sa figure, tout en l'expliquant ; en particulier, ses pieds de devant, très différents de ceux d'arrière, offrent l'aspect utilitaire d'instruments fouisseurs ; ce sont, effectivement, des *outils* : rien de plus honorable. Les cinq doigts de pied, aux membres antérieurs, forment comme une petite main, dont la paume serait tournée en arrière ; à l'aide de ces sortes de mains, l'ingénieux animal affouille le sol, et pratique des galeries souterraines avec beaucoup d'art ; ses travaux rappellent, à plus humble échelle, ceux du terrassier ou du soldat creuseur de tranchées. La Taupe, une fois sa demeure établie, n'en sort pas ; il faut, pour l'en chasser, que le pied d'un passant fasse ébouler le dôme qui la surmonte, — ou que l'eau des grandes pluies en envahisse l'intérieur. C'est un spectacle lamentable, lors de telles inondations, que la foule de ces animaux s'enfuyant à la nage, et cherchant à gagner les hautes terres ; mais la plupart périssent en chemin.

Dans les jardins, la taupe se creuse de vrais « boyaux de tranchées » ; dans les prairies, ses galeries souterraines sont couronnées par une voûte, apparente à l'extérieur sous forme de *dôme*. Ces petits monticules de terre, qui tranchent sur l'herbe du pré, sont connus sous le nom de *taupinières*, et font le désespoir du paysan ; elles gênent, en effet, à l'époque des foins, le vol de la faux ; et d'autre part, on accuse la Taupe de couper, dans son trajet, les racines des plantes fourragères... Mais l'innocent Insectivore ne rachète-t-il point ces dégâts par la chasse qu'il fait aux vermisseaux, plus nuisibles que lui...?

Malgré son nom latin de *Talpa cœca*, qui veut dire « Taupe aveugle », ce petit mammifère n'en est pas réduit, comme on le croit généralement, à la complète cécité ; ses yeux sont, à la vérité, excessivement petits, et sa vue très faible en plein jour ; mais, remarquez-le bien, ce n'est pas du tout, ici, un défaut, puisque l'animal passe sa vie dans l'obscurité, où il y voit peut-être mieux que vous... Et d'ailleurs, le sens du tact, très développé chez la Taupe, pourrait suppléer au sens de la vue.

Outre la *Taupe noire* de nos pays, on connaît encore : la *Taupe blanche* de Hollande, la *Taupe tachetée* d'Europe, et celle du *Cap de Bonne-Espérance*, cette dernière de très grande taille, et surnommée « Taupe-hippopotame ». Ceux qui, dans mon « histoire naturelle esthétique », cherchent les détails pittoresques, aimeront à savoir que ces taupinières sont assez considérables pour entraver la marche des cavaliers. Comme tous les extrêmes se trouvent dans la Nature, celles de la *Taupe du Canada* en sont, en quelque sorte, les miniatures.

La Musaraigne.

Ce nom de « *musaraigne* » vient du latin, et signifie « rat-araignée » — pourquoi?... Ce qui semble plus clair, c'est que ce petit mammifère insectivore, assez mignon, d'ailleurs, de figure, tient le milieu entre la taupe et le rat. Sa mauvaise odeur répugne aux chats, qui lui font la chasse, mais se gardent d'y toucher. Toutefois, d'après Buffon, ce serait un préjugé de croire sa morsure venimeuse ; et d'ailleurs la faible ouverture de ses mâchoires ne saurait lui donner prise sur la peau d'aucun animal.

La Musaraigne habite, l'été, le fond des bois, où elle se cache dans la mousse et les feuilles tombées des arbres ; l'hiver, elle fréquente les granges, les greniers, les écuries.

La *Musaraigne musquée* de l'Inde est de taille relativement considérable ; inversement, la *Musaraigne de Toscane* est la plus petite de tous les Mammifères (son corps n'a que 35 millimètres, sans compter la queue). Entre les deux se trouve celle que, dans nos pays, on appelle du gentil nom de *musette*. Enfin, on connaît une *musaraigne d'eau*, qui, dans les étangs, fait un grand carnage de poissons, notamment les carpes ; et les pêcheurs la maudissent, parce qu'elle les devance...

Le Desman.

Pour terminer la série des Insectivores, nous ne ferons que mentionner le *Desman*, espèce amphibie qui vit en Russie. sur les rives de la Volga ; ses pattes postérieures sont pourvues de membranes natatoires, et sa queue montre l'aplatissement transversal qui est le signe de l'adaptation au milieu fluide. Il a une tête volumineuse, et son museau finit en trompe.

Et maintenant, nous allons passer à des types d'un plus grand intérêt, au point de vue de l'Esthétique comme à celui de l'Histoire naturelle toute pure.

III. Rongeurs.

Ils se distinguent par l'absence de dents canines; mais, en compensation, leurs incisives sont longues, et légèrement recourbées. Ces incisives offrent une particularité singulière : leur croissance est continue, ce qui remédie à l'usure de ces dents chez des animaux qui, par définition *rongent* obstinément les matières les plus dures. Mais il est un cas où ce privilège devient un péril : c'est celui, tout exceptionnel d'ailleurs, où l'une des dents antagonistes vient à manquer ; alors, l'incisive d'en bas, je suppose, ne pouvant s'user par son frottement contre celle d'en haut, s'allonge démesurément, jusqu'à se souder au palais, immobilisant ainsi la mâchoire, et condamnant l'animal à périr d'inanition. Ce cas s'est produit réellement, jadis, chez un lapin.

La mâchoire jouit, chez les Rongeurs, outre son jeu normal, de mouvements étendus d'avant en arrière, ce qui facilite le travail de rongement, très distinct, en somme, de la mastication proprement dite.

L'écureuil.

Un de ces animaux privilégiés qui ont reçu le don de grâce et nous séduisent par leur élégance naturelle, leur vivacité primesautière, et leur gaîté pour ainsi dire enfantine.

Et d'abord, si dans les lignes générales de son petit corps, l'écureuil n'offre pas ce qu'on appelle « un type accompli de beauté », ses grands yeux brillants, expressifs, ses oreilles enjolivées d'aigrettes, et sa queue touffue aux longs poils fins, soyeux, suffisent pour lui faire décerner le titre de « *prince des Rongeurs* ». Jules Renard a, sur cette queue, un mot peut-être... irrespectueux, mais si drôle, que je ne puis résister à l'envie, en cette histoire grave, de le citer :

« Du panache ! Du panache ! Oui, sans doute ; mais, « mon petit ami, ce n'est pas là que ça se met... »

Cet appendice ornemental, en tout cas, est, même pour les savants, d'une certaine importance, puisque le nom latin de son possesseur en dérive : *Sciurus*, du grec « *skiouros* », veut dire, en effet, « *qui se met à l'ombre de sa queue* ». Ce n'est plus alors un panache, c'est un parasol...

Un trait qui n'est pas spécial à l'écureuil, mais qui, chez lui, est très saillant, c'est la différence de rôle, et, pour ainsi parler, la division du travail entre les membres antérieurs et les postérieurs : tandis que ceux-ci servent de pieds, comme de raison, ceux-là font, à l'occasion, office de *mains;* de sorte qu'on peut dire que si l'écureuil n'est pas un bipède, il s'avère moins quadrupède que d'autres. L'attitude classique de l'écureuil, celle qu'on se plaît à reproduire par l'image, est la station assise ; ainsi posé, il porte, de ses mains, la noisette ou le gland à sa bouche, — geste amusant pour nous, qu'il semble vouloir imiter, — et sans la malice du singe.

Léger et vif comme il est, il ne marche pas, et progresse par bonds ; grâce au développement de ses clavicules et à ses ongles très pointus, il grimpe aux arbres avec la plus grande facilité, et si prestement, qu'on ne peut le suivre de l'œil. En résumé, c'est un *arboricole* ; hôte exclusif de nos forêts, il se fait un nid sur les hautes cimes, avec autant d'art que les oiseaux ; ce nid est tressé de branchettes entremêlées de mousse, et protégé des intempéries par un toit de forme conique. — Et qui donc apprit à cet animal sans raison, — sans *notre* raison, — qu'un toit doit être en pente pour permettre à l'eau des pluies de s'écouler ?

Ainsi se passe la vie de l'écureuil, en pleine ramure, en plein feuillage, sautant avec agilité d'un arbre à l'autre, et parcourant des lieues sans toucher terre : existence presqu'aérienne, et bien inattendue chez un quadrupède. Nous reverrons cela chez le Singe.

Comme nourriture, l'écureuil a, chacun le sait, une prédilection pour les glands de chêne, les faînes du hêtre, et généralement tous les fruits secs de la famille des *Amentacées* ; et aussi pour les amandes et les noisettes ; il appartient donc, quant au régime, au clan des *frugivores*. Sans être, du moins en Europe, absolument nuisible, il fait quelque tort aux forêts de chênes, en mangeant « le blé en herbe », c'est-à-dire en dévorant les jeunes pousses et les châtons, espoir du gland futur. *L'Écureuil d'Amérique*, qui est de plus grande taille que le nôtre, s'attaque même au maïs, et une troupe de ces animaux peut en ravager tout un champ dans l'espace d'une seule nuit.

Parmi les qualités du gracieux gymnaste de nos bois, notons son extrême propreté, qui va, semble-t-il, jusqu'à la coquetterie : comme le chat, l'écureuil fait consciencieusement sa toilette, et prend grand soin de sa petite personne ; on le voit, assis sur ses pattes de derrière, se peigner et lisser son poil avec les pattes de devant, qui lui servent de mains, et avec ses fines quenottes

Enfin, « par sa gentillesse et l'innocence de ses mœurs, l'Écureuil, — dit Buffon, mériterait d'être épargné ». —

Faut-il que « cet âge sans pitié dont parle La Fontaine se fasse un jeu de lui lancer des pierres !... Tout aussi cruelle — et tout aussi sotte, est cette habitude d'emprisonner un être avide de mouvement et de liberté, dans une cage étroite où, — dérision amère, en le faisant tourner sur place, on semble lui laisser l'illusion d'une longue randonnée dans l'espace.

Il existe au moins une douzaine de variétés d'écureuils, les uns plus grands, les autres plus petits de taille, ceux-ci d'une couleur et ceux-là d'une autre, tantôt gris ou blonds, blancs ou noirs, ou bien au pelage rayé, tacheté, cela suivant les pays. On trouve, au reste, un peu partout, des représentants de l'espèce : aux Indes, à Madagascar, en Sibérie comme au Canada ; ce petit animal égaie tous les climats de ses gestes gracieux. Hélas ! il ne meurt pas toujours « de sa belle mort », comme on dit... C'est qu'il porte sur lui, pour son malheur, une fourrure que l'homme convoite ; ce qu'on appelle, dans la langue commerciale, le *petit-gris*, est le dos de l'Ecureuil du Nord, et le *menu-vair* (1) est son ventre. De plus, sa queue, sa belle queue en panache, sert à fabriquer des pinceaux... Etrange destinée des choses vivantes, des choses, plutôt, *qui ont vécu*, et comme le monde réfléchit peu à ces avatars !

*

* *

Signalons, comme une curiosité naturelle et qui donne à penser, l'existence, en certaines contrées septentrionales, de l'*Ecureuil volant*. Appelé, dans la langue russe, *polatoucha* (d'un mot qui signifie « pan d'étoffe », ce proche parent de notre écureuil des bois réalise un progrès pratique, sinon esthétique, dans la vie demi-aérienne de l'espèce : la peau de ses flancs forme, des deux côtés,

----

(1) *Vair* vient du latin *varius*, mélangé de blanc et de gris. (En blason, argent et azur). (V. ma *Sphère de Beauté*, p. 545).

un repli, qu'il peut tendre comme une aile, mais qui, ne lui servant pas à voler, à l'instar de l'oiseau, aide seulement l'animal à se soutenir un instant dans l'air, lorsqu'il saute de branche en branche ; en un mot, c'est un *parachute*. Nous verrons quelque chose de semblable chez le *Galéopithèque*, prédécesseur des Singes.

Le Muscardin.

Faisons une petite place au *Muscardin*, qui semble établir le passage entre les Rongeurs arboricoles et les Rats. Il est amusant, à son sujet, de comparer deux appréciations de naturalistes... Buffon, condescendant, le juge « le moins laid de tous les rats », et les auteurs de la *Zoologie élémentaire* déclarent que « c'est un de nos plus jolis Rongeurs »... Je laisse au lecteur le soin de décider, quand il aura l'occasion de voir l'animal au naturel ; cela va sans dire, car les portraits qu'on fait de lui en image peuvent être ou flattés, ou tout le contraire.

Le Muscardin porte, en langue savante, le nom de *Myoxus avellanarius*, ce dernier mot faisant allusion à son goût pour le noisetier (*avellana*) (1), dont il mange les fruits et dans la ramure duquel il établit sa demeure, située plus bas que celle de l'écureuil.

La Marmotte.

Au point de vue de la structure extérieure, c'est un type composite ; son nom gréco-latin d'*Arctomys* semble témoigner qu'elle tient tout à la fois du rat et de l'ours (2) ; mais c'est beaucoup dire... Toujours est-il qu'elle a le nez et le museau du lièvre, le poil du blaireau, les dents du castor, la moustache du chat, les yeux du loir, et les pieds de l'ours, disent les auteurs... Mais

____

(1) D'où vient *aveline*, grosse noisette des environs d'Avella, en Campanie.

(2) Ours, en grec *Arctos*, d'où le pôle *arctique* (sous la constellation de la « Grande Ourse ».

allez donc reconstituer, avec ces éléments, la figure de la Marmotte !

Avec son corps épais, ses membres empâtés, les antérieurs terminés par de fausses mains, sa tête plate et démesurément large, ses yeux très écartés, bien que sur le même plan, et ses oreilles écourtées, la pauvre bête ne peut guère passer pour très attrayante ; mais, par compensation, elle est intéressante. A peu près plantigrade, comme l'Ours, par la conformation spéciale de ses pieds de derrière, elle se tient volontiers debout ; de même que l'Ecureuil, elle s'assoit sur sa base et porte de ses mains les aliments à sa bouche ; mais ce geste, chez elle, n'a pas tant de grâce.

Sa dentition, très forte, rendrait sa morsure cruelle, si son tempérament n'était pas si doux, si pacifique ; de même, les griffes dont sont armés ses pieds de derrière ne servent qu'à la faire grimper aux arbres, aux rochers et le long des fissures ; comme, en cette escalade, elle s'appuie alternativement sur les parois, droit et gauche, on prétend que c'est d'elle que les petits ramoneurs ont appris à monter dans les cheminées.

On a remarqué, jadis, qu'elle faisait entendre, en buvant, un murmure analogue à celui d'un homme qui « marmotte », ce qui lui aurait valu son nom ; à moins que ce nom, tout au contraire, n'ait passé de l'animal lui-même à l'acte de marmotter. Que si l'on vient, d'autre part, à la tourmenter, elle fait entendre un sifflement aigu, à percer le tympan.

La Marmotte est une montagnarde ; elle habite les hauts pâturages qui s'étendent au-dessus de la zone forestière ; et là, se creuse un terrier très confortable, tapissé de mousse, et d'une exquise propreté. Dès que les froids d'hiver se font sentir, elle en bouche toutes les ouvertures et s'enferme hermétiquement ; la privation d'air, pense-t-on, plutôt que le froid, l'engourdit ; elle vit là, comme tant d'autres animaux « hibernants », sur sa graisse ; et quand, au printemps, elle en sort, c'est dans un état tout

contraire à celui de la belette de La Fontaine... Même
en hiver, par les beaux jours, on voit les marmottes
s'aventurer au dehors et prendre leurs ébats sur l'herbe,
tandis que l'une d'entre elles fait le guet ; au premier
coup de sifflet de celle-ci, la troupe tout entière déguerpit
et regagne en hâte ses cantonnements.

Ce bon Pline l'Ancien, qui met résolument sur le
même plan le renseignement technique et la légende,
rapporte un stratagème ingénieux, trop ingénieux, vraiment, qui serait pratiqué par le *Rat des Alpes* (sans doute
notre marmotte), pour transporter ses provisions : « L'un
des deux (individus), alternativement, se renverse sur le
dos, tenant entre ses pattes un faisceau d'herbes ; l'autre
lui saisit la queue avec les dents et le traîne au terrier. »

Si non e vero, ben trobato ; c'est ce que La Fontaine
a pensé, sans doute, en le joli tableau qu'il en fait dans
sa fable intitulée *Les deux Rats, le Renard et l'Œuf*. Les
deux compagnons ont trouvé sur leur chemin un œuf.
Bonne aubaine ! Mais, ô malechance, le renard se montre... Il faut quitter la place, et comment emporter l'œuf
avec soi ?

...Le bien empaqueter,
Puis des pieds de devant ensemble le porter,
Ou le rouler, ou le traîner,
C'était chose impossible autant que hasardeuse.
Nécessité l'ingénieuse
Leur fournit une invention.
L'un se mit sur le dos, prit l'œuf entre ses bras.
Puis, malgré quelques heurts et quelques mauvais pas,
L'autre le traîne par la queue...

Et La Fontaine de conclure :

Qu'on m'aille soutenir, après un tel récit
Que les bêtes n'ont point d'esprit...

Malheureusement, ici, la preuve est peu solide et les
arguments donnés par le fabuliste, dans cette fable admirable de bon sens, ont cent fois plus de valeur.

Le Loir et le Lérot.

Quelques mots seulement sur le *Loir* et le *Lérot*, deux petits Rongeurs assez voisins de l'écureuil et aussi du Muscardin. On dit communément : *dormir comme un loir* ; mais on pourrait dire avec autant de raison : « comme une *marmotte* ou comme un *hamster* », d'autant plus que le sommeil du Loir est, paraît-il, entrecoupé : ce n'est pas le sommeil idéal.

Le Loir est un assez joli petit animal, frugivore comme l'écureuil, et comme lui, quand il est tenté par des oiseaux, carnivore par occasion. Il se tient, lui aussi, dans les bois et grimpe aux arbres ; mais, étant très gras, ses mouvements sont moins agiles. Il ne se donne pas la peine de construire un nid et se contente, comme retraite, d'un tronc d'arbre creux ; c'est le cousin bohême de l'industrieux et délicat écureuil.

Tandis que le Loir fuit les lieux habités, le *Lérot*, au contraire, les recherche ; et c'est à notre dam, car, grimpant sur les murs de jardins, le long des espaliers, il met au pillage les plus beaux fruits et notamment les pêches. Sans doute que cette nourriture succulente le repose du régime trop sec des amandes et des noisettes.

Il existe, aux pays chauds, une variété de l'espèce que, pour la singulière beauté de son pelage, on ne peut, en un livre tel que celui-ci, passer sous silence : c'est le *Lérot à queue dorée*. « Dorée », c'est peut-être trop dire ; mais cette queue tranche sur le reste du corps par un coloris somptueux ; brune à sa naissance comme tout le corps de l'animal, elle prend une belle teinte noire, et se termine en ton d'aurore. Un rappel de ce ton fait, à l'autre extrémité, sur le front, une tache lumineuse. Ici, comme en bien d'autres cas, le pigment ne se répartit pas suivant un rythme, ainsi qu'on l'observe chez les animaux *rayés* ou régulièrement tachetés ; c'est le parti chromatique « amorphe ».

Le Castor.

Si certains animaux brillent par la figure ou le coloris, d'autres, qui n'ont pas reçu ces dons extérieurs, se font remarquer par la puissance de leur instinct, de leur intelligence. Ainsi le *Castor*. Passez sur son corps aux formes épaisses, sur sa tête de lapin sans oreilles et sa démarche gauche sur la terre ferme ; observez que ses membres sont adaptés à une tâche utile et spéciale ; ce sont des *outils* d'ouvrier constructeur et de constructions *hydrauliques*. Le fait d'avoir, à l'extrémité des membres antérieurs, des sortes de *mains*, n'est pas nouveau : nous l'avons vu déjà chez l'écureuil ; mais les mains de Castor sont autrement industrieuses ; et quant aux membres postérieurs, ils sont organisés pour l'existence aquatique ; les doigts de pied étant unis par une membrane, on peut qualifier le Castor de *Mammifère palmipède*. Enfin, la queue, aplatie de haut en bas et recouverte d'écailles, est, suivant l'énergique expression de Buffon : « une vraie portion de poisson attachée au corps d'un quadrupède ». Outre sa fonction natatoire, elle sert à l'animal de truelle ou de spatule pour tasser la terre. Ajoutons, à tous ces instruments naturels, une armature de dents solides et si tranchantes que les sauvages s'en servent en guise de couteaux... Le Castor, lui, s'en sert pour couper le bois de ses constructions, comme nous l'allons voir.

L'aversion de ce pacifique animal pour la chair et le sang est très remarquable, autant que son goût pour les écorces d'arbres : tout en travaillant à son habitation lacustre, il se plaît à ronger le bois d'œuvre, qui devient pour lui un véritable aliment ; c'est un *Rongeur* dans toute la force du terme.

Nous ne parlerons pas ici de ses amours, dont le détail est assez touchant, et que Buffon a célébré longuement, sur un mode... comment dirais-je ?... quelque peu *godiche*. Mais nous devons nous arrêter davantage sur ce qui fait le principal intérêt du Castor, à savoir sur ses travaux.

Dans sa fable des *Deux Rats, du Renard et de l'Œuf*, La Fontaine nous en présente le tableau en raccourci et le morceau débute d'une façon peu flatteuse pour notre espèce...

> Non loin du Nord il est un monde
> Où l'on sait que les habitants
> Vivent, ainsi qu'aux premiers temps,
> Dans une ignorance profonde :
> *Je parle des humains* ; car, quant aux animaux,
> Ils y construisent des travaux
> Qui des torrents grossis arrêtent le ravage,
> Et font communiquer l'un et l'autre rivages.
> L'édifice résiste et dure en son entier ;
> Après un lit de bois est un lit de mortier.
> Chaque castor agit ; commune en est la tâche ;
> Le vieux y fait marcher le jeune sans relâche ;
> Maint maître d'œuvre y court, et tient haut le bâton.
> La république de Platon
> Ne serait rien que l'apprentie
> De cette famille amphibie.
> Ils savent en hiver élever leurs maisons,
> Passent les étangs sous des ponts,
> Fruit de leur art, savant ouvrage ;
> Et nos pareils ont beau le voir,
> Jusqu'à présent tout leur savoir
> Est de passer l'onde à la nage.
> Que ces castors ne soient qu'un corps vide d'esprit,
> Jamais on ne pourra m'obliger à le croire...

La Fontaine, ici, soit dit en passant, rabaisse trop l'homme au profit de l'animal, comme il en a coutume : et s'il s'élève avec raison contre la doctrine de Descartes (la « bête-machine »), on peut lui reprocher de porter trop haut un instinct, qui, d'ailleurs, vient de Dieu. En sa qualité d'artiste, il ne fait qu'effleurer dans ce passage des questions très profondes, comme celle de l'intelligence et de l'instinct, celle des sociétés animales. Je renvoie le lecteur à ce que j'ai dit sur ce sujet et vais donner de suite quelques précisions sur les travaux — à la vérité surprenants — des Castors.

Et d'abord, ces ouvriers habillés de poil pratiquent,

sans s'en douter, la loi que nos économistes ont cru
inventer : la loi de *division du travail* : une fois le lieu
favorable trouvé, leur troupe, qui peut compter juqu'à
trois cents individus, se partage en équipes, et chacune
d'elles a sa tâche spéciale : les uns, come conscients de
leurs aptitudes de Rongeurs, attaquent de concert, avec
leurs incisives tranchantes, les troncs d'arbres les plus
massifs ; et, ce qu'il y a de plus admirable, sans corde
de sûreté, ni aucun apprentissage de bûcheron, ils les
font tomber du côté qu'il faut, et c'est toujours en travers d'un cours d'eau, parfois d'un étang ou d'un
estuaire. L'arbre une fois tombé, une autre équipe en
débite les branches et l'équarrit ; des pieux ainsi fabri-
qués, une troisième fonde un pilotis entrelacé de menus
branchages ; le tout est cimenté par de la terre, que ces
animaux, parfaitement outillés des mains de la Nature,
gâchent de leurs pieds et tassent de leur queue. Ainsi se
réalise un barrage, une espèce de digue, laquelle se transforme en écluse, grâce à des ouvertures ménagées dans
le haut, afin de faire écouler le trop-plein et, chose à peine
croyable, les Castors savent, en les élargissant ou les
rétrécissant, suivant les cas, régler le débit du liquide, de
manière qu'à l'intérieur du bief son niveau demeure
constamment égal.

Tous ces grands travaux ne sont pourtant que des préliminaires à l'établissement d'une *cité lacustre* ; celle-ci
se compose d'un certain nombre de petites cabanes très
confortables et tenues avec la plus minutieuse propreté ;
le plancher est jonché de feuillage et des rameaux de
sapin ou de buis s'étalent en tapis plus hygiéniques que
les nôtres.

Ces « cités lacustres » (et souvent « fluviales ») rappellent étonnamment les habitations préhistoriques connues
sous la dénomination de *palafittes* (d'un mot italien qui
veut dire *pilotis*) et dont on retrouve les débris en Suisse,
par exemple.

A ce propos, nous prenons La Fontaine en faute, lorsqu'en deux endroits de cette fable que nous avons citée, il traite nos ancêtres de sauvages ou, tout au moins, d'ignorants, qui se laissent distancer par de simples animaux... Mais, au temps où le fabuliste écrivait, on ne connaissait pas les *palafittes*.

L'instinct de construction merveilleux qu'on admire chez le Castor n'est, pour ainsi dire, que la cause finale d'un instinct de sociabilité très profond : ces bêtes *édifiantes* aussi bien qu'*édificatrices* (1) répudiant tout individualisme stérile, s'unissent pour travailler, à cette fin de se réunir pour vivre plus sûrement, plus agréablement ; et, quelque nombreux que soient les membres de la colonie, la paix y règne sans altération. Heureux castors ! Et que les hommes ne suivent-ils leur exemple...

* *

Comme rien, dans la Nature, n'est absolument fixe, et qu'on y trouve tous les passages, à côté des castors sociaux et constructeurs s'en trouvent d'autres, qui mènent une existence isolée et ne font aucuns travaux d'art. Soit que leur tempérament les porte à la solitude et à l'inaction, soit, ainsi que le prétendent certains auteurs, que leur incapacité les ait fait rejeter du phalanstère, soit enfin, ce qui semble plus vraisemblable, qu'ils soient gênés par la présence de l'homme, ces *outlaws* s'en tiennent au creusement d'un terrier, tout comme de simples lapins ; on les appelle *Castors terriens* ; mais ils ne méritent plus guère le nom de *Castors*. Notons ce fait que quelques-uns d'entre eux poussent plus loin l'ambition, et se créent, en marge des rivières, de petits bassins ; ceux-là forment la transition des « terrestres » aux « aquatiques ».

(1) Je ne fais pas ici un vain jeu de mots : ce même vocable, *édification*, n'est-il pas pris au propre comme au figuré (élever un monument, élever l'âme) ?

D'ailleurs, l'instinct social et constructeur des Castors ne semble pas inné, non plus que leur prédilection pour l'eau : Buffon en avait gardé quelque temps un chez lui, qui n'avait jamais vu l'élément liquide ; à son premier aspect, il fut épouvanté et refusa le bain... Il ne s'enhardit qu'après avoir été plongé de force. Ajoutons que, s'y trouvant à l'aise, il y revint de son plein gré.

*

* *

Les Anciens paraissent avoir connu le Castor ; mais, chose surprenante, aucun ne parle de son génie d'architecte, soit que, dans le voisinage de l'homme, il se soit abstenu, soit, peut-être, aussi, que la race des constructeurs habitât des régions où ces Anciens n'avaient pas encore pénétré.

Ce que l'espèce humaine appelle le *progrès* a paralysé, ou fait reculer ces ingénieuses et si sympathiques créatures. Il y en avait encore quelques spécimens au siècle dernier, en Languedoc et dans les îlots du bas-Rhône; en reste-t-il encore aujourd'hui ?...

Le Castor appartient surtout à la faune du Canada et figure, comme emblême, sur les timbres-poste de ce pays. On le trouve encore en Sibérie et dans quelques contrées de l'Europe septentrionale.

Assez voisin du Castor proprement dit (*Castor fiber*) (1) est l'*Ondatra* (*Fiber zibeticus*). De taille inférieure à celle de ce dernier, il s'en distingue, d'abord, par l'orientation de sa queue, aplatie *latéralement* (et non de haut en bas), puis par ce singulier privilège de rétrécir son corps à volonté, ce qui lui permet de s'introduire en de certains trous. La glande à secrétion odoriférante dont il est pourvu l'a fait appeler *Rat musqué* par quelques auteurs.

Le Castor est chassé pour deux de ses produits : son

(1) Pour forger cette dénomination linnéenne, on a juxtaposé les deux noms, grec et latin, de cet animal. De *fiber*, on a fait le français *bièvre*, ancien nom populaire du Castor.

pelage, qui sert à fabriquer les chapeaux, et cette sorte de graisse parfumée qui, sous le nom de *castoreum*, était naguère employée dans les pharmacies.

Le *Sic vos, non vobis* de Virgile trouve encore ici son application, mais atténué par le fait qu'avant d'user de ce produit comme remède, nous voyons l'animal en tirer lui-même parti pour lubréfier son poil. Et quant à son pelage, comme à propos de toute fourrure (1) en général, nous renvoyons le lecteur à l'originale apostrophe de Bossuet (2), qui commence ainsi : « ...Voilà la source des habits que le luxe rend si superbes... » Mais cette citation, au fait, que je fais au sujet du Castor, serait mieux à sa place au chapitre de la *Marte zibeline*, de l'*Hermine* ou du mouton qui fournit l'*astracan*.

Le Groupe des Rats

Entre les trois types précédents : *écureuil, loir* et *castor* et les trois autres qui me restent encore à décrire pour en avoir fini avec les Rongeurs, à savoir *lièvre, cobaye* et *porc-épic*, vient se placer un groupe assez homogène pour être pris en bloc, celui des *Rats*. Il comprend : le *Rat* proprement dit et le *Surmulot*, la *Souris*, le *Mulot*, le *Campagnol*, le *Rat d'eau* et le *Hamster*.

Rat (et Surmulot).

Corps allongé, museau pointu, gros yeux, larges oreilles, pattes courtes et grêles, queue longue et vermiforme, plus une paire de moustaches aux poils écartés, tel est le *Rat*. Nous n'aurons guère à changer les traits de ce tableau pour les autres espèces, si ce n'est pour ce qui regarde la taille.

---

(1) V. ma *Sphère de beauté*, p. 545 (tableau des fourrures et pelleteries).

(2) Élévations sur les mystères (treizième de la sixième semaine).

Buffon écrit, à propos de leur voix, qu'« ils *glapissent* (à l'époque des amours) et crient quand ils se battent »... Les habitants de vieux logis ne le savent que trop. Les rats ne sont pas seulement incommodes, en ce qu'ils troublent notre sommeil par leurs ébats nocturnes ; ce ne sont pas seulement des animaux nuisibles en ce qu'ils pillent nos provisions et percent des trous dans nos cloisons ; ce sont encore, comme on l'a reconnu récemment, des animaux très dangereux, pour le moins très suspectés de propager la peste et la rage, soit par leurs puces, soit par leurs morsures. Aussi prend-on contre eux toutes les précautions. Mais, en dépit des chats, des pièges, du poison et des chasses qu'on organise dans les égouts, leur puissance prolifique est telle qu'on n'en viendrait jamais à bout, si la Nature elle-même n'y mettait un terme ; par un de ces procédés automatiques dont elle a le secret, la pullulation même de cette engeance porte en soi son remède ; car, les vivres devenant insuffisants pour leur trop grand nombre, ils résolvent le problème en s'entre-dévorant.

Un fait des plus curieux et qu'on pourrait qualifier d'*historique*, est l'extinction, dans nos pays d'Europe, de l'espèce appelée le *Rat noir*. Cette espèce, depuis longtemps installée chez nous, fut supplantée, dans la première moitié du xviiie siècle, par une autre plus puissante, venue d'Asie (comme toutes nos invasions humaines) : celle du rat auquel on a donné, depuis, le nom, assez mal choisi d'ailleurs, de *surmulot*. Ce dernier, grâce à sa taille relativement considérable et à sa fécondité sans doute supérieure, a fini par évincer complètement le rat noir, de même que les Européens sont arrivés, dans le Nouveau-Monde, à supplanter la population indigène... Et voici que, se faisant à son tour transporter (gratuitement) par nos navires, il envahit l'Amérique du Nord. Somme toute, de ce côté de l'Océan comme de l'autre, nous n'aurons rien gagné au change.

Souris (*Mus musculus*) (1).

La Souris, qui, pour cause purement linguistique, se trouve être du genre féminin (ce qui peut faire croire aux gens simples que c'est la femelle du rat), présente justement, dans sa taille et sa physionomie, des caractères opposés à ceux du sexe mâle : toute menue, légère et vive (« trotte-menu »), de tempérament peu farouche, elle n'est point répulsive ainsi que le rat, et même, au regard de certains, est plutôt attrayante.

« Timide par nature et familière par nécessité, dit Buffon, la peur ou le besoin font tous ses mouvements. » « Ce petit animal, dit-il encore, suit l'homme partout « où il va, non par pure affection, sans doute, mais par « l'appétit naturel qu'il a pour le pain, le fromage, le « lard, l'huile, le beurre et les autres aliments que « l'homme prépare pour lui-même... » C'est le *Sic vos, non vobis* retourné.

Parmi les différentes variétés de l'espèce, je citerai : la Souris grise, citadine, et la Souris rousse, campagnarde ; puis la Souris naine, qui niche dans les blés ; enfin, celle d'Afrique (Acomys), dont le dos est armé d'aiguillons. Une variation accidentelle, causée par l'absence de pigment et le défaut de coloration des tissus, produit des *albinos* : c'est la gentille souris blanche, aux yeux rouges.

Mulot.

Il n'y a pas grand'chose à dire du *Mulot*, qui tient le milieu, pour la taille, entre le rat et la souris. Suivant les lieux et provinces de France, on l'appelle : « Souris de terre », « Rat-Sauterelle » (à cause de ses bonds), « Rate à la longue queue », « Grand rat des champs » (*feld-mause* en Allemagne, *field-mouse* en Angleterre). Il habite, au reste ,aussi bien les bois que les champs et fait de grands ravages dans les pépinières. Mais, par

(1) En grec, le même mot (*mus*), comme en latin celui de *musculus*, désigne tout à la fois le rat (ou la souris) et le muscle. Cela, sans doute, à cause de l'analogie de forme entre ces deux objets.

compensation (pour nous), il a de nombreux ennemis : « le loup, le renard, la marte, les oiseaux de proie », « et... *lui-même* », ajoute Buffon.

Ce « lui-même », brochant sur le tout, a quelque chose d'ironique, qui fait penser de suite à l'homme...

Campagnol.

Le *Campagnol*, autre rat des champs, montre une prédilection malheureuse pour nos blés ; lorsque vient la saison, il escorte les moissonneurs et glane derrière eux ; ses invasions, d'ailleurs, ne sont pas régulièrement périodiques ; elles alternent avec des disparitions, lesquelles s'expliqueraient par ce fait qu'en cas de concurrence intensive, ils s'entre-dévorent.

Rat d'eau.

La plupart des groupes d'animaux terrestres ont des représentants aquatiques, celui des rats comme les autres. Le *Rat d'eau* nage aussi bien que la loutre, bien qu'il n'ait pas, comme elle, les pieds palmés ; et, de même que la loutre, il se nourrit de poissons, de batraciens et des insectes qui vivent dans ce milieu. Mais, comme en témoigne son nom latin (*Arvicola amphibius*), il partage son existence entre les eaux et la terre ferme.

Hamster.

Son nom savant est *Cricetus frumentarius* et annonce encore un ennemi de notre froment (dont il est, justement, trop ami). *Hamster* est le nom allemand du Rongeur, qu'on appelle chez nous *Rat de blé* ; il est, effectivement, abondant en Thuringe. Comme traits particuliers : queue très courte, ce qui tranche sur les autres membres du groupe, qui sont porteurs de longs appendices caudaux ; puis, tête très forte, arrondie et pourvue, par surcroît, d'abajoues servant à deux fins : l'animal en use, d'une part, pour transporter commodément son butin, comme d'un panier à provisions, et, d'autre part, pour épouvanter l'ennemi, le « méduser », c'est le cas de le dire, en se faisant, de ses joues gonflées, un masque de guerre Mais la fonction naturelle de cet organe, son rôle physiologique, est d'amollir, par la sécrétion d'un liquide onctueux, les grains coriaces dont l'animal fait sa nourriture. Encore un frappant témoignage en faveur des causes finales.

Une fois retiré dans son gîte, le Hamster, de ses pattes de devant, presse sur ses abajoues pour en faire sortir le contenu. Que si l'on rencontre un de ces Rongeurs les joues pleines, on peut le saisir sans risquer la morsure ; mais, pour peu qu'on lui laisse du répit, il a tôt fait de vider ses poches et de se mettre sur la défensive.

Le *Hamster* est, comme bien d'autres petits mammifères, un animal hibernant ; celui qui, dans la période des grands froids, découvre son terrier, trouve l'habitant non pas endormi (comme le mot de « sommeil hibernal » pourrait le faire croire), mais engourdi, la tête rentrée sous le ventre, les yeux clos, les membres raidis et le corps froid... On le dirait mort ; mais il vit, d'une vie latente, ralentie ; son cœur ne bat que 15 pulsations par minute, au lieu de 150. La cause de cet engourdissement, ainsi qu'on l'a vu pour la marmotte, ne paraît pas être l'abaissement de température extérieure, mais plutôt la privation d'air ; car l'animal, en se retirant dans son terrier, en bouche toutes les ouvertures. Je conseille au lecteur d'ouvrir, ici, l'*Histoire des animaux*, de Buffon, à la page où se trouve décrit le réveil du Hamster ; c'est un joli tableau de renaissance à la vie (1).

La chasse au Hamster était jadis poussée très loin, en Allemagne, si bien que dans une seule année l'on a porté à l'hôtel de ville de Gotha plus de 80.000 peaux de l'infortuné rongeur.

Rats et souris jouent un grand rôle dans le *théâtre aux cent actes divers* de La Fontaine ; le fabuliste les

____

1 Addition au Buffon de l'édit. hollandaise, p. 237.

met, naturellement, en opposition constante avec le *Chat*; il tire d'Homère, de Rabelais ou de son propre fond, des expressions amusantes et joliment forgées, comme *Rata-pon*, *Ratapolis*, et des noms héroï-comiques, à sonorité guerrière, tels qu'*Artarpax*, *Psicarpax*, *Méridarpax* (1) ; parle de *rateuse Seigneurie*, de *peuple souriquois*, procédé comique, plus profond qu'il n'en a l'air, et qui nous intéresse par un contraste inopiné, pour ainsi dire, entre la grandeur de la fonction et la ténuité du sujet ; regard alternatif rapide, qui va du sublime à l'infime...; enfin, il fait allusion à ces rats

> ...Qui, les livres rongeant
> Se font savants jusques aux dents...

Ne sont-ce point là ce qu'on nomme « les rats de bibliothèque » ?

Et il nous montre, dans le festin interrompu que donne le « Rat de ville » au « Rat des champs », l'inanité d'un plaisir « *que la crainte peut corrompre* », ce trait, du reste, ayant la valeur d'un document psychologique, car on peut observer que les animaux ne mangent pas tant qu'ils ne se sentent pas en parfaite sécurité.

Le Lièvre.

Lorsqu'après la belette et tous ses congénères onduleux et pointus, après le bizarre hérisson et la taupe obscure, après le castor industrieux, mais empâté de formes, même après l'écureuil, ce gracieux gymnaste, on tourne ses regards vers le Lièvre, on éprouve le sentiment du mieux, du moins quant aux formes extérieures ; on a l'impression d'un progrès. Ce Rongeur d'un type nouveau n'a, c'est vrai, qu'un rudiment de queue ; mais son corps svelte, élancé, n'offre pas ce rythme ondoyant

---

(1) Emprunts faits à la « Batrachomyomachie » (combat des grenouilles et des rats), petit poème attribué à l'auteur de l'*Iliade*.

Ces trois noms signifient : *voleur de pain*, *voleur de miettes*, *voleur de morceaux*.

qui, chez les *Mustéliens*, a quelque chose d'inquiétant et
de « louche » ; les pattes sont plus longues et bien dégagées, de vraies pattes de coureur ; la tête, sans museau
proéminent (1) est surmontée de grandes oreilles très
saillantes, qui lui donnent du caractère et qui, tantôt
abaissées, tantôt redressées, lui prêtent une agréable mobilité ; les yeux qu'elle enchâsse sont grands, bien ouverts
et très doux ; de tout l'ensemble se dégage une expression de franchise et d'innocence appelant la sympathie.

Le pelage du lièvre est épais, très fourni ; c'est une
riche fourrure pour l'animal (car elle n'est pas utilisée
par l'homme) ; il est, comme on sait, de teinte fauve,
mais devient blanc, à la saison d'hiver, soit aux pays
du Nord, soit dans les montagnes ; l'altitude produit,
encore ici, le même effet que la latitude. L'âge aussi, du
reste, amène un égal résultat et le lièvre qui vieillit blanchit, comme nous, de son poil.

Nous avons vu que, grâce à ses pattes bien dégagées,
c'était un coureur incomparable ; le langage populaire
l'atteste par cette locution : « *courir comme un lièvre* »;
mais, les pattes de devant étant plus courtes que celles
de derrière (2), il a plus de peine à descendre les côtes
qu'à les monter ; aussi bien, poursuivi par les chasseurs,
il gagne, autant que possible, en hauteur. Ses pieds sont,
d'autre part, comme capitonnés de poil en dessous, ce
qui lui confère l'avantage d'une marche silencieuse.

La dentition du lièvre offre ce trait remarquable, que
les incisives de la mâchoire supérieure sont doublées ;
en arrière, et tout contre la paire normale, se trouve une
paire, pour ainsi parler, « de réserve » ; c'est ce qui a fait
donner à l'espèce la qualification de « *duplici dentata* ».

---

(1) Signe particulier : ce museau est fendu verticalement, d'où la
dénomination de *bec-de-lièvre*, qu'on applique aux sujets humains
chez qui les deux côtés de la lèvre supérieure ne se sont pas soudés
sur la ligne médiane.

(2) Les pattes de devant sont pourvues de cinq doigts ; celles de
derrière n'en ont que quatre.

Ajoutons que la mâchoire inférieure se meut facilement de côté et d'autre (mouvements de latéralité), caractère qui lui est commun avec les Ruminants. Le régime du lièvre, en rapport, comme toujours, avec la dentition, consiste en herbes, en feuillages, en fruits ; on a noté ses préférences pour les végétaux à suc laiteux ; l'hiver, quand l'herbe est rare, il exerce son métier de Rongeur aux dépens des écorces d'arbres ; il ne ménage guère que l'aulne et le tilleul. On voit que c'est, en somme, un végétarien, de sorte qu'on pourrait le placer dans le groupe que j'appellerais « des *petits quadrupèdes herbivores* ».

Au point de vue de la fonction reproductrice, cette espèce présente une particularité très rare : c'est la « *superfétation* » (mot pris ici, naturellement, dans son acception physiologique), autrement dit : la succession pour ainsi dire ininterrompue de trois faix (ou fœtus), qui se développent à l'intérieur du corps maternel, et viennent au jour les uns après les autres, coup sur coup ; en même temps que la femelle (hase) allaite le premier levraut, elle en porte un autre prêt à naître, plus un second privé de poil, plus un troisième qui s'ébauche.... Cela tient à certaine disposition des organes génitaux qui, d'autre part, rend la distinction des sexes assez délicate.

Le lièvre est connu pour être très craintif, ce qui lui a valu son nom linnéen de « *Lepus timidus* ». On peut croire qu'il existe un rapport secret entre ce tempérament psychique particulier — et la longueur, comme la mobilité de ses oreilles... Remarquez la tendance curieuse du langage à caractériser la tournure d'esprit par la prédominance de tel ou tel des cinq sens : avoir l'œil ouvert, ou la vue claire, n'avoir pas froid aux yeux, c'est être perspicace ou hardi, — avoir du flair, c'est se montrer avisé ; avoir du goût, c'est être fin sur le choix des œuvres comme sur celui des aliments ; — avoir du tact (ou du doigté), c'est manier les affaires de ce monde comme l'artiste manie la cire, la terre glaise, ou les touches d'un clavier ; enfin, le sens de l'ouïe, après ceux de la vue, de

l'odorat, du goût et du toucher, fournit ses métaphores à
la psychologie des aptitudes, comme : « être tout oreilles
(pour « être attentif), dresser les oreilles (pour se rendre
compte d'un danger qui nous menace), et encore cette
expression frappante : « s'écouter » (par inquiétude excessive de santé)... Or, remarquez que l'organe de la vision,
l'œil, est bien développé chez l'aigle, qui est prompt et
hardi, que le museau très fin d'animaux tels que le renard
coïncide avec le tempérament prudent et rusé, qui s'exprime par ce terme intermédiaire, le flair (1); et vous comprendrez mieux comment les longues et mobiles oreilles
du lièvre sont comme le signe et le symbole de sa timidité ; si cet animal est craintif à l'excès, c'est parce que,
sans doute, les plus légers bruits que perçoit son organe
auditif mettent son imagination en éveil. Cette sorte d'infirmité psychique (au moins dans notre propre espèce),
et qui naît cependant d'une supériorité physiologique,
d'un *privilège* en somme, est très fidèlement dépeinte
dans la fable de La Fontaine, « *Le Lièvre et les Grenouilles* » :

> Cet animal est triste, et la crainte le ronge.

et plus loin :

> Un souffle, une ombre, un rien, tout lui donnait la fièvre...

« Le lièvre, écrit Jules Renard dans ses *Histoires natu-
« relles*, se gîte allongé dans les éteules (c'est-à-dire dans
« les chaumes décapités par la faux du moissonneur), les
« pattes de devant jointes et les oreilles rabattues. » (2).

« On les voit, dit Buffon, au clair de la lune, jouer
« ensemble, sauter et courir les uns après les autres ;

(1) Je laisse de côté le sens du *goût*, dont les relations avec le tempérament de l'espèce est encore très obscur, bien qu'on puisse mettre
en parallèle le groin du porc — et sa gloutonnerie. Ne dit-on pas :
« des lèvres gourmandes » ?...

(2) Ces longues oreilles, rabattues, lui servent ainsi de couverture,
et, déployées, prétend Buffon, de gouvernail dans sa course rapide.

« mais le moindre mouvement, le bruit d'une feuille
« qui tombe, suffit pour les troubler ; ils fuient, et...
« chacun d'un côté différent. »

*

* *

Le seul usage du lièvre dont on puisse faire mention,
se résume en ce mot collectif et dégradant : *gibier de
poil*. Sa chair fut, en effet, très appréciée de tout temps ;
inter quadrupedes gloria prima lepus, dit Martial...

...Quelle gloire, en effet, pour la pauvre bête, comestible pour son malheur, de flatter le palais des gour-
mands !... Gourmandise qui se double d'une cruauté,
puisque, afin de pourvoir la table des riches, le chasseur,
avec ses chiens et son fusil chargé, se met en campagne.
Buffon, qui reste grand seigneur, en dépit de tout, s'étend
complaisamment, en ses œuvres d'histoire naturelle, sur
la *Chasse* : « Dans les cantons conservés (réservés) pour
« ce plaisir, avoue-t-il, on tue quelquefois quatre ou
« cinq cents lièvres dans une seule battue... » Cependant, il s'attendrit un instant, quand il dit : « Il a tant
« d'ennemis qu'il ne leur échappe que par hasard et il
« est bien rare qu'ils le laissent jouir du petit nombre
« de jours que la Nature lui a comptés... »

Mais le plus grand de ces ennemis, n'est-ce pas
l'homme ? (1)

Ajoutons ceci, que le lièvre n'étant pas seulement bon
coureur, mais fertile en stratagèmes, donne, comme on
dit, « du fil à retordre » aux chasseurs : il « brouille les
voies », met les chiens « en défaut » ; mais, hélas ! se
trahit lui-même

Par les esprits sortant de son corps échauffé.

(1) Une fois pour toutes, nous déclarons ici, très nettement, que
nous ne condamnons pas la chasse comme nécessité, mais comme
plaisir de luxe ; en tant que source d'aliments essentiels, elle se justifie, mais non pas en tant que sport inutile et sanglant.

La Fontaine introduit plusieurs fois le lièvre dans ses
fables ; il prend de lui de délicieux « instantanés »...,
car cet animal court si vite ! Malgré la vélocité de ses
quatre pattes, il n'arrive point, cependant à primer la
tortue ; c'est que, présumant trop de sa supériorité, il
est parti trop tard. Cet apologue soulève un problème de
mathématiques intéressant, que j'ai traduit par un graphique, dans le chapitre de mon cours d'Esthétique
intitulé *Analyses littéraires de précision*.

Dans la fable du *Lion s'en allant en guerre*, il est fait
allusion à cette extraordinaire agilité de jambes qui,
pour la sage utilisation des aptitudes guerrières, compense, aux yeux du chef, la couardise de l'animal...

> Renvoyez, dit quelqu'un au monarque félin,
>   Les ânes, qui sont lourds,
> Et les lièvres, sujets à des terreurs paniques...
> — Point du tout, dit le roi, je les veux employer ;
> L'âne effraiera les gens, en servant de trompette,
> Et le lièvre pourra nous servir de courrier.

Nous avons déjà parlé de ses oreilles saillantes et pointues du bout ; La Fontaine a fait, sur cette base, un apologue aussi profond que divertissant : *Les Oreilles du
Lièvre*. Mais il n'est plus question ici du rapport entre le
développement de l'organe de l'ouïe et le tempérament
craintif de l'espèce ; l'oreille est ici considérée, simplement, comme appendice et pouvant, en passant pour
corne, mettre le lièvre au nombre des animaux proscrits
par le lion. Aussi bien, la bête « oreillarde » suit dans leur
retrait les bêtes réellement « cornues ».

> Chèvres, béliers, taureaux,
>   Daims et cerfs,

car l'ombre que projettent ses appendices jumeaux l'a
frappé d'épouvante ; et, au grillon trop sage, qui ne voit
là qu'une différence d'organes :

> Car l'ombre que projettent ses appendices jumeaux
> L'a frappé d'épouvante ; et, au grillon trop sage,
> Qui ne voit là qu'une différence d'organes :
>   « Cornes, cela ?
>   « Ce sont oreilles que Dieu fit ».)

L'animal pusillanime, mais perspicace, répond :

>   « On les fera passer pour cornes,
>   « Et cornes de licornes... ».

Ne croirait-on pas entendre les appréhensions d'un bourgeois, au temps de la Terreur, appréhensions si bien justifiées par la loi des « suspects » ?

Le Lapin (*Lepus cuniculus*).

Très proche parent du lièvre, bien que formant une espèce distincte, le lapin semble, d'aspect, un lièvre ramassé sur lui-même, au museau écourté et bondissant, plutôt que coureur. Mais, sous d'autres points de vue, les différences sont plus marquées ; et d'abord le lapin, originaire des pays chauds, ne se trouve pas vers le nord, tandis que, pour le lièvre, c'est justement le contraire. Puis le lapin, moins farouche peut-être, et plus « civilisé », se creuse un terrier. Lièvre et lapin sont, du reste, antipathiques l'un à l'autre. Enfin, ce dernier, seul, a pu s'apprivoiser et devenir un de ces êtres dégénérés, abrutis, insignifiants, qui ne sont élevés par nous que pour être mangés et qui passent, à peu d'intervalle, de la basse-cour à la cuisine.

Il est vrai que le lapin sauvage est un animal très nuisible, à cause de son extraordinaire pullulation ; si l'on en croit le vieux Pline, les îles Baléares en furent infestées à ce point qu'elles ne demandèrent rien moins aux Romains qu'un envoi de troupes pour les détruire ; les habitants de ces îles, eux-mêmes, liés par une crainte superstitieuse, se seraient fait scrupule de tuer ces animaux... Sommes-nous assez loin, nous, modernes, de ces idées ! Dans certains pays, tels que l'Australie, on a recours aux sérums de

Pasteur pour arrêter la marche du fléau. Cas de légitime défense, ici ; car, ainsi qu'on le dit à tort en d'autres circonstances, « si nous ne les mangions pas, ce sont eux qui nous mangeraient » ; c'est-à-dire qui, par la dévastation de nos cultures, nous empêcheraient de manger.

Le lapin se chasse au furet ; cela, c'est un sport que nous avons décrit, au surplus, dans le chapitre consacré à ce mustélien. Les mœurs du *lapin sauvage* et resté libre sont, d'après Buffon, édifiantes : on constate chez eux, paraît-il, un respect des ancêtres (vivants) qu'on souhaiterait voir régner dans nos familles : « Dès qu'ils se battaient, observe un correspondant du grand naturaliste, « le grand-père, qui entendait du bruit, accourait de « toute sa force ; et, dès qu'on l'apercevait, tout rentrait « dans l'ordre. » Décidément, nous avons à prendre aux animaux mieux que leur chair ou leur fourrure.

Ne pouvant tout mettre en ce livre, je renvoie le lecteur au tableau délicieux esquissé par La Fontaine dans sa fable des *Lapins* ; il montre si bien leur troupe, mitraillée par le chasseur du haut d'un arbre, déguerpissant en toute hâte, puis, peu de temps après, revenant, aussi gaie, car

Le danger s'oublie,

s'ébattre, en broutant l'herbe aromatique dont ils sont friands, le thym, imbibé de rosée... Est-ce que l'éruption du Vésuve à peine calmée, les Napolitains n'y plantent pas de nouveau leurs habitations ?

L'Agouti et le Coati.

Je ne dirai que peu de mots sur ces deux Rongeurs du Nouveau-Monde. L'*Agouti* semble tenir le milieu entre notre lièvre et notre lapin ; sa chair est très estimée Il n'y a pas grand'chose à dire sur sa figure.

Le *Coati* est, lui aussi, Américain du Sud. Son museau se termine en groin ; il a, comme l'ours, l'écureuil et plusieurs autres espèces de quadrupèdes, une tendance à se tenir debout ; il est d'ailleurs, par sa façon de progresser, *plantigrade*. Un trait qui l'éloigne du lièvre comme du lapin est la longueur énorme de sa queue ; le Coati la tient d'ordinaire relevée ; mais, gêné sans doute par le volume et le poids de cet appendice, il a l'étrange habitude d'en dévorer l'extrémité libre... Cette habitude de se manger la queue lui est commune, au reste, avec les Makis et certaines espèces de Singes ; c'est un cas d'*autophagie* délibérée, très probablement indolore (à cause de l'éloignement de cet organe du centre sensitif) et qui reproduit à plus grande échelle, mais très partiellement, le sacrifice fait par certaine espèce d'hydre de tous ses viscères.

Le Coati est un animal carnassier, avide de chair fraîche et de sang et grand ravageur de basses-cours.

La Gerboise (esp. : *Gerbosia*, arabe : *Yerbo*).

La gentillesse et même une certaine grâce séduisante sont-elles compatibles avec la *monstruosité* ?... On peut le croire en considérant la *Gerboise*... Ses pattes de derrière sont cinq à six fois plus longues que celles de devant, ce qui fait qu'au lieu de courir, elle saute et, comme le kanguroo, procède par bonds. Evidemment le geste, en pareille occasion, prime la structure, qu'il justifie, d'ailleurs : comme tous les animaux sauteurs, la Gerboise perd beaucoup si on la considère au repos. Et, à ce sujet, je rappelle qu'il faut bien distinguer entre la disproportion, qui est un vice et ce que j'ai nommé la « *surproportion* », laquelle, en architecture autant qu'en la vie, est une qualité : par exemple, l'excès de la longueur sur la largeur, soit dans le sens vertical, soit dans l'horizontal, ne nuit pas à l'harmonie générale, tout au contraire : témoin l'élancement si naturel et si peu critiquable des tiges végétales, des troncs d'arbre, ces « fûts columnaires », la sveltesse charmante de tant d'insectes, d'oiseaux, de poissons ou de mammifères, au corps allongé, aux appendices qui se prolongent. Dira-t-on que la longue queue, très effilée, sied mal à la perruche, ou que celle, si prolixe, de l'écureuil ou du renard dépare la figure de ces animaux ? Est-ce qu'un des traits de beauté du visage humain n'est pas dans ce dessin d'*ovale*, qui est, en somme, l'étirement du cercle dans un sens et dans le sens perpendiculaire, celui de l'axe du corps... et, dans le cadre de cet ovale, le trait longitudinal du nez ne coupe-t-il pas avantageusement celui, transversal, des deux yeux ; et n'aime-t-on pas mieux les yeux fendus *en amande* que les yeux tout ronds ?...

Mais revenons à la *Gerboise* : l'excès considérable en longueur de ses membres d'arrière et qui fait paraître les antérieurs avortés, rentre-t-il dans les cas précédents ? Il ne semble pas ; car ici, il ne s'agit plus de la prédominance générale d'une dimension sur l'autre, mais d'un défaut d'équilibre entre deux paires de membres qui, normalement, quelqu'amenuisées qu'elles soient, doivent être égales. Et justement, ce qui nous choque en la Gerboise, vient d'une comparaison tout instinctive avec la généralité des quadrupèdes. Chez l'Ecureuil ou le Muscardin, qui font partie du peuple à quatre pattes, on n'a vu que l'attitude du *bipède* ; ici, chez la Gerboise, on en voit la structure, et la structure *manquée*, faut-il ajouter, celle d'un être humain à très longues jambes et à tout petits bras... La Gerboise a contre elle encore la disgrâce d'une queue exagérément filiforme, aussi grêle que ses pattes de derrière.

Et toutefois, malgré ses défauts, ce petit animal est loin de répugner au regard ; être composite, qui tient à la fois du lapin, du rat et de l'écureuil, il garde cependant un cachet d'originalité qui nous intéresse ; il nous désarme, esthétiquement, par la légèreté, la vivacité de ses mouvements et l'air de jeunesse, aussi, de la figure (1) ; et, décidément, comme je le disais au début,

1) Parmi les animaux pris à l'âge adulte, il en est qui « marquent vieux », comme le crocodile ou le marabout, et d'autres qui ont toujours un air d'enfants, tels que les passereaux et beaucoup de petits Mammifères.

la gentillesse et même une sorte de grâce assez prenante, passent condamnation sur ce qui, dans le fait, peut être appelé... je ne dis pas « monstruosité », mais « difformité », en ôtant à ce mot son acception trop avilissante.

Le Cobaye ou Cochon d'Inde (*Cavia Cobaya*).

Ce gentil petit animal, assez mal nommé, car il n'a rien du porc, sauf le grognement (et combien affaibli !) est originaire des pays chauds de l'Inde occidentale, c'est-à-dire de l'Amérique.

Connu seulement de nous à l'état domestique, on ne sait de quelle espèce sauvage (ou « libre »), il descend. Sa dénomination de *Cobaye* et surtout son nom savant de *Cavia*, semblent faire croire à d'étroites affinités avec le *Cabiai* (*C. aparea*), gros Rongeur du même pays ; mais son origine est peut-être tout autre.

Quoi qu'il en soit, c'est un être de complexion assez délicate et qui ne peut s'acclimater que grâce aux soins les plus assidus. Par compensation, il est d'une extraordinaire fécondité et se reproduit facilement dans nos climats, son tempérament, sous ce rapport, étant chaud et tellement précoce, que l'accouplement peut s'opérer cinq semaines après la naissance. Si la mortalité, chez ce petit peuple, n'était pas si grande, on pourrait, d'un seul couple, tirer un millier de sujets par an ; mais le froid, l'humidité, les chats, et même leurs sentiments dénaturés vis-à-vis de leur propre progéniture, en réduisent le nombre à mesure. Toujours cette étonnante prodigalité de la vie, que n'épuisent pas les déchets les plus formidables...

Le Cobaye est d'humeur très douce et tout inoffensive; c'est d'ailleurs un animal peu sensible, au point de vue psychique et très insignifiant : « Ils n'ont de sentiment « bien distinct que celui de l'amour », remarque Buffon, « et ne retrouvent de l'énergie que pour se battre et se « disputer la conquête de la femelle. Alors, ils devien- « nent méchants ; on ne les reconnaît plus. » —

« Ainsi, reprend l'auteur, presqu'insensibles à tout, ils
« ont l'air d'automates montés pour la propagation,
« faits seulement pour figurer une espèce. »

D'après l'illustre savant du Muséum, le souci de leur
élevage n'est pas compensé par le profit qu'on peut en
tirer...

Buffon n'avait pas prévu l'usage qu'on devait faire,
un jour, de ces animaux et leur utilité pour la Science ;
car ces innocents petits mammifères, dont ni la chair,
ni le pelage n'ont de valeur, paient leur tribut d'une
autre manière : le Cobaye a l'honneur — si, pour lui,
c'en est un — de servir aux savants, dans les labora-
toires, de sujets pour les expériences... Étrange destinée
de ce petit fauve, à laquelle il ne s'attendait pas plus
que nous-mêmes et dont le sens, à lui, restera toujours
inconnu...

Le Cabiai et le Chinchilla.

Deux mots seulement sur le *Cabiai* et le *Chinchilla*.
proches parents du Cobaye. Le *Cabiai* (du brésilien
Cavia, qu'on nomme aussi *paco* dans le pays, est le plus
grand de tous les Rongeurs connus, mais il n'en est pas
le plus beau. Corpulent et lourd, sa grosse tête, sans cou,
se continue sans interruption avec la ligne du dos ; ses
yeux sont gros, saillants ; ses oreilles presque molles ; il
n'a pas de queue. Les membranes qui réunissent ses
doigts de pied attestent une existence semi-aquatique :
il fréquente, en effet, les fleuves du Brésil et du Paraguay. en marge desquels il se creuse un terrier.

On a remarqué chez cet animal, à l'état de domesticité, un amour de la propreté vraiment admirable : non
seulement aucune ordure n'est soufferte par lui dans sa
loge, mais il va jusqu'à jeter au dehors la paille de sa
litière, pour peu qu'elle ait pris de l'odeur ; à la place.
il met du linge, ou du papier... Serait-ce une preuve
d'intelligence ? (1) Une femelle à qui Buffon avait donné

---

(1) On avait fondé jadis, en partie, la doctrine de l'*immutabilité
de l'instinct* sur l'observation de ce fait que l'Oiseau, par exemple,

comme compagnon un lapin mâle et qui vivait en paix avec lui, s'en sépara le jour où ce parent, moins délicat, infecta le logis commun... Dégoût bien rare chez les fauves et qui prend peut-être ses racines dans un instinct tout inconscient d'hygiène.

Le *Chinchilla*, lui, nous présente une figure plus avenante ; sa tête est bien faite et dégagée du corps, avec des yeux très vifs, des oreilles en forme de conques et une queue touffue. Son nom latin : *Eriomys lanigera*, qui est une sorte de pléonasme (1), signifie « rat au pelage laineux ». C'est, effectivement, la spécialité du *Chinchilla*, un de ces représentants utiles de la faune que les mondaines les moins expertes en zoologie connaissent bien... Mais c'est la fourrure qui les intéresse, et non l'être vivant qui l'a portée avant elles.

Le Porc-Epic *(Hystrix cristata)*.

Si la *Souris naine* est le plus petit des Rongeurs et le *Cabiai* le plus grand, lui, le *Porc-Epic*, est le plus curieux de ce groupe. Son corps épais, plus encore que celui du Cabiai, n'a rien en soi d'extraordinaire, et ce qui fait l'originalité de ce type, c'est l'armure de piquants qui le protège et l'orne tout à la fois (2). Elle diffère de celle du Hérisson, auquel on incline à le comparer, en ce que les piquants atteignent une longueur considérable, au point que le Hérisson, à côté, a l'air d'avoir été tondu ; et, d'autre part, ces piquants ne sont pas plantés de la même manière sur la surface du corps ; à leur place, au-

---

ne changeait jamais la nature de ses matériaux, pour la construction de son nid... Et voilà que, depuis, on a découvert des nids où entraient des tortillons d'acier, déchet d'une usine avoisinante... Tirer de là une conclusion tout opposée me paraît aussi téméraire. Ce qu'on peut dire, c'est que l'animal, ici, *généralise*, et qu'il s'empare, en définitive, de tout ce qui tombe sous sa patte.

(1) En effet, le grec *érion*, dans *Eriomys*, voulant dire « laineux », fait double emploi avec l'adjectif latin *lanigera*.

(2) Dépouillez le *porc-épic* de cette *armure* « ébouriffante », vous n'aurez plus devant les yeux qu'un être insignifiant.

dessus de la tête, se dresse, au moins chez l'espèce africaine, une aigrette assez riche qui, au point de vue décoratif, semble un appendice de l'armure épineuse. C'est
elle qui a fait donner au porc-épic africain le qualificatif
de *cristata*. Les piquants, noirs à leur basé et blancs à
leur extrémité libre, joignent à leur rôle défensif une
certaine valeur ornementale ; la théorie de Herbert
Spencer, qui rapproche l'un de l'autre l'*armement* et
l'*ornement*, trouve ici encore sa confirmation.

Aussi bien que le *Hérisson*, dont il porte le nom en
grec, le *Porc-Épic* possède la faculté de *se ramasser en
boule* et d'opposer ainsi aux attaques de l'ennemi une
sphère épineuse qui le rend invulnérable (1). Cette faculté, tout exceptionnelle, de s'enrouler dans un but de
préservation, nous l'avions observée, déjà, chez le *Cloporte* et, par présomption légitime, chez ces Crustacés
fossiles appelés *Trilobites*. Mais beaucoup d'animaux en
présentent l'image atténuée : tel l'Oiseau, qui se cache
la tête sous son aile, ou le Mammifère qui, pour dormir
et s'abriter, se pelotonne.

Avec le *Porc-Épic*, nous terminons l'étude des *petits
fauves*.

Lémuriens et Singes.

1° *Lémuriens*

Après les *Fauves*, grands et petits, et pour terminer le
règne animal, il ne nous reste plus à décrire que les
Singes. Mais, auparavant, nous devons parler d'un
groupe de *Mammifères* qui semble les préparer dans
l'histoire et les rattacher aux types déjà connus. Ce
groupe de transition est constitué par les *Lémuriens*.

Ce nom est dérivé du mot *lémure*, qui veut dire en

(1) Je fais ici cette remarque que, plutôt *offensive* par sa forme,
cette armure de dards n'a qu'un rôle purement *défensif*. Comparez
la pointe du bouclier, les « chevaux de frise » et, en général, tous
les engins qui protègent par la menace d'une blessure. « Qui s'y
frotte s'y pique », comme dit le proverbe.

latin *spectre* ou *fantôme* ; il a été donné à ces êtres curieux, sans doute à cause de leurs habitudes nocturnes et parce que leurs yeux brillent dans l'obscurité. Autrement, leur aspect, en plein jour, n'a rien de fantastique.

Certains caractères les rapprochent des Singes, tels que le pouce opposable (aux membres postérieurs) et l'existence arboricole ; mais ils s'en éloignent par d'autres traits, plus importants à notre point de vue : leur face, au lieu d'être aplatie et glabre, est allongée et velue ; leur dentition rappelle celle des Carnivores ou des Insectivores ; leurs yeux, à l'opposé de ceux des Singes, sont généralement assez gros, ronds et parfois situés de côté ; enfin, tandis que, chez les Singes, les membres antérieurs dépassent en longueur les postérieurs et peuvent passer pour des *bras*, c'est le contraire chez les Lémuriens. En outre, pieds et mains, chez plusieurs espèces, sont armés de griffes, comme ceux de beaucoup de fauves.

Ces animaux, d'ailleurs, ne se prêtent guère à des comparaisons plus ou moins fâcheuses avec la figure de l'homme ; leur museau pointu, pareil à celui du renard et leur structure plus exactement quadrupède, les rejettent plus loin dans l'animalité ; et justement parce qu'ils n'ont pas de prétention, pour ainsi dire, au masque humain, leur aspect est beaucoup moins déplaisant que celui des Singes.

. Les Lémuriens remplacent ces derniers dans l'île de Madagascar. Certaines espèces habitent le sud de l'Asie. Ils n'auraient pas de représentants dans la faune fossile.

Comme les Singes, dont ils paraissent être les prédécesseurs immédiats, ils grimpent avec agilité et marchent plutôt difficilement ; mais leur intelligence est bornée, leur tempérament très timide ; ce sont des bêtes inoffensives.

Comme espèces caractéristiques, nous citerons : les *Loris*, les *Makis*, les *Propithèques* (précurseurs des

Singes), les *Galagos*, les *Tarsiers*, les *Cheiromys* et le *Galéopithèque*.

Les Loris.

Ils habitent l'Inde, où leur espèce remplace celle des Makis ; on les trouve surtout dans l'île de Ceylan. Leur corps est assez semblable à celui des Singes ; mais ils s'en distinguent par un museau grêle et pointu qui contraste avec la rondeur de la tête et la grosseur des yeux ; ceux-ci sont tout ronds et rapprochés l'un de l'autre ; ils brillent dans l'obscurité, ce qui donne à ces animaux cette apparence de fantôme dont les Lémuriens ont tiré leur nom. Les naturels du pays, par une association d'idées superstitieuse autant que bizarre, font entrer ces prunelles luisantes dans la composition d'un *philtre* ; et, pour les extraire, ils ont la cruauté de rôtir toutes vivantes les pauvres bêtes ; ils les tiennent au-dessus du feu jusqu'à ce que les yeux éclatent... (Citation de Tennent, dans Buffon).

Détail anatomique singulier : certaines artères, au voisinage du cou et des jambes, sont fasciculées et se ramifient avant de pénétrer dans les muscles correspondants. Nous retrouverons cette particularité chez les *Cheiromys* (Aïe-Aïe ou *Paresseux*).

On a vu que les Loris étaient des animaux nocturnes. A l'opposé des Makis, aux allures assez vives, ils se montrent mous, indolents, ce qui les a fait qualifier de *Singes paresseux* par certains auteurs. « Quand je les examinais », raconte un voyageur de la fin du dix-septième siècle, « ils se tenaient sur les pieds de derrière et *s'em-« brassaient* souvent, regardant fixement le monde sans « s'effaroucher. »

Les Loris font la chasse aux oiseaux et s'attaquent parfois au paon, dont ils dévorent la cervelle.

Les Makis.

Les Makis s'éloignent davantage du type simiesque et se rapprochent, par la figure, de petits fauves comme la marte ou l'écureuil. Certaines variétés de cette espèce, avec leur museau saillant, leur tête large, leurs yeux bombés et les touffes de poil qui se hérissent aux deux côtés de la tête, rappellent la physionomie bien familière de ces petits chiens qu'on appelle *roquets*. Mais la queue prend ici un développement considérable ; épaisse et longue, elle est variée, parfois, d'anneaux de teinte foncée sur fond clair. Le pelage général est tantôt blanc, tantôt noir et tantôt mêlé de blanc et de noir.

Leur nom paraît être une onomatopée, reproduisant à peu près leur cri syllabique. Ils sont d'ailleurs très bruyants (au moins pendant la nuit) et deux Makis font un vacarme tel, à eux seuls, qu'on croirait entendre une troupe entière.

Un maki du genre *Mococo*, cité par Etienne Geoffroy-Saint-Hilaire, vécut dix-neuf ans en France. Frileux comme un singe, il aimait le feu au point de se brûler les moustaches ; au reste, très familier de son naturel, il se posait sur les genoux de n'importe qui ou grimpait sur ses épaules.

Les Propithèques.

Ce sont des Lémuriens d'assez belle stature, dont les membres postérieurs sont deux fois plus longs que les antérieurs, ce qui en fait l'opposé des singes à longs bras. Leur pelage est bien fourni, soyeux, ondulé, variant du sombre au clair de tête en queue et s'interrompant sur la face, qui reste glabre, tout en formant sur le front, au-dessus des yeux, une « couronne de cheveux » magnifiée par les naturalistes sous la dénomination un peu ambitieuse de *diadème* (le « Propithèque à diadème »). Se trouvent à Madagascar.

Les Galagos.

Lémuriens de très petite taille (le *Galago nain* est appelé « Rat de Madagascar »). Leurs yeux sont bombés, comme ceux des Loris, et assez rapprochés l'un de l'autre ; mais le trait, chez eux, le plus saillant, est dans le développement de la conque auditive, qu'ils rabattent sur la face, pour dormir, à la façon des Chauves-Souris. ce qui, par analogie, les a fait nommer *Oreillards*. Ils habitent le Sahara, où ils se nourrissent de la gomme qui découle des Mimosas.

Les Tarsiers.

Ainsi dénommés pour l'extrême allongement de cette partie du pied qui correspond à la cheville (os postérieur du pied).

Le *Tarsier-Spectre* (*Kobold-Maki*, en allemand) ne mérite, en réalité, « ni cet excès d'honneur, ni cette indignité ». En effet, l'aspect de cet animal n'a rien de lugubre et serait plutôt comique. Mais les premiers observateurs, sans doute, ont été impressionnés par le feu de leur regard, au sein des ténèbres.

Les Cheiromys.

Vulgairement : *Aïe-Aïe* ou *Paresseux*. Tête dont la largeur est encore plus accusée par l'ampleur des oreilles, au pavillon très ouvert ; yeux très petits, à l'opposé de ceux des Loris, et ne pouvant supporter la moindre lumière, bien qu'eux-mêmes soient luisants dans l'obscurité. Dentition de Rongeur ; l'individu conservé au « Regent's Park » de Londres rongeait l'écorce de tous les bois de sa cabane ; sans doute fait-il de même en liberté, pour déloger les insectes cachés dans les troncs d'arbres. Ce Rongeur serait donc, également, un Insectivore.

Chez les *Cheiromys*, l'extrémité des membres antérieurs, à laquelle on peut donner le nom de *main* (1), porte de très longs doigts crochus ; l'animal, en marchant, s'appuie sur leur pointe, en courbant ses phalanges bien étalées ; ne regardant que les pieds, on croi-

____

(1) D'où leur nom savant.

rait voir s'avancer ces inquiétantes araignées, si hautes sur pattes, les *faucheux*.

Les Galéopithèques.

Ce que j'appelle la « superstition taxinomique » s'est donné la peine, assez inutile, à mon sens, de créer un groupe distinct pour cette seule espèce : le groupe des *Dermoptères* (aux ailes formées par la peau). C'est là faire un grand cadre pour un petit tableau. Nous autres, qui tâchons de simplifier l'histoire naturelle, de la désencombrer, parlerons du *Galéopithèque* comme d'un type à part, original, unique en son genre, parent excentrique, en quelque sorte, des Makis, des Loris et des Cheiromys.

Bontius est le premier qui ait fait mention de cet étrange animal, dans son livre *De Medicina Indorum*, paru en 1645.

« Dans le Guzurat, écrit-il, il y a de merveilleuses « Chauves-Souris (*sic*), dont tous les voyageurs admirent « la grandeur ; les Hollandais les appellent *singes ailés*. »

Ce que Bontius décrit comme de gigantesques chauves-souris et ce que d'autres naturalistes désignent sous les noms de *chats* ou d'*écureuils volants*, ne sont autre chose que nos *Galéopithèques* (1). Mais, en bêtes nocturnes qui se suspendent aux branches d'arbres, la tête en bas, ils donnent l'illusion de Cheiroptères.

De la taille d'un chat, à peu près, ils ont une tête assez volumineuse, de forme arrondie, qui se prolonge en museau conique et doit en partie son vilain aspect à ce qu'elle porte au sommet une paire d'oreilles minuscules, comme avortées. Les yeux, toutefois, sont assez beaux, fendus en amande et dirigés obliquement, dans le sens du museau. Le pelage est épais sur le dos, partout ailleurs assez clairsemé et laissant à découvert les épaules et les flancs ; la queue est courte et rattachée dans toute

---

(1) Ce nom de *galéopithèque* signifiant *singe-belette*, on voit l'étrange fortune de ce Lémurien, assimilé tour à tour à un chat, à une belette, à un écureuil, à un singe, à une chauve-souris...

sa longueur à la membrane en forme d'aile dont nous
allons parler.

Cette *membrane aliforme* est le trait le plus marquant
du Galéopithèque, qui devrait échanger ce nom ridicule
contre celui de *Lémurien à parachute*, on verra pourquoi. Ni pour la forme, ni pour la fonction, on ne peut
comparer cet organe aux ailes de la Chauve-Souris : tout
d'abord, il est impair et médian ; puis ce n'est pas une
annexe exclusive du membre antérieur ; c'est une simple
expansion de la peau, un repli des téguments qui, naissant des deux côtés de la tête, s'étend sur les quatre
membres, jusqu'aux doigts et s'annexe même la queue.
Son envergure peut atteindre soixante-cinq centimètres ;
elle ne fait pas *voler* l'animal, au sens propre du mot,
mais le soutient quelque temps dans l'air, lorsqu'il saute
d'un arbre à l'autre ; en un mot, ce n'est pas l'équivalent
d'une paire d'ailes, c'est un *parachute*. Lorsqu'un Galéopithèque marche ou grimpe, sa membrane aliforme, légèrement plissée, se colle contre le corps et ne gêne en rien
ses mouvements. Veut-il franchir un grand espace ? Il
étend ses quatre membres et, du même coup, tend sa
membrane comme une voile de navire. Ainsi porté, il ne
s'élève pas, mais s'abaisse insensiblement jusqu'au but
qu'il désire atteindre ; il peut ainsi s'avancer d'une
centaine de mètres.

Le *Galéopithèque* a pour habitat l'Archipel malais.
C'est un être absolument inoffensif.

2ᵉ *Singes*

Classification, place et rang dans le règne animal.

Comme il arrive souvent en histoire naturelle, ce
groupe, tout homogène qu'il soit (ou qu'on l'ait fait),
comprend des genres qui présentent entre eux d'assez
notables différences. C'est ainsi que les auteurs, après
avoir dit que « les Singes ont généralement le corps
« svelte et élancé et les allures vives et aisées des ani-

« maux qui habitent sur les arbres », se voient contraints
d'ajouter « qu'on rencontre cependant nombre de formes
« trapues et lourdes, par exemple les Cynocéphales, qui
« évitent les forêts et choisissent pour résidence les pays
« de montagnes et de rochers... »

Toute généralisation, en effet, est, forcément, plus ou
moins relative ; et cependant, ici comme partout, c'est
un besoin inévitable de l'esprit ; pour les Singes, comme
pour tout le reste des êtres, on est contraint de faire un
groupement, en se basant sur ce principe, appliqué
d'abord à l'espèce : *que les types qu'on met ensemble se
ressemblent plus entre eux qu'ils ne ressemblent à d'autres.* Seulement, cette conformité relative qui fonde le
groupe n'est pas toujours manifeste à la vue ; elle peut
se baser sur des particularités anatomiques parfois très
subtiles, ou sur un habitat commun.

Les Singes, ainsi groupés tant bien que mal et séparés
des autres mammifères, la question reste de savoir si les
différences qui les séparent eux-mêmes les uns des autres
sont assez considérables pour créer des genres distincts.

Je n'aurais pas songé à soulever cette question, sans
l'autorité de Buffon. Cet écrivain, si éloigné de toute
conception transformiste, même évolutionniste, et qui,
maintes fois, s'est déclaré partisan de la fixité et de l'indépendance réciproque des espèces, montre ici une hardiesse de vues qui surprend : après avoir admis la possi-
bilité de croisements entre le zèbre et le cheval et la
parenté, d'autre part, du chamois et de la chèvre, il va
jusqu'à se demander « si les Singes diffèrent réellement
« par les espèces, ou s'ils ne font, comme les Chiens,
« qu'une seule et même espèce, mais variée par un
« grand nombre de races différentes... »

Les Singes ont été définis par moi *Mammifères terrestres arboricoles.* Les naturalistes modernes ont créé
pour eux le terme assez hyperbolique de *Primates.* Mais
ils seraient plus justement nommés *Ultimates*, comme
venant en dernier dans la série proprement animale.

Cette nouvelle et contraire dénomination que je propose aurait l'avantage de consacrer la séparation généralement admise aujourd'hui, du règne animal et du « règne humain ». Le terme de *Primate* tend à rapprocher le Singe de l'Homme, tandis que celui d'*Ultimate* le maintient dans l'animalité, dont il est le dernier représentant.

Comme on le verra tout à l'heure, la désignation de *quadrumanes* n'est pas, non plus, très heureuse, les Singes n'ayant, pas plus aux membres antérieurs qu'aux membres postérieurs, l'équivalent réel de la *main* humaine.

Nous voici tout naturellement portés sur ce territoire contesté : la comparaison du Singe avec l'Homme, et de là sur le terrain brûlant de la descendance animale... Il est curieux de consulter, à ce sujet, les croyances des peuples primitifs, des peuples sans notions de sciences naturelles : elles sont très diverses et souvent contradictoires. Ainsi, pour les Javanais, les Singes sont des peuplades sauvages qui se retiennent de parler, dans la crainte qu'on ne les contraigne au travail ou qu'on leur impose un tribut... C'est pousser un peu loin l'anthropomorphisme ! Quelques-uns voient dans les types simiesques plus perfectionnés le produit d'unions monstrueuses. Les Arabes et certaines tribus nègres du centre de l'Afrique regardent également le Singe comme un Homme, mais plus qu'un homme dégénéré, un *réprouvé*, puni par Allah pour des crimes abominables et « offrant, dit Brehm, dans un singulier mélange, l'image du diable et (celle) des fils d'Adam. » Imagination singulière, mais qui se laisse encore comprendre, quand on songe que nos savants, si sceptiques, ont donné à certaines espèces, sur leur mine, les noms de *Satan* et de *Belzébuth*...

L'opinion des Hindous est plus difficile à concevoir, qui considèrent, au contraire, les Singes comme des êtres supérieurs, auxquels ils se croient tenus de rendre un culte... Certains dignitaires de ce pays prétendent avoir ces animaux pour ancêtres, prétention bien modeste, à notre point de vue, et qui, d'ailleurs, ne saurait fournir aucun argument à l'hypothèse transformiste.

Si l'homme a pu chercher ainsi des rapports plus ou moins vraisemblables entre sa propre espèce et celle des Singes, c'est qu'il se trouve être contemporain de ces derniers. On peut même puiser dans ce fait une objection au transformisme : si ce transformisme était une réalité, les Singes seraient devenus des hommes et dès lors n'auraient pas survécu comme Singes ; à moins qu'on ne restreigne la transformation à une partie seulement de ces animaux, tous les autres ayant persisté dans leur forme primitive, à l'exemple des fougères (pour ne citer que le règne végétal), qui, depuis les premiers temps géologiques, n'ont guère varié dans leur nature, tandis que la souche mère des Cryptogames, dont elles étaient un rejeton, évoluait vers des destinées florales supérieures.

Figure et conformation extérieure.

Bien que le *squelette*, dissimulé qu'il est par les chairs et par le pelage, ne compte pas pour l'esthétique, il convient pourtant d'en parler, d'abord parce qu'il indique, en les soutenant, les grandes lignes du corps et ensuite parce qu'il réalise la structure définitive du Mammifère supérieur, telle qu'on la retrouvera chez l'homme, mais avec un degré de perfection et d'harmonie sur lequel on n'a pas jusqu'ici suffisamment insisté. Il suffit, pour mesurer ce degré, de comparer l'ossature humaine à celle du singe le plus voisin de notre espèce : le *Gorille*. C'est, ici comme là, la même charpente, mais combien plus fine et plus « élégante » en l'espèce humaine ! Au crâne fuyant, déprimé, du roi des Singes anthropomorphes, à sa face proéminente et bestiale, opposez notre voûte crânienne élevée, bien arrondie, sphérique et le développement si modéré des mâchoires... On verra, au chapitre de la *figure humaine*, comment la beauté du visage

viril et surtout féminin, se trouve liée à l'apaisement des
instincts brutaux, et cela tout au profit de l'intelligence.
La *tête de mort*, si pénible soit-elle à voir, signale déjà
ce travail d'affinement. Et maintenant, considérez ce
fier dégagement des vertèbres cervicales, qui surélève la
tête de l'*homo sapiens*, tandis que le gorille a « le cou
dans les épaules ». Descendez de là au thorax et voyez
combien l'ampleur de cette « cage », dont les côtes forment les barreaux, est modérée, quand on la compare au
bombement qui recouvre le ventre du Singe. Il en est
de même pour le bassin, si épais et si lourd chez le gorille,
si svelte et si bien allégé chez l'homme... Enfin, comme
harmonie de proportions et comme élégance, les membres
humains sont au-dessus de toute comparaison avec
ceux du type simien ; même, les deux squelettes étant
placés debout, l'extrême allongement des bras et le très
grand écartement des jambes, chez le gorille, témoignent éloquemment du fait que ce dernier reste un
quadrupède (grimpeur), tandis que la juste proportion
de ces membres chez l'homme dénote le bipède (marcheur), se tenant droit naturellement, sans effort.

Déjà, en somme, vous le constatez, l'observation de la
charpente osseuse révèle avec éclat la supériorité aussi
bien esthétique qu'anatomique du type humain. A qui
m'objecterait que cette supériorité est *acquise* et résulte
de l'évolution, je répondrai qu'avant tout, le degré plus
parfait de structure, dans notre espèce, est le signe d'une
adaptation toute spéciale à des fonctions vitales ou psychiques d'une portée incomparablement plus longue et
plus haute.

Mais ce squelette, chez le Singe comme chez l'homme,
est recouvert par les téguments, c'est-à-dire par la chair
et la peau. Or, tandis que, chez l'Homme, cette dernière
est glabre, à peu près partout, sauf au sommet de la

tête, au-dessus des lèvres et sous le menton, elle est, chez
le singe, fourrée d'un poil assez fourni, qui, toutefois,
laisse la face et les mains à nu. L'Homme, en définitive,
a cheveux et barbe et le singe a, lui, ce qu'on nomme
un *pelage*. Ce pelage est, d'ordinaire, de teinte brune
ou grise, sur laquelle tranche, parfois, la vive coloration
des parties nues ; plus abondant à certaines places, le
poil forme, chez quelques espèces, des touffes sur la
tête ou bien une crinière le long du dos.

La *face* du Singe, en général, est ce qui frappe le plus
en cet animal ; elle nous frappe par sa ressemblance avec
la face humaine, ressemblance plutôt fâcheuse : d'une
part, en effet, dépourvue de poil ainsi que la nôtre, elle
étale « en devanture » tous les traits de la physionomie,
et, d'autre part, les deux yeux très rapprochés l'un de
l'autre, le nez camus et la bouche largement fendue, en
font, on peut le dire, la *caricature* du visage humain.
Cette analogie, qu'on peut qualifier de « suspecte », plaît
ou déplaît, attire ou repousse, suivant les cas ; la tendance curieuse de notre esprit, en ce qu'elle a de plus
puéril, nous fait rechercher le spectacle de ces êtres qui
joignent à l'agilité d'un acrobate la mobilité grimaçante
d'un *clown*. Mais le côté noble, « esthétique » de notre
nature, est choqué par tant de laideur et de prétention
ridicule à la grâce. Nous reportons, d'instinct, nos regards sur ces faces humaines qualifiées de *simiesques* et
qui, remarquez-le, sont un produit de dégénérescence
(au moins « plastique »).

* *

Passons à présent aux membres. Nous avons critiqué
plus haut le terme de *quadrumanes*, nous basant sur ce
fait que, pas plus aux membres d'avant qu'à ceux d'arrière, on ne trouve l'équivalent réel de la main humaine.
Qui dit une *main*, désigne un organe tout à fait distinct
du pied et qui, tout entier adapté à la préhension, ne

SINGE

(d'après un dessin original du statuaire E. Navellier).

contribue en rien à la locomotion. Or, ce n'est pas le fait du Singe, qui, tout en se servant, au besoin, des membres antérieurs pour saisir un fruit et le porter à sa bouche, les fait concourir, avec les membres postérieurs, à la marche, au saut, à l'action de grimper aux arbres. Il est vrai que l'homme lui-même, quand il se livre à cet exercice, se sert de ses mains ; mais il s'en sert aussi et surtout pour manier toutes sortes d'outils, d'instruments ; et de ses doigts, habiles à faire ou défaire un nœud, il sait tirer, de plus, des sons combinés par lui, d'un violon, d'une harpe, du tuyau d'une flûte ou des touches d'un orgue, d'un piano.

Autrement, c'est dans sa toute petite enfance qu'il marche, comme on dit, *à quatre pattes* ; alors, c'est lui qui, dans cette occasion, pourrait être justement appelé *quadrumane*...

Quant au fait, pour le Singe, d'avoir *le pouce opposable*, même au membre postérieur, il pourrait passer pour un trait de supériorité, si l'on ne voyait là une disposition tout simplement favorable à l'existence arboricale. Même au membre antérieur, à la *main*, cette faculté du pouce de s'opposer aux quatre autres doigts n'a pas, à mon avis, l'importance que lui attribuent les naturalistes : c'est là un de ces privilèges organiques qui ne prennent, il semble, quelque valeur que chez l'être pensant, inventif et qui l'applique à son industrie.

La *queue* joue, dans le groupe qui nous occupe, un rôle très remarquable. Les Singes anthropomorphes, toutefois, en sont dépourvus (j'allais dire « débarrassés »); mais chez toutes les autres espèces, elle acquiert un développement plus ou moins considérable. Tout le monde sait que les Singes d'Amérique sont *à queue prenante*, c'est-à-dire que, chez eux, cet appendice peut s'enrouler autour des branches d'arbres et sert à ces animaux, pour ainsi parler, de cinquième membre.

Fonctions vitales.

Les Singes ont généralement, à chaque mâchoire,

quatre incisives, deux canines et environ cinq molaires. Les incisives sont placées côte à côte, sans laisser d'intervalle, comme dans notre espèce ; quant aux canines, parfois très fortes, elles sembleraient trahir un régime carnassier, si l'on ne s'avisait de penser qu'il faut des dents robustes pour entamer l'écorce des noix de coco.

Le régime des singes est, effectivement, frugivore, de préférence, mais omnivore par occasion ; tout ce qui se mange leur est bon, fruits, tubercules, racines, bourgeons, graines, feuilles tendres, tiges succulentes, aussi bien qu'insectes, œufs, petits oiseaux.

La femelle donne naissance à un, parfois deux petits à chaque portée. D'après Brehm, le singe nouveau-né « est toujours un être très hideux, dont les membres « paraissent deux fois plus longs que ceux de ses pa- « rents ; son visage, plein de rides et de plis, ressemble « plutôt à celui d'un vieillard qu'à celui d'un enfant. Ce « petit monstre, cependant, fait la joie de sa mère, qui « le caresse et le soigne (le dorlote), avec tant de démons- « trations — ajoute l'auteur — que son amour en paraît « ridicule... »

Mais non : l'amour maternel n'est jamais ridicule ; et, dans l'humanité comme en l'animalité, la tendresse d'une mère fait bon marché du sens esthétique.

Le Singe, sous ce rapport, ne le cède pas à l'homme lui-même, et tout en ne traitant ici que des fonctions de réproduction, nous anticipons forcément sur le chapitre de la psychologie simienne. Elle brille plus par le senti- ment, au moins en ce qui touche la perpétuation de l'es- pèce, que par l'intelligence. « En captivité, écrit Brehm, « la mort (du) petit entraîne fatalement (celle de sa « mère) » ; et il ajoute ceci, tout à l'honneur aussi de l'autre sexe : « Lorsqu'une mère meurt, un individu « quelconque de la bande, *mâle ou femelle*, adopte l'or- « phelin et lui témoigne presqu'autant d'amour qu'à sa « propre progéniture. »

La *fonction vocale* est à la fois physique et psychique,

puisque le son, dans la voix, est une manifestation de la
mentalité du sujet. Or, le côté psychique est très limité
chez le Singe, à qui la structure de son larynx (et sans
doute aussi celle de son cerveau) ne permet pas un langage articulé (1).

On verra que certaines espèces du Nouveau Continent
ont des poches de résonance qui renforcent la voix : ce
sont les *Singes hurleurs*. On se perd en conjectures sur
la destination finale de cet appareil, qui fait le désespoir
des riverains... Aurait-il pour effet d'éloigner les bêtes
féroces ?

L'agilité des Singes est proverbiale ; cependant, on en
connaît dont les allures sont pesantes, les Cynocéphales
et l'Orang-Outan, par exemple. Aucune espèce ne peut
tenir longtemps la station verticale, qui demeure un
privilège exclusif de l'homme. La marche, même à quatre
pattes, est plutôt malaisée chez ces quadrupèdes sauteurs
et grimpeurs, dont les membres antérieurs dépassent en
longueur les postérieurs. Beaucoup d'entre eux, ne
sachant pas nager, craignent l'eau, qui leur barre irré-
médiablement le chemin.

Le Singe est très frileux : la plupart de ceux qu'on
amène dans nos pays, même tempérés, succombent à la
tuberculose.

Fonctions psychiques.

Elles se subdivisent ainsi : *sentiment, intelligence.* Or,
les auteurs montrent une tendance exagérée à rabaisser
le Singe sur le premier point, pour l'exalter sur le second.
A les entendre, le Singe est méchant, fourbe, voleur,
indécent ; il est, de plus, gourmand, malicieux, rageur...
« Leur naturel malin et pervers, leurs passions ingou-
« vernables, les font regarder comme les animaux les

(1) A tout prendre, cette expression de *langage articulé*, au sens
propre, ne traduit que le côté physique de la fonction vocale ; quand
même le singe serait capable d'articuler des mots, comme le perroquet, y attacherait-il plus de sens que ne fait cet oiseau ?

« plus complets dans la mauvaises acception du mot. »
(Claus, *Traité de Zool.*, traduction française). « Les
Singes, dit Oken, ressemblent à l'homme par tous leurs
défauts. »

Ces jugements, d'abord, sont injustes pour une grande
part, puisqu'on oublie leurs qualités : la douceur, chez
nombre d'espèces ; l'affectuosité, tant à l'égard de leurs
maîtres que de leurs semblables ; le dévouement envers
leurs petits ; la gaîté, le courage pour se défendre ; — et,
d'autre part, ces jugements sont illogiques, car l'animal
n'étant pas, comme est l'homme, un être responsable et
« moral » (et par conséquent susceptible d'immoralité),
les épithètes de malicieux, de fourbe, de pervers et tant
d'autres dont on le charge, ne lui conviennent pas ; il
n'est pas plus rationnel de parler, à son sujet, de « passions ingouvernables » : l'homme a des passions ; l'animal n'a que des instincts.

La façon dont s'expriment les auteurs tendrait, tout
en accablant le Singe et le stigmatisant « comme animal », à le rapprocher de l'homme et, par conséquent,
à rabaisser celui-ci, en lui retirant, en quelque sorte, son
privilège d'être libre et responsable. Que si, d'ailleurs,
le Singe est, comme l'avance Claus, « animal dans la pire
acception du mot », il n'est nullement responsable et ne
mérite point l'épithète de pervers.

, Quant à la partie *intellectuelle* des fonctions psychiques, on est trop enclin, dans le monde savant, à l'exa-
gérer, se laissant pour ainsi dire hypnotiser par la vivacité de gestes et l'expressive mobilité de physionomie,
et surtout par un développement extraordinaire de
l'instinct d'imitation. « En réalité, écrit Brehm, le Singe
« ne montre pas plus d'intelligence, l'on pourrait même
« dire qu'il en montre moins que certains autres Mammi-
« fères moins élevés dans la série, tels que l'éléphant et
« le chien ».

Vie sociale.

L'instinct de sociabilité est très développé chez les
Singes : la plupart des espèces vivent en troupes nombreuses, conduites par un chef, qui est le plus ancien de
la tribu ; la discipline est exemplaire, même dans les
expéditions qui ont pour objet le pillage et la dévastation des cultures... C'est bien là ce qui se passe en l'humanité, dans les sociétés de brigands. Le *Gorille*, au contraire, vit par couples isolés et, rapporte du Chaillou,
« pareil à l'éléphant solitaire, il devient plus sombre et
« plus méchant que jamais et son approche est plus
« dangereuse. »

Répartition dans le temps et dans l'espace.
Habitat.

La race des Singes était plus répandue dans l'Ancien
Continent aux temps géologiques qu'à l'époque actuelle;
en effet, on trouve de ces animaux à l'état fossile dans
les terrains quaternaires de l'Europe méridionale, qu'ils
ont depuis complètement désertée. La cause en est dans
le refroidissement du climat. Une seule espèce, ne comprenant qu'un petit nombre d'individus, persiste à
Gibraltar ; nous en reparlerons en son lieu. Aujourd'hui,
ces Mammifères sont confinés dans les pays chauds : en
l'Afrique centrale, au sud de l'Asie et dans l'Amérique
méridionale. Ils font totalement défaut en Australie, au
moins dans les parties explorées de ce territoire. Leur
lieu de résidence habituel est la forêt vierge ; là, ces
arboricoles trouvent l'aliment qui leur convient et le
champ favorable à leurs exercices d'acrobates. Cependant, une partie d'entre eux, comme mûs par un esprit
de contradiction, recherchent les endroits découverts et
s'ébattent à terre, au milieu des rochers : ce sont les
Singes à tête de chien, les *Cynocéphales.*

Utilité (et nocivité).
Chasse, Domestication, Culte.

Dans le classement pratique des animaux en *utiles*
et *nuisibles*, ceux qui nous occupent à présent rentre-
raient plutôt en la seconde catégorie ; car, si leur chair
est prisée des sauvages et leur fourrure parfois estimée,
les dégâts qu'ils commettent dans les plantations sont
incalculables. Il est donc légitime de leur faire la chasse.
Mais il faut avouer que l'homme, en cette affaire, a dé-
passé les bornes de son droit et s'est rendu trop souvent
coupable de cruautés inutiles.

« Lorsque, rapporte Brehm, les Indiens tuent une
« femelle..., le petit reste attaché à la mère ; il tombe
« avec elle et... ne quitte plus l'épaule ou le col (du
« cadavre). » Mais le spectacle de ce petit qui tient sa
mère embrassée n'émeut pas de pitié ces sauvages. Les
blancs, qui se disent « civilisés », ne montrent pas
moins de barbarie ; seulement, réflexion faite, ils en
expriment parfois le regret. « J'en ai souvent guetté (des
« mères) dans les bois, désireux d'avoir des sujets pour
« ma collection ; mais, au dernier moment, *je n'avais pas*
« *le cœur de tirer...* » (Du Chaillu). A la bonne heure !
Mais la déplorable mentalité du chasseur reparaît dans
sa rancune à l'égard de pauvres bêtes dont le seul crime
est de lui résister, témoin cette phrase : « Sa mort (au
« Singe capturé) fut accompagnée de quelque souffrance.
« Il n'avait pas cessé jusqu'à la fin de se montrer in-
« domptable et quand on l'eût enchaîné, il ajouta la
« sournoiserie (*sic*) aux autres vices de sa nature... »
N'est-ce pas révoltant ? (Je parle du chasseur, non du
Singe).

*
* *

En dépit de leur délicatesse de tempérament et de leur
tendance nostalgique, les Singes, une fois acclimatés,
supportent assez bien, en général, l'état de captivité et

se prêtent à la domestication. Ce dernier mot, si proche de *domesticité*, s'applique ici à la lettre, puisque beaucoup d'individus capturés par les Européens leur ont servi de valets pour le service de table ou les soins de maison. On a connu des *chimpanzés* qui passaient très bien les assiettes et servaient à boire aux maîtres, qui s'asseyaient même avec eux, partageant leur repas... De tout ce qu'on rapporte de leur intelligence et de leur adresse, il y a souvent une grande part de vérité ; mais il ne faudrait pas trop se prévaloir de ces faits pour exalter leurs aptitudes intellectuelles ; ce qu'il est raisonnable de dire, c'est que chez eux, l'*instinct d'imitation* est poussé très loin. C'est ainsi qu'ils apprennent à défaire un nœud, à se servir de certains outils... Mais verra-t-on jamais un singe conduire un express ou peindre un tableau ? L'entendra-t-on jamais exécuter une sonate ? Enfin, surprend-on chez lui le moindre signe de sentiment religieux ?...

En revanche, et grâce aux aberrations du « roi de la création », le Singe, en certains pays, est l'objet d'un culte. Nous nous étendrons sur ce sujet lorsqu'il sera question des *Singes sacrés* de l'Inde (Semnopithèques) et des Cynocéphales d'Afrique. Cela est à peine croyable ; mais, comme Brehm le fait observer très justement, « la « vénération de l'*Hamadryas* et (celle) du Crocodile (ont) « la même raison d'être, la *peur* ; il y a des hommes qui « craignent leur dieu au lieu de l'aimer... » C'est ce qu'on pourrait appeler un culte *théophobe*.

Classification.

Nous adopterons, faute de mieux, le classement des naturalistes, qui partagent la race des Singes en deux « nations », pour ainsi parler : celle de l'Ancien Monde (Asie et Afrique) et celle du Nouveau (l'« Américaine ») ; mais nous rejetons les qualificatifs de *catarrhiniens* et de *platyrrhiniens* qui leur sont affectés respectivement, parce que, d'une part, ce sont là des dénominations d'aspect rébarbatif et qui ne disent rien à ceux qui ne savent pas le grec et que, d'autre part, elles fondent l'opposition des deux groupes sur un caractère bien ténu : le plus ou moins d'épaisseur de la cloison du nez...

1° Singes d'Amérique ou du Nouveau-Monde.

La taille de ceux-ci n'atteint jamais des dimensions bien considérables. Leur dentition est plus complète que celle des Singes de l'Ancien Monde. On ne voit chez eux ni de ces abajoues, ni de ces callosités mal placées qui rendent souvent l'aspect de leurs confrères orientaux si désagréable. Ils possèdent, en outre, un grand avantage sur ces derniers : c'est d'avoir la « queue prenante ». Nous avons déjà parlé de cet appendice, qu'on pourrait qualifier de « volubile », car il s'enroule autour des appuis d'une façon tout analogue à celle des tiges végétales connues sous ce nom. « Alors que, « chez tous les (autres) animaux, remarque Brehm, la « queue n'est qu'un gouvernail, ou (qu') un balancier, « elle remplit ici le rôle d'un cinquième membre. »

En revanche, ce qu'on nomme la *main* présente assez fréquemment ce signe d'infériorité : l'atrophie du premier doigt (celui qui est opposable aux quatre autres), ce qui permettrait de dire, littéralement, qu'ils ne peuvent « *manger sur le pouce* ».

Au point de vue psychique, les Singes américains sont moins doués que la plupart de ceux de l'Ancien Continent; leur intelligence est médiocre, leur humeur morose ; mais ils ont, comme on dit, les qualités de leurs défauts, et se montrent plus calmes, plus doux, plus inoffensifs.

A ce propos, il est étrange qu'un naturaliste tel que Brehm les juge au point de vue *théâtral*, en acteurs qui jouent mal leur rôle, — leur rôle de singes...; il leur reproche d'être « *sans gaîté, sans bonne humeur* »,... passe encore ; mais, ce qui paraît incroyable, il leur impute à faute d'être « *sans audace, sans imprudence,*

même *sans bassesse* »... « Ce ne sont pas, dit-il, de
véritables singes »... Son point de vue se résume ainsi:
étant donné que le singe est une charge dessinée par la
Nature, que c'est une caricature de l'homme, — si cette
caricature est manquée, plus d'intérêt...; l'être est insignifiant... Singulière appréciation ! Vue vraiment
étroite et mesquine de la Création, théorie presqu'immo-
rale, que certains auteurs pervers n'ont pas manqué
d'étendre à l'homme (1).

Les singes dits « d'Amérique » ou « du Nouveau-
Monde » n'habitent pas le continent américain tout
entier, mais seulement la zone tropicale ; on n'en trouve
pas dans les Antilles, non plus que sur l'autre versant
(occidental) de la chaîne des Andes. Ils vivent confinés
dans la profondeur des forêts vierges, d'où certaines
espèces sortent quelquefois pour aller dévaster les plantations. La solitude de ces forêts est prodigieusement ani-
mée par leurs ébats, et par les cris incessants des perroquets, qui partagent avec eux ce séjour tiède et luxu-
riant.

Les Singes sont chassés activement par les naturels du
pays pour leur chair, et par les Européens pour leur
fourrure ; « plus d'une de nos élégantes chauffe ses
mains délicates dans une fourrure qui a entouré le corps
d'un singe » (Brehm). La dépouille de *Singes hurleurs*
au pelage noir a servi, jadis, à confectionner des « bon-
nets à poil » pour l'armée. Quant aux usages comestibles, ils sont le fait presqu'exclusif des Indiens.

Certains auteurs pensent que l'habitude de manger la
chair d'un animal si voisin de l'homme par son organisation, mène fatalement à l'*anthropophagie*... Quoi
qu'il en soit, ces Indiens paraissent consommer impunément celle des individus qu'ils ont percés de leurs flèches
empoisonnées. Le poison employé par eux est le *curare*.

____

(1) Je veux croire que le passage de Brehm a été mal traduit, — ou
bien qu'il exprime une sorte d'ironie...

Lorsqu'ils veulent capturer le singe vivant, ils réduisent la dose, de façon à ne pas faire périr l'animal, mais seulement à l'engourdir. Le récit du traitement qu'ils lui font subir afin de le ramener à la vie est étrange, autant que révoltant : succion de la plaie, ensevelissement jusqu'au cou dans la terre, emmaillottement ; puis, pour le réduire après l'avoir guéri, imposition de la camisole de force, et suspension dans la fumée...!

Les SINGES D'AMÉRIQUE forment 8 groupes principaux : *Singes « hurleurs »*, — *Atèles* ou *« Singes-araignées »*, — *Sajous* ou *Sapajous*, — *Callitriches* (Singes au beau pelage), — *Sakis* (Singes à queue de renard), — *Singes nocturnes*, — *Ouistitis et Tamarins*.

Singes hurleurs.

Ils sont très velus de tout le corps ; et le poil, chez eux, forme une sorte de crinière qui encadre la face nue comme une barbe qui rejoindrait la chevelure ; cette crinière est de couleur noire, ou rutilante, suivant les espèces. Trait vraiment curieux, et tout exceptionnel chez les Mammifères, — ces singes ont un larynx à poches multiples, dont deux, en nid de pigeon, rappellent le *syrinx* des oiseaux. Mais, de cet organe, il s'en faut qu'il sorte un chant, et même un son de voix ordinaire ; l'épouvantable sonorité de cet « instrument de musique », a fait qualifier ces singes de « *hurleurs* »; et l'épithète de « *stentors* », qui leur est parfois appliquée, peut passer pour un euphémisme. Cette disgrâce sonore retentit, d'ailleurs, extérieurement, sur la plastique, car le larynx des singes hurleurs fait saillie sur la région du cou, formant une sorte de goître. (1)

Ils donnent leurs concerts en plein jour, ne les interrompant que par le froid, ou la pluie ; on les entend, d'après le récit de Humboldt, à 1500 mètres de distance. Un autre explorateur, Schomburgk, nous fait le tableau

(1) Remarquez que ce mot de *goître* vient du latin *guttur*, qui signifie *gosier*.

de ces « concours de chant ». « Cette lugubre société,
« dit-il, prêtait cependant au rire, et la physionomie du
« plus sombre misanthrope se serait épanouie à la vue
« de ces musiciens aux longues barbes, se regardant d'un
« air sérieux et imperturbable. » — Tant il est vrai que
le *tragique* et le *comique*, ces deux extrêmes, arrivent à se
toucher, parfois.

Le tempérament de ces Singes hurleurs est morose et
hargneux : « lorsqu'ils ne mangent ou ne hurlent pas, ils
restent immobiles ou dorment. » Ne sachant pas nager,
ils montrent une grande frayeur de l'eau, — à tel point,
dit Reugger, « que si, par suite d'une crue rapide, les
« eaux d'une rivière baignent le pied d'un arbre isolé
« sur lequel ils se trouvent, ils périssent de faim plutôt
« que de gagner un autre arbre ».

Atèles, ou Singes-araignées.

Ce nom d' « *Atèle* », encore, vient du grec, et veut dire
« incomplet, qui n'est pas fini »; il fait allusion à la main
dépourvue de pouce ; la cause de cette atrophie, spéciale
au groupe, demeure, d'ailleurs, inconnue. Et quant à la
dénomination plus expressive de « *Singes-araignées* »,
elle se justifie par l'extraordinaire longueur des quatre
membres, aux deux paires égales et très grêles, et qui,
chez l'animal suspendu par sa queue, s'étalent en rayonnant dans l'espace.

La laideur, chez le singe, est chose ordinaire ; toutefois, le type de l'Atèle, grâce à ses formes élancées,
est moins désagréable à voir que tant d'autres ; et, du
reste, sa comparaison avec une araignée monstrueuse
n'est soutenable que dans certaines attitudes.

Les jeunes, en ce groupe, ont un aspect plus repoussant
que les adultes. « *Sally* n'a que 4 ans, (et) sa face ridée
lui donne l'apparence d'un centenaire » (Brehm). Cette
Sally était une femelle très privée, dont les officiers du
bord s'amusaient beaucoup, et qu'ils prenaient un vilain
plaisir à griser...

Les Atèles ont d'ailleurs un caractère très doux, en domesticité ; et, dans l'état de liberté, ne peuvent guère passer pour des animaux nuisibles. Malgré cela, les indigènes les poursuivent avec acharnement, et les tuent par centaines. Quelle barbarie, quand on connaît la douceur de ces animaux, — telle que l'individu gardé au Jardin zoologique de Hambourg allant jusqu'à embrasser ceux qu'il reconnaissait comme amis, à les entourer tendrement de ses bras...

Une espèce d'Atèle, cependant, porte le nom sinistre de *Belzébuth*, — sans doute à cause de la teinte sombre de son pelage. Dans la Guyane, qui est son pays d'origine, on l'appelle *Marimonda*. Ce nom plus doux est celui qu'Alexandre Selkirk donne au singe compagnon de son exil à l'île de Juan Fernandez, dans ce roman de Saintine plus authentique, paraît-il, que « *Robinson Crusoé* ».

Sajous ou Sapajous.

Ce groupe est plus connu que les deux précédents, et plus familier au public ; on peut en voir effectivement des représentants dans les principales ménageries d'Europe ; et il n'y a pas très longtemps que des petits Savoyards en montraient pour de l'argent, comme curiosité. Ce sont, sans doute, des singes de ce genre que les charlatans exhibent dans les foires (plus rarement de nos jours, car la mode en est passée), singes habillés faisant des tours, et dont le type classique est le « *Fagotin* de La Fontaine. A l'état de nature, les Sajous, vêtus seulement de leur pelage, se livrent librement à l'acrobatie, sous le regard éventuel des rares voyageurs qui traversent la forêt vierge.

Il n'y a pas grand'chose à dire sur l'aspect extérieur de ces singes : leurs membres sont de proportion moyenne ; leur pelage offre une grande variété de coloration ; la tête, de contour arrondi, est parfois encadrée de favoris touffus, ce qui ne constitue pas ici, — pas plus, au reste, que chez l'homme, un ornement bien esthétique... La queue est garnie de poils sur toute sa longueur. La physionomie, par ses jeux mobiles et très expressifs, nous arrêtera davantage. Le nom de *Singes* « *pleureurs* » qu'on leur donne quelquefois, fait allusion à leur voix douce et plaintive. Mais il a plus : certains auteurs assurent que dans telle circonstance donnée, leurs yeux se remplissent de larmes... A les en croire, le rire, aussi, ce *rire* qui, suivant Rabelais, est « le propre de l'homme », s'observerait chez le *Saï* (ou *Sajou capucin*) ; mais il consisterait seulement, là, dans le relèvement des coins de la bouche, et sans éclat de voix.

L'instinct maternel est très développé chez ces singes, et approche souvent de l'intelligence : témoin ce fait, avancé par Brehm, que la mère empêche ses petits de manger de certains fruits qui leur seraient nuisibles. Si ce fait est avéré, il suppose deux qualités psychiques : une intellectuelle, la connaissance des plantes comestibles ou non, — et une plutôt morale, la prévoyance.

L'instinct filial, chez les Sajous, ne le céderait pas à l'instinct maternel. Renger raconte ce trait touchant : une femelle avait été tuée par un chasseur ; elle portait, suivant l'usage, son petit sur le dos. Quelque temps, son cadavre resta suspendu par la queue ; puis il retomba sur le sol, avec son fardeau vivant... Détaché, non sans peine, du corps de sa mère, le pauvret y revint à plusieurs reprises, ne pouvant croire à la réalité. Ce fut spontanément, de lui-même, — comme si le regret douloureux avait fait place, tout à coup, à la répugnance effrayée que cause la mort...

Avec tant de belles qualités, les Sajous nous répugnent par leur habitude étrange autant que malpropre, de recueillir leur urine dans les mains, et de s'en barbouiller tout le corps... Ils font d'ailleurs la même chose avec l'eau-de-vie, le café, le thé, et même avec les bouffées de tabac qu'on leur lance ; ce qui fait croire à l'envie qu'ils éprouvent de se débarrasser de leurs parasites.

Callitriches.

Ce groupe tire son nom scientifique de la beauté singulière de son pelage, lequel contraste, par sa finesse et son coloris, avec la laideur de la figure. Ce fait d'un extérieur ingrat paré d'un costume somptueux n'est pas nouveau dans le règne animal. Les Callitriches ont le poil varié de rouge, d'orangé, de gris et de blanc ; quelquefois, la tête est noire, et le corps d'un jaune clair, tacheté de noir. Une espèce est à citer ici particulièrement ; c'est le *Callitriche à collier*, qualifié par les Espagnols de « petite veuve », parce qu'il porte, disent-ils, le *voile*, la *collerette* et les *gants* de couleur blanche sur un fond noir, suivant le deuil en usage dans leur pays. — Une autre espèce, le *Saïmari*, à tête très plate, avec de grands yeux, a la mine d'un petit enfant. « C'est, dit Alexandre de « Humboldt, la même expression d'innocence, (le) même « sourire malin, (la) même rapidité dans le passage de la « joie à la tristesse. »

D'après le même auteur, ce *Saïmari* paraît très attentif aux paroles qu'on prononce devant lui ; il tient les yeux fixés sur la bouche de celui qui parle, est comme suspendu à ses lèvres, et va jusqu'à toucher de ses doigts ses dents et sa langue, — geste familier aux sourds-muets... D'autre part, un *Saïmari* bien apprivoisé savait reconnaître des insectes figurés par le dessin, et « faisait preuve de discernement en cherchant à s'en emparer »... Oui, sans doute ; mais ce « *discernement* » n'allait pas jusqu'à discerner l'animal fictif d'avec l'animal réel et vivant.

Sakis.

Parmi les singes d'Amérique, les *Sakis* pourraient aspirer au premier prix de laideur : leurs formes sont lourdes, leur pelage est touffu, lâche cependant, et de teinte sombre ; leur queue, pareille à celle du renard, ne semble pas conforme à leur structure de singe ; leur face, au nez saillant, avec de petits yeux au regard féroce, est rendue plus repoussante encore par une sorte de barbe, tantôt

trop longue et tantôt trop courte, et qui rejoint disgra-
cieusement, par des favoris, le toupet de cheveux dont le
crâne est surmonté.

Aussi, les premiers naturalistes qui les ont observés
leur ont donné des noms démoniaques : une de leurs
principales espèces est appelée « le *Saki Satan* » ; la noirceur de son poil, son visage sombre où luisent des prunelles ardentes, — ajoutez au tableau son humeur farouche et morose, — justifient cette appellation. La grimace
de la plupart des singes est comique ; celle du *Saki-Satan*
est plutôt sinistre. Chez une autre espèce (le « *Monora-
bou* », dans la langue du pays), la queue reste très courte,
ce qui l'éloigne, au moins sous ce rapport, des *Sakis*, en
particulier, — et des singes du Nouveau-Monde, en
général.

Quant au *Saki à tête blanche*, on dirait, en l'apperce-
vant, de quelque vieillard à tignasse et barbe incultes.

Un voyageur allemand, Schomburgk, a vu les Sakis
sous un tout autre jour : « leurs longs poils bien dis-
« posés, écrit-il, la belle barbe qui orne leurs joues et
« leur menton, leur queue analogue à celle du renard,
« donnent à ces animaux... une physionomie très
« agréable, quoiqu'en même temps un peu ridicule... »
Peut-être le « *Saki-Satan* », lui, a-t-il « la beauté du
diable...

Singes nocturnes (« Nyctipithèques »).

Les premiers renseignements que nous possédions sur
ce curieux groupe de singes sont dûs à un grand voyageur
nommé d'Azara, dans son ouvrage sur l'histoire naturelle
des quadrupèdes du Paraguay (Paris, 1801). Les « *Nycti-
pithèques* » forment le passage entre les Singes proprement dits et les faux-singes » ou *Lémuriens*. Ils se distinguent nettement de tous les types précédents par leur
tête petite et toute ronde, sans barbe ni chevelure, ni
accessoire d'aucune sorte, par leur museau plat et leurs
grands yeux ronds, pareils à ceux des oiseaux de nuit ;

« petite physionomie bouffonne », écrit Schomburgk...
Chez eux, comme on l'a vu chez le lapin, les membres
d'arrière dépassent en longueur ceux d'avant, ce qui rend
leur marche difficile sur terrain plat ; mais, pour la même
raison, ils grimpent aisément. Leur pelage est gris-cendré
sur le dos, roussâtre sous le ventre ; la queue, de belle
longueur, est marquée de noir à son extrémité. Une espèce, appelée par les indigènes « *douroucouli* », se fait
remarquer par trois raies noires parallèles sur le front,
d'où son nom savant de « *Nyctipithecus trivirgatus* »; en
outre, une grande raie jaune-brun s'étend tout au long
du dos, de la nuque à la naissance de la queue.

Les *Singes nocturnes* montrent plus de sentiment que
d'intelligence ; l'attachement réciproque du mâle et de la
femelle va jusqu'au point que l'un des conjoints ne survit guère à l'autre (en captivité). Si le fait est exact, quel
exemple pour nous, les humains, que ce Philémon et
cette Beaucis simiesques !

Ouistitis et Tamarins.

Avec ce nouveau groupe se termine la série des Singes
d'Amérique.

Le nom de « *Ouistiti* » est vraisemblablement une onomatopée, et leur a été donné sur leur cri. Leur taille mignonne et la vivacité de leurs mouvements leur font trouver grâce auprès des naturalistes, toujours indulgents,
et qui ne sont pas des esthètes ; mais leur figure est plutôt déplaisante : ils ont presque un museau de chien, —
de ces petits chiens qu'on nomme « *bichons* » (ou
« *roquets* » (1) et portent aux oreilles des touffes de poil
d'un blanc éclatant ; leur pelage laineux est rayé de
bandes noires sur un fond roux mêlé de blanc. Ils sont
pourvus d'une longue et belle queue, marquetée d'anneaux noirs.

Ce sont des bêtes inoffensives, qui, toutefois, lorsqu'on

(1) Dont ils ont les yeux saillants, à l'expression rageuse.

les provoque, se hérissent et montrent les dents : mais ces « quenottes » minuscules ne sont guère à redouter. Bien que d'un tempérament fort craintif, ils s'attaquent assez souvent, par troupes, aux plantations.

Les *Tamarins* se distinguent des Ouistitis en ce qu'au lieu de deux touffes latérales s'épanouissant au voisinage des oreilles, ils ont une sorte de crinière impaire et médiane, qui prend racine au sommet de la tête, et retombe des deux côtés, à la façon, un peu, de certains plumets militaires. Cet ornement tranche, au reste, par sa blancheur, avec la teinte foncée de la face : on dirait d'une tête de vieux nègre coiffée à la manière de Listz...

Je lis dans les auteurs que les *Tamarins* « sont d'une « bien mince utilité à l'homme ; leur corps est trop « petit pour servir de nourriture, et leur peau trop tendre « pour être employée ». (Brehm)... Heureux Tamarins !

2° Singes de l'Ancien Monde.

Les Singes de l'*Ancien Continent* ont été qualifiés par les savants de « *Catarrhiniens* », par opposition à ceux du Nouveau-Monde, aux Singes d'Amérique, désignés par eux sous le nom de « *Platyrrhiniens* »... Outre que ces mots sonnent fâcheusement à l'oreille, ils ont, suivant moi, un double tort : c'est, d'abord, de ne pas être symétriques, puisqu'au lieu d'opposer « narines plongeantes » (*cata*) à « narines relevées » (*ana*), ils opposent la direction de ces narines à leur forme (*platy*); — puis, surtout, d'adopter, pour la distinction des deux groupes, un critérium aussi ténu et d'importance aussi secondaire que la minceur ou l'épaisseur de la cloison qui sépare les fosses nasales, le rapprochement ou l'écartement de celles-ci. Mais il faut dire, aussi, qu'on en est réduit là, faute de trouver, pour différencier les deux groupes de Singes, un caractère anatomique plus important. Il en est ainsi, d'ailleurs, toutes les fois que l'on a affaire à un ensemble d'êtres homogène : c'est pourquoi les diverses races humaines sont distinguées par les ethnologues les unes des autres par des traits accessoires aussi subtils que la forme du nez, la direction des yeux, la couleur ou la consistance des cheveux, la nuance du teint.

Au reste, les Singes de l'Ancien Monde, comparés à ceux du Nouveau, que nous venons d'étudier, présentent, dans l'ensemble de leur organisation extérieure, d'autres caractères que ceux tirés des fosses nasales : ils possèdent des *abajoues*, et leurs fesses sont fâcheusement mises en évidence par de singulières *callosités* ; leur queue varie beaucoup quant à la longueur, depuis celle des *Magots*, réduite à sa plus simple expression, jusqu'à celle des *Guenons*, plus longue que le corps tout entier de l'animal ; mais cette queue, qui sert à ces singes de gouvernail, n'est pas faite pour s'enrouler aux branches d'arbres ainsi que chez leurs confrères américains ; elle n'est pas « *prenante* ».

Enfin, par leur dentition, les Singes de l'Ancien Continent se rapprochent des Carnivores (je parle du moins ici des *Cynocéphales*), bien que leur régime soit plutôt végétarien ; mais la force des canines leur sert ici surtout, soit pour attaquer les fruits coriaces, soit comme arme défensive.

Gibbons.

Rattachés quelquefois aux Singes anthropomorphes, ils s'en éloignent par leur plus faible stature. Les savants les ont affublés du nom grec d'*Hylobates*, ce qui veut dire tout simplement « *qui errent dans les bois* ». En allemand, on les appelle « *Lang-arm Affen* », c'est-à-dire « *Singes aux longs bras* », ce qui est beaucoup plus expressif. Si, en effet, chez l'homme debout, l'extrémité des bras qui pendent librement atteint le milieu de la cuisse, elle arrive, chez le Gorille, au genou, — chez l'Orang-Outan, à mi-jambe, et chez le Gibbon, touche presque à terre. Ajoutez, à cette longueur extraordinaire des membres antérieurs, une poitrine large, et des reins étroits comme ceux d'un lévrier, avec un visage encadré de poils formant une sorte de bonnet, pas de queue, absence d'abajoues, vous aurez le portrait de ces singes, mauvais marcheurs, mais grimpeurs habiles, qui passent leur vie dans les hautes frondaisons ; — je dis : « *grimpeurs* »...; « *sauteurs* » serait plus juste, car, pour avancer, ils prennent leur élan en se balançant quelque temps sur une branche, puis se lancent dans l'espace.

Ce sont des animaux très craintifs, qui prennent la fuite à la moindre alerte. Les femelles, comme c'est le cas ordinaire chez les singes, sont très bonnes mères.

« C'est un spectacle curieux, écrit certain auteur, que
« de voir porter leurs enfants à la rivière, les débarbouil-
« ler, malgré leurs plaintes, les essuyer, et donner à leur
« propreté un temps et des soins que, dans bien des cas,
« nos propres enfants pourraient envier. »

Autre trait de leurs mœurs : les petits sont portés par la mère, s'ils sont du sexe féminin ; s'ils sont du sexe masculin, par le père. Les Gibbons ont l'étrange habitude de saluer le soleil à son lever, comme à son coucher, par des clameurs qu'on entend de très loin : par contre, ils gardent, toute la journée, un silence absolu... Que penser de cette coutume ? Si c'est un signe de réjouissance, pourquoi le donnent-ils au déclin de l'astre comme à son ascension dans le ciel ?

Les Gibbons habitent la presqu'île indienne et l'archipel malais : ils affectionnent les grandes altitudes. Une de leurs espèces a deux doigts du membre postérieur réunis par une membrane ; formerait-elle le passage à quelque singe palmipède ?...

Semnopithèques.

« *Semnopithèques* », en grec, veut dire : « *Singes sacrés* ». On groupe sous ce nom des espèces un peu différentes entre elles, mais qui ont pour caractère commun d'habiter le même pays, et d'y être l'objet d'un culte. Nous reviendrons tout à l'heure sur ce dernier point.

Notons, tout d'abord, un détail anatomique qui n'est

pas sans importance. On sait que le développement de la *face* prédomine, chez les animaux, sur celui du *crâne*, tandis que, chez l'homme, c'est le contraire qui se produit. Or, chez ces Singes, le crâne est d'abord très développé ; puis, à l'âge adulte, il subit une régression, qui coïncide avec un développement progressif de la face. Les facultés psychiques se trouvant en rapport avec la capacité cranienne, dans une certaine mesure, il s'ensuit que l'intelligence, en ce groupe de singes, au lieu de grandir avec l'âge, subit un recul. Le fait est curieux, et donne à penser ; il semble que l'évolution tente là un effort prématuré, et qu'une force supérieure, intervenant, dise à la première : «*tu n'iras pas plus loin !* »

Un autre trait de la structure interne est la division de l'estomac en plusieurs compartiments, ce qui rapprocherait les singes, sous ce rapport, — mais sous ce rapport seulement, — de Marsupiaux comme le Kangouroo.

Le visage de ces Singes sacrés n'est guère plus admirable que celui des Gibbons ; comme chez ces derniers, il est encadré d'un bonnet de poils de teinte claire ; mais une espèce, le *Nasique*, présente ce caractère étrange de porter, entre les deux yeux, comme un faux nez de carnaval... La Nature produit parfois des formes qui nous paraissent ridicules ; mais il faut penser que nous rapportons tout, par anthropomorphisme, au type humain.

Le pelage de ces singes est diversifié de couleurs brillantes : l'*Entelle*, sur un fond blanc jaunâtre, montre des parties glabres d'un violet foncé, le poil de la face et des mains étant noir. Une légende indienne explique cette noirceur partielle en disant que l'Entelle, ayant dérobé, à Ceylan, le fruit du manguier, fut condamné pour ce fait, par les insulaires, au bûcher ; mais l'animal put échapper aux flammes, et sortit sain et sauf, flambé seulement des mains et du visage...

Tous les habitants de l'Inde, à l'exception des Mahrattes, honorent ces singes d'un culte extravagant. Tandis que certaines tribus voient en eux les descendants d'êtres humains réfugiés dans les bois pour éviter de payer l'impôt, — la plupart les considèrent comme des personnages surnaturels déguisés, et leur rendent un culte... Singulier choix d'un animal qui n'a vraiment rien en lui de divin !... Mais chercher, comme on dit, « *midi à quatorze heures* », est le fait de toute superstition, et, — chose paradoxale, — un trait de la mentalité des simples. On peut, toutefois, trouver la raison d'être d'une pareille aberration dans la croyance en la métempsychose.

Certains princes de l'Hindoustan prétendent descendre de ces Singes sacrés, — prétention bien modeste, à notre point de vue, et qui, d'ailleurs, ne saurait fournir aucun argument à l'hypothèse transformiste... Toujours est-il que ces peuples naïfs laissent dévaster leurs plantations par ces pillards à quatre pattes, plutôt que de porter sur eux une main qu'ils croiraient sacrilège... Il est même dangereux pour un Européen de chercher à s'en emparer, — non, cette fois, qu'ils soient féroces ou farouches, mais parce qu'ils sont vénérés ; le danger ne vient pas, ici, de l'animal, mais de l'homme, — non d'un fait, mais d'une idée...

Colobes.

Ce nom de « *Colobe* » veut dire, en grec, « *tronqué* », par allusion au défaut de pouce qui caractérise la main de ces singes. Et c'est en quoi seulement, à peu près, ils diffèrent des Semnopithèques. Les *Colobes* sont à l'Abyssinie ce que ces derniers sont à l'Hindoustan ; ils vivent, eux aussi, sur la cime des arbres, et souvent au voisinage des temples. L'espèce nommée « *Guereza* » se fait remarquer par une opulente crinière, dont la teinte blanche fait un heureux contraste avec le pelage d'un noir velouté ; cette crinière ne s'épanche pas d'un seul côté, comme celle du cheval, mais des deux à la fois, et forme, suivant l'expression pittoresque de Brehm, comme « un riche manteau de Bédouin », (pourquoi ne pas dire « un *burnous* » ?) — Une autre espèce de Colobe a reçu (comme certains Sakis) le nom de *Satan*, à cause de sa couleur uniformément noire. On dirait que la Nature a voulu, par une sorte de repentir, racheter parfois, grâce à des jeux de coloris, la laideur du type simiesque.... Mais, en fait, il y a, dans cette combinaison de luxe et de misère, un problème profond... Il ne faut pas oublier ce fait capital, que tout ce qui flatte nos regards, aussi bien que tout ce qui les blesse, en la faune, se rattache, en dehors de nous, à quelque nécessité vitale, organique ; la couleur, *objectivement*, n'est que le renvoi de tel ou tel rayon lumineux à notre œil, et reconnaît alors pour origine le pouvoir émissif ou absorbant de tel ou tel tissu. Ce qui nous frappe comme coloris peut très bien n'être, pour l'animal, qu'une question de température.

Cercopithèques (Guenons).

Disons tout de suite que ce terme de *guenon* n'est pas employé ici dans l'acception banale de « femelle du singe » ; c'est le nom vulgaire, mais scientifique, d'un groupe, dont l'appellation technique est « *Cercopithèques* », c'est-à-dire « *Singes à longue queue* ». Effectivement, cet appendice atteint, dans le groupe en question, une longueur parfois considérable (tandis qu'en d'autres groupes, elle est très courte, ou même atrophiée) ; mais ici, elle n'est pas « prenante ». La forme du corps est remarquablement svelte, élancée ; les membres sont déliés. Mais ces singes, assez bien doués pour cette part, offrent, en contraste, deux traits extérieurs assez peu plaisants : callosités aux fesses et, des deux côtés de la face, abajoues. Ces callosités sont parfois d'un rouge vif (chez le *Cercopithecus pygerithrus*), ce qui rend, en vérité, trop voyantes des parties qui ne devraient pas attirer l'attention. Et quant aux abajoues, elles forment, sur les deux côtés de la tête, des poches, utiles, sans doute, à l'animal, mais désagréables au regard. Je dis que ces poches sont utiles au singe : elles lui servent, en effet,

de sacs à provisions dans ses expéditions où, ne pouvant
consommer sur place tout le produit de son pillage, il
en emporte une part dans sa fuite. En l'état de domesticité, comme on ne le sait que trop, tous les singes sont
maraudeurs ; on raconte que l'un d'eux étant fouillé, l'on
trouva dans ses abajoues cinq guinées. — Je lis dans
Brehm que les Guenons « comptent parmi les singes les
« plus *sociables*, les plus mobiles, les plus gais et les plus
« *gracieux* »... Qu'on me permette, à ce sujet, une observation : il y a, d'abord, pour les animaux, deux façons
d'être *sociables* : entre eux — ou vis-à-vis de l'homme ;
or, l'auteur ne précise pas... Et puis, d'autre part, ce
qualificatif de « *gracieux* ne me semble pas convenir à
un singe, la vivacité des mouvements et l'adresse, l'agilité, ne constituant pas à elles seules ce qu'on est convenu
d'appeler, — ce qu'on *doit* appeler, proprement, la
grâce. Les Singes sont de merveilleux acrobates : or, on
ne dira guère d'un acrobate ce qu'on peut dire d'un
danseur, qu'il est « *gracieux* ».

Le Cercopithèque a deux frayeurs : celle des chiens —
et celle des serpents ; il faut voir avec quelle précaution
il enfonce son bras dans une fente d'arbre, un trou de
rochers ; il tâtonne longtemps, prête l'oreille, épie le
reptile qui peut s'y cacher...

Brehm nous retrace le tableau curieux d'une grande
expédition de ces maraudeurs. « C'est toujours sous la
« conduite d'un vieux mâle qu'ils envahissent les champs
« de céréales ; les femelles qui ont des petits les portent
« suspendus au-dessous du ventre (et) les petits enroulent
« l'extrémité de leur queue autour de celle de leur mère...
« De temps en temps, le chef de l'expédition grimpe
« au sommet d'un arbre, et de cet observatoire naturel,
« explore l'horizon : suivant qu'il y a du danger ou non
« d'aller de l'avant, il en informe sa troupe qui, selon
« la nature du cri, avance — ou recule. Parvenus au
« champs, ils le dévastent en un clin d'œil, arrachent
« précipitamment les tiges de maïs ou de cannes à sucre,

« (en) détachant les grains, dont ils remplissent leurs
« abajoues, tout cela avec un gaspillage qui fait mal au
« cœur, (et leur) attire la haine des indigènes ».

Brehm cite, comme espèces notables, le *Grivet*, ou
« *Singe vert* », qui paraît de cette couleur par la juxtaposition, dans son pelage, de poils jaunes et d'autres bleu
foncé, — effet d'optique que l'école impressionniste en
Peinture a pris comme base du procédé; — puis le *Patas*,
ou *Singe rouge*.

Dans le petit album de Gowan (*Animals at the Zoo*),
je trouve l'image de deux autres types à face bizarre :
l'un est le *Cercopithèque à moustaches*, d'assez récente
découverte, et qu'on devrait appeler, plus correctement,
Cercopithèque (ou *Cuenon*) « *à lèvres bleues* » ; et l'autre, *Cercopithèque* dit « *de Brazza* », en souvenir du célèbre explorateur. Ce dernier, d'après sa photographie,
offre un aspect impressionnant ; avec ses yeux vifs, écar-
quillés, son nez droit, son petit capuchon de poils sur le
chef, et surtout sa paire de moustaches toutes blanches et
touffues, accompagnée d'une barbe presque humaine, on
dirait d'une tête de vieillard sur un corps de singe. Son
galbe, stylisé, serait digne d'un chapiteau de cathédrale.

La plupart des Cercopithèques (ou Guenons) habitent,
soit la région du haut Nil (Abyssinie), soit l'île de Madagascar. Dans les grandes forêts vierges de ces pays, on
les trouve en compagnie des perroquets. Singes et perroquets, effectivement, sont arboricoles : ils animent ensemble la solitude ; les uns par leurs gambades, les autres
par leurs cris assourdissants. Sur les quais des ports de
commerce, Oiseaux et Quadrupèdes se retrouvent, car
les navires en rapportent toujours une cargaison ; par
leurs grimaces, ou leur babil mimant la parole humaine,
ils deviennent objets de curiosité et d'amusement.

Mais, dans les plantations exotiques, les Guenons sont

un véritable fléau. Ne pouvant réussir à les éloigner par les moyens naturels, les indigènes, qui sont de religieux musulmans, essaient d'en venir à bout par des incantations : au nom de Mahomet, ils les somment de respecter leurs cultures... C'est en vain. Aussi les regarde-t-on, là-bas, comme des impies, des sortes d'animaux non plus sacrés, comme les Semnopithèques, mais sacrilèges...

« Un cheik arabe du Soudan me dit un jour, rapporte
« Brehm : crois-le, Seigneur, la preuve la plus évidente
« de l'impiété des singes, c'est qu'ils ne s'inclinent ja-
« mais devant la parole de l'envoyé de Dieu. Tous les
« animaux (créatures) de Dieu estiment et honorent le
« prophète...; les Singes seuls la méprisent. Celui qui
« écrit une amulette et la suspend dans ses champs pour
« empêcher l'hippopotame, l'éléphant et les Singes de
« manger ses fruits et de leur causer des dommages,
« reconnaît toujours que l'éléphant seul tient compte de
« sa défense. C'est que l'éléphant est un animal juste,
« tandis que le singe est un homme que la colère d'Allah
« a transformé en monstre ; c'est un fils, un neveu et
« un arrière-neveu de l'injuste, — et, ajoute le grave
« personnage, l'hippopotame est l'enveloppe odieuse du
« hideux sorcier. »

J'ai tenu à citer ce passage, comme hautement caractéristique. Ce quadrupède à face humaine dégradée, que les savants civilisés nous donnent pour ancêtre, — est considéré par les sages primitifs, tout à l'inverse, comme un indigne descendant ; là où le darwinisme voit une ébauche de l'être humain, le mahométisme voit un produit de sa décadence. Or, n'est-il pas plus simple de voir, dans le singe, un animal comme un autre, mais qui, par le fait qu'il termine la série des Mammifères, et se trouve être le dernier représentant de la faune, prépare, en quelque sorte, dans le plan divin, la structure de l'« *homo sapiens* ». Que si les traits de son squelette, et surtout les traits de son visage, tout en annonçant ceux de l'homme, restent grossiers et repoussants, c'est sans doute qu'ici, comme aux divers stades de l'évolution, s'est produit une de ces *crises* dont nous avons parlé (1), un de ces passages critiques, où le progrès organique d'un type de structure à un autre s'achète au prix d'une déchéance esthétique, au moins momentanée. Est-il plus étonnant de voir le singe avant l'homme, que de voir la chenille avant le papillon, ou l'*Archéoptérix* avant l'Oiseau ?

Macaques.

C'est le nom par lequel les naturels des côtes de Guinée désignent tous les Singes ; et les savants l'ont restreint à un groupe spécial, dont les représentants, d'ailleurs, se trouvent aussi bien en Asie qu'en Afrique.

Ce groupe paraît établir le passage entre le précédent et celui des *Cynocéphales*. Les Macaques se distinguent par un corps trapu, très robuste, un museau proéminent, de fortes dents ; le pelage est de teinte grise, tirant sur le vert ; les poils du sommet de la tête (faut-il appeler cela des *cheveux* ?) sont relevés en une sorte de faux-toupet, qu'on a parfois comparé à certaines coiffures d'Extrême-Orient ; la queue, de longueur variable, est réduite, chez quelques espèces, à l'état de moignon.

Doux et de belle humeur dans leur jeune âge, les Macaques, comme la plupart des singes, deviennent acariâtres en vieillissant. Ainsi que nous nous plaisons à le faire remarquer, l'instinct maternel, comme toujours, est très développé... Cuvier rapporte avec admiration la sollicitude adroite et précautionneuse d'une mère qu'il pouvait observer à loisir. Le petit restait accroché tout le temps aux poils de son ventre ; mais ce fardeau n'entravait aucun de ses gestes : elle allait et venait, courait et sautait librement, et sans que son rejeton subît le moindre choc. Plus tard, lorsque le jeune nourrisson fut sevré, cette mère attentive et prudente surveillait de très près

(1) V. au Tome I, page 303.

son alimentation ; elle lui arrachait des mains ce qu'elle pensait devoir lui être nuisible.

Une des grandes occupations des Macaques, — comme, au reste. de nombreux singes, est de s'épouiller mutuellement : ils vont même jusqu'à débarrasser d'autres animaux, — et l'homme lui-même (quand il se laisse faire) de leurs parasites... Cet acte de charité bizarre paraît leur causer une énorme satisfaction.

L'espèce la mieux connue est le Macaque surnommé « *bonnet chinois* », à cause du toupet dont nous avons parlé. C'est, lui aussi, un *singe sacré*, au même titre que les Semnopithèques ; les Hindous lui consacrent des temples, et poussent la faiblesse jusqu'à leur abandonner la dixième partie des récoltes.. Figurez-vous un roi (l'homme n'est-il pas « le roi de la Création ?) qui, au lieu d'exiger la dîme de ses sujets, ferait le geste, exactement contraire, de la leur payer... Mais, puisque le singe passe pour un dieu chez ces peuples, on peut considérer cela comme un sacrifice, une offrande expiatoire ; à moins qu'on n'y voie ce parti prévoyant, — qui n'est qu'un pis-aller, de « faire la part du feu...»

Comme autre type curieux, nous citerons : le M. « *speciosus* », singe du Japon, souvent représenté sur les estampes de ce pays ; son visage est d'un rouge éclatant ; là gît toute la beauté qu'un tel nom promet ; puis le *M. Silène*, habitant l'île de Ceylan, et possesseur d'une barbe respectable ; enfin, le *M. Maimon*, à queue très courte, mince. enroulée comme celle du porc, « en trompette ». ce qui lui a fait donner le sobriquet de « *singe-cochon* ».

Une mention particulière est due à certaine race de Macaques connus sous la dénomination de *Magots*. Leur corps, plus élancé que celui de leurs congénères, est porté sur de hautes jambes ; leur face, couleur de chair, est sillonnée de rides ; leurs oreilles sont assez semblables aux nôtres ; ils manquent à peu près totalement de queue. Les Magots étaient déjà connus des Romains, qui s'en servaient pour étudier l'anatomie. Originaires de l'Afrique du Nord, ils s'étaient répandus de là en Europe, mais ne dépassaient pas le sud de l'Espagne. Aujourd'hui, l'espèce a disparu même de ce pays et le peu qui reste de ces singes vit dans les rochers de Gibraltar, sous la protection du gouvernement anglais, curieux de perpétuer cette rareté zoologique. Ils se nourrissent de plantes rupestres et des racines sucrées du palmier nain, très abondant en ces parages.

Ce souci de ne pas laisser s'éteindre une race d'animaux sans utilité pour l'homme est comme un triomphe de l'*idée* sur les préoccupations purement utilitaires... Car, en définitive, le Singe est plutôt nuisible. On cite, toutefois, le *Macaque Maimon* déjà nommé (le Singe à queue de cochon) comme rendant à l'homme quelques services. Les habitants de l'Archipel malais l'emploient à cueillir les noix de coco, fonction dont, paraît-il, il se tire admirablement, ne détachant que les fruits mûrs et laissant les autres sur l'arbre. A quand l'utilisation des singes en agriculture ?

Cynocéphales.

Les Singes de ce dernier groupe étaient déjà connus des Anciens. C'est Aristote qui leur a donné ce nom, conservé par les naturalistes jusqu'à ce jour : il signifie, dans la langue grecque : *singes à tête de chien*. En effet, un trait saillant de ces animaux (le mot *saillant* tombe ici très juste) est l'allongement du museau, ce qui ne rappelle plus guère le facies simiesque et, par suite, n'éveille aucune idée de face humaine. Mais on peut dire, avec Brehm, que « la tête d'un Cynocéphale est la caricature « de celle du chien, au même titre que la face du gorille « est la caricature de celle de l'homme. »

« De toutes les espèces de Singes, ajoute cet auteur, ce

sont les plus hideuses, les plus grossières et les plus
repoussantes. » Pour la stature, ils viennent immédiatement après l'Orang-Outan ; leur corps est trapu, leurs
membres sont très vigoureux ; leur museau, proéminent
comme on l'a dit, est comme boursouflé et sillonné de
raies ; leurs yeux, à crête sourcilière bien marquée, ont
une expression de férocité lubrique, à la fois terrible et
répugnante ; leur mâchoire est armée de dents redoutables. Joignez à cela des abajoues, une crinière en forme
d'épais favoris, une queue de lion et, pour comble, des
fesses aux callosités rutilantes. Ce sont des êtres fort
bruyants, dont les clameurs, s'entendant de très loin,
imitent tantôt l'aboiement du chien ou le rugissement
du léopard, tantôt le mugissement du bœuf ou le grognement du porc. Leur régime est des plus variés :
herbes, fruits, insectes, tout leur sert d'aliment ; ils sont
très friands des fourmis, qu'ils capturent en posant leur
main sur la fourmilière et non la langue, comme les
Myrmécophages le font, plus directement.

Le caractère des Cynocéphales n'est pas plus attrayant
que leur figure ; le plus hideux des singes est en même
temps le plus lubrique et l'un des plus féroces... « La
« Nature, dit Cuvier, semble avoir voulu nous montrer
« en lui l'image du vice dans toute sa laideur. » En effet,
à ces Singes à tête de chien convient, plus qu'au Chien
lui-même, l'épithète de *cynique*... Toutefois, par une
contradiction singulière, ces êtres disgracieux et vicieux
sont souvent, en captivité, d'une docilité bien inattendue. Mais il ne faut pas trop s'y fier : leur susceptibilité
est telle « qu'une simple parole, un rire un peu moqueur,
un regard oblique », les irritent au point qu'ils deviennent dangereux.

Les principales espèces de Cynocéphales sont : le
Mandrille, appelé aussi « Mormon » ou « Papion » ;
l'*Hamadryas* (ou « Tartarin ») ; le *Babouin* (ou « Cynocéphale nègre », et le Cynocéphale « Gelada ».

Le *Mandrille* est peut-être le plus laid de tous les

Singes ; et le coloris, qui souvent compense par sa beauté propre la disgrâce des formes, ne fait, ici, que l'aggraver : en effet, sur un pelage brun foncé, à reflets olivâtres, se détachent en jaune les mains et les oreilles, ainsi que la barbe ; les deux extrémités du corps, c'est-à-dire le bout du museau et le postérieur, sont teints d'un rouge vif ; enfin, la face s'illumine d'un ton bleu éclatant, qu'on ne se serait guère attendu à trouver là.

Un individu de cette espèce a joui, dans son temps, d'une certaine célébrité : sous le nom, assez bizarre, de *Jean l'heureux*, il vécut à la cour d'Angleterre, tenant lieu, sans doute, de bouffon du roi, et sa dépouille est conservée au « British Museum » de Londres.

L'*Hamadryas*... Comment cette espèce de Singe a-t-elle le bizarre honneur d'être appelée du même nom que la nymphe si poétique habitant l'écorce des chênes ?... Ce n'est pas que l'Hamadryade (appelé quelquefois aussi *Papion* ou *Tartarin*) soit absolument laid : si son museau en forme de nez humain trop long, avec de tout petits yeux très rapprochés et l'air grave, lui font un masque de vieux savant, sa crinière de beaux poils gris d'argent, qui le couvre comme d'un manteau, lui vaut l'admiration des zoologistes, qui n'ont pas toujours le goût difficile. D'ailleurs, il était vénéré des anciens Égyptiens... Encore un singe sacré !

Une troisième espèce, le *Cynocéphale nègre* (vulgairement *Babouin*) (1), se distingue de toutes les autres en ce qu'elle n'offre pas le museau de chien : aussi, sous ce rapport, le Babouin ne mérite pas le nom de *Cynocéphale*.

Enfin, l'espèce appelée *Gelada* doit être citée pour sa taille relativement gigantesque, car elle atteint celle de l'homme. Ses callosités sont noirâtres au lieu d'être rouges...; atténuation d'un trait plutôt fâcheux.

----

(1) « *Babouin* se dit (péjorativement) d'un enfant badin et étourdi et aussi d'une figure grotesque » (Élie Blanc. *Dictionnaire logique*). Mais. pour bien des gens, ce mot est synonyme de *solignud*.

Les Cynocéphales ont pour principal domaine l'Abyssinie, c'est-à-dire un des pays les plus chauds du globe ;
mais, vivant à de grandes altitudes et parfois jusqu'à la
limite des neiges éternelles, ils supportent des froids
rigoureux, auxquels la plupart des races de singes ne
sont guère accoutumées. Aussi, dans nos climats septen-
trionaux, ils ne se montrent pas si frileux. D'autre part,
ils fréquentent les régions rocheuses et nues de la montagne, ce qui leur ferait mériter la dénomination de
Singes rupestres. Sauf d'assez rares exceptions, ils évitent les forêts, de sorte que la qualification d'*arboricoles*,
que nous avions étendue au groupe tout entier des
Singes, ne convient plus à ceux-là.

Chose étrange, ces Cynocéphales, que nous avons dépeints si sauvages, à l'état de liberté, se laissent apprivoiser aisément. Dès l'antiquité, on les dressait à toutes
sortes d'exercices. Aujourd'hui encore, au Caire, en
Égypte, des bateleurs amusent la foule de leurs tours
d'adresse ; spectacle qui serait innocent, si ces industriels ne dressaient l'animal, naturellement lubrique, à
parodier ses propres obscénités... Ah ! la dignité de la
nature humaine !...

Au Cap de Bonne-Espérance, on fait des Cynocéphales
un usage plus sérieux, en mettant à profit leur instinct
de découvrir les sources. La manière dont on s'y prend
est assez amusante à dire : l'animal est nourri, d'abord,
d'aliments très salés, de manière à exciter sa soif ; puis,
le tenant par une corde, on se laisse guider par lui ; il
se tourne tantôt à gauche, tantôt à droite, avance ou
recule, arrache des touffes d'herbe pour les examiner de
près ; enfin, il fouille le sol à tel ou tel endroit, et l'eau
sourd de terre... N'est-ce pas doublement ingénieux, du
côté de l'homme comme du côté du singe ?

Un stratagème d'autre sorte est employé, paraît-il,
avec succès, pour apprendre à ces animaux à reconnaître
leur véritable maître et à le reconnaître *à son nom* : on
place le sujet entre deux compères, dont l'un fait sem-

blant de le menacer et l'autre de le défendre. C'est, naturellement, vers ce dernier que l'animal est attiré. Alors,
on prononce son nom, et tous les assistants sont frappés,
sauf celui-là...

Singes anthropomorphes.

Le terme d'*anthropomorphes*, appliqué par les naturalistes modernes au petit groupe de Singes comprenant
le *Gorille*, le *Chimpanzé* et l'*Orang-Outan* (auxquels on
associe parfois le *Gibbon*) me semble excessif et, qui
plus est, tendancieux : d'une part, en effet, ces trois
types de Singes se rattachent étroitement à d'autres et ne
se rapprochent pas beaucoup plus que ceux-ci du type
humain ; et, d'autre part, prétendre que telle ou telle
espèce de Singe a presque figure humaine (ce que veut
dire en grec « anthropomorphe ») tend à faire accepter,
trop hâtivement, l'idée que nous les avons pour ancêtres.

Les caractères généraux les plus essentiels du groupe
qui nous reste à décrire sont : l'absence de queue (1),
d'abajoues et de callosités et surtout la *longueur des bras*.
Chez l'homme qui se tient debout, l'extrémité du bras
pendant n'atteint que le milieu de la cuisse ; or, dans la
même attitude, l'extrémité du bras, chez le Gorille, arrive
au genou ; chez l'Orang-Outan, à mi-jambe ; enfin, chez
le Gibbon, qu'on range parfois parmi les Anthropomorphes, elle touche au sol.

Le Gorille.

L'origine de ce nom est assez curieuse : le célèbre navi-
gateur carthaginois Hannon, du VIe siècle, avait rapporté
que, dans certain canton de l'ouest de l'Afrique, vivaient
des « hommes sauvages » et, en bien plus grand nombre,
des « femmes velues », que les interprètes appelaient
gorilles. Or, beaucoup plus tard, le missionnaire anglais

(1) Ce caractère n'est pas ici nouveau ; nous l'avons déjà constaté
chez plusieurs types.

Savage, explorant la contrée, reconnut que ces préten-
dues femmes dégénérées n'étaient autres que les femelles
d'une grande espèce de Singes auxquels, toutefois, il
crut bon de conserver ce nom de *Gorille*, lequel, ainsi,
consacre une erreur grossière.

Encore aujourd'hui, paraît-il, certaines peuplades
africaines s'abstiennent de manger la chair du Gorille,
« à cause, écrit Brehm, de l'affinité qu'elles croient
« trouver entre la nature de cet animal et la leur. »

Nous avons déjà dit, aux *généralités* du début, que,
pour l'agencement et la forme générale du squelette, on
ne trouvait avec celui de l'homme que de légères différences. Notons ici ce trait, que le Gorille partage, d'ailleurs avec le Chimpanzé, d'avoir une paire de côtes de
plus que l'espèce humaine (treize au lieu de douze).

Sous ce rapport, l'Orang-Outan, qui possède seulement
douze côtes, ressemble davantage à l'homme. Mais, encore une fois, le transformisme ne saurait s'en prévaloir
(pas plus, au reste, que la doctrine opposée) ; la supériorité de l'homme est ailleurs...

Dans sa forme extérieure et sa physionomie, le Gorille
reproduit tous les traits qui caractérisent le Singe en
général, mais avec un degré d'intensité tel que la laideur naturelle du type devient, en quelque sorte, *dramatique*. Vous avez vu des singes sveltes et « mignons »,
si j'ose dire ; d'autres difformes et repoussants, d'autres
encore d'aspect bizarre et, pour ainsi parler, paradoxal...
Vous voyez ici le plus grand de taille et le plus robuste
de structure ; le tronc, chez lui, prend un développement considérable et qui paraît disproportionné avec la
brièveté relative des membres inférieurs ; inversement,
les bras, démesurément allongés, descendent jusqu'au
niveau du genou ; ces bras, velus comme la plus grande
partie du corps, ont la grosseur des cuisses humaines ;

et l'on pressent qu'un simple embrassement de l'animal serait meurtrier pour l'homme. Le ventre est très proéminent et cette panse rebondie semble trahir une voracité sans pareille.

A cette charpente d'athlète monstrueux s'attache immédiatement, sans l'intermédiaire d'un cou, une tête énorme, couronnée d'une sorte de toupet dont les longs poils sont tantôt rejetés en arrière, et tantôt ramenés sur le front. Ce dernier est très bas, ce qui fait contraste avec la longueur de la face, où deux petits yeux gris, au regard inquiétant, sont profondément enchâssés dans l'orbite, sous des arcades sourcilières saillantes. Ajoutez à cela un nez camus, des joues creuses, une bouche en large fente horizontale, très écartée des narines et qui, s'ouvrant, découvre une dentition formidable... et vous comprendrez l'effroi qui saisit le voyageur lorsqu'à travers les lianes entrecroisées de la forêt vierge, il aperçoit la silhouette de l'*homme des bois*. C'est alors aussi qu'en voyant, si c'est une femelle, cette poitrine nue d'où pend, au-dessous des seins, comme un pagne, une ceinture de longs poils, on se reporte malgré soi aux récits naïfs des premiers observateurs et l'on s'explique la dénomination de *Gorille*, d'étymologie si bizarre.

Certains explorateurs prétendent avoir vu ce grand Singe se tenir debout et marcher, comme fait l'homme, en s'appuyant sur les membres postérieurs, qui deviennent alors *inférieurs*... C'est possible ; mais, en tout cas, cette attitude ne lui est pas naturelle et ne saurait se prolonger bien longtemps ; en effet, par la conformation de ses membres, le Gorille n'est pas un bipède ; en tant que quadrupède, il est vrai, sa démarche est maladroite, au moins laborieuse : son train d'avant étant plus haut que son train d'arrière, il a quelque peine à garder l'équilibre. D'autre part, sa corpulence lui interdit cette gymnastique arboricole à laquelle se livrent, avec tant de facilité, des confrères plus ingambes ; il ne grimpe aux arbres que pour cueillir un fruit et redescend aussitôt

à terre. D'après Du Chaillu, il s'assoirait pour dormir,
le dos appuyé contre un tronc, et ce serait la cause de
l'usure de son poil en cette partie.

La *voix* du Gorille est en proportion de sa stature et
ajoute encore à l'effroi qu'il cause ; si l'on en croit l'auteur précité, c'est d'abord une sorte d'aboiement rude et
précipité, auquel succède un grondement sourd, imitant
le tonnerre lointain.

A voir la stature de ce Singe et sa corpulence, on
devine sa voracité : il a vite fait d'épuiser les vivres que
lui fournit un canton de forêt : aussi doit-il, presque à
chaque instant, émigrer dans un autre. Mais, comme
nous l'avons déjà fait observer, en dépit de sa dentition
formidable, à peu près celle d'un carnivore, même d'un
carnassier, le Gorille est plutôt, quant à son régime ordinaire, végétarien : il ne dédaigne pas, à l'occasion, les
petits oiseaux, mais les fruits du cocotier, du bananier,
du papayer, avec le jus de la canne à sucre, constituent
le fond de sa nourriture.

On a raconté, sur les mœurs du Gorille, bien des
choses, dont plusieurs ont été démenties ; on a dit, par
exemple, que les mâles se livraient des combats sanglants ; que les voyageurs qui traversaient leur canton
étaient traîtreusement saisis par la nuque et soulevés de
terre jusqu'au sommet d'un arbre, où l'animal les étran-
glait. Faut-il croire, encore, ce que rapporte du Chaillu,
que le Gorille, attaqué par l'homme, lui fait face hardi-
ment et, comme geste de défi, frappe des deux poings sa
propre poitrine, *qui résonne à la manière d'un tambour...*

La patrie du Gorille est le Gabon, à l'ouest de l'Afrique.
Ce Singe ne s'approche jamais des côtes et se tient à
l'écart, soit au fond des bois, soit dans la brousse ; on
le rencontre aussi tantôt dans le creux des vallées à la
fois boisées et pourvues d'eaux courantes, et tantôt sur
les plateaux escarpés et rocheux.

La chasse du Gorille est extrêmement périlleuse : ce
Singe colossal, en effet, fait, comme on l'a dit, face à

l'homme et se défend à la façon d'un boxeur, mais avec des bras et des poings si vigoureux que le plus célèbre champion du monde ne saurait lutter avec lui. Aussi ne peut-on jamais s'emparer d'un Gorille adulte ; et, d'ailleurs, ceux que l'on prend tout jeunes ne supportent pas la captivité ; ils ne se résignent pas et même se révoltent... Il me paraît étrange, en vérité, que du Chaillu, qui rapporte le fait, s'en scandalise... Prend-il donc les Singes pour des hommes, et des hommes sages ?

Le Chimpanzé.

Quimpazé, d'après Bresse. Buffon lui donna le nom, peu pédantesque, de *Jocko* (c'est celui qu'il reçoit des gens du pays). Quand on vient de voir le Gorille, son aspect est plutôt rassurant, comme après le tigre, le chat. Dépourvu d'appendice caudal, ainsi que ses confrères anthropomorphes, il a des bras, aussi, très longs, qui descendent jusqu'au-dessous du genou ; sa tête est forte et sa face allongée, avec un front fuyant ; le nez, plus court et plus aplati que chez le Gorille ; le museau plus arrondi, les lèvres minces et mobiles. Les yeux, garnis de cils et de sourcils, ont une expression naïve, enfantine ; les oreilles sont larges et très « décollées ».

Tout le corps est revêtu d'un pelage aux poils longs et rudes et de teinte noire, au moins dans l'espèce qui, pour cette raison, porte le nom latin de *Troglodytes niger* (1). Ce pelage s'interrompt sur la face, qui reste nue, ainsi que la paume des mains et la plante des pieds. Un détail qu'il n'est pas tout à fait oiseux de noter, c'est que le poil, dirigé le long du bras, normalement, c'est à savoir du haut vers le bas, change de direction sur l'avant-bras, où il se couche, au contraire, du bas vers le haut : disposition qu'il est avantageux de connaître, si l'on ne veut pas irriter l'animal en le caressant « à rebrousse-poil ».

Comme les neuf dixièmes des Singes, le Chimpanzé

---

(1) *Troglodyte* signifie : habitant des cavernes.

grimpe aux arbres avec facilité ; toutefois, on le trouve
très souvent à terre : et cela. bien que la marche, même
« à quatre pattes », ne lui soit pas des plus aisées ; en
effet, pour un motif qui nous échappe, au lieu d'appuyer
sur le sol la plante des pieds, comme les *plantigrades*.
ou leur pointe, à la façon des *digitigrades*, ce Singe repose à terre par ses doigts repliés, comme si nous mar-
chions sur les poings fermés.

Si, d'ailleurs, c'est un quadrupède assez maladroit,
c'est un bipède intermittent et peu dégagé ; pour se maintenir en équilibre sur ses deux jambes, on le voit qui
croise les mains derrière sa tête ou son dos ; à la moindre
alerte, il se laisse retomber sur ses quatre membres.

En fait de régime, il en est du Chimpanzé comme du
Gorille ; mais ce Singe, beaucoup moins farouche, s'approche davantage des lieux habités par l'homme ; un
village nègre est-il abandonné par ses habitants, la troupe
des Chimpanzés vient s'abattre sur les plants de papayers
qui l'entourent.

De tous les *anthropomorphes*, comme on les appelle,
le Chimpanzé est celui dont le cerveau paraît le plus semblable au nôtre. A ce caractère organique correspond une
supériorité psychique assez marquée ; elle se traduit
d'une part, par des actes d'intelligence, et d'autre part
par des actes de sensibilité. d'affectivité même... Nous en
donnerons des exemples à propos de la domestication.

L'étendue de pays habitée par le Chimpanzé est très
restreinte et se borne à la Guinée, c'est-à-dire à une partie
relativement petite de l'Afrique occidentale. Cette espèce
de Singe recherche les vallons boisés et bien arrosés ; et,
contrairement au Gorille, s'avance jusqu'au voisinage des
côtes.

Avec le *Chimpanzé chauve* (Troglodytes calvus). qui
se construit un nid très ingénieux en forme de parapluie
déployé, la variété la plus intéressante est le *Kooloo
Kamba*. Ce dernier est, de tous les Singes. celui qui reproduit le mieux, peut-être, l'apparence humaine ; d'après

du Chaillu, qui l'a observé, son front est plus haut, ses
yeux moins. rapprochés l'un de l'autre, son museau
moins saillant ; enfin, une paire de favoris se rejoignant
sous le menton lui fait presque une tête d'homme civilisé.

Domestication.

Je fais d'abord cette remarque, que le terme se justifie
mieux encore ici que pour tous les autres animaux,
puisque le seul parti que nous puissions tirer du Chimpanzé est d'en faire notre *domestique*. Nombreux sont
les récits de navigateurs où l'on voit ce singe servir à
table, comme le plus adroit des valets, ou bien aider les
matelots à lever l'ancre, hisser les voiles et autres
manœuvres de bord... Nous n'insisterons pas sur ces pué-
rilités, qui font partie de ce qu'on pourrait appeler
l'« histoire naturelle amusante... » Il est des traits d'intelligence et de sensibilité plus dignes d'être notés :
celui, par exemple, d'un individu qui, saigné par le
médecin pour une. maladie, lui tendait le bras chaque fois
qu'il ressentait un malaise ; et cet autre, d'une femelle
qui, maltraitée par le pilote du navire, au lieu de se venger ou même de s'irriter contre lui, joignait les mains
pour le fléchir. L'homme, ici plus cruel que l'animal,
restant insensible à ce geste si touchant, la pauvre bête
se laissa mourir de faim.

Tous les Singes de cette espèce ne se montrent pas
aussi édifiants : celui que cite De Brosse se mettait en
fureur quand les gens de l'équipage lui refusaient quelque chose ; il les mordait ou les jetait par terre. En
somme, là, parmi les animaux tout comme chez nous,
dans l'espèce humaine, il y a, en dehors du tempérament
spécifique, des caractères individuels bien tranchés.

Je viens de dire que le seul parti que nous puissions
tirer des Singes, était d'en faire nos domestiques... J'oubliais l'emploi qu'on faisait d'eux, jadis, comme *bouf-
fons* : un auteur du xvie siècle, *Pigafetta*, les qualifie de
« délices des princes » (*Simia, magnatum delicia*).

« Dans le pays de Songan, sur les rives du Zaïre, il y a une multitude de Singes qui procurent aux seigneurs les plus grandes distractions, *en imitant les gestes de l'homme...* » C'est là l'éternel succès du *mime*, sous quelque forme que la mode le propose... Il me fait songer au mot de Pascal : « Quelle vanité que la peinture.. »

N'est-il pas surprenant, quand on y pense, que nous soyons si fort attirés par l'imitation, même ridicule, de gestes et de jeux de physionomie auxquels, dans la réalité, nous ne portons guère attention ?... Et pourtant, le spectacle d'un enfant qui sourit ou qui fait la moue et dont les traits expriment, suivant la circonstance, le parfait bonheur ou le sombre chagrin, n'est-il pas plus intéressant, et plus noble aussi, que celui des grimaces d'un singe ?

Et d'ailleurs, ce comique devient souvent élégiaque, au moins pathétique. Extrait de son pays natal, la fraîcheur du climat, l'impureté de notre atmosphère et surtout la privation de sa liberté et le sentiment nostalgique en font bientôt la proie de la tuberculose ; peu de temps après l'arrivée en Europe, ils commencent à tousser et deviennent mélancoliques. « A mesure que la maladie « fait des progrès, écrit Brehm, leur calme et leur dou- « ceur paraissent augmenter. Bientôt, ils font réellement « pitié à voir. Ils penchent la tête en avant, comme les « personnes dont les poumons sont attaqués, toussent « de temps en temps et posent leur main sur leur poi- « trine malade : leurs yeux... prennent une si grande « expression de douleur que l'homme ne peut la voir « sans être ému. Ordinairement, ils succombent... dès « la première année... »

Alors, pourquoi les chasser, les enlever à leurs mères et les tenir captifs ? Quelle inconséquence !... Mais, les besoins de la Science, direz-vous... Je le veux bien ; mais dans une mesure raisonnable et sans abus. Est-il bien nécessaire au progrès de la Science d'élever ces infortunés animaux comme on le fait, de les dresser à des besognes pour lesquelles ils n'ont pas été créés, de les transformer en valets, en acteurs ? La Psychologie tire-t-elle, en vérité, grand profit de ces exercices ? Et le plus clair de ces expériences n'est-il point de satisfaire une curiosité puérile ? Quand je lis tous ces récits si détaillés où l'on voit le Chimpanzé se mettre une serviette autour du cou, se servir pour manger de la fourchette et de la cuiller et trinquer avec les convives, il me vient à l'idée que les hommes de science se délassent de leurs travaux sérieux par des jeux d'enfants... Si ces jeux, encore, étaient innocents... Mais, pour ce résultat, rendre ces pauvres bêtes poitrinaires !

L'Orang-Outan (ou Ponga).

Beaucoup d'ouvrages d'histoire naturelle négligent, bien à tort, d'éclairer le lecteur sur l'étymologie des noms d'animaux. Ces noms tirés soit du grec ou du latin, soit de la langue du pays, restent lettre morte pour le plus grand nombre ; et c'est dommage, car ils révèlent souvent un trait de figure ou de mœurs très instructif. C'est ainsi que ce mot composé d'*Orang-Outan* est d'origine malaise et signifie *homme des bois* ; ce qui nous apprend deux choses : d'abord que ce singe habite les forêts de la Malaisie et ensuite qu'il fut considéré par les habitants comme un échantillon de l'espèce humaine. Déjà, *Pline le Crédule* (ou l'*Impassible*) raconte que l'on trouve, dans les régions montagneuses de l'Inde, des *Satyres* — « animaux, dit-il, très méchants, à face humaine, mar- « chant tantôt debout, tantôt sur les quatre pattes, et que « la grande rapidité de leur course empêche d'être pris « autrement que quand ils sont malades ou très vieux. » Cette dénomination de *Satyre* est demeurée dans la nomenclature scientifique pour désigner l'Orang-Outan ; mais ce dernier la mérite-t-il autant que l'*Hamadryas* ? Et, d'autre part, le portrait de ces singes alertes, qu'on ne peut suivre à la course, correspond-il bien à l'espèce que nous étudions et dont l'allure est plutôt lourde ?...

« Tant que l'Orang est jeune, écrit Brehm, son crâne
« ressemble à celui d'un enfant ; mais il se modifie avec
« l'âge, et n'a plus, par suite, qu'un vague rapport avec
« la forme qu'il présentait pendant sa jeunesse. » Cette
régression, après une tentative de progrès, donne à penser ; mais dans quel sens ?... La Nature a l'air, en cette
occasion, de « se reprendre » et de se repentir, en quelque sorte, d'un effort prématuré...

L'Orang-Outan est de taille intermédiaire entre le
Gorille et le Chimpanzé. Après le Gibbon, c'est le Singe
qui possède les plus longs bras ; ils lui descendent aux
chevilles. Ses oreilles sont petites : sa dentition est assez
forte et les canines très saillantes. Sa mâchoire inférieure
avancée, débordant la supérieure, son ventre proéminent et sa fourrure rousse à longs poils contribuent à lui
donner un aspect bestial, mais non formidable, comme
l'était celui du Gorille. La démarche de l'Orang-Outan
est, par contre, comme celle du Gorille, assez empêtrée
et cela, par suite de cette longueur de bras (1)... En
revanche, cet énorme allongement des membres antérieurs lui permet de grimper facilement ; ce qu'il fait,
du reste, avec lenteur et précaution, ainsi qu'on l'observe chez tous les êtres un peu corpulents et mieux
doués sous le rapport de la force que sous celui de la
souplesse (comparez l'*Ours*). On a remarqué, paraît-il,
que l'Orang-Outan, en captivité, s'asseoit par terre, les
jambes repliées sous lui, à la manière des Orientaux, et
que, pour dormir, il se couche, à la façon de l'homme,
en se protégeant contre le froid par des feuilles en guise
de couvertures ; si ces dernières se trouvent à sa portée,
il ne se fait pas faute de s'en saisir et, frileux comme
tous ses pareils, s'en enveloppe soigneusement le corps.

C'est peut-être ce besoin de réchauffement qui rend
l'Orang-Outan, comme, au reste, beaucoup de ses congé-

---

(1) L'Orang du capitaine Smitt appuyait d'abord les deux mains
sur le sol, puis ramenait ensuite en avant ses deux jambes ; son
maître le comparait au paralytique qui marche à béquilles.

nères, avides de liqueurs fortes ; pour peu que l'homme s'y prête (on a vu commettre cette vilenie), le Singe devient, à l'exemple de l'homme, alcoolique... L'individu appartenant au capitaine Smitt mourut pour avoir vidé d'un seul coup le contenu d'un flacon de rhum, qu'il avait dérobé.

Mais, ces faiblesses mises à part, l'Orang-Outan montre, en général, un caractère doux, paisible et sérieux, bien capable d'attirer notre sympathie ; exempt de cette malice qui est le trait dominant chez les Singes, il ne prodigue pas, comme eux, les grimaces et les contorsions. C'est — curieuse exception à la règle — un singe grave, même mélancolique... Après tout, c'est peut-être la captivité qui le rend tel et sans doute, aussi, l'invasion sournoise d'un mal auquel il ne tardera guère à succomber. Son attitude en face de la souffrance et de la mort est capable d'émouvoir les plus insensibles : l'Orang-Outan du docteur Smitt, moribond, avait dans le regard quelque chose de si humain que son gardien en était attendri.

Si l'on en croit *Bontius* (cité par Brehm), le sens de la pudeur se manifesterait déjà dans cette espèce ; cet auteur cite une femelle qui se montrait honteuse de paraître devant des hommes qu'elle ne connaissait pas et se cachait la face. En fait de propreté, l'Orang-Outan pourrait en remontrer à bien des personnes humaines : celui de M. Jeffries « tenait sa cage toujours très propre, lavait le plancher avec un vieux linge trempé dans l'eau et le débarrassait de toute espèce de détritus... Il se lavait les mains et la figure comme nous. L'Orang-Outan femelle de M. *Bosmaeru* donnait des preuves de dextérité très remarquables : à l'aide de ses mains et de ses dents, elle défaisait les nœuds les plus compliqués et cet exercice lui causait tant de plaisir qu'elle dénouait les cordons de souliers des visiteurs... Sans doute ne s'en croyait-elle pas indigne...

Le grand naturaliste *Cuvier* avait remarqué, lui, chez

un singe de la même espèce, un geste curieux dont il ne pouvait découvrir la cause ; ce geste consistait à lever les bras au-dessus de la tête pour y placer un objet, n'importe lequel. S'il versait sur son crâne les cendres du foyer, on pouvait croire au besoin de se débarrasser de ses parasites ; mais qu'est-ce qui pouvait bien l'inciter à faire le même jeu avec les os qu'il avait rongés et surtout avec de petits chats qu'on lui avait donnés comme compagnons ?... Voulait-il faire entendre par là qu'*il en avait par-dessus la tête* ?

L'Orang-Outan, tel qu'on vient de le décrire, ne se trouve plus qu'à Bornéo et aux îles de la Sonde (1) ; il a disparu de toutes les régions autrefois occupées par lui ; ce Singe, pourchassé comme tant d'autres pauvres créatures de Dieu, vit retiré tout au fond de vastes forêts, à la fois chaudes et humides et où, comme le dit *Brehm*, « il se trouve à l'abri des persécutions de son ennemi « mortel, l'homme. »

Avec les *Singes*, nous avons atteint la limite extrême du règne animal. Ce sont, effectivement, les derniers représentants de la faune : et, trait véritablement singulier, ce sont tout à la fois les plus parfaits au point de vue organique et, quant aux formes extérieures, les plus disgraciés... Ce qui prouve, une fois de plus, que le progrès *organique* est loin de coïncider toujours avec le progrès *esthétique*. Pour comprendre cette discordance curieuse et choquante, à première vue, l'on doit se reporter aux pages où, dans mon grand ouvrage, *La Sphère de beauté*, je montre l'évolution des types animaux se partageant en périodes ou « poussées de progrès » ; lesquelles, nécessitant la transformation d'un *thème* de structure ancien en un thème nouveau, entraînent forcé-

---

(1) Une espèce habite les Indes : c'est le *Pongo* (Satyrus indicus).

ment des *phases critiques* intermédiaires. Vous en avez déjà vu des exemples dans le passage des *Rayonnés* aux *Articulés*, tout d'abord : entre l'*Etoile de mer*, beau pentagramme vivant, et l'*Insecte*, d'une symétrie si différente, surtout l'insecte ailé, être idéal, s'intercalent deux types dont la conformation, par défaut ou par excès d'appendices, répugnent au regard : l'*Apode* (Ver) et le *Polypode* (Crustacé) (1). Une transition analogue se manifeste, lorsque, du thème de l'Invertébré, l'on passe à celui de l'animal pourvu de vertèbres : en effet, les représentants primitifs de ce type à grand avenir sont de pauvres êtres presque amorphes et comme embryonnaires : les *Tuniciers*. Enfin, entre ce thème d'élection qu'est l'*Oiseau* et celui du Mammifère sélectionné, tel que le chat, le cerf ou le cheval, s'interposent des types (*Monotrèmes*, *Edentés*), qui nous semblent difformes et ne sont, en définitive, qu'incomplètement formés et pour ainsi dire « ébauchés ».

Or, la laideur du *Singe*, qui coïncide avec un degré d'organisation supérieur, pourrait bien représenter un de ces passages, une de ces *phases critiques*, de ces *crises* de développement spécifique. Mais de plus, ici, à ce stade ultime de l'animalité, quelque chose de nouveau se produit : comme le germe, encore bien imparfait, des *facultés psychiques* qui, chez l'HOMME, vont prendre un essor prodigieux. Que l'on adopte ou non l'hypothèse transformiste, il faut bien admettre, d'une part, une continuité rigoureuse dans le développement de la vie, de la forme visible, et, d'autre part, une *discontinuité*, non moins remarquable, et, pour dire le mot, un *hiatus* dans le développement de l'*intelligence*, cette force invisible, immatérielle, mais évidente. Par son squelette, ses vis-

(1) Dans le cercle plus restreint d'une même lignée, chez l'*Insecte*, on peut citer la succession si fortement contrastante de la *Chenille* et du *Papillon*.

cères et même sa conformation générale extérieure (1),
l'homme, c'est incontestable, est assez proche du Singe.
Mais qu'il en est éloigné par la puissance et l'étendue
de son esprit ! Rassemblez tous les faits (authentiques,
bien entendu) qui révèlent chez le Singe des aptitudes
mentales surprenantes (instinct d'imitation, ingéniosité,
compréhension des gestes de son maître) ; ajoutez les
sentiments affectifs, l'attachement, la gratitude, la nos-
talgie, la pudeur même, si l'on veut, qu'est-ce que tout
cela, comparé aux résultats innombrables et véritablement prodigieux obtenus par l'humanité dans ses rapports
sociaux, son langage, ses sciences et ses arts ; et, par-
dessus tout, ses croyances, ses espoirs dans un *au-delà*,
son culte à l'invisible Divinité ? Par ces trois instincts
supérieurs, on peut dire *sublimes*, l'instinct *religieux*,
l'instinct *moral*, l'instinct *esthétique*, l'homme dépasse
l'animal le plus avancé d'un infini (2). A l'objection des
races dites « primitives » (et qui seraient plutôt dégradées), de ces peuplades arriérées qui mènent une existence terre-à-terre, presqu'animale, on peut répondre
qu'aucun rameau du tronc simien n'a donné, par évolution, l'équivalent de nos races civilisées ; que si le
singe reste toujours singe, l'homme, sans cesser d'être
homme, peut parvenir soit au *génie*, soit à la *sainteté* ;
il y a donc en lui un *germe nouveau*, qui peut dormir,
ou avorter, mais que nous voyons, aussi, s'épanouir et
prendre le développement que l'on sait... Or, un germe
de cette nature n'existe pas dans le groupe des Singes.
Tout cela se résume en trois mots : *l'homme seul possède
une âme*. Au souffle de vie, que la mort éteint, le Créateur ajouta celui qui confère l'immortalité.

(1) Encore peut-on dire que cette conformation, au point de vue
de l'*harmonie*, de la *beauté*, est, chez l'homme (quand il n'est pas
dégénéré), bien supérieure à celle du singe le mieux bâti.

(2) Ainsi, la différence capitale entre le singe et l'homme serait
d'ordre, non pas physique ou biologique, mais psychique, métaphysique, et, ne craignons pas d'ajouter : *surnaturel*.

Et cependant, trait surprenant de son caractère, cet homme, ainsi reconnu supérieur, met parfois son orgueil dans la négation de ce magnifique privilège ; et, capable d'être beau, sage et vertueux, s'occupe par tous les moyens à s'enlaidir, à s'abuser, à se dégrader... Que ceux qui nous assignent les Singes pour ancêtres justifient au moins, par leur attitude, le progrès qui les a transformés en hommes !...

TROISIÈME PARTIE

LA

FIGURE HUMAINE

D'après une gravure de « *La Plume* ».
(Dessin de Grasset.)

Ces deux charmantes figures symbolisent les deux Arts auxquels
le chapitre suivant fait constamment allusion; exprimant d'ailleurs,
comme elles font, d'une façon remarquable, l'élégance du « corps »,
du « geste » et de l'« attitude » le diptyque qui les juxtapose est la
meilleure introduction au chapitre de la « figure humaine ».

1. Traits de supériorité esthétique de la figure humaine, comparée à celle du singe.

Lorsque le grand classificateur Linné en est venu.
dans son système, à notre espèce, il lui a donné le nom
de *homo sapiens*, ce qui prouve à la fois son esprit religieux et son optimisme, car l'homme, en effet, domine

toute la création animale par sa raison (*sapientia*), mais se montre, hélas ! bien rarement raisonnable (1).

Nous avons suffisamment insisté, dans le chapitre précédent, sur la supériorité intellectuelle et morale de l'homme, en tant que ce dernier, être libre, est susceptible de moralité. Enumérons à présent les traits de supériorité *physique* qui constituent sa beauté propre.

C'est d'abord, et surtout, la *prédominance du crâne sur la face*, et sa position, non plus en arrière de celle-ci, mais *au-dessus*, d'où la verticalité du front, cette façade du temple de la pensée ; l'*angle facial*, en conséquence, atteint ici 90°. D'autre part, le cerveau, contenu de la coupole crânienne, est remarquable par son volume et la finesse de ses circonvolutions.

Descendons à la face : développée verticalement, comme on vient de le dire (tandis que celle du Singe est plus ou moins horizontale, ou tout au moins oblique, elle se fait remarquer principalement par une réduction considérable des mâchoires. Quel contraste avec celle des Carnassiers et même des Singes, où s'offre, comme l'écrit Buffon, « le caractère le plus ignoble de tous » (le *prognathisme*).

Un des traits les plus saillants du Singe est la longueur extraordinaire des *bras* (on devrait plutôt dire « des *membres antérieurs* »). Chez l'homme, au contraire, les membres postérieurs, qui deviennent ici « inférieurs », à cause de la station debout, sont sensiblement plus allongés que les supérieurs. Placez tout debout, côte à côte, un squelette de singe et un squelette humain : le contraste vous saisira ; vous reconnaîtrez tout de suite la différence qui sépare le quadrupède du bipède. Il faut noter, aussi, ce détail vraiment admirable de la *voûte du pied*, qui permet à l'homme une démarche élégante

---

(1) Le nom scientifique qui conviendrait mieux à notre espèce serait celui de *homo liber*, comme se distinguant des animaux par la possession de ce don supérieur : le LIBRE-ARBITRE.

autant qu'aisée ; la triste infirmité du *pied plat* en est
la contre-preuve.

Si le pied humain est une merveille, déjà, que dire de
la main ?... Peut-être s'étonnera-t-on que, dans un livre
aussi sérieux que celui-ci, je cite, à ce propos, une petite
pièce de vers que, jadis, j'entendis réciter par des enfants : poésie sans doute enfantine, mais non pas puérile
et même plus profonde qu'elle n'en a l'air (1).

> Ma main, voici ma main ; elle a, ma main, cinq doigts.
>   En voici deux, en voici trois.
>   Celui-ci, le petit bonhomme,
>   Est à part ; le *pouce* il se nomme ;
>   Et là, son plus proche voisin,
>   C'est l'*index*, montrant le chemin.
>   Entre l'index et l'annulaire,
>   Le *médium* paraît un grand frère ;
>   L'*annulaire* porte un anneau,
>   Avec sa bague il fait le beau ;
>   Plus modeste, l'*auriculaire*,
> Prêt à gratter l'oreille, se tient en arrière.
>   Regardez-les tous travailler :
>   Chacun fait son petit métier,
> Pliant, se redressant, jouant de cent manières
>   Comme des amis
>   Très unis,
>   Je dirai mieux : « Comme des frères ».
>   Tout, ici, se fait en commun,
>   Chacun travaille pour chacun.
>   Si l'un d'eux restait sans rien faire,
>   Cela ne ferait pas l'affaire
>   De ce *tout* qu'on nomme la *main*...
>   Quand le pouce dit : « Moi, j'ai faim ».
>   L'index montre le chemin
>   Du moulin ;
>   Le médium gronde son frère
>   L'annulaire,
>   Qui se croit trop beau pour rien faire ;
>   Et le cadet, l'auriculaire,
>   Se grattant l'oreille, dit à tous :
>   Je vous suis... mais arrangez-vous ! »

(1) J'en ai modifié quelque peu le texte, afin de la rendre plus
littéraire et plus précise en même temps.

Arrêtez-vous, en effet, à considérer votre main, et remarquez d'abord la différence de longueur des cinq doigts qui la composent. Le *pouce*, le plus court de tous, est à part ; et, par suite, détaché de l'ensemble, est *opposable*, comme disent les savants, aux autres doigts, ce qui permet des mouvements variés.

Le second doigt, nommé l'*index*, à cause de sa fonction d'indicateur, offre par là un caractère psychique qui ne se trouve pas chez les singes les mieux doués.

Pour le troisième, on n'a pu trouver d'autre nom que celui, peu significatif, de *médium* ; le quatrième, d'autre part, doit sa dénomination tout artificielle et contingente d'*annulaire* à ce qu'on l'orne d'une bague, tantôt symbolique (anneau nuptial), tantôt rituelle (anneau pastoral) et tantôt ornementale, tout simplement. Je n'insiste pas sur la fonction à laquelle le cinquième doigt doit son nom assez ridicule.

Tandis que le pouce fait « bande à part » (1), les quatre derniers doigts, eux, se touchent de près et s'écartent difficilement l'un de l'autre ; mais, se groupant aisément en un tout et repliés tous à la fois, ils sont aptes à saisir un objet un peu gros ; même, se rabattant sur la paume de la main, réalisent cette arme naturelle qu'est le poing. Si, par conséquent, le pouce et l'index s'entr'aident pour des œuvres de finesse, tous réunis collaborent aux travaux de force. Remarquez, au surplus, qu'étalés, ils forment une gamme ascendante, puis descendante, tandis que, repliés, ils se trouvent à peu près au même niveau.

Ainsi que l'expriment, ingénûment, les vers cités plus haut, les cinq doigts de la main humaine « *jouent* » *de cent manières* et, pour décrire tous ces jeux, il faudrait un volume entier. Il y a quelque chose de touchant dans cette « fraternité digitale » ; c'est un joli symbole, trop

---

(1) Mais sans égoïsme, puisqu'il est toujours prêt à se joindre aux quatre autres doigts, service charitable que le terme d'« *opposition* » traduit bien mal.

peu compris, du travail en commun. Nulle part il n'est
plus saisissant, ce travail, et plus « esthétique » que dans
le jeu d'un instrument tel que l'orgue ou le piano ; le
doigté d'un pianiste — ou d'un organiste — expert en
son art, réalise un spectacle peut-être aussi attrayant
pour l'œil que la musique l'est pour l'oreille. Ici, le
pouce n'est pas seulement « opposable » ; il est, si je
puis m'exprimer ainsi, *subreptice* et *subsidiaire* (1) :
et l'on dirait que la Nature, en le faisant si bref, a prévu
la nécessité de son « passage » sous les deux doigts sui-
vants, à cette fin de dépasser l'intervalle de quinte...
Sommes-nous assez loin, ici, du Mammifère arboricole,
qui ne se sert de ses phalanges que pour grimper ou
cueillir un fruit...

*   *   *

Voilà, en résumé, les traits d'organisation physique
extérieurs qui constituent la supériorité psychique autant
qu'esthétique du type humain. Je pressens qu'on va
m'objecter les représentants si nombreux de l'espèce
humaine auxquels le tableau qui précède ne convient pas
toujours et qui, soit comme individus isolés, soit comme
races, offrent des caractères les éloignant plus ou moins
de ce type idéal. Mais, outre qu'il y a là, la plupart du
temps, un fait de dégénérescence, il faut songer à ceci,
que le type idéal décrit plus haut n'est pas un type fictif ;
ce n'est point une « stylisation arbitraire de la figure
humaine, mais bien une réalité, qu'il nous est loisible,
Dieu merci, d'observer en tout temps, on peut même
ajouter *en tout lieu* ; car, si la race blanche nous offre,
chez l'homme et surtout la femme et l'enfant, les modèles
de beauté, de grâce et d'élégance les plus séduisants, on
trouve encore souvent, chez les peuples dits « de cou-

_____

(1) Ces deux mots ne sont pas pris au hasard : remarquez que le
préfixe *sub* exprime une action *en dessous* et que le terme de *subsidiaire* implique l'idée de remplacement (substitution).

leur », des corps et des visages qui méritent notre admiration ; *nigra sum, sed formosa...*

Si, par conséquent, notre tableau de la figure humaine n'a point, malheureusement, un caractère d'universalité, il n'en reste pas moins authentique et conforme à la réalité vivante. Sans doute, en notre race elle-même, race élue, privilégiée, que de tares, de difformités, de laideurs ! Mais ce sont là, peut-on dire, des accidents, des produits de déchéance organique, tandis que, chez le peuple des Singes, à quelque variété qu'on ait affaire, la laideur est l'état normal ; elle est « spécifique » et ne comporte aucun progrès d'ordre esthétique.

2. *Le visage humain, résumé de la Création.*

La figure humaine, considérée dans ses types (1) élus et, comme on dit, *sélectionnés*, domine donc, de toute sa beauté, les figures connues d'animaux ; et remarquez ce point que, malgré certaines supériorités de détail chez ceux-ci (ailes de l'insecte et de l'oiseau, nageoires du poisson, de la baleine, plumage du paon et autres traits semblables), l'homme, naissant nu, désarmé, sans organes spéciaux pour vivre d'une vie aérienne ou aquatique et sans ce luxe de plumages et de pelages qui distingue certaines espèces, se montre supérieur par un ensemble de traits bien fondus, excellemment harmonisés et qui valent, justement, par l'*élision* de telles ou telles spécialités, dont l'intelligence inventive prend le remplacement à sa charge ; c'est ainsi que l'homme, dépourvu d'ailes, crée l'aéroplane ; que, privé de nageoires, il apprend à nager et, mieux encore, à naviguer ; et qu'enfin, dénué des fourrures superbes, des « pelleteries » naturelles de certains fauves, comme des queues mirobolantes de certains volatiles, il trouve, par les seules forces de son esprit, la prestigieuse variété des

---

(1) Je mets *types* au pluriel, parce qu'il y a, dans l'espèce humaine, plus d'une manière d'être beau, plus d'un « *genre de beauté* ».

parures et des costumes. Les autres créatures vivantes
ont reçu tout ce qui convient, pour subsister, à chacune ; l'homme est, lui, bénéficiaire d'un don plus général et cent fois plus fécond : le *génie d'invention*, qui
rassemble sous sa main tous les avantages physiques
dont chaque espèce animale ne possède qu'une part. Et
c'est, par conséquent, l'intelligence qui, débarrassant le
corps humain d'un attirail qu'elle rend inutile, dégage et
simplifie ses formes, les généralise, et, du même coup,
les idéalise. C'est ce qu'on concevra très clairement en
comparant les images (1) d'un aigle, ou d'un paon, d'un
cerf ou d'un cheval, avec la *tête de cire* du Musée de
Lille ou *la Source* d'Ingres.

Bossuet, dans ses « *Elévations sur les mystères* », s'exprime là-dessus avec éloquence : « D'autres animaux,
dit-il, montrent plus de force ; d'autres plus de vitesse et
plus de légèreté…; l'excellence de la beauté appartient à
l'homme, et c'est comme un admirable rejaillissement
de l'image de Dieu sur sa face.

*

* *

Et cependant, cet homme, si supérieur et si jaloux de
sa supériorité, s'est appliqué, dans tous les temps, à
prendre pour termes de comparaison avec son propre
corps, ou son visage, des traits appartenant non seulement à la faune, mais à la flore et même au règne minéral inerte. Comme échantillon de cette littérature métaphorique, chère à l'Orient, je cite ces vers d'un poète
hindou :

Chérie, comment le Créateur a-t-il pu te doter d'un cœur de pierre,
lui qui forma tes yeux avec le lotus azuré, ton visage d'un nénuphar,
les dents de jasmin, tes lèvres de boutons de rose, les membres avec
les rameaux du campaka ?…

(1) V. les figures qui accompagnent l'article que j'ai publié dans
la *Revue encyclopéd. Larousse* (n° du 26 février 1898).

A cette conception poétique, étrangère à notre esprit moderne, se rattache le concept philosophique du *microcosme*, au Moyen-Age : c'est l'idée que notre corps humain résume en lui tout ce qu'il y a de plus beau dans l'univers ; ce serait comme le monde en raccourci, le « petit monde » (1).

Il y a là du vrai, comme en toute chose ; mais, laissant aux peuples naïfs les parallèles outrés, hyperboliques, on peut dresser un tableau des analogies rationnelles. Les Anciens, non sans raison, voyaient dans le crâne humain comme une image de la Terre, de la « machine ronde » et le nom de *voûte crânienne*, adopté par les anatomistes, est assez conforme à l'idée que les géologues modernes se font de l'écorce terrestre, celle d'une voûte sphérique nous séparant du feu central (Cf. aussi : la « voûte céleste »). Est-ce que la paupière, en découvrant le globe de l'œil, ou le recouvrant, ne vous rappelle pas l'involucre ou le calice qui protège le bouton de fleur (ou la fleur « en sommeil »), et s'entr'ouvre pour la laisser s'épanouir, à la lumière ?... En parlant de « *l'arcade sombre du sourcil* », Victor Hugo évoque, par contrecoup, le tableau de l'arc-en-ciel, cette arcade lumineuse, dont le coloris nous ramène, d'ailleurs, à l'œil lui-même ; le nom d'*iris*, en effet, passe de l'arc aux sept couleurs au cercle diapré qui sert de cadre à la pupille (2).

Contemplez-le, cet œil, chez l'enfant : ne jette-t-il pas, comme on dit, « les feux d'un diamant » ? Et l'oreille, à son tour, n'est-elle pas enroulée en volute, à l'imitation de certains coquillages, tels que l'*haliotide*, dont le nom, dérivé du grec, signifie, justement, *oreille de mer* ? Dans une fantaisie à la fois poétique et scientifique, que m'avaient jadis inspirée des vers lamartiniens sur une jeune fille faisant, au bord de l'Océan, le joli geste de

(1) Cf. le vers de Molière :
    ...La naine, un abrégé des merveilles des cieux...
(2) Je cite cette assimilation, bien qu'assez lointaine, en témoignage du curieux instinct populaire, si prompt à saisir les moindres analogies.

porter à la conque de son oreille celle d'un Mollusque testacé, je compare le bruissement qu'elle y perçoit au frémissement de la vague, me demandant si l'analogie de forme ne serait pas le signe d'une analogie de fonctions, le contour hélicoïdal plus ou moins accusé de la conque marine ménageant au Mollusque le choc des ondes liquides, comme il ménage, chez l'être humain, celui des ondes aériennes...

De même que l'on dit, de pure intuition, « l'*arc* des sourcils », l' « *iris* de l'œil », la « *plante* du pied », la « *paume* de la main » (*palma*), la « *fleur* du teint », ne dit-on pas, réciproquement : le « *chevelu* » d'une racine ?... Cette chevelure féminine longue, fine, onduleuse, on peut la comparer, aussi bien. sans crainte d'hyperbole, au flot tombant de la cascade, aux ondulations de la flamme (1).

De ces analogies superficielles (ou de surface) et restreintes au visage, passons à celles qui s'étendent à tout le reste du corps et même à son intérieur, aux analogies profondes, anatomiques. Bien que l'homme appartienne, par sa structure, au règne animal, on retrouve en lui comme des vestiges du règne végétal et même du règne minéral. Et d'abord, la *symétrie radiaire*, si générale dans la flore, montre comme un ressouvenir en les digitations de la main, au dehors, puis, au dedans, dans la disposition des canalicules du rein... J'allais oublier les « fibres rayonnantes » de l'iris. Si la *symétrie bilatérale*, ici, domine la scène, la manière dont les appendices se détachent du tronc rappelle, en réduction, la ramification d'un arbre ; et notez que ce mot de *tronc* est com-

---

(1) La délicieuse figure de Grasset adoptée comme emblème par la librairie Larousse (« Je sème à tout vent ») est un bon exemple de stylisation par *métaphore plastique ;* elle exprime, sous l'espèce *chevelure,* l'idée générique d'ondulation. (Voir la gravure.)

mun à la plante et au corps humain ; les jambes et les bras représentent, en quelque sorte, des tiges, dont les « nœuds » sont formés par les articulations (coude et genou). Même, le système de ramification progressive, qui fait sortir les rameaux des branches maîtresses et les ramuscules des rameaux, nous le retrouvons, à peu près identique, dans la division, de plus en plus fine, de ce qu'on appelle, avec tant de justesse, l'*arbre respiratoire* ou « pulmonaire ». Est-ce que le terme de *bronches* n'est pas celui même de *branches*, très légèrement modifié ?... Il en est exactement de même pour l'*arbre circulatoire*, où les artères et les veines se terminent en ces brindilles, les« .capillaires ».

Enfin, le règne minéral nous lègue l'*os* (squelette, dents) ; et cette matière inorganique et sans vie fournit aux chairs vivantes la charpente qui les soutient. Oui, l'homme est bien un résumé de l'univers ; c'est, pour le savant moderne lui-même, un *microcosme*, reflet, miroir du *cosmos*..., mais pas tout à fait à la façon des anciens rêveurs.

3. *Progrès et régression. Face humaine et face animale.*

La supériorité esthétique de la figure humaine vis-à-vis de toutes les formes créées. inertes ou vivantes, étant reconnue (1), il est intéressant de savoir ce qui la détermine et par quels moyens la Nature l'a réalisée.

Déjà, dans le règne animal, on a pu faire la distinction entre le *caractère* (au sens des artistes) et la *beauté* proprement dite, le premier étant le résultat d'un travail

____

(1) D'une manière générale, tout au moins, et en tenant compte de ce fait qu'elle exprime au plus haut degré les fonctions intellectuelles et morales ; autrement, pour parler d'une façon stricte, il y a d'aussi grandes beautés, mais d'un ordre différent, dans le *ciel* de jour ou de nuit, l'*étoile*, la *mer* ou la *montagne*, l'*arbre* ou la *fleur*, chez le *papillon* ou l'*oiseau*, le *cheval* ou le *cerf*.

d'adaptation, la seconde d'un travail de sélection. Mais chacun de ces deux termes doit dépouiller pour nous le cachet de mysticisme scientifique que, très fâcheusement, il revêt, depuis le grand débat darwinien. L'*Adaptation* ? Elle peut se définir : un rapport harmonique entre la forme vivante et son milieu, d'une part, et de l'autre, les fonctions qu'elle est destinée à remplir. De cette façon, toute hypothèse et tout conflit d'opinions se trouvent écartés. Et quant à la Sélection, elle n'est pas autre chose, en définitive, qu'une adaptation d'ordre supérieur, autrement dit : un rapport, non plus seulement « harmonique », mais « harmonieux » entre la forme de l'être vivant et le milieu, d'une part, les fonctions, de l'autre.

Ce que les peintres appellent le « caractère » correspond, en somme, à une tendance de la Nature à *spécialiser* ; l'animal « caractéristique » est celui qu'un milieu spécial ou des fonctions particulières obligent au développement de certains organes à l'exclusion des autres ; d'où ces excès et ces défauts que je qualifierai d'*hyperboles* ou de *réticences* plastiques. On peut citer les antennes d'insectes dépassant jusqu'à huit fois la longueur du corps, le cou démesuré de la girafe, les hautes jambes des oiseaux dits, pour ce fait, *Echassiers*, le nez de l'éléphant prolongé en trompe, la double bosse du chameau, etc... Remarquez, au surplus, que ces amplifications d'un organe ne sont pas toujours incompatibles avec la beauté, témoin la queue prestigieuse du paon, par exemple ; mais c'est, en pareil cas, une beauté *spéciale*, bien différente de celle qui se déploie... qui se *concentre*, plutôt, dans un corps humain.

Le mot de *sélection*, emprunté à la langue anglaise et dont Darwin a fait la fortune, n'est pas, au reste, autre chose que notre mot français d'*élection*, lequel signifie *choix* ; son tort, comme nous l'avons fait entendre, est de dissimuler, sous un vocable abstrait, trop métaphysique, le problème des opérations naturelles (1). Gardons-le toutefois, puisqu'il est commode et notons, en tout cas, ce fait, que le mot d'*élégance* est tout proche parent.

Donc, cette sélection, ce choix, cette « préférence organique », elle s'est d'abord exercée sur la faune ; elle a, chez l'insecte, dégagé le corps de cet attirail encombrant d'appendices dont était alourdi celui du Crustacé ; et nous reconnaissons en elle un ensemble de forces éliminatoires et simplificatrices dont l'effet est de réduire les instruments de vie, de les centraliser, de ramener l'organisme « dispersé », pour ainsi dire « analytique », à un schéma synthétique, unitaire, aisément saisissable au regard comme à la pensée.

Deux facteurs entrent ici en jeu : l'adaptation au milieu *sublime* (et non plus infime), l'adaptation aux fonctions *supérieures*. Mais je ne la prends pas, cette adaptation, comme cause originelle, agissante ; je la prends plutôt comme *cause finale* ; je ne dis pas, ainsi que tant d'autres, que « c'est le milieu qui fait l'être », mais que « l'être est fait pour son milieu » (2).

Quoi qu'il en soit, le « milieu sublime » n'a plus rien à faire quand il s'agit de l'être humain, qui ne se meut pas, au moins de lui-même, en l'élément diaphane éthéré, presqu'immatériel, où se meuvent l'oiseau, l'insecte ailé, et qui, bien que bipède, a ses pas retenus au sol, comme les quadrupèdes ; mais on peut parler, à son sujet, de *fonctions sublimes*, fonctions psychiques, intellectuelles ou morales et tout incorporelles, qui, retentissant sur sa figure, fondent sa beauté singulière.

Ici, la sélection se manifeste sous sa forme la plus parfaite et à son degré le plus haut, ce que je désigne par cette formule : le *nivellement harmonieux des adapta-*

---

(1) Il est assez piquant de constater la vive foi dans ce symbole, de couleur panthéiste, chez les hommes les plus incroyants.

(2) Ce qui est mettre à la place d'une hypothèse, toujours contestable, un fait que tous s'accordent à constater.

tions trop spéciales. Plus, cette fois, de museau fouisseur ou flairant, de trompe préhensile, d'oreilles dressées pour le guet ; plus de mâchoires carnassières ou de queue directrice, comme en ont les Singes ; le recul de bestialité coïncide avec un pas prodigieux en avant de l'intelligence. Les fonctions nutritives, respiratoires et reproductrices subsistent encore, avec leurs appareils, car il faut bien que l'homme vive et perpétue sa race ; mais les fonctions psychiques prédominent ; et, comme on va le voir dans un instant, impriment aux traits de son visage et même à ses membres (surtout à la main) un cachet d'intellectualité tel que le rôle utilitaire et pratique de ces traits, leur rôle « organique », s'efface, à notre regard, sous leur aspect *expressif*, ou simplement décoratif, leur signification tout idéale, leur beauté.

Ce que nous disons là, notez-le bien, ne se rapporte au type humain qu'en tant qu'on le compare aux types animaux ; et, à ce point de vue, il reste indiscutablement supérieur. Malheureusement, en ce bas monde, aucun progrès ne va sans défaillance : à ce recul de bestialité qui vient d'être constaté chez l'homme, s'oppose par instants un mouvement de sens contraire : recul vers la bestialité, retour en arrière, *régression.*

Face humaine et faces animales.

C'est un fait bien connu de tous que, dans l'extrême diversité de corps et de visages que présente une race donnée (soit la race blanche), on en remarque un certain nombre dont l'aspect évoque l'image de tel ou tel animal. J'ai eu l'occasion d'étudier, sur ce sujet, l'ouvrage du major Schack (1). L'auteur ne se contente pas de comparer, littérairement ; il juxtapose, graphiquement, le portrait de Bernadotte et celui d'un *aigle*, l'image de

(1) Schack (S.). — La *Physionomie* chez l'homme et chez les animaux, dans ses rapports avec l'expression des émotions et des sentiments, avec 154 figures, J.-B. Baillière, 1887 (traduction du Dʳ Louis Jumon). C'est un ouvrage des plus curieux.

Kléber et celle d'un *lion* ; à côté de la tête de Robespierre est retracée une tête de *hyène* ; le chef de Talleyrand et celui d'un *renard* se trouvent placés côte à côte ; Voltaire, naturellement, fait vis-à-vis au *singe* ; enfin, le visage de Lola Montès, célèbre danseuse du temps passé. a comme pendant un minois de *chatte*. Pour d'autres parallèles où les exemples historiques faisaient défaut, Schack a choisi, parmi les gens rencontrés en voyage, ceux qui lui rappelaient plus manifestement un type animal : c'est ainsi qu'un haut fonctionnaire danois (du pays de l'auteur), se mire, pour ainsi parler, dans un *bœuf*, un maître d'hôtel dans un *chien barbet*, une marchande de poissons dans un *bouledogue*, un soldat du Premier Empire dans un *chien de chasse*, un barbier loquace dans un *perroquet*.

Il y a là comme un jeu d'analogies assez distrayant, et il ne faudrait pas prendre trop au sérieux ses résultats scientifiques ou philosophiques. Cependant, en écartant les rapprochements trop forcés, on peut tirer cette conclusion qu'à des analogies visibles de figure correspondent, assez souvent, des analogies de tempérament ou de caractère. Il faut considérer, toutefois, que tel ou tel trait de physionomie, normal et constant chez la bête, devient, en notre espèce, accidentel et anormal ; c'est que, chez la bête, c'est un effet naturel de l'adaptation à tel milieu, à telle fonction donnée et, par suite, un trait permanent de l'espèce, tandis que chez l'homme, c'est un signe de passion dominante, exclusive à l'individu. Par exemple, tous les lions ont à peu près la même grosseur de tête, une égale crinière, des yeux graves et fiers ; mais, sans parler de Bernadotte, on ne trouve que par exception, dans l'humanité, le type léonin.

Et puis, en définitive, tous les possesseurs de ce type montrent-ils le courage, la noblesse et autres qualités du lion ?... Comme, inversement, n'est-il pas bien des braves, des cœurs vaillants et généreux, à qui ces signes font défaut et dont le nez, le front et tous les autres traits

sont ceux de tout le monde ? De même pour le nez « aquilin », c'est-à-dire en bec d'aigle, pour le nez recourbé,
pareil au bec de perroquet et pour le nez camus, qui
prête à l'homme, avec d'autres particularités, une physionomie simiesque, etc... Faut-il donc toujours supposer, chez ceux qui présentent ces traits, la noblesse d'âme,
ou la loquacité, ou la tendance moqueuse à l'imitation ?

Ces réserves faites, il est permis, encore dans une certaine mesure, d'attribuer à telle ou telle ressemblance
animale la valeur d'un symptôme, d'un signe psychique ;
et cela ,parce qu'en vertu de la loi de retentissement du
moral sur le physique, la passion dominante, chez l'individu, imprime aux lignes du visage, comme à la tenue
du corps tout entier, une direction particulière, analogue
à celle que commande l'instinct chez l'animal, être im-
pulsif, irresponsable.

*

* *

Ici, la réflexion me fait faire une pause... En attribuant
ainsi, sur la foi des auteurs, la conformation spéciale de
certaines figures à l'influence des passions, ne prendrait-
on pas la cause pour l'effet ? Ne doit-on pas chercher, au
contraire, dans cette conformation spéciale, et cette conformité animale, l'origine des tendances passionnelles ?

Deux points de vue, diamétralement opposés, restent
donc en suspens : je les résume comme il suit : l'homme
à tête de bœuf a-t-il ce type bovin parce qu'il est grave
et lourd d'esprit, ou bien est-il grave et lourd d'esprit
parce que sa tête est conformée comme celle du bœuf ?

Plaçons-nous tout d'abord au premier point de vue.
Ce qui le rend plausible, c'est le fait bien connu de la
fixation d'un trait expressif passager, grâce à l'habitude,
cette « seconde nature » ; par la répétition fréquente, ce
trait, de passager qu'il était, devient permanent ; c'est
ainsi qu'un tic, à force de s'exercer, finit par creuser des
rides ; de là, ne peut-on inférer que la culture de l'éner-

gie, chez une âme forte, communique aux traits, avec le temps, des caractères justement symptomatiques de l'énergie ?... Que des habitudes de mollesse, réciproquement, amollissent ces traits ?... Qu'une personne hargneuse, obstinée, qui ne veut pas, comme on dit, *lâcher le morceau*, en vienne, à la longue, à force de rouler les yeux et de serrer les dents, à ressembler au bouledogue, etc..., etc...

À cette première hypothèse, qui s'appuie, d'ailleurs, sur l'influence incontestable de l'âme sur le corps, de la partie spirituelle de notre être sur la partie matérielle, quelques objections peuvent être opposées... La principale, c'est que, pour la fixation d'un geste fugace, expressif d'un moment de passion, pour que ce geste se transforme, par sa permanence, en *attitude*, et, mieux encore, laisse une trace persistante sur le visage, qu'il aille même jusqu'à modifier la structure du crâne, par exemple, combien de temps ne faut-il pas accorder, pour un pareil travail, à la Nature ?... Alors, la vie d'un homme n'y suffit pas, et l'on est contraint de recourir à l'intervention de l'*hérédité*.

Or, cette dernière influence, comme on sait, n'est pas d'une constance absolue, il s'en faut, surtout en ce qui touche les détails de l'organisme, combattue qu'elle est par la tendance antagoniste à la *variation*.

Prenons, si vous voulez, le cas des personnages cités et figurés dans le livre de Schack ; qu'il s'agisse de Kléber ou de Bernadotte, de Robespierre ou de Talleyrand, de Voltaire ou de Lola Montès, on ne peut admettre que l'exercice des passions ait si promptement déformé les traits du visage... Il faut donc recourir à un passé plus lointain, remonter aux mœurs des ancêtres et supposer que, pendant une longue suite de générations, il s'est trouvé des cœurs vaillants qui auraient, pour ainsi dire, sculpté leur figure sur le modèle de l'*aigle* ou du *lion*, ou bien encore des âmes viles, qui se seraient formé, à leur insu, une face de fauve, de bouc ou de renard...

Mais alors, cette « animalisation » de la figure humaine n'est plus le fait d'un seul individu, mais d'une *lignée* ; et, d'autre part, en remontant le cours des générations, on doit nécessairement trouver un sujet, à l'origine, où ce long travail de plastique a commencé ; et, qu'est-ce qui l'a provoqué, ce travail ? Ne serait-ce pas un tempérament naturellement porté, déjà, à la bravoure, ou bien à la ruse, à la lubricité, à l'intempérance ?... Mais, alors, on retombe dans la seconde hypothèse, celle qui s'appuie sur l'influence qu'exerce le physique sur le moral ; c'est ce qu'on peut appeler un cercle vicieux.

A son tour, examinons-le, ce second point de vue, en faisant repasser sous vos yeux les exemples déjà cités. Si Kléber offrit la figure d'un lion, c'est qu'il tenait cette particularité soit de son père, soit d'un de ses grands-parents, soit, par atavisme, d'un ancêtre plus ou moins éloigné ; et ce serait en vertu de cette conformation spéciale, héritée de son ascendance, qu'il aurait fait preuve des qualités qu'on lui reconnaît. Mais l'hérédité, nous le savons, est sujette aux défaillances, et tel homme héritera du physique de ses pères, sans hériter de leurs vertus ou de leurs vices ; il pourra fort bien garder, par exemple, la physionomie d'un aigle avec un tempérament pusillanime, ou celle d'un bouc avec une nature très chaste ; réciproquement, tel autre, perpétuant le type du lièvre, pourra, d'occasion, se montrer intrépide... Et ce cas, où le signe sensible survit à l'état d'âme, auquel il semblait indissolublement lié, n'est pas sans ébranler notre foi dans la science physiognomique, qui prétend juger du caractère d'un homme d'après les lignes de son visage.

Où donc est la vérité ? Vraisemblablement, elle se partage entre les deux points de vue, et je crois pouvoir régler le débat de cette façon : je dirai que l'évolution de la figure humaine en direction animale (ou « régression ») reconnaît, en somme, différentes causes : les unes provenant du monde extérieur, c'est-à-dire du lieu géogra-

phique et du climat, du milieu naturel et du milieu
social ; les autres qui proviennent de notre for intérieur,
à savoir l'influence, dont on a déjà parlé, des états
d'âme et du jeu des passions.

Et parmi les causes internes, d'ordre psycho-physiologique, je me permettrai d'ajouter : l'influence des impressions reçues par la mère sur la formation de l'enfant
qu'elle porte dans son sein. Qui sait si telles figures
léonines, canines, félines, aquilines, etc., n'ont pas leur
origine dans le spectacle subit — ou prolongé — de lions,
de chiens, de chats ou de bêtes au museau busqué ?...
Ces caractères de figure, ainsi formés, sont ou ne sont
pas transmis aux descendants ; et c'est ce qui fait, en ce
dernier cas, du type animal, un phénomène isolé, tout
exceptionnel et qui singularise un personnage (1).

Quoi qu'il en soit, en définitive, on peut dire en toute
assurance que mille causes de déchéance concourent à
déformer le type humain, supposé originellement supérieur en perfection, en beauté, aux types animaux, et
tel que nous l'admirons aujourd'hui chez certains représentants de la race caucasique. Le travail de la Nature
pour dégager l'homme de l'animalité se trouve alors en
partie perdu. Mais, sans doute, est-ce aller trop loin que
d'attribuer à telle déformation un caractère animal spécifique et précis (bec d'aigle, museau de singe) et de
voir là un effet, du moins un témoignage extérieur de
passions, nobles ou viles, qu'on observe, à l'état d'instincts, chez ces animaux.

*

* *

Que si, maintenant, on veut tirer de tout cela une
conclusion pratique, on insistera sur l'influence exercée

(1) Pour préciser, je distingue trois cas : la ressemblance animale
fut transmise au personnage par des ancêtres *obscurs*, chez qui elle
n'a pu être remarquée et se transmet à des descendants également
obscurs ; ou bien elle s'éteint avec ce personnage ; ou bien encore,
elle se manifeste chez lui d'emblée et constitue un simple accident.

par le moral sur le physique et qui, seule, nous rend responsables, l'influence opposée, du physique sur le moral,
échappant (au début tout au moins) à nos prises, et cela,
afin d'employer la raison et la volonté au refoulement
des bas instincts, des instincts animaux. La victoire, en
ce grave conflit, ne suffit pas toujours à perfectionner le
type humain, ou du moins à le maintenir dans son état
de supériorité vis-à-vis de la faune ; car, encore une fois,
l'hérédité peut léguer à la plus belle âme un corps et des
traits repoussants, ou, tout au moins, irréguliers, ingrats,
témoin la figure de Socrate et celles, en nos temps modernes, de Pascal, de Pasteur, de saint Vincent de Paul
et du curé d'Ars. Mais, quand même, la prééminence de
l'esprit sur la matière se manifeste là par le rayonnement, souvent observé, de l'intelligence, de la bonté,
de la piété. C'est le triomphe du « beau moral », de la
Vénus céleste de Platon sur la *Vénus terrestre*, ou, si l'on
veut, de *Psyché* sur *Aphrodite*... Et nous autres, esthéticiens, artistes ou dilettantes, qui tenons si fort à la beauté
qui se voit et qui enchante notre vue, nous devons-nous
accoutumer, en ce monde moderne si déformé, si cor-
rompu, si plein de tares et de misères physiologiques, à
la laideur qui cache, bien souvent, une âme d'élite, alors
que, d'autre part, la splendeur et la pureté de lignes du
visage n'est parfois que le masque d'une pauvre âme
infirme ou souillée. Ah ! si l'on pouvait voir les âmes
comme on voit les corps !...

4. *Comment le beau, dans la figure humaine, est en étroite liaison avec la laideur.*

Nous avons montré, dans le chapitre précédent, que la
beauté physique pouvait se concilier avec la laideur
morale et, réciproquement, que la beauté morale s'accom-
pagnait, à l'occasion, de laideur physique. Vous allez
voir, maintenant, quelque chose d'inattendu : c'est que,
chez le type humain le plus idéal, le *beau* (j'entends le

beau *physique*) est en liaison étroite avec le *laid*... Et comment cela ?

Pour bien saisir ce fait, d'apparence paradoxale, je rappelle ici ma classification du *laid*, classification toute personnelle et qui a été tout au long exposée au début du tome II de cet ouvrage.

Et, tout d'abord, je distingue deux genres de laideur : la laideur normale et l'anormale. La première, que je considère seulement chez les animaux, n'a pas besoin d'être définie : c'est celle de l'Hippopotame, par exemple, lequel, si bien venu qu'on le voudra, ne saurait être qualifié de *beau*, au même titre que le Cheval ou le Cerf.

La seconde, la laideur *anormale*, est celle, par exemple, d'une pauvre haridelle de fiacre, aux formes abîmées par le travail, ou de tout animal, et de l'homme lui-même, atteint de maladie, d'infirmité, de monstruosité : laideur *pathologique* ou *tératologique*.

Laissant cette dernière de côté, nous trouverons que l'autre genre, celui de la laideur *normale*, comporte d'assez nombreuses subdivisions. Considérée chez l'homme comme chez les animaux, elle est d'abord *passagère* ou *permanente*. « Passagère », on l'a deviné, c'est celle de l'être humain en voie de formation dans le sein maternel. Le fœtus est à l'enfant développé ce que la chenille est au papillon, la larve à l'insecte parfait. La beauté, ici, est étroitement liée à la laideur, en fonction du temps ; quand on songe que quelques mois seulement séparent le « chérubin » du monstre ! Aussi bien peut-on adopter ma formule : *Le laid. préface à la beauté.*

On peut aussi bien, d'autre part, adopter cette autre : *Le laid, contexte du beau,* puisque la forme virile, féminine ou enfantine la plus achevée, la plus accomplie, cache un intérieur repoussant ; et la liaison du séduisant et de l'horrible n'est plus ici, un phénomène transitoire.

mais un état permanent. Ce contraste entre le dehors et
le dedans, auquel nul ne s'avise de penser, m'avait fortement impressionné certain jour où, faisant mes études
médicales, j'assistais pour la première fois à une autopsie.
Le sujet était une jeune fille ; je l'avais vue, peu de
jours avant, dans son lit, sous un bonnet d'hôpital, en-
foncée dans ses couvertures ; et voilà que je la revoyais,
nue, sur la dalle de pierre, froide et sans vie ; mais son
corps, d'une beauté singulière, avait des tons nacrés et
une opulente chevelure châtain-clair ondoyait tout autour... Pour moi, plus fervent esthète qu'apprenti-méde-
cin convaincu, porter le scalpel sur ce chef-d'œuvre me
parut comme un sacrilège. Un instant après, quel tableau !... Les chairs se découvrirent, les viscères se mon-
trèrent à nu... Quelle leçon pour l'esthéticien, comme
pour le moraliste ! Chez le vivant, il perçoit alors, sous
le manteau de chair impeccable en son harmonieuse
unité, la répugnante diversité des rouages de vie ; il se
prend à penser qu'à peine quelques millimètres séparent
le *gracieux* de l'*horrible*, et que l'attrait ou la répulsion
n'est, en somme, qu'une question de frontière.

Et, réfléchisssant plus profondément encore, il se
prend à songer que cette frontière est la limite de l'*apparent* et du *caché* ; portant, du corps humain, son regard
sur la Nature, il retrouve partout le même contraste entre
de séduisants dehors et des « au dedans », tout au moins
ingrats... Alors, il trouve, pour exprimer ce fait saisissant, une nouvelle formule : *Le beau patent, le laid
latent*, formule qui s'applique à tout, à peu près, dans
l'univers créé. Est-ce que les plus belles couleurs naturelles ne distinguent pas animaux et plantes des pays du
soleil, alors que les habitants des lieux obscurs et souter-
rains sont revêtus de teintes sombres ? et, d'autre part,
ne voit-on pas, au grand jour, les créatures de Dieu les
plus idéales, comme les oiseaux, les insectes ailés, tandis
que les reptiles, les crustacés, les insectes aptères, se
dissimulent à nos yeux ?... Je pense, ici, à un autre épi-

sode de mon existence, quand il me fut donné de voir la *faune abyssale*, retirée par le *Travailleur* et le *Talisman* des profondeurs océaniques ; ces araignées de mer monstrueuses, ces crustacés à moignons sinistres, ces pieuvres de cauchemar et ces poissons d'apocalypse, tout ce peuple complexe, inconnu jusque-là, se tordait, frétillait, évoluait sous le voile uni, pur et somptueux de l'Océan. Homogène ainsi qu'un épiderme féminin, la nappe liquide disimulait ces êtres suspects, tels des viscères... par pudeur ?... On ne peut y songer. Ici, la cause efficiente et la cause finale se fusionnent, en même temps que la Nature atteint son but par un automatisme admirable ; en effet, le milieu qui dégrade un être, le recouvre ; et la taupe est aveugle, parce qu'elle vit en souterrain ; le milieu infime fait l'animal infime ; et, d'autre part, le but providentiel est atteint, puisque, l'être étant à couvert, sa vue, du même coup, est épargnée à l'homme. Si l'on n'aperçoit pas là une harmonie !...

Ainsi, qu'il soit passager, transitoire, ou qu'il se montre permanent, le *laid* se cache, tandis que le *beau* se manifeste au dehors. Il est. en vérité, surprenant qu'un fait de pareille importance ne soit pas plus souvent remarqué (1).

*

* *

Mais ce n'est pas tout : l'étroite liaison, si remarquable, que nous avons dénoncée entre laideur et beauté, en fonction du temps comme de l'espace, dans le passage de l'embryon à l'être libre, et dans la juxtaposition de l'épiderme à la membrane muqueuse ou séreuse, cette liaison se manifeste, sous une autre forme, dans la cohérence et la solidarité des différentes parties du corps ; car,

---

(1) Il serait bien à désirer qu'il en soit ainsi dans la *vie sociale*, où, trop souvent, le beau, comme le bien, reste caché, tandis que la laideur et le mal s'épanouissent effrontément au dehors.

pris à part, isolément, le *pied* humain, par exemple,
n'est pas beau, à proprement parler, non plus qu'une
main détachée, ou qu'un bras, qu'une jambe et même
une tête ; le *Torse du Belvédère* et la *Vénus* mutilée, dite
de Milo, ne plaisent à l'artiste que par un effort d'imagination et ne flattent, en vérité, que le côté « technique »

Le « Torse du Belvédère ».

*(D'après une gravure illustrant l'Histoire des Beaux-Arts,
de René Ménard.*

de notre esprit. Non, la partie d'un tout, détachée (ou
abstraite) de ce tout, ne peut prétendre à la beauté ; elle
n'a qu'une valeur esthétique relative : et le pied, la main,
la jambe et le bras, n'atteignent la beauté, si bien conformés qu'ils soient, d'ailleurs, que par leur *gémina-
tion*, d'abord. puis par leur combinaison en ce tout qu'on
appelle le corps humain : la symétrie qu'offre ce dernier,
et le rythme, la mesure, la proportion qu'il révèle, voilà
le véritable fondement de sa beauté.

Pour fixer les idées sur ce point, je propose d'appeler
cette dernière espèce de laideur, qui nous frappe encore

moins que les autres, mais n'en est pas moins réelle : le
laid de subordination. N'admet-on pas, au reste, une
« échelle de dignité », qui va des parties basses (et même,
comme on dit spontanément, « honteuses » aux parties
qualifiées de « nobles » ? La tête ne domine-t-elle pas le
tronc et les membres, au propre comme au figuré ? Et,
dans la face, les yeux n'ont-ils pas droit à la prééminence ?

C'est ainsi que l'Esthétique, bien comprise, ne doit
pas se définir, d'une façon vraiment trop simpliste, « la
science du beau », mais *la science du beau et du laid*.

Cette intervention de la laideur ne doit plus vous scan-
daliser, après tout ce que nous avons dit sur ses aspects
divers, et puisque, au surplus, cette laideur est, à l'état
normal, dissimulée, qu'elle est *en dessous*, et qu'adaptée
à d'utiles besognes, au travail nécessaire de la vie, elle
se tient, pour ainsi parler, à l'écart, et laisse la beauté
rayonner au dehors.

5. *Les traits du visage humain, sous le double rapport de leur expression, ou de leur beauté, et de leurs fonctions vitales.*

Nous venons de dire que la beauté du corps et du
visage humains, grâce au manteau de chair qu'elle jette
sur les viscères et tous les organes sous-jacents, refoule,
au sens littéraire, la laideur au second plan et nous en
épargne le pénible spectacle. Mais il y a mieux encore,
car, à ce manteau de chair unie, douce, rassérénante. des
ouvertures sont ménagées, par où les organes des sens et
ceux même de fonctions vitales comme la respiration et
l'alimentation communiquent, il le faut bien, avec l'extérieur. Or, si ces prolongements visibles d'appareils cachés que sont les *yeux*, le *nez*, la *bouche* et les *oreilles*
ont été très artistement conformés à la manière des baies,
portes ou fenêtres, ajourant le mur d'une façade, leur
fonction utile. organique, n'en est pas moins à décou-

vert ; et cependant, chose étonnante, cette fonction utile
ne nous frappe guère, si bien masquée qu'elle est, non,
cette fois, par un écran matériel tel que la peau, mais
par un fait tout subjectif, abstrait : le rayonnement de
l'expression et de l'harmonie, de la beauté.

Ce fait pouvait, d'ailleurs, être observé, déjà, sur les
figures animales : si le cuir de l'éléphant, la fourrure de

La « *Tête de cire* » du Musée de Lille.
(*Cl. Revue encyclop. Larousse.*)

l'ours, tous les pelages et plumages, ainsi que les tests
et cuirasses, dissimulent à nos regards les rouages anatomiques et ne laissent apercevoir que le « caractère »,
sinon la beauté des formes, — le rôle de la trompe, chez
le pachyderme, celui des cornes, des ramures chez les
ruminants, ou des ailes chez l'oiseau, chez le papillon,
disparaît à nos yeux, sous l'éblouissement, ou, tout au
moins, l'hypnose de la forme pure et simple. Il en est
ici comme en l'Architecture, où la fonction des piliers,

des colonnettes et des arceaux n'est bien saisie que par un œil d'architecte, tandis que le simple amateur est pris, lui, d'emblée, conquis par la beauté des lignes. Mais nulle part cette bienfaisante illusion ne se manifeste avec plus d'éclat qu'en le visage humain et surtout féminin. Que ce soit la *Vénus* du Titien ou la *Beatrix Cenci* du Guide, ou la *Tête de cire* attribuée à Raphaël, ou tout simplement une beauté célèbre comme Madame Récamier, le langage spontané de l'admiration témoigne de cet oubli profond du rôle dévolu par la Nature à chacun des traits : « L'admirable tête ! » s'écrie-t-on ; « La charmante physionomie ! » « Quelle pureté de lignes dans ce nez, quel velouté dans ces prunelles ! » On vante le contour de l'oreille en conque délicate, l'arc si bien dessiné des sourcils, la frange des cils, l'incarnat des lèvres, le souple ondoiement des cheveux...

Ne craignons pas de troubler ces extases, ni de profaner ces beautés, en arrêtant les regards de l'esprit sur le but essentiel et la destination première de tous ces traits.

Les yeux

Tout d'abord, leur fonction est double et, pour ainsi parler, *réciproque* : ils sont faits, effectivement, pour voir et pour être vus. On peut comparer l'œil à une fenêtre, qui permet à la fois : au reclus d'épier le dehors, et au passant d'explorer le dedans. Désireux, toujours, de réfuter l'idée préconçue d'une incompatibilité entre l'utile et le beau, la Science et la Poésie, j'ai mis cette observation philosophique sous la forme de vers :

Pourquoi les yeux sont faits.

Pourquoi les yeux sont faits ? — Question peu difficile !
    Eh, parbleu ! pour voir terres et cieux,
    Coteaux riants, pics sourcilleux,
    Glaciers ardus, fleuves gracieux,
    Et puis les rameaux, le feuillage,
Et l'oiseau, dont l'oreille admire le ramage...
    Et puis..., pour lire en d'autres yeux ;
    Cela n'est point, certe, inutile...

En effet, fait pour voir — vous l'avez observé,
L'œil est fait aussi bien *pour être vu*; lunette
Peu pédante, et si claire; instrument achevé
D'optique; avec cela, miroir... Est-ce trouvé ?
La femme le sait bien : curieuse et coquette,
Par un regard tantôt baissé, tantôt levé,
Elle capte — et retient — à son gré sa conquête;
  L'œil par un œil est captivé.

Miroir de l'âme, on dit. Mais il faut qu'on ajoute :
Télégraphe, car l'œil, encor, fait des signaux;
Il lance la dépêche ou d'amour ou de haine,
Sémaphore annonçant l'allégresse — ou la peine
 — Et trompeur, quelquefois, faisant des signaux faux,
  Guide suspect, et qui déroute...

Et voilà tous les rôles de l'œil. — Tous ?... erreur !
— Quoi, n'avez-vous jamais, d'une prunelle humaine
Vu couler, telle une eau jaillissant de fontaine,
  Amère et pure, de beaux pleurs ?
Ces larmes, dont la source est au lac des douleurs
Et qui, douces pourtant, font au long du visage
  Deux ruisselets,
  Tels ces filets
Qui viennent arroser le sol. après l'orage.
C'est l'œil qui les distille... Oh ! touchant arrosage,
  Qui soulage
 Un cœur trop douillet.

Donc, fait pour voir le monde et pour le refléter,
Pour servir de miroir et de signal aux hommes,
L'œil. encore, en ce val de misère où nous sommes,
  A ce rôle doit s'adapter,
De canal pour le flot qui nous oppresse l'âme;
  Car les larmes, divin dictame,
  Du chagrin éteignent la flamme.
Ainsi l'œil semble fait, bien souvent. pour pleurer...

*
* *

Ceux d'entre mes lecteurs qui auront la patience
d'approfondir la structure de l'œil, considéré comme instrument d'optique, trouveront dans les traités spéciaux
tout ce qui concerne l'anatomie de cet organe : ils auront
là une vision du beau purement abstrait, « intellectuel »,

laquelle n'est certes pas à dédaigner. Ce que nous nous bornerons à faire ici ressortir, c'est l'art admirable qui dégage au dehors, des racines profondes, ingrates, ces parties superficielles et séduisantes qu'on appelle le *blanc de l'œil* et la *prunelle* (1), c'est-à-dire, sous la sclérotique comme fond, l'*iris* et la *pupille*. Tout autre qu'un médecin voit-il, dans ce joli cadre circulaire qui fait les yeux bleus ou les yeux bruns, un diaphragme naturel, inimitable en sa perfection et dont les fibres, les unes rayonnantes, les autres concentriques, en anneaux, élargissent ou rétrécissent à volonté l'orifice du trou pupillaire ?... Faire de ce trou noir un petit bijou de jais vivant, où se peint en raccourci le tableau de l'extérieur, n'est-ce pas quelque chose de miraculeux ? *Rétine* et *cristallin* se dissimulent, d'ailleurs, discrètement, dans l'atelier de la chambre post-oculaire, comme des manœuvres obscurs qui préparent, en secret, la féerie de la vision ; pensons un peu à ces savants et modestes travailleurs ; ils sont beaux, eux aussi, par la tâche qu'ils accomplissent.

L'œil a pour rideau protecteur la *paupière* ; et quel singulier embellissement pour cette tenture vivante, automatique, que la frange de *cils* qui la borde ! Supprimer ce mince détail, c'est presque défigurer le plus beau visage, tant ce qu'on nomme l'« accessoire » est souvent, en Esthétique, essentiel (1).

Mais considérez aussi que ces cils, qui palpitent, avec les paupières, d'un mouvement si vif, si expressif, ne sont, en eux-mêmes, que des pinceaux dont l'office est d'écarter les poussières de l'œil. Au-dessus des yeux, les *sourcils* tendent ou détendent leur arc d'un geste élastique et prompt ; organes de protection, comme les cils, ils dissimulent la fonction vitale, organique, sous la fonction *expressive* ; et, même, cette dernière fonction, signi-

---

(1) Vocables qui fondent ces locutions très remarquables : « Regarder quelqu'un dans le blanc des yeux », « rougir jusqu'au blanc des yeux », « garder quelque chose comme la prunelle de ses yeux ».

(1) Comparez les *ornements* dans la mélodie.

ficatrice de la surprise ou de la colère, de la sévérité ou du souci, n'étant qu'épisodique. laisse place, en temps ordinaire. à la fonction purement *décorative*.

2. Le nez

La même loi de *cumul* que nous venons d'observer dans les yeux, se retrouve également dans le *nez*. Ce dernier, en effet, est tout à la fois organe anatomique et trait de beauté. Chacun sait que le nez est un double conduit qui supplée. pour la respiration, l'organe buccal, et qui, de plus, est l'instrument de l'*odorat*. Mais, dans un visage humain, personne n'y pense, et cela, notez-le, que ce visage soit beau ou qu'il soit laid ; on dira, d'instinct : « le joli nez ! » ou « le vilain nez ! » ne faisant attention qu'à la forme.

Remarquez qu'ici, les fonctions utiles de l'organe sont de rang inférieur : tandis que la vision fonde les Arts plastiques et l'audition, la musique — l'*olfaction* n'est que la base, beaucoup plus humble, de ce qu'on appelle encore, mais avec un *a* minuscule, « l'art de la *parfumerie* ».

Notons, en passant, une amusante corrélation entre la qualité de l'odeur et celle du nez qui les flaire ; l'aspiration d'un parfum laisse à ce dernier son harmonie de lignes, tandis que celle d'une mauvaise senteur l'oblige à se froncer, à faire un geste disgracieux. Cette correspondance entre l'acte qui perçoit et la chose perçue, n'est pas, d'ailleurs, spéciale au sens olfactif : de même qu'un relent fait renâcler, un vilain spectacle nous fait voiler la face ou froncer le sourcil, comme un bruit discordant nous fait boucher les oreilles ou qu'un mets déplaisant nous fait *faire la petite bouche*... Chez nombre d'animaux, c'est l'inverse qui semble se produire, et la gamme des odorances paraît renversée.

Si le nez, primordialement, est fait pour sentir, il est créé, secondairement, ainsi que l'œil, l'oreille et tous les autres « traits », *pour être vu* : c'est là sa fonction expressive, celle qui nous absorbe et nous prend tout entiers. C'est ainsi que des narines dilatées sont un signe de vaillance ou d'orgueil ; et ce même nez qui se fronçait pour la mauvaise odeur, se fronce également pour l'acte vil et devient l'expression du mépris. Les Anciens disaient que le nez est le signe de la colère ; en ce cas, c'est en haut qu'il se plisse, par l'action latente d'un petit muscle, que les anatomistes appellent le *pyramidal* ; on pourrait le nommer « le muscle de l'irritation ».

Ici, de même que pour l'œil, il faut admirer l'art délicat avec lequel la Nature ménage la transition des parties profondes de l'organe à ses parties superficielles. Cette bonne Nature, amie de la beauté, a pris la précaution de masquer à notre regard la dualité des narines sous une harmonieuse unité ; la double canalisation intérieure se dissimule heureusement sous l'arête doucement verticale, impaire et médiane, de cette partie du visage qu'on désigne au singulier (le nez), alors que le pluriel ne désigne que l'intérieur (les narines). De la complexité de la région profonde (cornets du nez, sinus nasaux), rien ne subsiste pour notre vue, rien que deux modestes orifices qui, de concert avec l'ouverture des yeux et celle, intermittente, de la bouche, assurent au visage un ajourement aussi nécessaire à sa beauté qu'il l'est au mur d'un édifice.

Pour finir, je mentionne un petit détail qui, pour l'Esthétique, a son importance : je veux parler de cette modeste gouttière, comparable au « larmier » de la colonne antique et qui, sous le nom de *philtre*, sert à la fois de transition et d'écoulement entre les narines et les lèvres. Ce sillon naso-labial nous amène, tout naturellement, à la bouche.

3. La bouche

Nous parlerons d'abord de son rôle pratique, puis, après, de son rôle idéal. Les fonctions pratiques de la

bouche sont multiples : vestibule commun des conduits
respiratoire et digestif, elle sert à l'introduction de l'air
et des aliments, et d'autre part, par l'entremise de la
langue, qui joue le double rôle de plancher et de spatule et celle des *dents*, qui l'arment, en quelque sorte,
elle triture ces aliments et les pousse dans l'œsophage.
Un autre genre de fonctions, qui n'est pas encore l'idéal,
mais qui le devient, en se faisant expressive, est la *voix*.
Affectée purement, tout d'abord, à la vie de relation, et,
par là, base du langage, elle s'élève de la parole au chant
et fonde l'Art musical. Déjà, dans la parole la plus banale, elle peut enchanter nos oreilles par son timbre et
ses inflexions mélodiques.

Le cumul des organes que contient la bouche est, en
vérité, prodigieux, puisque la langue et les dents, déjà
préposées à l'office alimentaire, ont encore à leur charge
l'articulation des sons du langage (*linguales* et *dentales*),
l'articulation des autres consonnes étant la tâche du palais ou du gosier (*palatales* et *gutturales*). Mais ce n'est
pas tout, car la langue, à la fois cuiller et anche vibrante
(ou battante) est, par surcroît, l'organe du *goût*, du *sens
des saveurs*.

Ainsi, la bouche peut se comparer à une chambre,
ou à un vestibule, ayant une porte de sortie par derrière
(la gorge), un plafond (la voûte palatale), avec un rideau
de fond (le voile du palais), puis un plancher (la langue);
et s'ouvrant, en façade, par une baie de sens horizontal,
dont les vantaux sont les lèvres... Et quels aimables et
quels séduisants vantaux ! Ici, je note comme une merveille (dont on devrait, vraiment, s'émerveiller davantage) la douce, insensible transition de la muqueuse profonde à la peau, comme si la membrane ingrate et cachée
se faisait belle pour paraître au dehors ; et là, en effet,
elle a un rôle flatteur à remplir ; son tissu délicat, tendre
et rose, explique et justifie ce geste de rapprochement
sympathique qu'est le *baiser*. Déjà même, muettes et
restant en place, les *lèvres*, par de menus et subtils mou-

vements, servent d'interprètes éloquents aux sentiments, aux passions qui agitent l'âme en secret : serrées et tendant l'arc qu'elles forment au repos, elles expriment, soit la douleur physique que domine la volonté, soit la froideur et l'austérité ; épanouies, au contraire, elles annoncent l'aise, la gaieté, la bienveillance ; les coins de la bouche, en se relevant largement, dessinent le *rire*, en se soulevant discrètement, le *sourire*. Ce dernier, quand il n'est pas ironique, ou forcé, est peut-être le trait d'expression le plus idéal qui soit ; mais il faut que les yeux collaborent à la tâche gracieuse et jouent de concert (1). Dans la *moue*, geste d'enfant boudeur, les lèvres ne s'écartent plus latéralement, mais se tirent en haut et en avant, de façon à figurer un *o*.

Enfin, porte vivante et sensible, la bouche, au moindre incident intérieur, s'ouvre toute grande ou s'entr'ouvre, on pourrait dire « s'entrebaîlle ». Il faut relire, à ce sujet, dans Molière, la scène où le bourgeois-gentilhomme s'émerveille de la triple relation que lui révèle son maître de philosophie entre la forme que prend la bouche dans l'articulation des cinq voyelles et l'expression qui en résulte : la profondeur de la pensée revêt là un vêtement comique qui ne doit pas la faire méconnaître. Aussi, je ne crois pas superflu d'ajouter que l'orifice buccal, en s'arrondissant, émet le son de la voyelle *o*, qui lui emprunte sa forme graphique et dont la sonorité spéciale est symbolique de l'étonnement (demeurer *bouche bée*, pour « bouche béante »), ou de l'admiration qui se porte au grandiose ; lorsqu'au contraire, les lèvres se contractent, en portant la bouche en avant, il se forme, comme le montre Helmholtz (2), une espèce de vase à goulot étroit, d'où ressort le son de la voyelle *u*, lequel, en accord avec l'expression du geste, ou de la mimique, désigne, même dans le langage conventionnel, le mépris, est l'accent direct du persiflage.

(1) V. les *Schémas* de Humbert de Superville.
(2) Dans sa *Théorie physiologique de la Musique*.

L'homme, en définitive, quoi qu'il dise ou qu'il fasse, est tellement un être à dominante intellectuelle (autant que morale), que tous ces signes de passion lui font oublier le rôle utilitaire et vital des traits ; la physionomie, en un mot, l'impressionne plus que la figure. Mais c'est également un être à dominante *esthétique*, puisque cette figure elle-même, si ses lignes sont harmonieuses, provoque en lui le même oubli des fonctions purement vitales ; cette bouche que nous étudions s'ouvre, il est vrai, pour parler, ou pour sourire, pour s'étonner, pour admirer ; mais elle s'ouvre aussi pour boire et manger... et pourtant, elle nous parle beaucoup moins des fonctions animales que des autres. De même pour les *dents*, qui sont, chez l'homme aussi, mâchelières, et que l'on compare à des perles... Que la bouche s'élargisse à l'excès et que les lèvres s'épaississent, l'effet diamétralement opposé se produit et la pensée retourne vers la faune, où groins et museaux ne nous trompent plus sur leur destination première.

A ce propos, on peut citer l'infirmité congénitale connue sous le nom populaire de *bec-de-lièvre*. C'est un simple arrêt de développement portant sur les deux côtés de la lèvre supérieure ; cette lèvre paraît fendue : mais, en réalité, elle n'est que *bifide* : l'organe qui, normalement, est impair et médian dans l'espèce humaine, est le produit d'une fusion, ou, si l'on préfère, d'une soudure ultérieurement opérée chez l'enfant, avant sa naissance : la lèvre, chez l'embryon, se compose effectivement de deux parties séparées, et ces deux parties symétriques se rejoignent ainsi après coup Il y a là comme une révélation du procédé qu'emploie la Nature ; et ce procédé naturel, on le retrouve dans le nez, le menton, le front même, aussi bien que, plus bas, dans le sternum, et plus bas encore, dans ce que les anatomistes appellent la *symphyse pubienne*, autrement dit : la jonction, sur la ligne médiane, des deux portions droite et gauche du bassin. N'y a-t-il point quelque chose d'analogue en Architecture, lorsqu'une arcade achève de se construire par la rencontre de deux moitiés d'arc opposées ? Que si nous la voyons encore inachevée, elle nous fait l'effet d'un arc fendu et cette vue nous déplaît. comme nous déplaît le *bec-de-lièvre*. On peut en conclure que l'union des parties rapprochées est un élément essentiel de progrès esthétique et comme un critérium de perfection ; et c'est, en même temps, chez les types supérieurs, une nécessité de structure.

4. L'oreille

Trois raisons nous ont fait placer, dans notre description des traits du visage, l'oreille après la bouche : c'est d'abord qu'avec les yeux, les narines et les lèvres, ces organes pairs, les oreilles, forment un groupe de parties ajourées, en contraste avec les parties pleines ; puis que leur direction verticale fait, comme celle du nez, avec la direction horizontale des yeux et de la bouche, des angles droits, ce qui réalise une figure géométrique en carré ; enfin, par-dessus tout, à cause de la correspondance nécessaire entre l'émission de la voix et son audition ; l'oreille, sans la voix, ou réciproquement, la voix sans l'oreille, interromprait tout commerce entre les hommes ; point d'appareil expéditeur. sans appareil récepteur, et *vice versa*. Le *sourd-muet* est d'ailleurs un témoignage vivant du lien étroit qui rattache les deux fonctions l'une à l'autre. C'est en vertu du même principe que l'oreille, de concert, on peut le dire ici précisément, avec l'organe vocal, s'élève du domaine purement social au domaine artistique, et que s'opère l'ascension idéale de la simple parole articulée à la musique.

Et. toutefois, quelques hautes que soient ses fonctions; l'oreille, contemplée de nos yeux, ne nous frappe guère en tant qu'instrument auditif ; pas plus, au reste, que l'œil en tant qu'instrument d'optique, ou que le nez, la

bouche, en tant qu'appareils d'olfaction, de gustation ;
encore ici, le même fait d'hypnose se manifeste qui, jetant sur l'utilité le voile de la beauté, nous présente l'organe de vie comme un ornement, même un pur décor...
C'est que, d'abord, le mécanisme opérateur est tout entier
caché dans les profondeurs de la caverne osseuse du
rocher ; là, dans le secret et le silence, fonctionnent, à
l'abri, ces rouages délicats, compliqués : les osselets du
tympan, les canaux semi-circulaires et le limaçon, si compliqués et tortueux que leur ensemble a été nommé par
les savants le *labyrinthe* ; et, d'autre part, ce qui se découvre seulement à la vue, ce qui se montre au grand
jour, c'est ce que la Science appelle, presque dédaigneu-
sement, l'*oreille externe*, c'est-à-dire cette conque aux
tons nacrés, aux harmonieux enroulements, détour mystérieux d'un chemin par où passent les ondes sonores
invisibles (1).

Pour en arriver là, à cette perfection plastique, quels
efforts de sélection n'a-t-il point fallu ? C'est la pensée
qui vient au naturaliste, lorsque, portant ses regards en
arrière, il examine les oreilles pointues et dressées du
renard, ou du cheval, les oreilles prolongées de l'âne ou
du lapin, celles de l'éléphant, larges, plates et tombantes,
enfin, celles du singe, si proche de nous, aplaties, « décollées » et disgracieuses. Mais vous vous souvenez de ce
que j'ai dit plus haut sur cette puissance abstraite et
presque « mythologique » qu'on appelle la *Sélection*,
force aveugle qui n'explique pas suffisamment ce résultat
essentiellement esthétique, résultat dont le nom, toutefois, dérive du sien : l'*élégance*. Qu'on attribue, dans une
certaine mesure, à cette cause seconde, l'abaissement si
heureux de l'oreille humaine, l'arrondissement de son
contour, la finesse de son rebord, ou, comme on dit, de
son *ourlet*, homologue de l'*orle*, en Architecture, j'y con-

____

(1) Les parties de l'« oreille externe », celle qui se voit, sont,
d'après la nomenclature adoptée tant par les savants que par les
artistes : le *pavillon*, l'*hélix* et l'*anthélix*, enfin le *lobe*.

sens ; mais faut-il encore faire intervenir ici, pour expliquer le sens et la direction de l'effort, une intention première, un plan préconçu, un *dessein*. Et comment ne
pas le reconnaître, ce dessein, dans l'effet que produit
sur nous une pareille harmonie de forme ?... C'est ainsi
que la beauté d'une oreille, au contour impeccable, plaide
une fois de plus en faveur des *causes finales*.

Si, m'arrêtant sur le rôle *décoratif* de cet organe, je n'ai
rien dit de ses fonctions *expressives*, c'est que, l'oreille
étant immobile dans notre espèce, aucune expression ne
s'en dégage ; tout au plus, cette locution usuelle : *dresser
l'oreille*, ou *prêter l'oreille* à quelque chose, indique-t-elle
un mouvement ténu, imperceptible ; mais, en ce cas,
c'est la tête entière qui bouge.

5. *Le front, les tempes, les joues, le menton, le cou*

Le front, les tempes, les joues et le menton représentent
les *pleins* du visage, ses parties closes, « aveugles », et
qui s'opposent aux parties ajourées de la face, yeux, narines et lèvres, comme s'opposent aux baies, dans une
façade, les « nus » de muraille.

Les fonctions de ces différentes parties se résument
en deux mots : *protection, liaison*.

LE FRONT

Le *front*, en particulier, par sa ferme ossature, protège
la substance molle et fragile du cerveau ; il forme, au-
dessus des yeux et des autres organes des sens, comme
un territoire neutre, mais qui prend son importance de
l'organe éminent qu'il a pour mission de couvrir. Pris
en lui-même, il n'est guère expressif, étant immobile et
lisse ; mais il le devient quelque peu, par la contraction
des muscles sous-jacents qui le plissent, dans le souci,
aussi par les rides qui le sillonnent dans la vieillesse ; sa
pureté, dans le jeune âge, parle d'innocence et de can-
deur. Son expression, d'ailleurs, est purement abstraite

et naît de l'idée qu'on y attache, parce qu'on pressent, derrière lui, le siège de l'intelligence. C'est ainsi qu'on se frappe le front de la main, en disant : *il me vient une idée en tête*. On y voit aussi le signe de l'obstination et parfois de ce vice qui en tire son nom, l'*effronterie*. Mais, en somme, le front humain est un mur bien fermé, qui ne trahit guère ce qui se passe au dedans.

LES TEMPES

Les *tempes* forment le passage doux. insensible, du front, latéralement aux joues ; sortes d'isthmes joignant ces deux continents, dont l'un est pair et l'autre impair ; les oreilles, à chaque extrémité, font chacune comme une presqu'île attenante.

LES JOUES

Les *joues*, comme les tempes, forment une paire et constituent, comme elles, un double territoire, plat, du moins légèrement bombé chez l'adulte, mais se présentant cette fois de face. Ce territoire, uni, sans végétation chez l'enfant et chez la femme, est partagé par la saillie du nez, telle une colline, en deux régions symétriques, droite et gauche.

La fonction utile des joues, semblables en cela au front et aux tempes. est de recouvrir des organes qui doivent être protégés, non, cette fois, en raison de leur texture délicate (puisque ce sont ici les mâchoires), mais pour d'autres motifs, et, dirait-on, par une délicatesse du divin Constructeur, qui n'a pas voulu que l'homme, à l'exemple des fauves, « montrât trop les dents ».

A l'état normal, celui de la santé, de la beauté, les joues sont moyennement pleines et de surface unie ; de cette façon, leur effet dissimulateur des *dessous* est complet ; mais si leur bombement (hors de l'enfance, bien entendu) est trop prononcé, le sujet est qualifié de *joufflu*, par excès de la couverture ; le défaut contraire se trouve dans des joues creuses et surtout des pommettes saillantes ; en ce dernier cas, l'ossature du crâne se laisse soupçonner et l'on a l'impression, quelque peu, d'une *tête de mort*.

L'expression des joues, en dehors de la structure, serait neutre, à très peu près, si la couleur n'intervenait pas : ce coloris des joues est permanent ou passager, accidentel ; il constitue le *teint*, au premier cas, et, au second, le *rougissement*, qu'il ne faut pas confondre avec la rougeur.

*
* *

La faculté que possède le visage humain de *rougir*, sous l'empire de certaines émotions, est un privilège, car les animaux ne rougissent point, pas plus qu'ils ne rient ou ne sourient. J'ajoute que c'est peut-être le trait le plus frappant de notre supériorité morale... Et, pourtant, c'est une faiblesse, mais une de ces faiblesses dont la nature humaine peut s'honorer et se féliciter... Pourquoi rougit-on, en effet ?

C'est là un problème qui a préoccupé plus d'un esprit. Ce problème, au demeurant, est double : il offre une face purement *physiologique* et une face *psychique* ou morale ; il s'agit de savoir, en effet : et *comment* on rougit et *pourquoi*. A la première de ces deux questions, il est facile, aujourd'hui, de répondre : c'est en vertu d'un réflexe (ou réaction nerveuse), lequel entraîne une dilatation des petits vaisseaux sanguins de la face, ce que les savants appellent une *action vaso-motrice*. Ce mouvement réflexe qui porte si promptement le sang aux joues aurait-il, lui aussi, indépendamment de son rôle expressif, quelque utilité vitale ?... C'est ce qu'on cherchera tout à l'heure à savoir.

J'en viens de suite à la question psychologique et morale, la plus ardue, mais de beaucoup la plus importante. Avant d'émettre une opinion à ce sujet, j'ai tenu à consulter *Darwin*. Le célèbre naturaliste a consacré plusieurs pages de son livre sur « *l'expression des émotions* » au rougissement. Or, tout ce qu'il dit des causes physiques qui le provoquent est incontestable ; mais, au sujet des causes *morales*, son argumentation me paraît assez faible et ses conclusions bien étroites. Ici, comme partout dans son œuvre, transparaît le désir d'accorder les faits avec une idée préconçue, l'idée d'*évolution*. A ses yeux, le fait de rougir serait dû essentiellement à un excès d'attention porté par la personne humaine sur son propre visage, et, par suite, à la préoccupation d'un regard investigateur dont on redoute critique ou reproche. Il y aurait là une habitude séculaire, accrue par l'hérédité et qui n'aurait pris son caractère moral que peu à peu, dans la suite des générations...

Comme toujours et même sur le terrain psychique et moral, Darwin oppose les causes secondaires (« efficientes ») aux causes premières (« finales »), ou, si vous aimez mieux, les causes immédiates ou « prochaines » aux causes éloignées. « La croyance, dit-il, que la rou- « geur a été préposée par le Créateur à un but spécial « est en contradiction avec la théorie générale de l'évo- « lution... » On retrouve là la même faute de logique commise par tant de philosophes incrédules : excluant, comme ils le font, *a priori*, l'action primordiale d'un Etre suprême, ils lui *opposent* l'action visible des forces naturelles (1), ne voyant pas — ou ne voulant pas voir — que cette action visible est parfaitement conciliable avec l'action invisible de Dieu. L'*évolution*, que l'auteur prétend incompatible avec la volonté divine, n'est,

---

1) Les *résultats* des « forces naturelles », seules, sont visibles et tangibles : par exemple : la pousse des végétaux ; mais ces forces elles-mêmes restent invisibles, échappent complètement à nos sens... Et, malgré cela, nos philosophes ne doutent pas de leur existence. Ils sont donc bien mal venus de nier l'existence de Dieu, cause première, qui, parce qu'il ne se montre pas, n'est pas plus contestable que les causes secondes cachées, impénétrables aux sens.

en définitive, si elle est prouvée réelle, qu'un *moyen*, un procédé, adopté par le Créateur des mondes ; c'est un moyen comme un autre ; et l'idée d'une *fin* (cause finale, finalité) n'est nullement incompatible avec la nature de ce moyen.

Mais cette *finalité*, qui, pourtant, pour tout esprit non prévenu, est l'évidence même, l'auteur « l'écarte avec soin », disent ses traducteurs (lesquels semblent trouver cela tout naturel)... Et c'est ici que la théorie darwinienne de l'expression commence à faiblir ; car, en parlant des causes *morales* du rougissement, il s'arrête à cette idée, plutôt accessoire, d'*attention concentrée sur son propre visage* et de *préoccupation du jugement d'autrui*, sans aller plus loin...

Mais, peut-on se demander, *pourquoi* cette attention concentrée sur soi-même et cette préoccupation du jugement d'autrui ?...

Tant que ce respect humain singulier s'applique à de petites choses, telles que la mine, la toilette, l' « étiquette » mondaine, l'explication de Darwin est valable, je le reconnais ; mais l'étendre, comme il le fait, à des choses aussi graves que l'inquiétude de conscience, la honte de l'inconduite ou l'appréhension instinctive que montre l'innocence vis-à-vis d'une ombre de lubricité, voilà qui dépasse la mesure. Darwin, qui cite volontiers la Bible, a-t-il donc oublié ce passage de la Genèse où, découvrant leur nudité, nos premiers parents furent saisis de confusion à l'apparition soudaine du Seigneur ? Non, tout subtil qu'il soit, Darwin n'a pas fait la distinction nécessaire entre la *fausse honte* et la véritable : celle qui, par exemple, nous fait rougir d'une bonne action (respect humain « théologique »), ou d'une simple négligence de mise — et cette autre qui fait monter le sang aux joues d'une fille chaste à quelque spectacle ou quelque parole équivoque. Or, c'est cette dernière qui, seule, mérite qu'on lui consacre sa pensée ; et, plus on y pense, plus on se voit dans la nécessité d'invoquer, ici, l'intervention d'une prévoyance suprême. Le docteur Burgess a formulé cette opinion « que la rougeur a été destinée par le Créateur à donner à l'âme le souverain pouvoir de manifester sur nos joues nos diverses émotions intérieures « ou nos sentiments moraux », en sorte qu'elle fût pour nous-mêmes un *frein* et pour les autres un témoignage visible, si nous venons à violer des règles qui devraient nous être sacrées. »

A la bonne heure ! Et ce docteur a bien parlé, quoique Darwin ne le cite que pour le contredire. En résumé, nous croyons pouvoir conclure ce débat, en disant qu'à la base du phénomène gît un sens vague, mais profond, de la *dignité de notre nature*, au moins de sa dignité première, originelle, — et, tout à la fois, de sa déchéance. De cette source souterraine jaillissent deux sentiments pénibles : la *crainte* et le *regret* : appréhension, d'une part, de voir découvrir le fond caché (ce qu'on nomme son « faible »), ce qui provoque la timidité et, s'il s'agit des relations sexuelles, la *pudeur* ; et, d'autre part, honte d'une faute commise, par quoi nous nous sentons dégradés et déchus, moralement, de notre dignité première. Or, Dieu n'étant pas présent à nos regards, nous voyons — et redoutons — chez l'homme, un juge de notre conduite ; et c'est pourquoi, pris en faute par ce juge plus impitoyable, bien souvent, que Dieu lui-même et à l'estime duquel, hélas ! nous tenons plus qu'à celle du Souverain Juge, un trouble particulier nous saisit et, malgré nous, en dépit des efforts que nous faisons pour ne point nous trahir, la rougeur nous monte au visage, et la confusion se lit sur nos traits. Cette illumination subite de notre face, façade vivante et « parlante », est une épreuve très pénible, puisqu'elle étale ostensiblement et comme en plein jour ce que, justement, nous voudrions tenir caché. A ce point de vue, le rougissement n'est pas un réflexe de protection, car il nous découvre ; mais on peut le considérer comme un réflexe physiologiquement salutaire, en tant qu'il opère une

« décharge » nerveuse opportune, empêchant un plus grand désordre de l'organisme. Darwin, en son livre de l'expression, ne parle pas de cette fonction ; mais il parle encore moins de la fonction *morale*... Que dis-je ? il la nie expressément, telle que l'a définie l'excellent docteur Burgess, dont nous avons appuyé la thèse par des considérations personnelles. Certes, il est raisonnable et je dirai plus : il est *scientifique* de voir, dans la coloration subite et spontanée du visage, un avantage — à la fois pour celui qui rougit — et pour celui qui le voit rougir : pour l'un, c'est un aveu prévenant, dans sa sincérité, la parole et qui réveille la conscience ; et c'est, pour l'autre, un témoignage franc de culpabilité, comme aussi un témoignage de repentir. Et quant aux « roses » de la *pudeur*, qui fleurissent tout d'un coup les joues de l'innocence, on doit les considérer comme une *sauvegarde* ; c'est la réponse à la fois modeste et rayonnante de la vertu, plus efficace qu'aucune parole à faire reculer le vice ; et, dans ce cas, on peut le remarquer, la *beauté morale*, invisible, se reflète sur le visage en éblouissement de beauté physique.

LE MENTON.

Le visage pouvant se comparer à une moitié de mappemonde, le *menton* représente le pôle Sud, tandis que les oreilles droite et gauche figurent respectivement l'Est et l'Ouest. La face se termine donc là, pour ainsi dire, en encorbellement sur le cou, dont elle cache la naissance, ce qui produit une ombre portée d'effet très heureux.

Le menton s'offre comme un petit territoire marginal limité, en haut (au Nord) par la légère anfractuosité des lèvres et formant une éminence, un bombement, qui correspond à ceux des joues et du front. L'exagération de sa saillie, qui le fait porter en avant, caractérise ce défaut qu'on appelle l'*acromégalie* (proéminence des extrémités), difformité, d'ailleurs, qui s'étend au *nez,* lequel, par une sympathie plus comique que touchante, tend à rejoindre le menton ; il en résulte un type spécial, assez commun dans l'âge caduc, et qui — l'on ne sait trop pourquoi — a fait créer le personnage légendaire de *Polichinelle* (1).

Une autre déformation, assez pénible à voir et causée par l'envahissement de la graisse, est le *double menton*. On connaît aussi des mentons *carrés*, des mentons *fendus* (comparez le « bec-de-lièvre »), des mentons *fuyants*, tous plus ou moins compatibles avec la beauté, mais qui, s'ils ne trahissent pas forcément, comme le prétendent les physiognomistes, le caractère de l'individu, fondent, néanmoins, des figures caractéristiques, originales (2).

Chez l'homme, à l'état naturel et quand il n'a pas pris l'étrange habitude de se raser, cette partie du visage, ainsi que le bord des joues et le dessus de la lèvre supérieure, est cachée par la barbe et les moustaches. On en reparlera dans un instant.

Le cou.

Le *cou* fait partie, avec les poignets et la cheville des pieds, de ce qu'on nomme les « attaches », parties intermédiaires et de liaison et dont la finesse est, dit-on, signe de race. Une encolure épaisse compte parmi les disgrâces du corps humain. Ici encore, comme partout, la pureté des lignes, l'unité des surfaces, dissimulent une anatomie que seule, révèle la blessure ou la dissection. Pour le médecin, c'est un obstacle que ce séduisant épiderme ; c'est la couverture plutôt gênante qui cache l'origine des

______

(1) Comparez le développement des mâchoires en avant, ou « prognathisme ».

(2) Un menton *carré* peut fort bien ne pas correspondre au développement de la volonté chez tel individu ; il n'en reste pas moins l'expression générale et comme le *symbole* du tempérament volontaire.

deux conduits digestif et respiratoire accolés, avec leur cortège indispensable de nerfs et de vaisseaux sanguins. Là, par-dessous, passent des tubes et des filets vitaux d'une importance capitale et d'une délicatesse qui les expose à des accidents graves.

Mais laissons ces lugubres tableaux d'amphithéâtre et regardons-le, ce *piédestal de la tête humaine*, avec des yeux d'artiste ; regardons-le, spécialement, chez la femme, où ressort davantage l'harmonie de ses plans et la douceur de ses teintes. Sa forme cylindrique, mais échappant, grâce au modelé, à la rigueur pédante des volumes géométriques, ne saurait être comparée, comme on a coutume de le faire, à un fût de colonne abrégé (1) ; car, vivant et mobile, pivot idéal et sans rigidité de la tête, il exécute, en tournant, des mouvements gracieux, souples et prompts ; et les limites mêmes auxquelles ces mouvements sont assujettis les font encore plus discrets, plus chastes et plus aimables.

Eurythmique chez les sujets bien conformés, le *cou*, de plus, est expressif à sa manière : composé de surfaces pleines, tout comme le front, les joues, le menton, il offre, par ses mouvements autonomes, une signification *dynamique* qui fait défaut à ces parties (2). Au lieu d'être soumis aux déplacements de la tête, c'est lui qui les commande, au contraire ; et, sur ce pivot naturel, la tête se relève, dans la fierté ou l'aspiration pieuse. (V. le tableau représentant *Saint Augustin et Sainte Monique en contemplation*, d'Ary Scheffer) ; elle s'abaisse dans l'humilité, la honte, le respect (ou simplement l'assentiment), se tourne à droite, à gauche, alternativement, dans la dénégation et se retourne d'un quart de cercle, tout au plus, pour jeter, par-dessus l'épaule, un regard en arrière. Cette dernière attitude, aussi piquante que gracieuse, est

----

(1) Ma propre expression de *piédestal* s'applique à la *fonction* de l'organe, plutôt qu'à sa forme.

(2) En effet, le front, les joues et le menton ne font que suivre les gestes de la tête et ne se meuvent que de son mouvement.

particulièrement affectionnée des peintres ; on peut en apprécier le charme dans le portrait de *Beatrix Cenci* par Le Guide. Une belle estampe de Louis Rhead, que j'ai sous les yeux, représente une jeune femme délicieusement vêtue et coiffée, qui tourne légèrement la tête ; et comme elle est prise de dos, sa *nuque* se dégage, en courbe harmonieuse, de l'échancrure en pointe du corsage.

Enfin le cou, tel un tronc d'arbre, un pilier (une « cippe », plutôt) est une de ces choses qui demandent, en quelque sorte, d'être *entourées*, et, si j'ose m'exprimer ainsi, appellent l'*embrassement* (entourage par les bras). Ecoutez Toinette qui, dans le *Malade imaginaire*, tâche de prendre Argan par les sentiments, pour l'empêcher de donner comme époux à sa fille Thomas Diafoirus :

Une petite larme ou deux, des *bras jetés au cou*, un « mon petit papa mignon » prononcé tendrement, fera assez pour vous toucher.

. Et Victor Hugo, d'autre part, dans *Hernani*, fait dire à son héros :

Oui, tu l'as, ce *collier*, le plus beau, le plus doux,
Celui que je n'ai pas, qui manque au rang suprême,
Les deux bras d'une femme aimée et qui vous aime.

On verra, dans un prochain chapitre, ce que le *collier* non vivant, artificiel et somptuaire, de même que le *bracelet*, la *bague* et les *pendants d'oreille*, peuvent ajouter à la beauté d'un visage de femme.

Cheveux et barbe

Ce qui frappe tout d'abord, quand on passe du règne animal au règne humain, c'est la localisation bien définie du système pileux. Nous avons vu, dans la faune des Mammifères, en outre des crinières et des queues, des *pelages* de tout genre, plus ou moins fournis, mais, en général, d'un seul tenant et qui recouvraient le corps entier de la bête ; d'où le nom de *robes* qui leur est par-

fois donné. Ici, chez l'homme comme chez la femme, le
corps presque tout entier se dépouille — je devrais dire :
se débarrasse — de ce tégument de renfort, d'où
sa *nudité*, faiblesse physique qui se trouve être, cependant, un élément de supériorité, puisque l'intelligence
humaine y supplée par l'invention du *costume*. Alors,
le terme de « poil » n'est plus en usage, sauf en quelques

Le Jupiter du Vatican. — L'Ariadne.
(D'après gravures illustrant l'Histoire des Beaux-Arts,
de René Ménard.)

places d'ordre inférieur et dans le langage grossier ; et
d'ailleurs, dans le « beau sexe », il s'atténue, devenant
le « duvet ». Par compensation, le sommet de la tête,
dans les deux sexes et, dans le « sexe fort », la lèvre supérieure, les joues et le menton, se garnissent d'un faisceau pileux plus ou moins abondant, qui prend les noms
de *chevelure* et de *barbe*. Donc, ce qui se perd en étendue
se regagne en longueur. De plus, quel progrès en finesse,
en coloris, en mouvement ! Superbe, sans doute, est la
crinière qui flotte sur l'encolure du cheval ; mais peut-

elle se comparer à la chute onduleuse de beaux cheveux
féminins ?

Mais, tout ainsi que la crinière chevaline, la chevelure,
féminine ou masculine, n'est pas qu'un ornement suré-
rogatoire et « postiche » en quelque sorte ; c'est, de première intention, un organe utile, comme tout le reste ;
sa fonction bien connue, encore qu'elle se dissimule sous
la beauté, consiste à protéger le crâne, lui-même enveloppe protectrice du cerveau. Je lui suppose, en outre,
celle d'écouler, par mille fins canaux, le fluide intérieur
en excès, ou peut-être, inversement, de puiser l'énergie
au dehors, à la façon des pointes qui soutirent le fluide
électrique de l'atmosphère.

Mais, encore une fois, ces destinations positives de la
chevelure ne ressortent point à nos yeux ; ceux-ci, d'emblée, subissent le charme des mèches serpentines ondoyant, dans les figures de Grasset, comme des flots
liquides ou des flammes, ou des longues tresses tombant
droit, ou bien encore des touffes bouffantes nouées, par
derrière, à la grecque et laissant le cou découvert.

L'intérêt esthétique des cheveux n'est pas seulement
dans leur forme et leur mouvement ; il est aussi dans
leur *coloris*. Parmi les hommes, les uns préfèrent les
blondes, d'autres les *brunes* ; tantôt les cheveux *châ-
tains*, qui tiennent le milieu, sont en faveur, et tantôt
ceux d'un roux dit « vénitien », nuance extrême. Mais
chaque teinte a sa beauté. Ce qui importe à l'amateur de
figures, c'est l'accord entre la chevelure, d'une part,
et, de l'autre, le teint et la couleur des yeux : les yeux
bleus, chez la blonde, font un accord parfait, qui repose ;
ainsi des yeux noirs chez la brune. Des yeux bleus chez
une brune et, réciproquement, des yeux noirs chez une
blonde, composent des accords en quelque sorte *suspen-
sifs*, qui piquent l'imagination.

La BARBE, chez l'homme, ne saurait être définie k

complément de la chevelure féminine » ; en effet, l'homme, étant également pourvu de cheveux, possède la barbe en surplus et comme un supplément.

L'absence, chez la femme, de cet appendice exclusivement viril, est un des éléments caractéristiques de sa beauté propre ; car, lui prêtant quelque ressemblance avec l'*enfant*, elle lui communique par là un air de jeunesse qui persiste jusqu'à la pleine maturité. La barbe, au contraire, surtout portée tout entière, fait disparaître chez l'adulte toute trace d'enfance et tend à vieillir le visage.

Elle comprend, d'ailleurs, trois parties, dont chacune est plus ou moins développée suivant les sujets : la *barbe* proprement dite, les *moustaches* et les *favoris* ; la première couvre le menton ; les secondes, la lèvre supérieure, et les troisièmes le bord extérieur des joues ; l'ensemble se compose ainsi d'une portion horizontale (formée elle-même de deux lignes conjointes) et de deux portions verticales, disjointes, qui se rejoignent vers le bas.

Si la Nature, à nous autres hommes, a concédé la barbe, c'est, sans doute qu'elle avait ses raisons ; car, sous l'impulsion de la sagesse suprême, elle ne fait jamais rien en vain. A l'instar de la chevelure, en effet, c'est un organe de *protection*, l'homme étant moins sédentaire que la femme et par là plus exposé qu'elle aux intempéries ; sans compter qu'à la guerre, c'est la défense du cou par devant, comme les cheveux sont sa défense par derrière (1) ; et, d'autre part, c'est aussi, comme chez plus d'une espèce animale, un *signal de virilité*, l'attribut manifeste du mâle. L'habitude moderne, en nos pays dits « civilisés », de se raser le menton, les joues et jusqu'à la lèvre supérieure, est un de ces artifices plutôt

---

(1) Ce dernier office est réservé, dans l'armement militaire, à la *crinière* du casque. Une preuve que les cheveux, quand ils couvrent la nuque, offrent une sérieuse résistance au tranchant de l'acier, c'est qu'on les coupe avant de décapiter le sujet... horrible détail !

bizarres fondés sur la mode ou sur des motifs plus ou
moins plausibles. Au seul point de vue *esthétique*, la
barbe a sa raison d'être, comme ornement ; et le fait
même qu'il est un trait repoussant chez la femme semble
témoigner que chez l'homme, au contraire, il est opportun. Supprimez sa crinière au lion, c'est une *lionne*...;
et, sans doute, la répulsion que m'a toujours inspirée un
visage ras vient-elle de ce que l'« effémination », pour
ainsi dire, produite par ce retranchement, s'accorde mal
avec le caractère plus accentué, pour ne pas dire plus
dur, des traits masculins.

Mais la barbe n'est belle, n'est *artistique*,, qu'entière
et d'une certaine ampleur ; réduite aux *favoris*, comme
c'était de mode au temps de nos grands-pères, elle a
quelque chose d'étrange, comme tout ce qu'on a privé
de l'essentiel, en ne laissant que l'accessoire ; réduite
aux moustaches, elle est moins déplaisante, surtout si
ces moustaches sont bien fournies, si ce sont de « belles
moustaches », *à la gauloise*. Mais, sous cette forme, on
ne la voit guère figurer en la statuaire antique ou du
Moyen Age, non plus que dans la Peinture classique des
temps modernes ; preuve assez curieuse de ce fait, en
apparence paradoxal, que ce qui est *artificiel* n'est point,
par cela même, *artistique*.

EPIDERME ET TEINT

Ce qu'on nomme le *teint* est la coloration naturelle, la
teinte du visage. Vous avez eu, déjà, l'occasion d'admirer
avec moi la couleur, mais particulièrement dans l'iris
des yeux, le carmin des lèvres, la nuance blonde ou
brune des cheveux ; elle s'étend ici, à peu près uniformément, sur le visage, dans son ensemble et même sur le
corps tout entier : *blanche* chez la race humaine qui
lui doit son nom, elle est rehaussée, très agréablement,
par le *rose* épanoui sur les joues.

A-t-on remarqué la différence avec notre *Peinture* ?

Celle-ci procède du dehors, tandis que celle de la Nature procède, au contraire, *du dedans*. Le teint, par suite, peut être défini : la révélation mitigée, à l'extérieur, des dessous anatomiques vasculaires ; le dedans est, encore ici, dissimulé, mais il transparaît, et cela d'une façon merveilleusement discrète, au point que la laideur devient beauté, que la répugnance se transforme, comme par enchantement, en attrait... Le mot d'*incarnat* en témoigne : ne dérive-t-il pas du mot *chair*, synonyme, en somme, de muscle et de *viande* et qui, néanmoins, évoque une idée poétique ?...

Le voile est donc baissé, comme toujours, sur les organes de la vie, de manière à nous faire oublier les fonctions utiles. Or, le devoir de l'esthéticien est de les rappeler, ces fonctions, ne serait-ce que pour mettre mieux en lumière l'art admirable avec lequel elles sont dissimulées... — que dis-je ?... *métamorphosées, transfigurées*.

Le rôle de la *peau*, ce substratum du teint, est double : elle protège et sert aux impressions du tact ; c'est une *enveloppe sensitive*. Ici, nous trouvons un organe des sens « disséminé », contrairement à tous les autres, qui sont localisés, tels que l'organe visuel, l'organe auditif, etc. Le *tact*, effectivement, s'exerce sur toute la surface du corps, et c'est ce qui fait que nous pouvons souffrir de partout. Comme, d'autre part, il fournit deux genres de sensations, celle de *température* et celle de *pression*, nous sommes exposés tout à la fois au froid et aux coups, sans défense. Mais l'homme supplée, comme on l'a vu, aux pelages, fourrures et plumages des animaux par son intelligence industrieuse ; d'où le *vêtement* et l'*armure*.

** **

Une autre raison, d'ordre moral, celle-là, lui commande de se vêtir : c'est la *pudeur*. Aussi bien la nudité, dans toutes les civilisations antiques ou modernes, plus ou moins, a-t-elle été considérée comme chose anormale et souvent, peut-on ajouter, suspecte ; à plus forte raison dans nos sociétés chrétiennes. Je sais bien que les artistes revendiquent hautement le droit de la figurer dans leurs statues, leurs tableaux ; et ce qu'on nomme, aux ateliers, le *modèle vivant*, passe, à leurs yeux, pour une nécessité technique... Cependant, le Moyen Age, si fécond en beautés sculpturales, n'avait pas cette superstition du *nu* qui, devenue comme une spécialité, dans nos salons de Peinture, prend un caractère pédantesque touchant au ridicule (1).

On a beau dire, depuis ce quelque chose de mystérieux qui s'est passé au paradis terrestre, la nudité n'est plus de mise ; et d'ailleurs, ce souci que prend la Nature de dissimuler nos viscères sous un tégument, l'homme, à son tour, ne l'aurait pas pour cacher, sous un vêtement, ce qui reste au dehors de trop intime ?...

A nous, toutefois, esthéticiens, revient le droit de *dévoiler*, c'est le cas de le dire, les beautés du corps humain tel qu'il est. Comme l'anatomiste a pour mission de découvrir, en levant la peau, le mécanisme vital intérieur, nous avons celle de mettre au jour les harmonies de la surface. Mais pour le moment, l'examen du visage, au point de vue du *coloris*, retient toute notre attention.

Nous avions dit que le sang qui circule au-dessous, dans les capillaires, le colorait, par transparence, en rose; et vous avez vu que ce rose discret s'avive et devient *pourpre* sous l'empire de certaines émotions, provoquant le rougissement, ce qu'on appelle, si pittoresquement. le *coup de soleil*... Par un effet inverse et dans les passions déprimantes, le sang se retire du visage et la pâleur se manifeste. Rougeur et pâleur sont donc des signes *psychiques*, comme ils sont aussi, pour le médecin, des signes *physiologiques* ou *pathologiques* des *symptômes*.

---

(1) Ce que nous critiquons ici, c'est le nu *pour le nu*. Quant à celui qui a pour but d'éveiller la sensualité. nous dédaignons ici d'en parler.

Il est même assez curieux de penser qu'une même coloration du visage peut trahir, suivant les cas, tantôt un état de santé et tantôt un état d'esprit. Quel est donc le lien secret qui rattache deux états aussi différents ?... Je crois l'avoir trouvé dans ce fait bien connu : le retentissement du moral sur le physique. Si quelque émotion subite fait pâlir, de la même façon qu'un accès maladif, c'est que le corps est accablé du trouble immatériel de l'âme comme il l'est du trouble purement matériel de l'organisme. J'ai fait ressortir en d'autres ouvrages ce singulier parallélisme et j'ai tenté de l'expliquer par l'impossibilité où se trouve la substance immatérielle de s'exprimer autrement que par les voies matérielles, les mêmes qui servent à transmettre l'expression des actes vitaux ; la pensée n'a donc pas ici d'autre interprète que la vie : et cela, parce que nous ne sommes pas de purs esprits. En résumé, le visage humain peut se comparer à un sémaphore qui, par les mêmes signaux, indiquerait le cours des marées et transmettrait des avis de navigation.

La synthèse des traits dans le visage humain

Le langage procédant *successivement* et ne pouvant pas, comme fait l'image, présenter des choses un tableau immédiat et simultané, j'ai dû forcément morceler le visage, en décrivant un à un les traits qui le composent ; c'est l'*analyse* nécessaire. Mais il faut prendre garde à ceci, que, pris à part, isolé des autres, chacun de ces traits manque de beauté, comme d'expression ; il faut donc en opérer la synthèse et considérer maintenant le visage dans son ensemble, comme un tout homogène, indivisible.

La première remarque à faire, c'est la prédominance des lignes courbes sur les droites : et d'abord, la figure est encadrée dans un *ovale* : c'est, notons-le en passant, le contour de l'*œuf* ; puis le front, limité par les cheveux,

forme une espèce d'ogive (dans la coiffure naturelle en
bandeaux) ; les sourcils dessinent un arc ; les yeux et les
lèvres, en s'ouvrant, tracent une double courbure à sens
opposé ; le menton, vu de face, se présente comme un
petit cercle : enfin, de chaque côté, l'oreille offre son
contour hélicoïdal.

Mais la flexuosité de toutes ces courbes est assez discrète pour que, schématiquement, on puisse comparer
l'ensemble à la lettre T, dont la figure est rectiligne, la
tige étant formée par la ligne du nez, les deux branches
par celle des yeux, la base, enfin, par le trait horizontal
des lèvres.

C'est là, vous le voyez, une géométrie tout idéale, géométrie vivante et génératrice de beauté, mais, qu'on ne
s'y trompe pas, géométrie rigoureuse sous son apparente
fantaisie et dont l'analyse suppose un calcul transcendant. La nôtre est tout abstraite, artificielle et rigide ; on
n'en voit guère d'exemple en la Nature. Mais aussi,
quelles beautés n'engendre-t-elle point dans l'Art monu-
mental !...

Mélodie et harmonie plastiques.

Si le terme d'*harmonie* ne se restreint pas au domaine
sonore et passe couramment de la Musique à la Plastique,
il n'en est pas de même du terme de *mélodie* ; et c'est
bien à tort : en effet, comme je l'ai mis en lumière dans
ma *Sphère de beauté* (1), toute figure symétrique offre,
en son périmètre, un contraste de deux directions, très
légitimement comparable à celui qu'on observe entre la
série des sons successifs et le groupement simultané des
notes en *accords*.

J'appliquerai donc la terminologie sonore, en son inté-
grité, au domaine plastique ; et, précisant le terme, ici
vague et trop général, d'*harmonie*, je ferai, dans les traits
du visage, le départ entre elle et ce qu'on a le droit

1 Un vol., Alcan.

d'appeler leur *mélodie*. Et comment cela ? Par la distinction de deux axes, l'un transversal (axe de *symétrie*), l'autre longitudinal (axe de *rythme* ou de *développement successif*) (1).

Cette distinction est loin d'être arbitraire et sa signification est profonde ; en effet, que ce soit en la figure humaine ou dans toute autre figure à symétrie dite « bilatérale », l'axe transversal peut être défini : le lieu des fonctions similaires, et l'axe longitudinal, celui des fonctions dissemblables. Voyez plutôt : sur une même ligne d'horizon se trouvent les deux yeux, dont la fonction est identique ; également, les deux oreilles ; également encore les deux moitiés, jointes sur la ligne médiane, du nez et de la bouche ; les termes de *narines* et de *lèvres* en indiquent d'ailleurs la parité.

Tous ces traits jumeaux, qu'ils soient plus ou moins écartés ou rapprochés et même fusionnés au milieu, sont les instruments, faits en double, d'une seule et même fonction organique ; inversement, si vous suivez le sens vertical, ce n'est plus l'unité que vous trouvez en route, mais la *diversité* ; du sommet de la tête à sa base s'échelonnent les organes de fonctions toujours nouvelles, *vue*, *ouïe*, *odorat* et *goût*. Et il en est ainsi, vous verrez, pour toutes les autres parties du corps. C'est la loi que j'ai formulée le premier, je crois, sous ce nom : *loi cruciale* ou *des deux axes croisés*.

Passons, maintenant, du point de vue positif à l'idéal. Nous voyons ce dernier, comme d'habitude, prédominer sur le premier, l'effaçant même à nos yeux ; car cette combinaison en quelque sorte *architecturale* du rythme et de la symétrie se transforme d'emblée pour nous, disons, plus exactement, « se transfigure » en cet éblouissement : la *beauté*. La beauté plastique du visage (indépendamment de sa beauté d'expression) a donc sa cause objective dans un rapport exact du rythme, qui en éche-

---

(1) Dans le type humain, à station debout, l'axe transversal se trouve être *horizontal* et l'axe longitudinal *vertical*.

lonne les traits en longueur, dans une série de *brèves* et
de *longues* et de l'harmonie·qui les aligne en largeur
et par paires, de manière à réaliser le parfait équilibre.

Ainsi, tandis que, chez les animaux (et même, généralement, dans l'espèce humaine), les traits de la figure se
fondent dans une synthèse *harmonique*, ceux de la face
humaine à son point de perfection (qui n'est pas, Dieu
merci, si rare), se fusionnent en synthèse *harmonieuse*.
Or, ce magnifique résultat, en faire honneur aux seules
forces de croissance guidées par la sélection, me paraît
tout à fait chimérique ; peut-on supposer un bel édifice,
utilement aménagé, bâti par une équipe de manœuvres,
sans architecte, ni plan préconçu ?...

Ici, je crois nécessaire d'ajouter cette observation :
c'est qu'en outre des deux points de vue qui viennent
d'être examinés, le positif et l'idéal, la figure humaine
peut être considérée de deux façons très différentes : relativement, en tant qu'espèce bien définie (c'est l'aspect
spécifique) ou absolument, comme ensemble quelconque
de points, de lignes et de plans, d'ombres et de couleurs.

A vrai dire, cette dernière façon de voir n'est pas habituelle ; effectivement, chaque être ou chaque objet, et
cela depuis la plus petite enfance, a pour nous un nom,
un *état civil*, appartient à une catégorie spéciale d'après
laquelle nous la jugeons.

La première fois que l'enfant voit un *cheval*, ce dernier peut, sans doute, s'offrir à sa vue comme un pur
ensemble de lignes, attrayant ou répulsif en soi ; mais,
la comparant à d'autres bêtes vues précédemment, il le
jugera dès lors *comme animal* ; plus tard, il le jugera
comme quadrupède herbivore et plus tard encore, comme
cheval de telle ou telle race. Cette éducation de l'esprit,
grâce à l'accoutumance, se fait si vite et si complètement

que non seulement nous ne voyons pas, en un objet
donné, un simple diagramme, mais nous allons jusqu'à
spécifier des choses amorphes, telles que des rochers, des
nuages ou même de ces taches sans contour défini que
forment les lézardes d'un mur... Aussi bien est-ce une
tâche à peu près impossible que de nous dégager de la
notion d'*espèce* ; et quand on nous surprend à dire
« qu'un visage a *de belles lignes* », nous les apprécions,
ces lignes, non pas en elles-mêmes (comme on le fait,
plutôt, pour celles d'un édifice), mais en tant que lignes
d'un visage.

Il n'empêche qu'objectivement, hors de nous, l'harmonie des points, lignes et plans, comme celles du clair-
obscur et du coloris (ou de ce qui les engendre) n'a rien
de relatif ; elle peut varier dans ses facteurs (12 est le
produit commun de 3×4 ou de 2×6) ; mais c'est toujours, absolument, une *harmonie*.

Le corps proprement dit et les membres

Tout ce que nous avons dit du visage est applicable, à
très peu près, au reste du corps humain, c'est-à-dire au
tronc et aux *membres*. La symétrie des traits de la face
se répète fidèlement dans ces derniers, qui sont disposés
par paires ; et le corps lui-même se compose de deux
moitiés semblables accolées et soudées, pour ainsi dire,
sur la ligne médiane ; les fonctions de même ordre se
répartissant sur les deux côtés droit et gauche, notre *loi
cruciale* se manifeste encore une fois : de la tête au pied
(direction longitudinale), on trouve à chaque pas du
nouveau : c'est, au-dessous du cou, la poitrine, avec les
deux seins jumeaux, chez la femme ; et, de part et
d'autre, les bras ; puis le ventre (abdomen) et ses parties
latérales, les hanches ; enfin, les cuisses et les jambes,
celles-ci terminées par les pieds. Remarquez ici que l'être
humain ayant le privilège de la station *debout*, étant
bipède, ses membres inférieurs se trouvent dans le pro-

longement du corps ; d'où résulte, avec ce qui se voit
chez les quadrupèdes, un contraste des plus frappants.
Juxtaposez, par exemple, l'image de la *Source* d'Ingres
et le dessin d'un cheval, et jugez... Une conséquence
assez curieuse de ce fait, pour l'aspect général, est que
les membres inférieurs (cuisses et jambes), qui font partie
de l'axe transversal, celui des fonctions simultanées et
paires, paraissent, en prolongeant la ligne du corps,
appartenir à l'axe longitudinal. Et voilà l'explication d'un
trait de supériorité et de beauté, dans la figure humaine,
d'un de ces « effets » esthétiques dont on n'aperçoit pas
la cause du premier coup. Cette heureuse disposition qui,
restreignant aux jambes le rôle de soutien, *laisse les deux
bras libres*, est la source d'une quantité de mouvements,
de gestes expressifs, lesquels sont interdits à l'animal.

Décidément, le corps humain, sous son apparence extérieure d'unité, révèle, à l'analyse, une grande complexité
de structure : je viens de m'apercevoir, en effet, que son
axe longitudinal répète, à sa manière, le parti symétrique
qui semblait exclusif à l'axe transversal (1) : le tronc peut
se partager en deux moitiés, supérieure et inférieure, qui
se correspondent (avec quelques différences, il est vrai)
terme à terme. C'est ainsi que le *ventre* s'oppose à la poitrine, les *hanches* aux épaules, les *cuisses* et les *jambes*
avec le *pied* qui les termine, aux bras, aux avant-bras,
aux mains ; l'articulation du *genou* est comme l'écho
inférieur de celle du coude. Quelle parfaite correspondance et qui se concilie si bien avec la différence de
fonctions !

Et notez bien que toutes ces choses, que le langage
sépare, forcément, se tiennent ensemble, en la réalité,
sont cohérentes et continues et qu'elles forment, en dehors de nous, un tout indivisible autant qu'anonyme (2).

(1) Ceci est d'ailleurs un trait commun avec les animaux quadrupèdes.

(2) La grande habitude que nous avons de *baptiser* toute chose
nous fait oublier qu'en somme ces choses n'ont pas de nom ; la marguerite sait-elle qu'elle s'appelle *marguerite*?...

Fonctions positives

De même que le visage, le *corps* proprement dit, avec
ses appendices, a des fonctions utiles, *positives*, que dissimule encore ce voile de beauté, l'épiderme. Sous la poitrine, nette et lisse, bat un *cœur*, aimable et superbe, en
tant que symbole, mais, en tant que viscère, répulsif ;
et cette poitrine a surface unie, que cache-t-elle ?... La
cage thoracique, comme l'appelle l'anatomiste... Oui,
cage osseuse, dont les barreaux sont les *côtes* et qui renferme, en outre du cœur, les *poumons*. Tout ce mécanisme vital, infiniment précieux malgré son aspect vil,
est ainsi *protégé* — et *dissimulé* — du même coup (1).
Il en est de même, absolument, pour la peau du ventre,
partie moins noble, en vérité, qui cache un appareil plus
répugnant encore, les *intestins*... Pense-t-on à cela devant
un beau corps nu, tel celui de la *Source* d'Ingres ? Pas
plus qu'en voyant sourire une bouche féminine, nous ne
songeons que, par ce même orifice, s'ingurgitent les aliments et que là commence, par en haut, un travail qui
doit s'achever par le bas...

Au moins, les quatre *membres*, eux, ne sont pas étuis
de viscères et leurs dessous anatomiques consistent simplement en deux éléments communs à toutes les parties
du corps : le *plan musculaire* et le *plan osseux*, avec les
réseaux *vasculaire* et *nerveux*. La fonction positive,
d'ailleurs, n'a plus son siège, ici, à l'intérieur ; elle est
extérieure et fonction « de relation », non de nutrition :
c'est le *mouvement*, locomoteur pour le membre inférieur, dynamique ou expressif pour le supérieur. La séparation, opérée chez le type humain, de ces deux catégories de fonctions, entraîne naturellement la supériorité
de la *main* sur le pied. Quelle énorme différence de rang
entre ces cinq doigts mobiles, opposables, aptes aux travaux comme aux jeux les plus variés — et les cinq doigts

____

(1) Le Créateur a souvent fait, dans son œuvre naturelle, comme
en dit vulgairement : *d'une pierre deux coups.*

de pied, qu'on nomme les *orteils* (du latin *articulus*, ce qui veut dire *article*, tout simplement). Immobiles et paraissant à peu près sans usage, chez un être qui marche sur la plante des pieds, qui est « plantigrade », ils sont là comme les témoins stationnaires d'un progrès dont le membre supérieur a bénéficié.

Fonctions idéales

L'esthétique du corps humain, c'est-à-dire l'étude de ses « fonctions idéales », comprend ces cinq choses : le *contour*, le *relief*, la *proportion*, enfin le *rythme* et la *symétrie*.

Le contour, d'abord. Il y a, pour les peintres, deux manières de se représenter un modèle : la *ligne* et la *masse*. L'esprit s'arrête sur les linéaments limitateurs, ou se fixe sur les surfaces ; d'où deux écoles antagonistes. Mais chacun des points de vue garde sa raison d'être. J'ai sous les yeux, tout en écrivant, une reproduction du célèbre tableau d'Ingres, *La Source*. Or, à volonté, je suis de l'œil les lignes doucement onduleuses, ou je m'en tiens aux surfaces. Ici, le relief se confond, en somme, avec le contour. Que si l'on voulait déterminer la nature géométrique de toutes ces parties, on parlerait de *cylindres* ou de *cônes tronqués* pour le torse, les jambes et les bras et *d'hémisphères* pour les seins, comme, pour la tête, on évoquerait l'*ovoïde*... Mais, que ces dénominations sont raides et pédantes, lorsqu'il s'agit d'une chair vive et souple, au modelé de laquelle n'ont collaboré ni l'équerre ni le compas !... Le triomphe de la plastique vivante est dans ce souci d'échapper aux rigueurs de la géométrie, tout en se soumettant, en principe, à ses « directives ». Nous pouvons répéter, à propos du corps tout entier, ce que nous avons dit du visage : c'est que la beauté, dans la Nature, suit, au fond, les lois d'une *mathématique transcendante* (1).

(1) C'est bien à tort qu'on vante une jolie taille de femme en disant *qu'elle est faite au tour*.

La *proportion*. C'est l'élément dont les auteurs se sont le plus occupés. Inutile de s'appesantir ici sur cette règle de mensuration corporelle qu'on appelle le *canon* classique. A mon sens, cette façon de diviser le corps humain en 7 têtes est quelque peu puérile et sans grande portée ; je trouve plus important d'appeler l'attention des critiques d'art sur la prédominance d'une dimension sur l'autre et de cette dimension qui correspond, justement, au grand axe du corps : la longueur ; — *hauteur* serait mieux dire, puisque l'être humain se tient droit ; et cet excès de la hauteur sur la largeur, aussi heureux dans la stature humaine que dans l'« élévation » (1) d'un édifice, nous l'avons qualifié de *surproportion*. Ce terme implique un éloge et réfute ainsi le préjugé du xviiie siècle au sujet de nos cathédrales, qu'il jugeait *disproportionnées*. Nous autres, modernes, plus avertis, sommes charmés, au contraire, de cet « élancement » qui se retrouve, au reste, au règne végétal, en ces jeunes tiges qui jaillissent de terre comme des fusées d'eau ou de feu, pour s'épanouir très haut, en ce qu'on appelle les « sommités » ; n'est-ce pas l'expression d'une force aussi fine que puissante et qui dit : vivacité, fierté, élan, aspiration ?...

Le *rythme*, sur lequel on a versé tant d'encre et combien vainement ! n'est, tout simplement, qu'une alternance, plus ou moins répétée, de *longues* et de *brèves*. Cette définition a le mérite de s'appliquer à tout, au discours musical comme au poème, au corps vivant comme à l'œuvre d'architecture. Or, suivez des yeux la ligne des membres, inférieur et supérieur : le *bras*, l'*avant-bras* et la *main* forment, articulés qu'ils sont bout à bout, deux longues (un peu inégales) et une brève. Ainsi de la *cuisse*, de la *jambe* et du *pied*. Il y a là comme une « prosodie plastique » à la fois favorable à l'équilibre, au mouvement et au rayonnement de beauté.

____

(1) Ce terme justifie, sans y prendre garde, le privilège de l'axe vertical, sa tendance à prendre l'essor.

La *symétrie*, d'autre part, étale en double direction ce
que le rythme échelonne dans un sens unique. Nous
avons parlé déjà de son rôle positif, utile à la vie : son
rôle esthétique, idéal, est de « géminer » les traits du
visage, comme les membres et les parties du corps droite
et gauche, à les faire jumeaux ; ce qui nous suggère des
idées très douces de parité, de concordance, d'étroite et
touchante *fraternité* ; frères, en effet, dans le travail ou
le jeu, sont les deux yeux ; sœurs, bien qu'écartées l'une
de l'autre, les deux oreilles ; sœurs jumelles, aussi, les
deux mamelles. Ainsi plaisent, en la cathédrale, les baies
jointes, dites « géminées », les colonnettes adossées l'une
à l'autre et les deux portions d'arc qui, partant de points
opposés, se rejoignent, d'un geste sympathique, en ogive.
Parler d'*architecture* du corps humain n'est pas un vain
mot ; et, réciproquement, il n'est pas illogique d'entrevoir, dans une nef d'église, l'image d'un corps humain,
d'un corps *divin*, plutôt, étendu en croix.

**Les mouvements du corps humain et des traits du
visage. Mouvements dynamiques et mouvements
expressifs ; gestes, attitudes, jeux de physionomie.**

De la beauté « statique » à la « dynamique »

La beauté du *ciel* (de jour ou de nuit), c'est de paraître
immobile : celle du paysage, de la montagne, de l'être
en réalité : celle de l'océan, d'avoir un mouvement régulier, monotone : la beauté de la plante, c'est de se mouvoir sur place, sans bouger : celle de l'animal, de
marcher sur quatre membres : et celle de l'homme, de
s'avancer, debout, sur deux seulement : de diriger ses
bras librement et de tourner ses mains comme il veut,
enfin de mobiliser aisément les traits de son visage, afin
qu'ils reflètent au dehors ses sentiments et ses pensées.
Reste-t-il trop longtemps immobile ? On le compare à
la pierre, à la *souche* d'arbre, ou bien on lui reproche
d'être « *planté* là », comme une tige : s'abstient-il de

gestes et garde-t-il en sa figure un air impassible, on le traite de « figure de marbre ».

Aussi bien, toutes ces beautés que nous venons de faire admirer dans son corps, ses membres et son visage, ne seraient rien sans le *mouvement* qui met en jeu de façon variée toutes ces parties et dérange heureusement leur symétrie, suivant la circonstance, en réalisant toutes sortes d'attitudes intéressantes, expressives et d'une beauté d'autant plus piquante qu'elle est passagère et fugitive.

Classification des mouvements humains

Les mouvements de l'être humain se divisent naturellement, d'après leur fonction, en *dynamiques* et *signalétiques*, suivant qu'ils servent à produire un travail ou bien à exprimer un état intérieur. Les premiers se subdivisent en *locomoteurs*, qui font progresser dans l'espace, et en *opérateurs*, agissant sur place. Les mouvements que j'appelle « *opérateurs* » ont pour instruments les membres supérieurs (bras et mains) ; les « *locomoteurs* » n'ont pour instruments, naturellement, que les membres inférieurs (jambes). Quant aux mouvements *signalétiques*, ils comprennent deux catégories : ceux qui sont expressifs de simples états physiologiques, d'*états de vie*, et ceux expressifs d'états *psychiques*, d'*états d'âme*, les uns consistant en ce qu'on nomme les *réflexes*, et les autres, plus ou moins instinctifs ou réfléchis, consistant dans les gestes et jeux de physionomie (mimique). On verra, par la suite, la curieuse connexion qui relie ceux-ci à ceux-là.

Mouvements locomoteurs

Ne faisant pas ici de physiologie, mais de l'Esthétique, nous ne nous occuperons pas du mécanisme de la marche, de la course, du saut et autres modes de progression, mais nous tâcherons de dégager l'expression et l'harmonie de ces diverses manifestations d'énergie vivante, en les prenant à leur état idéal, c'est-à-dire dans les représentations qu'en ont faites la Sculpture et la Peinture. C'est d'ailleurs le meilleur moyen d'éviter les descriptions abstraites. Observez ceci, que ni la Peinture, ni la Sculpture, étant des Arts de fixité, ne sont capables de traduire le mouvement ; elles ne représentent que l'*attitude*, que l'on entende sous ce mot l'état du corps en repos ou bien un stade arrêté sur place du geste continu, et choisi entre un millier d'autres.

On ne trouve guère, en les statues, comme en les tableaux, d'exemples de marche isolée, soit que la marche, en elle-même, ne soit pas assez caractéristique, soit que les artistes aient quelque peine à trouver un stade ou « temps » esthétiquement favorable. Je ne

La Diane à la Biche
(*D'après une gravure de l'Histoire des Beaux-Arts,*
de René Ménard.)

citerai, comme reproduction d'une marche en troupe, que la fine estampe de Jacques Callot, *Les misères de la guerre*, et cette miniature de la *Cité de Dieu*, qui représente des soldats, au temps du Moyen Age, gravissant le chemin d'un fort.

La *course* a trouvé sa traduction plastique idéale en cet antique qu'on appelle, à volonté, la *Diane chasseresse* ou la *Diane à la biche*. Bien qu'immobile dans son marbre, cette figure, comme l'animal qu'elle entraîne, court allègrement pour nos yeux : triomphe d'un Art qui, cependant, n'est pas dynamique. En réalité, c'est plutôt là une marche rapide qu'une course. Celle-ci, dans tout son élan, est illustrée par le fameux *Mercure* de Jean de Bologne ; la jambe gauche posée, presque droite, en équilibre, celle de droite reste en l'air ; tenant d'une main le caducée, le dieu fait, de l'autre, levée très haut, un geste indicateur dont nous parlerons en son lieu. Au Jardin du Luxembourg, on peut voir un groupe de coureurs, assez réussi, du sculpteur Boucher (*Le But*) : ils sont trois, se serrant de près ; ils portent tous les trois les bras en avant et les six jambes, en perspective, s'entremêlent. C'est très mouvementé, très vivant, et c'est assez loin, comme ampleur, de la mesure grecque et classique. Enfin, une des meilleures estampes de Grasset nous montre le *Petit Chaperon rouge*, lancé sur un chemin en pente, le corps incliné, un bras tenant la jupe et escorté du loup qui galope à côté, gueule béante et yeux flamboyants. Ici, les jambes se dissimulant sous la robe, l'idée de mouvement se dégage de la seule attitude du corps. Après la course « lyrique » et la course « sportive », c'est, en quelque sorte, la course « idyllique ». (*Voir la figure.*)

La fresque de Raphaël, au Vatican, qui représente *Dieu débrouillant le chaos*, pourrait, elle, s'intituler « course mystique » : le Père éternel, à la barbe fluviale et tourmentée, la chevelure au vent, écarte, de ses bras tendus, les nuées en feu, tandis que, sous les plis de sa tunique,

Le « Mercure volant » de Jean de Bologne.
*(D'après une gravure illustrant l'Histoire des Beaux-Arts,
de René Ménard.)*

se dessine un prodigieux mouvement de genoux, dans
une enjambée gigantesque. Le doux et calme Raphaël
montre ici la vigueur d'un Michel-Ange. (*V. la figure.*)

Le *saut*, contrairement à la marche comme à la course, n'est pas un geste répété ; mais, s'il ne comporte qu'une seule période (chez l'homme, tout au moins), il comprend des phases diverses, qui se traduisent par des attitudes au plus haut degré contrastantes. C'est, pour ainsi parler, un *pas suspendu*, qui débute au sol, se continue dans l'air et s'achève au sol. Sa reproduction par l'image est plus ou moins mouvementée et plus ou moins artistique, aussi, suivant qu'on choisit tel ou tel

GRASSET. — « Le Petit Chaperon rouge ».
(*D'après une gravure de* La Plume.)

« temps » de l'essor, de la suspension ou de la retombée.

Il est deux modes de progression qui, pour être exceptionnels, n'en sont que plus expressifs : l'action de *grimper* et celle de *ramper*. Le *grimpement* (1) (ce mot

(1) Observant, un jour, un enfant qui grimpait à une corde, je notai que son geste comportait deux mouvements successifs : saisie du câble par les mains, en même temps que les pieds s'enroulent autour ; puis, contraction du corps, qui se hausse au niveau voulu... Et je me dis que la plante « grimpante » et volubile, aussi bien que le serpent qui embrasse de ses anneaux un tronc d'arbre, décomposent leur mouvement de la même manière.

se trouve-t-il en les dictionnaires ?) diffère de la marche
en ce que l'être humain, de même que le quadrupède,
a besoin, pour s'élever et progresser en hauteur, d'un
support. Et quant à la *reptation*, c'est un moyen de progresser au ras du sol qui n'est rien moins que naturel à

RAPHAEL. — Dieu débrouillant le chaos.
(D'après une gravure illustrant l'Histoire des Beaux-Arts.
de René Ménard.)

l'homme et le rapproche, épisodiquement, du quadrupède. Si ce mode de locomotion nous intéresse, c'est
qu'en dehors de tout effort pratique et de travail obligé.
c'est l'expression typique de la *défiance* et de la *ruse*.
Grasset l'a consacré symboliquement dans son estampe
intitulée (un peu par euphémisme) *Prudence*, qui représente une femme à la chevelure sombre, au regard cir-
conspect, aux aguets, se glissant à travers un fourré tout
fleuri. Enfin, par un moyen artificiel et comme jeu,
l'homme peut progresser sans faire de pas, par *glisse-
ment* : c'est le patinage, le plus esthétique, peut-être. de
tous les sports, puisqu'il est susceptible de revêtir la
forme chorégraphique. ainsi qu'on le voit dans le ballet
du *Prophète*.

Attitudes.

L'attitude peut se définir : la phase d'arrêt d'un mouvement qui atteint son but ou marque une pause avant

de l'atteindre (1). J'en reconnais deux sortes : l'*attitude oisive*, ou de repos, et l'*attitude laborieuse*, où le corps se fixe, plus ou moins longtemps, dans l'accomplissement d'un travail. La première catégorie comprend :

a) la station debout ;
b) La station appuyée, ou penchée, ou bien accroupie ;
c) La station assise, ou couchée ;
d) La station renversée ;
e) Enfin, l'état inerte.

Etudions-les tour à tour à la lumière des œuvres d'Art.

a) La *station debout*, que je classe parmi les attitudes « oisives », — bien qu'elle n'indique par elle-même aucun travail, implique néanmoins un effort et pourrait être qualifiée de « laborieuse à l'état virtuel », « en puissance » ; d'où son expression, intermédiaire entre la marche ou le geste opérateur — et l'attitude du repos. Je citerai comme exemples artistiques, d'abord, en Sculpture, la *Minerve du Vatican*. noble, hiératique, solennelle ; puis, en Peinture, le portrait de Charles Ier par Van Dick (attitude de « modèle », ou « pose d'atelier ») ; enfin, en plus moderne, le délicieux portrait de jeune fille par Paul Dubois (*La Marquisita*), en toilette sobre, élégante, l'air digne et bien campée.

b) L'attitude debout, mais *appuyée*, le corps « en arc », est illustrée par l'*Hercule Farnèse* (énergie détendue), le *Faune au repos* (nonchalance gracieuse) et la *Vénus* de Thorwaldsen. Le premier s'appuie sur l'aisselle, le second sur le coude et la troisième sur le bras tendu.

Je trouve un exemple d'attitude *penchée* dans un tableau assez peu connu du peintre Bonington (*Scène*

---

(1) On ne doit pas confondre l'attitude d'un corps humain *au repos* avec les attitudes successives et fugitives, souvent imperceptibles à la vue, que l'Art saisit, pour ainsi dire, au vol. Comparer, sous ce rapport, la statue « assise » de *Jupiter Olympien* et le *Mercure* « *volant* » de Jean de Bologne.

vénitienne) ; l'artiste a fixé là une de ces poses familières
que nous prenons, machinalement, quand, pour regarder ce qui se passe au dehors, nous nous « accoudons »
à une fenêtre. Moins élégante, assurément, mais plus
vigoureuse en sa lassitude, est l'attitude du *Paysan* de
Millet : seul, dans un champ stérile, ce rustre pitoyable

La Vénus accroupie.
(*D'après une gravure illustrant l'Histoire des Beaux-Arts,
de René Ménard.*)

et sublime sans le savoir, s'appuie fortement, des deux
mains, sur l'instrument de son labeur.

L'attitude *accroupie*, c'est-à-dire appuyée sur la croupe,
ne paraît pas, d'après son nom, fort esthétique.. Et
pourtant, n'est-elle pas très gracieuse, cette *Vénus*
célèbre et que tous connaissent bien sous ce qualificatif ?... La tête penchée, un bras pendant et l'autre
relevé, s'appuyant sur lui, que fait-elle ? A quoi pense-
t-elle ?... On ne sait ; mais la beauté complexe de cette

pose nous fait rêver très agréablement ; l'expression demeure indécise, mais l'eurythmie triomphe avec évidence. La statue célèbre, dite du *Rémouleur*, que chacun

Le Rémouleur.
(D'après une gravure illustrant l'Histoire des Beaux-Arts, de René Ménard.)

peut contempler à son aise au Jardin des Tuileries, est moins idéale, mais plus explicite : ce n'est qu'un esclave qui, courbé vers le sol, repasse le fer d'un outil ; mais, tout en gardant sa main au travail, il relève la tête ; et tend son regard de côté ; et, par ce seul mouvement, nous fait connaître qu'il écoute, qu'il est aux aguets ; tout le drame d'une conspiration éventée se trouve condensé dans cette attitude, et la suite des faits que l'histoire déroule successivement, l'Art nous en donne la vision simultanée.

c) L'accroupissement nous mène à l'attitude *assise*. Ici, le corps emprunte à l'extérieur un appui ; le sculpteur, alors, doit faire intervenir un siège, accessoire souvent banal. Les statues assises, quel que soit d'ailleurs leur mérite, ont toujours quelque chose de ridicule ; celles de *Ménandre* et d'*Agrippine*, datant de la décadence romaine, ne sont guère intéressantes, tout au moins. Quel contraste, sur ce point, avec le tableau de Raphaël, La *Vierge à la chaise!*... Cette chaise, en somme, n'est pas ici bien compromettante ; on n'en aperçoit qu'un montant, tourné dans le style italien ; et l'attitude assise dépouille toute banalité, tant l'expression de la Madone, comme celle de l'Enfant-Jésus et de Saint Jean, rayonne de beauté calme et céleste. Mais en même temps, on peut dire, avec Viollet-le-Duc, que la Sainte Vierge perd, ici, son caractère hiératique et « redevient femme..., avec sa tendresse de cœur ». Elle ne plane plus, comme celle de *Foligno*, dans un nimbe encadré de petits anges ; c'est une mère qui s'asseoit pour tenir sur ses genoux l'Enfant divin, le *Bambino*, là, tout près de nous, à notre portée.

Un tableau du peintre anglais Lawrence, *Le Repos*, représente un joli garçonnet, vêtu simplement de velours, assis sur une roche ; une de ses mains soutient la tête, dans une attitude de rêverie, tandis que, par un geste qui n'est pas sans grâce, une des jambes est repliée sous l'autre.

L'attitude *couchée* peut indiquer trois états différents : le repos, le sommeil ou la mort.

L'état de simple repos est figuré, tout d'abord, dans cette étonnante personnification du *Nil*, dont l'original est au Vatican, mais dont une copie se peut voir au Jardin des Tuileries. Le grand fleuve égyptien s'*étend* (je n'ai pas à changer le mot) tout de son long, la tête cependant plus haute, puisqu'elle représente la source ; et tout à l'entour de son corps, nu comme l'onde liquide, une pléiade d'enfantelets (remarquez que, proportionnelle-

ment au géant, ils sont à plus petite échelle) prend ses
ébats, familièrement... On couvrirait bien douze pages
avec la seule description de leurs attitudes diverses ; je
note seulement le « bambin-affluent » qui s'appuie sur
le bras paternel, cet autre qui touche les cheveux du-
colosse, en le désignant de son doigt ; d'autres encore,

Le Nil.
*(D'après une gravure illustrant l'Histoire des Beaux-Arts,
de René Ménard.)*

groupés à ses pieds, comme près de son embouchure,
descendent à la mer (1), batifolent avec des crocodiles,
et surtout ce petit bonhomme éveillé qui, seul, à l'écart,
et se croisant les bras, regarde avec admiration la tête du
dieu fluvial... Je n'hésite pas à déclarer que, dans toute
la statuaire antique, s'il est des œuvres plus élevées, on
en trouve peu dont la conception soit plus originale.

Après la statue symbolique, la *funéraire*... Ici, trop
d'exemples à citer : innombrables sont les tombeaux que
surmonte l'image en pierre du défunt, étendue sur le lit
du suprême repos. Mais un spectacle moins morose nous
est offert en la célèbre toile du peintre David, portrait
d'une beauté non moins célèbre. Ici, nous n'avons plus
sous les yeux une figure antique, impersonnelle et nue,

(1) Ceux-là figurent peut-être le « delta ».

mais un personnage féminin bien défini, de notre époque
et vêtu. Le costume, d'ailleurs admirablement simple et
chaste, ne consistant qu'en une robe légère, aux mouvements libres, « à la grecque », ne fait qu'ajouter à la
beauté du corps. *Madame Récamier* est à demi couchée
sur un canapé style Empire ; ses jambes sont allongées,
mais le buste se maintient droit, soutenant la tête charmante qui, se retournant, vous regarde... Aux pieds nus,
que découvre la longue robe, correspond, plus haut, un
bras nu qui, se dégageant du corsage, s'allonge, en ligne
horizontale, dans une pose abandonnée. Le tout forme
une courbe des plus harmonieuses.

Nous revenons à présent au *nu*, mais au nu chrétien
(au moins quant au sujet) : c'est la fresque de Michel-
Ange représentant *La Création de la femme*, à la Cha-

Le Sommeil d'Adam
(fragment de « La Création de la Femme », de Michel-Ange.
(*D'après une gravure illustrant l'Histoire des Beaux-Arts,
de René Ménard.*)

pelle Sixtine. Je ne prends là qu'une figure. celle d'Adam,
dans l'attitude idéale, autant qu'exacte, du profond sommeil. Adam n'est pas étendu, mais à demi couché, la
tête appuyée contre un arbre, le bras pendant, en cette
pose un peu gênée du dormeur, que sa lassitude ne lui
permet pas de rectifier.

d) Toutes les attitudes étudiées jusqu'ici sont normales : on se tient debout, on s'appuie quelque part, on se penche, on s'accroupit, on s'asseoit, on se couche, tout cela est naturel autant qu'habituel. Or, il est d'autres attitudes qui sont anormales, extraordinaires et « fatales », dans la double acception du mot, qu'elles proviennent d'un accident, comme la chute (attitude *renversée*), ou

Le Char de la Mort (Catacombes).
(*D'après une gravure illustrant* l'Histoire des Beaux-Arts,
de René Ménard.)

d'un supplice (attitude *imposée*). « Tomber à la renverse » est un geste involontaire, qui prête souvent, on ne sait trop pourquoi, au ridicule... Eh bien ! ce geste, fâcheux à tous points de vue, peut être magnifié par l'Art, et s'ennoblir, devenir même admirable ; témoin cette figure équestre et féminine : l'*Amazone blessée*, du Musée de Naples. Femme d'abord et d'une attachante beauté, c'est, de plus, une guerrière, et c'est une blessée. Elle n'est pas tombée de cheval encore, mais elle va tom-

ber ; les pieds, chaussés de la sandale militaire, se tiennent encore aux flancs de sa monture ; mais le corps
s'incline en arrière et la tête charmante, aux cheveux
noués à la grecque, se renverse... Un des bras, en l'air,

L'« Amazone blessée » du Musée de Naples.
(*D'après une gravure illustrant l'Histoire des Beaux-Arts,
de René Ménard.*)

tient le bouclier ; l'autre pend, d'un geste d'impuissance ; et le coursier fougueux, les oreilles dressées,
poursuit son galop...

Une pierre gravée du musée de Florence nous présente
comme sujet la *Chute de Phaëton*. Ici, le drame est accompli et son interprétation est plutôt réaliste ; le corps de
l'imprudent s'étale sur le sol, les bras écartés, tandis
qu'un de ses pieds reste accroché — position critique —
au char qu'entraînent les chevaux dans l'espace...

*

* *

La seconde catégorie d'attitudes anormales se rapporte à ces accidents artificiels et délibérés provoqués par la justice ou par la cruauté humaine, qu'on appelle les *supplices* ; on peut leur donner le nom d'« attitudes *imposées* ». Votre vue se porte alors, n'est-il pas vrai ? sur les martyrs politiques ou religieux ; vous avez la terrible vision de *Jane Gray*, les yeux bandés, la tête sur le billot, attendant le coup de hache, ou celle de *Saint Sébastien*, lié à un poteau, le corps percé de flèches. N'oublions pas la plus dramatique et la plus sublime de toutes, celle de *Jésus crucifié*. Combien d'images n'a-t-on pas sculptées, peintes ou dessinées, de ce que, dans le monde des artistes, on appelle la *Crucifixion* ! Car ce sujet-là domine tous les sujets et l'idée qu'il représente est si considérable, si supérieure à toutes idées humaines, qu'ici l'on perd de vue l'instrument de supplice et l'on ne voit plus dans la croix qu'un signe de salut. Tout l'art de Van Dyck, au reste, en l'admirable *Christ* du musée d'Anvers, ne fait qu'ajouter quelque beauté sensible à la beauté tout invisible et transcendante du fait surnaturel.

A ne considérer que l'attitude en elle-même, dans le corps divin cloué sur la croix, nous sommes naturellement conduits à celle qui lui succède : l'attitude de ce même corps inanimé, décloué, passif et pantelant, que les bourreaux, à grand effort de bras, font descendre à terre. On peut comparer, ici, les tableaux similaires, mais assez inégaux d'interprétation, de l'Italien *Daniel de Volterre* et du Flamand *Rubens* : mêmes personnages, mais différemment disposés. Tout talent de coloris ou d'expression mis à part, je trouve que la *Descente de Croix* du premier (antérieure en date) est supérieure par la belle ordonnance et l'harmonie des gestes.

Et ceci m'amène aux attitudes que je qualifierais de *laborieuses* ; car, dans l'une et l'autre de ces toiles. à la

passivité du cadavre divin se trouve liée l'activité des
manœuvres vivants qui le manipulent. Voyez-les, dans
l'œuvre de Daniel, travailler de concert ; l'un retient le
bras droit ; un autre, à ce moment, lâche le bras gauche
du Sauveur, tandis qu'un troisième reçoit les pieds et

Daniel de Volterre. — Descente de Croix.
(D'après une gravure illustrant l'Histoire des Beaux-Arts,
de René Ménard.)

qu'un quatrième soulève le corps, une main sur la cuisse, l'autre embrassant des doigts le sein gauche. Geste de force, en somme, et qui, pourtant, parle de compassion, par ce fait qu'il est obligé d'être, dans l'effort même, *précautionneux*. Cet homme fait là son métier ; rien de plus ; seulement, cette phase du supplice étant terminale, on n'y sent plus la cruauté et même on y perçoit comme un empressement charitable.

Ce geste et cette attitude de *soutien*, nous les retrouvons, servant à d'autres fins que celle-là : par exemple, et sans parler de la fonction de *support* (V. le groupe de Clodion, le *Silène de Pompéi*, les *Cariatides*), dans les Madones portant l'Enfant-Jésus ; puis en ce jeune homme qui porte un vieillard sur ses épaules (*Incendie du*

Fragment de Raphaël. — « L'incendie du Borgho ».
(*D'après une gravure illustrant l'Histoire des Beaux-Arts,
de René Ménard.*)

Borgho, de Raphaël), ou bien encore, en ces deux garçonnets qui, dans un tableau de Mulready, facilitent à leur petite compagne, le *passage du gué*, charmante idylle qui nous montre, cette fois en sérénité, le geste actif et le passif dans l'effort combiné des bras soulevant la fillette et l'attitude de celle-ci s'appuyant des deux mains sur leurs épaules.

Une autre espèce de mouvement également double et réciproque consiste dans une main tendue, de part et d'autre, pour donner et pour recevoir. L'Art nous en offre

deux illustrations très intéressantes : d'abord, le tableau
de Bordonne, *L'Anneau de Saint-Marc*, où le pêcheur
offre et le doge accepte ; puis celui d'Annibal Carrache,
qui nous montre Mercure abaissant son vol pour tendre
la pomme au berger Pâris, — lequel, de son côté, tend la
main pour la recevoir, tandis qu'un chien, merveilleusement campé, relie les deux gestes convergents de son
coup d'œil interrogateur.

ANNIBAL CARRACHE. — Mercure tendant la pomme au berger Pâris.

*(D'après une gravure illustrant l'Histoire des Beaux-Arts,
de René Ménard.)*

Dans les divers mouvements ou les diverses attitudes qu'on vient de décrire, le corps agit *par ses propres moyens* : ce sont des bras qui s'appuient, se tendent ou se suspendent, des mains qui saisissent, retiennent ou lâchent un fardeau… Il nous faut parler, à présent, des mouvements de la main qui, pour accomplir un travail, se sert d'intermédiaires tels que les armes, les outils, les instruments, les ustensiles ; je qualifierai ces gestes de *maniements* (du latin *manus*, main).

Maniement des armes et des outils.

Chacune des armes que l'homme manie, pour l'attaque ou pour la défense (armes offensives ou défensives) prête à son bras, à sa main et même à son corps tout entier, une attitude particulière et caractéristique, dont les artistes ont, de tout temps, tiré parti. Laissant au lecteur le soin de chercher des exemples dans les musées, nous

David. — L'Enlèvement des Sabines (Musée du Louvre).
(D'après une photographie de Braun.)

n'en citerons que quelques-uns. pour, en attendant, fixer ses idées. C'est le geste de l'*épée* « brandie », levée très haut, pour entraîner, de la *Jeanne d'Arc* de Paul Dubois ; celui de l'épée « serrée », tel un crucifix, sur la poitrine (*Jeanne d'Arc* de la princesse Marie) ; c'est le geste du guerrier romain lançant son javelot, dans l'admirable toile de David où les femmes sabines s'interposent entre les combattants. Son adversaire, le Sabin, à gauche du tableau, se met en état de défense ; d'un bras, il tient son glaive en arrêt et de l'autre étend son écu protecteur

De toutes les armes de jet, l'*arc*, à mon sentiment, est la plus élégante : son carquois sur l'épaule, l'archer, un genou en terre, tient le bois fort et souple de son arme de la main gauche, tandis que la droite tend la corde à fond par un mouvement de recul dont la détente va lancer la flèche dans l'espace... *L'Amour tendant son arc*, du musée Chiaramonti, à Rome, est une belle statue : mais le geste, esthétique en soi, ne me paraît pas très logique. Mieux réussis, sous ce rapport, sont les petits génies ailés qui planent, dans le *Triomphe de Galathée*, de Raphaël, au-dessus du cortège nautique, décochant leurs fléchettes d'un mouvement très juste.

*
* *

Après les armes, les *outils*, les instruments de paix qui font vivre, après ceux de guerre, qui détruisent. Or, il en est de deux sortes : les *agricoles* et les *industriels*. On peut partager les premiers en deux classes : ceux qui tranchent la terre ou ses moissons, comme la bêche, la charrue, la faux, la faucille, et ceux qui trient le grain, le fléau, le van. Ajoutons-y le râteau, qui ramène et balaye, et cet engin qui foule la vendange au moyen de la même vis qui comprime la planche d'impression (Cf. *presse* et *pressoir*). L'acte de *semer*, lui, reste à part, n'ayant besoin d'aucun autre outil que la main.

Le geste — ou maniement — de la *bêche* est bien représenté dans la vignette qui sert de marque à la librairie Lemerre : image symbolique du cultivateur, s'appliquant, métaphoriquement, à la *culture* de l'esprit. Quant à la *charrue*, engin plutôt qu'outil, mais engin primitif et par conséquent pittoresque ,il a toujours séduit les peintres, les dessinateurs d'emblèmes, moins par lui-même que par le mouvement de l'attelage et l'attitude du laboureur, la tête inclinée, les deux mains pesant sur les mancherons. La poésie du *râteau*, vous la trouvez dans le tableau de Lerolle, *les Faneuses*. Ce n'est, à vrai dire, qu'une manière de balai, mais balai magnifié, pour ainsi dire, par sa fonction de plein air et la valeur des débris qu'il entraîne sous ses dents de bois. La manœuvre de la *faulx* (1), par son ampleur et la force qu'il y faut déployer, exige, elle, un bras viril ; c'est un mouvement à longue période, à cadence brève et, si je puis m'exprimer ainsi, plus musical que plastique. Mais, qu'elle est intéressante autant qu'harmonieuse, l'attitude de ce petit *Faucheur de Notre-Dame* qui, dans une pause de son travail, affûte le fer de son instrument... La *faucille*, sœur cadette de la faulx, ne peut, naturellement, prétendre à la majesté de son geste ; elle est aisément maniée par des bras féminins, mais exige une posture courbée qui contraste avec la pose droite et magistrale du faucheur. N'importe ; c'est toujours supérieur, en beauté comme en expression, à la moissonneuse mécanique...

Le jeu du *fléau* est du nombre de ces mouvements mesurés plus capables d'inspirer le compositeur que le peintre. Il en est à peu près de même de cette « corbeille géorgique » qui, secouée d'un geste rythmique de la

---

(1) Je tiens à rétablir, contre l'usage courant, l'orthographe logique de ce mot, qu'on a mutilé de son *l*, vestige intéressant du vocable latin *falx*, sans compter que, sous cette forme. il se confond, extérieurement, avec cet autre mutilé, l'adjectif « *faux* » (de *falsus*).

main, fait sauter le grain avec une sonorité de tambour
de basque ; j'ai nommé le *van*.

Si le geste du *semeur*, qui se passe de tout intermédiaire matériel, demeure à part, nous ne pouvons cependant l'isoler des autres opérations agricoles qui, elles, exigent un outil. Mais si les poètes l'ont qualifié, ce geste,
d'*auguste*, n'est-ce pas, en grande partie, pour ce fait,
que, mettant la main seule en jeu, il est plus vivant, plus
naturel, et se rapproche ainsi des gestes purement expressifs et désintéressés ?...

*   .*

. .

Les outils que je qualifie d'*industriels* présentent une
très grande variété ; les uns, tels que le *marteau*, la *scie*,
le *rabot*, font un travail de force ; les autres, au contraire,
accomplissent une tâche plus ou moins fine : ainsi de la
quenouille et du *rouet*, de la *navette*, de l'*aiguille*. Enfin,
deux modes de locomotion, par terre et par eau, exigent
le maniement — et de *rênes* pour le véhicule attelé — et
de *rames* pour l'embarcation.

Or, le geste — ou l'attitude — que commande chacun
de ces travaux d'utilité prend, aux yeux de l'artiste, un
intérêt tout idéal. Dans les fresques du Panthéon, où se
déroule la vie de Sainte Geneviève, on voit des ouvriers
maniant le *marteau*. Le jeu de la *scie* et du *rabot* prête
moins, peut-être, à la Peinture. Toutefois, on trouve un
plaisir esthétique à ce mouvement alternatif et mesuré du
bras, produisant le va-et-vient de l'outil. Notez que la
mesure de la *scie* marquée par le grincement du bois
qu'on ampute, comporte deux temps, tandis que celle du
rabot n'en comporte qu'un ; au son très prolongé, comme
gémissant, sur ce « temps fort », correspond un grand
allongement du bras, signe d'un effort obstiné dans un
sens.

La seconde catégorie d'outils « industriels », opérant

des travaux de finesse, convient plutôt aux mains féminines. On sait la fortune artistique du *rouet* (avec ses accessoires, *quenouille* et *fuseau*), de cet engin familier qui sert, tout bonnement, à filer, et cependant obtient ce privilège de figurer, comme objet décoratif, oisif et immobilisé, chez l'amateur ; curieuse antinomie dont j'ai donné l'explication ailleurs. Le maniement de ce mignon engin fait objet d'art, bien qu'il consiste, simplement, à faire mouvoir du pied une roue, pendant que la main agite le fuseau par saccades, n'a rien en soi d'artistique, mais il est consacré par la figure, théâtrale ou picturale, de *Marguerite*.

Plus simple et plus élégant, semble-t-il, est le geste de la *navette* : légère et vive, les doigts du pêcheur qui tisse un filet lui font faire un trajet en zig-zag, capable d'évoquer le vol alterne du papillon. Le geste de l'*aiguille* est plus délicat et plus vif encore. Je ne sais s'il a été jamais mieux saisi que dans cette charmante vignette de Walter Crane, qui représente *trois femmes cousant*, l'une penchée sur son ouvrage, attentive, l'autre tirant le fil de son bras à demi tendu, dans l'attitude d'une couseuse qui fait une pause et prête à parler ; la troisième, enfin, qui, la tête droite, vise avec précaution le chas minuscule de l'aiguille, pour l'enfiler. Que cette petite scène d'ouvroir est donc intéressante et significative !

Les *ciseaux* (avec le *dé*), sont les compagnons de l'aiguille ; inoffensifs et même attrayants sous les doigts de la couturière, ils deviennent menaçants et sinistres entre les mains d'Atropos, la troisième des Parques, celle qui tranche le fil que Lachésis déroule et que Clotho, d'abord, ourdit (*Les trois Parques* de Michel-Ange).

A présent, regardez cet homme qui conduit, et manipule les *guides* de toutes manières, afin d'accélérer ou de ralentir l'allure de son attelage et de le maintenir dans le bon chemin : spectacle assez banal, sans doute, mais qui n'est pas sans captiver le regard d'un observateur attentif. Le voulez-vous, au reste, ennobli, magnifié, devenu lyrique ? Allez contempler, au musée du Louvre, ce bas-relief phénicien représentant *Assourbanipal sur son char*, ou bien, au palais Rospigliosi, à Rome, la solennelle *Aurore* du Guide.

Plus souple et plus idéale que la terrestre, la locomotion aquatique, pour s'accomplir dans un milieu fluide et mouvant, offre des rythmes d'un caractère très différent : sans parler de la *voile*, qui clapote au mât, mais ne trahit pas la main du matelot, on peut citer le geste du *rameur* comme un des plus suggestifs qui soient au monde : nombreux sont les peintres, les poètes et les musiciens qu'il a inspirés. Ceux-ci notent le battement moelleux des *avirons*, qui plongent, puis se relèvent en mesure parfaite ; ceux-là choisissent à leur gré, dans ce mouvement continu, le moment d'élévation ou d'abaissement qui se fixera dans une attitude définitive.

Parlant ici de la figure humaine, nous ne devons pas trop insister sur le jeu même de l'instrument, mais il nous faut plutôt nous arrêter sur le mouvement du corps et des membres qui le dirigent ; il semble malaisé, toutefois, de séparer ces deux choses, qu'il s'agisse d'armes, d'outils ou d'ustensiles : le geste du bras, par exemple, et le tournoiement du bâton que la main brandit, forment pour l'œil un tout indivisible.

Dans l'arsenal industriel, à côté du *marteau*, de la *scie* et du *rabot*, je n'ai pas fait mention du *ciseau*. C'est que ce dernier outil a deux rôles : un rôle utilitaire entre les doigts du menuisier, un rôle idéaliste entre ceux du sculpteur. Le geste de l'artiste, ici, trait piquant, tente parfois un confrère peintre, d'où ces portraits pris sur le vif, dans l'atelier du statuaire.

La *hache*, elle aussi, offre un cumul de deux fonctions : tantôt arme, tantôt outil, elle abat les troncs d'arbres ou

les têtes humaines ; et le geste du bourreau, celui du
bûcheron, sont pareils, en définitive.

*
* *

Après le maniement des armes et des outils, celui des
ustensiles et des *instruments* offre à l'esthéticien une
matière tellemeut abondante qu'il n'y faudrait pas moins
d'un livre tout entier. Nous ne pourrons donner ici que
les exemples les plus frappants.

Remarquons, tout d'abord, que le mot d'*ustensile*,
comme celui d'*outil*, implique, étymologiquement, idée
d'*utilité* (latin *uti, utilis*). Tous les objets que nous allons
voir aux mains de l'homme ont une destination *positive* ;
et cependant, soit par eux-mêmes, soit par le geste ou
l'attitude qu'ils imposent au corps, ils font, plus ou
moins, figure idéaliste.

Je les divise ainsi, d'après leur forme ou leur texture :
a) *bâtons* ; b) *vases* ; c) *étoffes* (et leurs accessoires), faisant une classe à part des *instruments de musique*, pareils
par leur fonction (la sonorité), bien que très différents
par leur forme.

a) Quelle variété dans le premier groupe, celui que je
qualifierais de *rhabdologique* !... Il y a le *bâton de soutien*, qui prête au vieillard, notamment, une attitude
débile et précaire ; puis le bâton de ralliement ou de
commandement, *houlette du berger*, qui devient, par
métaphore plastique, *crosse* d'évêque (« bâton pastoral »,
ou *sceptre* ; c'est enfin la *baguette de fée*, tenant à la fois
du sceptre et de la branchette fourchue qui, comme « par
enchantement », révèle les sources cachées.

C'est encore la *hampe*, où s'attache cette bande flottante servant de signal ou d'insigne, la *bannière* ou le
drapeau. Certains tableaux hollandais ou flamands figurent un pélerin qui, s'appuyant sur son *bourdon*, chemine dans un paysage. On sait tout le succès de la *hou-*

lette en les « bergeries galantes » du xviiie siècle. Le geste auguste de la *crosse* est fixé dans telle peinture italienne et le port impassible du *sceptre* se voit dans tout portrait de roi ou d'empereur. A Versailles, les peintures du palais vous montreront, bien des fois répété, ce mouvement de bras qui dresse, en pleine bataille, le *bâton de maréchal* de France. Puis, deux tableaux (1) d'esprit très différent : la jeune figurante de procession qui tient, immobile et droite, la *bannière*, et le soldat qui, dans un assaut, déploie le *drapeau* de son régiment.

On a beaucoup parlé de *réalisme*. Il en est un blâmable, qui, sous prétexte de vérité, prétend nous intéresser au spectacle de la laideur ; mais il en est un autre, digne d'éloge, celui-là, qui ne méprise aucun objet usuel, si son maniement prête à quelque attitude idéale. Quoi de plus commun, de plus banal en soi, qu'une *cruche*?... Voyez cependant le parti que Greuze a tiré de cet accessoire, dans une toile toute auréolée de grâce et d'élégance, au point que ce titre : *la Cruche cassée*, ne présente plus rien de vulgaire à l'esprit.

Il est vrai que l'*amphore* grecque avait des lignes admirables ; mais le vase le plus insignifiant prend une valeur inattendue, lorsqu'une main de femme le tient, de son bras relevé, posé sur le sommet de sa tête.

Bien mieux : verser quelque liquide d'un récipient dans un autre, *transvaser*, n'est pas en soi chose bien remarquable ; et pourtant, quel plaisir on goûte à considérer, dans *les Noces de Cana*, du Tintoret, cette servante qui vide le contenu d'un œnophore, dont le flot vermeil s'écoule en veine parabolique ; son geste est plein de vérité, plein de grâce aussi ; oui, cet acte si simpliste et servile, impose aux bras, aux mains, à tout le corps, une

____

1 Ce terme de *tableau* n'indique pas exclusivement le fait représenté par une œuvre d'art, mais aussi bien le fait naturel et *vécu*. On devrait prendre l'habitude d'observer ce fait « vécu » en artiste, « esthétiquement » et ne pas réserver, comme on le fait, toutes ses admirations pour l'*image*.

attitude singulière attachante. Je cite, comme un trait curieux, la figure de ce *mime* qui, par un prodige d'équilibre, fait, dans l'attitude forcée qu'on lui voit, le geste de l'échanson.

Mime antique versant le contenu d'un flacon dans un plat.
(*Dessin de Noé Legrand.*)

La *Nativité*, d'Albert Dürer, est digne, également. d'être citée. Pas plus que le Sauveur du monde n'a craint de naître dans une étable, l'artiste n'a dédaigné de montrer Saint Joseph tirant l'eau du puits pour en remplir un pauvre récipient. Cet acte de *verser* peut d'ailleurs être traité de manière idéale, témoin l'*Hébé* du sculpteur Canova ; paré du charme de la jeunesse qu'il personnifie. l'échanson féminin des dieux tient serrée dans les doigts de la main gauche une *coupe* et, de son bras droit, levé haut, penche l'*aiguière* à distance, comme certaine, en sa sereine hardiesse, que pas une goutte du nectar ne se répandra...

Je possède une *lampe* de style Empire dont le sujet, inspiré de l'Art grec, est une femme ailée qui, à genoux et tenant à deux mains une burette en or qu'elle incline, s'apprête à verser l'huile dans l'orifice du vaisseau de bronze, où trempe la mèche. La pose de cet « ange mythologique » est, encore une fois, commandée par l'acte, au fond très ordinaire, qu'il accomplit ; et nous l'admirons, néanmoins, comme un geste idéalement harmonieux, tout désintéressé, comme une attitude purement décora-

tive. C'est ainsi que la figure humaine, déjà si belle et
si captivante en son état d'immobilité, emprunte au
mouvement de nouveaux attraits qui la parachèvent. Et
notez bien qu'il ne s'agit là que des gestes de travail, des
gestes opérateurs, *dynamiques*, et pas encore des gestes
ou jeux de physionomie *expressifs*. Mais l'action, déjà,
suffit à dégager, par elle-même, une expression très
remarquable et dont l'artiste a toujours eu le sentiment
profond.

Moins encore que l'action de *verser*, celle de *boire*
paraît-elle digne, à première vue, d'être reproduite ?
Certes non, si la scène est un cabaret moderne et banal :
mais les petits tableaux si fins de Téniers nous montrent
comment le fait peut intéresser l'imagination sans choquer le goût ; et, comme l'*Hébé* de Canova grandissait le
versus, le *Roi de Thulé* d'Ary Scheffer magnifie le *potus* ;
ce vieux roi de Thulé, les yeux pleins de larmes, colle
ses lèvres au *calice* que ses deux mains croisées étreignent
passionnément...

Lampe de style Empire, appartenant à l'auteur.

Ainsi l'action de boire est idéalisée, grâce à la poésie. Mais que dire de cet autre *calice* que la Religion fait plus qu'idéaliser, qu'elle transfigure et *surnaturalise* ?... En cette étude de pure Esthétique, c'est à peine si j'ose citer les *gestes liturgiques* du célébrant, lorsqu'il découvre ce vase sublime et sacré, qu'il l'élève de ses deux mains, puis, au moment de communier, qu'il le porte à ses lèvres pures, afin de se désaltérer du sang même de Jésus-Christ.

Puisque nous sommes à l'église, on peut parler d'une autre espèce de vase qui, lui, ne reçoit pas de liquide, mais du feu : je veux parler de l'*encensoir.*

Qu'est-ce, en soi, qu'encenser ? C'est élever en l'air une cassolette où brûle un parfum, afin qu'il monte le plus haut possible... Mais dans quel but ? Pour rendre hommage à Dieu, et lui présenter le symbole d'une prière *ardente, pure* et *délectable (Dirigatur, Domine, oratio mea sicut incensum in conspectu tuo).*

L'acte « balsamique » est ainsi devenu rite religieux et, par ce fait, auguste ; mais, en même temps, nous sommes séduits par la beauté du geste et par cet élan du lourd encensoir qui, sous la main du thuriféraire, s'enlève, un court instant, pour, captif de ses chaînes, s'incliner comme en un salut.

Port du vêtement.

Si l'être humain porte ou manie, par occasion, une arme, un outil, un ustensile, il porte, à demeure cette fois et sur sa propre personne, ce qu'on appelle un vêtement et ses accessoires. C'est là quelque chose de très différent de ce qu'on a vu ; mais cela prête au corps, aux membres, à la tête, une variété d'attitudes d'un aussi puissant intérêt.

Sous ce rapport, l'antique *draperie* reste bien supérieure à notre habit moderne ; les artistes de tous les temps, même du nôtre, ont apprécié comme il convient les mouvements de l'étoffe en eux-mêmes et cette généreuse ampleur qui se dépense en plis naturels (1). Nombreuses les statues, nombreux les tableaux où ce jeu souple des tissus, tout en voilant les membres et les parties du corps, laisse deviner leurs contours et, discrètement, révèle au dehors tous les changements d'attitude.

Mais, outre ces gestes *passifs*, il en est d'*actifs*, qui modifient l'allure du vêtement au gré de celui, de celle qui le porte ; et leur étude ouvre un chapitre fort attrayant, celui de la toilette et de l'esthétique somptuaire, j'allais dire de la *coquetterie* (1). Je citerai, entre mille exemples, la statue de *Sainte Bathilde*, au Jardin du Luxembourg ; elle traduit en pierre rigide le geste souple de la dame qui relève un pan de sa jupe, ce geste si digne et si distingué dont la mode des robes écourtées prive aujourd'hui nos yeux.

Le *capuchon*, cette partie du froc monacal qui couvre la tête, a servi de thème expressif au sculpteur auquel on doit les *Pleureurs de Dijon*. On peut voir au musée des moulages du Trocadéro les dix-neuf figures représentant les variations de ce thème ; tous portent le même costume aux larges plis : mais quelle riche diversité dans le mouvement de ces draperies ! Pour ne parler que du *capuchon*, chaque pleureur a sa façon à lui de le porter : celui-ci s'en enveloppe à fond, de sorte qu'on n'aperçoit plus son visage ; celui-là le fait retomber, au contraire, ou bien le relève à demi ; un autre, qui s'en fait comme un abat-jour, lit, sous son ombre, dans un missel ; un autre encore s'en arrange comme d'un bonnet... Mais la tristesse plus ou moins sincère de ce

(1) Voyez comme les larges manches de la robe de dominicain ajoutent à l'éloquence du geste, dans la prédication.

(1) Sans vouloir justifier la *coquetterie*, l'on ne saurait se refuser à y voir, en même temps qu'un désir de plaire, plus ou moins licite, une aspiration toute légitime à la *beauté*. C'est ce que beaucoup de moralistes n'ont pas su distinguer.

deuil officiel (c'est ici le tombeau du duc de Bourgogne) se traduit également par des attitudes étonnamment variées, dont l'étoffe passive accentue le grand caractère : ce figurant porte un pan de sa robe à ses yeux, comme pour cacher ses larmes, et cet autre à sa bouche, comme pour étouffer ses sanglots ; un troisième la relève tout droit, jusqu'à s'en recouvrir la face ; celui-là peut être dit, littéralement, *lapidaire*, car, par la verticalité des lignes, il se rapproche d'une stèle de pierre. Parmi ces personnages, les uns sont extatiques, les autres plutôt positifs, tel celui qui compte sur ses doigts et tient une escarcelle. Et j'allais oublier le geste des *manches*, ici retombantes, en poches ; là relevées, laissant sortir le bras, ou bien rentrées l'une dans l'autre, confortablement, soit pour se réchauffer, soit pour se recueillir.

Les *pleureurs* du tombeau du duc de Bourgogne, à Dijon, nous donnent là une leçon d'Esthétique très profitable.

*

* *

Le *chapeau*, pour la tête, et les *gants*, pour les mains, n'ont pas pour seul office de couvrir : ce sont, par surcroît, des symboles. Le « coup de chapeau » est une forme de salut. On en trouve un exemple artistique très réussi dans le tableau de Vélasquez, *Réunion d'artistes*. « Jeter le gant », d'autre part, était, chez les anciens chevaliers, *geste de défi*. Mais l'acte de mettre ses gants, de « se ganter », tout simplement, pour parachever sa toilette, a quelque chose en soi de coquet et de raffiné, bien fait pour séduire les peintres d'élégances. (V. le *portrait de Doña Enriquez*, par Goya).

A l'expression qu'ajoute au corps humain le costume, dans son ensemble, il convient d'ajouter l'appoint des *accessoires*. Si le *bouton* est laid, vulgaire ou prétentieux, généralement inesthétique, l'agrafe, sous la forme antique de *fibule*, peut figurer au nombre des bijoux ; mais elle est, en soi, peu de chose ; et c'est le *geste d'agrafer* son péplum sur l'épaule qui donne une inflexion si gracieuse au bras de la *Diane de Gabies*.

La *ceinture*, outre son rôle utile, est un de ces éléments de beauté que la Mode, on ne sait pourquoi, exclut du vêtement moderne ; et pourtant, qu'elle soit de cuir ou d'étoffe précieuse, ou dorée, c'est une limite rationnelle qui sépare la poitrine de l'abdomen : ceignant les reins et soutenant la chute de la tunique, elle ne fait pas que souligner la taille ; elle affermit le buste ; et le soldat, quand il passe au-dessous ses doigts joints, se sent plus « tenu », plus « assuré » : attitude de calme et de décision tout ensemble.

L'*écharpe*, plutôt féminine (et qui se porte aussi, dans certains uniformes, diagonalement, « en bandoulière »), offre le charme d'un lien flottant, souple et mollement noué, laissant ses bouts voler librement.

Gracieux, le geste de la main rajustant le *collier* de perles ou de gemmes et le faisant valoir, en quelque sorte, comme il fait valoir le cou de celle qui le porte et sa main. Avec la *couronne*, nous atteignons, on peut le dire, le faîte de la joaillerie. Mais ici, le symbole domine le bijou : oui, plus que la couronne nous intéresse le *couronnement*. Ce sujet inspira des peintures grandioses ; je citerai : le *couronnement de Marie de Médicis*, par Rubens, avec son riche cortège de dames d'honneur aux collerettes évasées, aux manteaux d'hermine ; puis celui de Napoléon, par David, peuplé de dignitaires en costumes du temps (Musée de Versailles) ; et, par-dessus tout, le couronnement mystique de la Vierge, du « frère angélique », qu'on peut admirer dans la galerie des Primitifs, au Louvre. Observez qu'il y a là, encore, un geste double et réciproque, actif et passif : la tête du sujet couronné s'incline, dans une attitude modeste, et les mains de Celui qui couronne déposent le diadème, avec respect et précaution, sur ses cheveux.

Nous avons parlé, dans notre description de la figure humaine, de la *chevelure*. C'est un des plus grands attraits de la femme, comme de l'enfant ; je dirai plus : c'est un élément essentiel de beauté : le plus joli visage est défiguré par la calvitie, et voyez ce que perd en grâce une tête enfantine rasée... Or, à la perfection des traits, à l'art de la coiffure qui les encadre, joignez ce geste de la main qui se porte aux cheveux, les tâte ou s'occupe à les rouler, à les redresser, à les nouer...; quel séduisant tableau ! Debout, la délicieuse *Vénus du Capitole*, peut-être un peu trop dévêtue, tient d'un bras replié la boîte au cosmétique dont, arrondissant l'autre bras, elle s'apprête à lustrer une boucle. — Enfin, un accessoire mobile de la toilette féminine — et très mobile, en vérité — c'est l'*éventail*. Octave Uzanne classe cet instrument parmi *les armes de la femme*. En effet, il a son maniement offensif ou défensif, sa tactique, ses menus stratagèmes ; déployé largement, ou bien à demi, ou bien encore reployé, battant en aile de libellule, d'un rythme calme ou précipité, puis se refermant brusquement ou lentement, il attire ou tient à distance, flatte ou réprimande, encourage ou désespère (1) ; enfin, geste muet, il est plus éloquent que toute parole ; et sa fonction initiale de rafraîchir l'air reste, on peut le dire, secondaire. Mais un mouvement aussi capricieux, fugace et changeant que celui-là ne prend tout son intérêt que sur le vif, et l'Art n'en peut saisir qu'un épisode... Aussi bien doit-on étudier le jeu de l'éventail, non dans un musée, mais dans un salon.

Qu'est-ce, en définitive, au fond, que l'éventail ? Son nom le dit : une espèce de *soufflet* ; seulement, c'est un soufflet à la fois simplifié et idéalisé ; l'instrument qui

---

(1) Voir, dans le *Spectateur*, d'Addison, l'article très original sur la manœuvre de cette arme féminine.

nous sert à raviver le feu n'est point, lui, d'un aspect
très décoratif ; cependant, il figure en l'iconographie du
Moyen-Age, actionné par la main du Diable pour éteindre
le cierge de Sainte Geneviève, ou la lampe qu'un ange
allume pour éclairer une pauvre tisseuse (sujet d'une
« miséricorde » de stalle, au musée de Troyes).

Maniement des « instruments idéalistes ».

Je forme une classe à part des instruments que je qualifierai d'*idéalistes* ; ils diffèrent de tous les autres en ce
que leur destination n'a rien d'utilitaire ; les autres, à

MICHEL-ANGE. — Le Prophète Daniel.
(*D'après une gravure illustrant l'Histoire des Beaux-Arts,
de René Ménard.*)

but positif, ne s'idéalisent que par l'attitude qu'impose leur maniement ; pour ceux-ci, le maniement n'est que secondaire ; ils sont artistiques par vocation : ce sont les *instruments de musique*.

Avant d'aborder leur étude, il me faut dire quelques mots des instruments qui collaborent aux *Arts plastiques*. Ceux-là ne valent que par le geste de qui les manie : geste de force, mais ménagée, du sculpteur qui taille un marbre de son ciseau ; geste de douceur et de finesse du peintre qui caresse la toile de son pinceau et puise avec précaution les couleurs dans l'arc-en-ciel de sa palette. Me permettra-t-on d'ajouter deux attitudes en quelque

GÉRARD DOW. — La Liseuse).
(D'après une gravure illustrant l'Histoire des Beaux-Arts, de René Ménard.)

sorte *littéraires* : celle de l'écrivain qui, de sa plume courant sur le papier, exprime sa pensée par des signes convenus et celle du *lecteur* qui déchiffre, sur les mêmes signes, la pensée de cet écrivain.

Le *geste d'écriture* est immortalisé par la fresque de Michel-Ange représentant le prophète Daniel annotant d'une main quelque manuscrit, la tête penchée et le regard très attentif, tandis que l'autre main, négligemment, retient un volume ouvert, soutenu par un enfant qui lui sert de pupitre.

Moins grandiose, assurément, mais bien attachante en son intimité, est la pose de la *Liseuse*, de Gérard Dow (musée de Saint-Pétersbourg) ; ses lunettes de grand'mère baissées sur le nez, elle marque, par tous ses traits, une attention toute empreinte de naïve sérénité. Heureux et bienvenus, les artistes qui nous apprennent à jouir, en les illustrant de leur pinceau, des spectacles les plus simples et en apparence les plus insignifiants de la vie !

*

* *

Passons aux **Instruments de musique**. — Ils se subdivisent ainsi : *instruments à cordes, instruments à vent, instruments de percussion, instruments à clavier.*

Sans insister sur la forme de chacun d'eux (1), nous fixerons l'attention du lecteur sur le geste et l'attitude que commande son maniement.

Naturellement, nous trouvons la *lyre* sous les doigts des statues antiques, celle, par exemple, de l'*Apollon Musagète* et de la *Terpsichore* du musée Pie Clémentin, à Rome. Le *luth* apparaît, à la Renaissance, dans les céramiques de Lucca della Robbia (*Le Chant*) ; et, dans nos temps modernes, la *mandoline* figure avec grâce entre les mains du *Chanteur florentin*, de Paul Dubois. On com-

(1) A ce point de vue, lire, dans la *Rivista musicale italiana*, mon article sur « les instruments de musique au point de vue pittoresque et décoratif » (Bocca frères, édit. à Turin) ; tome VII, fasc. 2, année 1900).

prend que la *harpe* ait tenté les peintres, comme elle a
exalté les poètes : c'est, au point de vue décoratif, le plus
bel instrument qui soit, et le mieux fait pour mettre en
valeur la beauté d'un brás féminin et l'harmonie de ses
mouvements. La harpe, plus grandiose que la lyre et que
le luth, intéresse aussi davantage, par la multiplicité de
ses cordes, l'imagination du musicien : c'est, en quelque
sorte, l'*échelle des sons parlant à la vue*. Voyez, au

MIGNARD. — Sainte Cécile à la harpe (Musée du Louvre).
(*D'après une photographie de Braun.*)

Louvre, la *Sainte Cécile* de Mignard et, pour la figuration
très exacte de l'instrument, le gentil tableau de Mme Phi-
lippart-Quinet, *la leçon de harpe*. Il y a même en cette
toile, assez peu originale, par ailleurs, un trait de nature
à nous intéresser : c'est le mouvement de la maîtresse
qui, tenant le bras de son élève serré dans sa main,
rectifie la position des doigts de la jeune fille encore
inexpérimentée.

Dans la famille des *violons* (violon, alto, violoncelle et
contrebasse), un élément nouveau vient s'interposer entre
les doigts du virtuose et l'organe sonore : c'est l'*archet*,
d'où jaillit une expression nouvelle, celle d'un mouvement de va-et-vient plus ou moins balancé, d'une alternance plus ou moins régulière entre l'extension du bras
droit et sa flexion, tandis que les doigts de la main gauche
glissent sur le manche suivant l'intervalle voulu : geste
élégant et large qui, répété par tous les violons d'un
orchestre, offre l'attrait d'unité de tout parallélisme. Les
« joueurs de *viole* » sont assez nombreux en nos vieux
édifices du Moyen-Age.

Pour la justesse de l'attitude, je citerai la *Sainte Cécile*
de Lynch, toile très moderne. Il faut s'arrêter davantage
devant une autre Sainte Cécile, celle du Dominiquin ;
celle-là joue du violoncelle, de ce qu'on appelait primiti-
vement *viola di gamba*. Cet augmentatif du violon, à
cause de son grand volume, repose à terre, tout debout
sur son pied, et l'archet caresse ses cordes non plus en
dessus, mais par devant. Bien que le violoncelle soit, par
son volume et la gravité de ses sons, un instrument plutôt
viril, il ne fait pas mauvaise figure en des mains de
femme ; le tableau du Dominiquin en est une preuve.

Dans notre étude sur « les instruments de musique au
point de vue pittoresque et décoratif » (1), nous émettions

(1) Dans la *Rivista musicale italiana* (tome VII, fasc. 2, 1900).

cette idée que le contraste, pour l'œil, des instruments à vent avec ceux à cordes, c'est celui de *tubes* (Cf. *tubas*), droits ou enroulés sur eux-mêmes, avec des *tables* plates ou des cadres tendus de fibres. Mais le geste de l'exécutant n'est pas le même suivant que l'instrument à vent est une *flûte* ou bien un *cor*, une *trompette* ; il n'est pas tout à fait le même, non plus, suivant qu'il s'agit de la flûte de Pan, de la flûte double des Anciens ou de la flûte « traversière ».

Le jeu de la *flûte de Pan* est bien représenté dans un groupe de sculpture grecque, qui nous offre, en quelque manière, le pendant de la *Leçon de harpe* plus haut citée ; en effet, un satyre, ici professeur de musique, guide les mains du jeune Olympe, qui s'apprête à porter à ses lèvres l'étui aux sept roseaux de longueur inégale. Ce petit orgue en miniature, dont la soufflerie est tout simplement la bouche humaine, est horizontalement promené sur les lèvres, dans un léger mouvement de va-et-vient ; au lieu que, dans la *traversière*, un seul tube, ajouré de trous, donne la gamme ; alors, ce sont les doigts qui entrent en jeu et leur dextérité rachète, pour notre regard, ce que le souffle « sputatoire » et la contraction des traits ont de déplaisant (1).

La *cornemuse* (musette ou *bag-pipe* en anglais, ce qui veut dire « pipeaux à poche ») est une de ces antiquailles d'aspect bizarre, mais qui, dans les mains d'un Celte en costume national, irlandais ou breton, prend un caractère qu'on peut qualifier d'artistique. On peut dire de cet oiseau chanteur factice que « son ramage est semblable à son plumage » : l'originalité de sa figure et celle de son timbre sont en parfaite concordance. Mais ce n'est déjà plus guère sculptural, étant trop complexe, et « spécialiste ».

La *trompette*, qu'elle soit antique ou moderne, s'ac-

(1) Voyez l'histoire « d'une flûte qui avait jadis servi à Minerve, mais que la déesse avait rejetée, *parce qu'elle s'en trouvait défigurée...* » (Aubert, *Les Légendes mythologiques*, p. 262).

commode mieux, par la simplicité de ses lignes, soit du tableau peint, soit du bas-relief. On doit remarquer qu'elle ne commande pas un geste proprement dit au bras du sonneur, mais seulement une *attitude*. Or, de cette attitude immobile du bras tendu pour tenir l'instrument, jointe à l'énergique et fière sonorité, se dégage une expression toute particulière de force impérative et calme.

Il en est ainsi, plus ou moins, de tous les *instruments de cuivre* (au moins des naturels), sauf le *trombone* ; ce dernier, le géant du groupe par la taille comme par la voix, exige un mouvement alternatif d'extension et de fléchissement du bras. En vertu de sa structure même, il traduit les grands intervalles sonores par des intervalles linéaires adéquats ; son maniement, conforme à sa sonorité, est viril, martial, même « héroïque ».

*
* *

L'agilité des doigts qui, sur les cordes de la harpe ou du luth, s'exerçait directement, et sur celles du violon, du violoncelle, par l'entremise d'un archet (sans parler du doigté sur le manche), vous l'avez vue s'appliquant à boucher, puis découvrir les orifices d'un tuyau (flûte, instruments de bois) ; et maintenant, vous la voyez se manifester par les *mains*, mais les mains prolongées de baguettes, qui frappent sur une peau tendue. Ce n'est plus la variété de hauteur sonore ou de ton qui s'observe ici, mais la variété de *rythme*. Le *tambour*, défini, par son procédé, « instrument de percussion », est surtout, par sa fonction, « instrument rythmique ». Sous la forme en quelque sorte « féminisée » du *tambourin*, Fra Angelico l'a placé dans la main des Anges ; et le monument de Raffet, au « Jardin de l'Infante » (à l'est du Louvre, sous la colonnade), nous le montre viril et martial, battant la charge autour d'une colonne...

Après la dextérité fine et gracieuse, la dextérité forte et puissante. De quoi la main humaine n'est-elle pas capable ?

* *

A la résonance d'une membrane tendue s'oppose, en grand contraste, la sonorité des *plaques métalliques*. Frappées ou frottées l'une contre l'autre, elles réalisent cet instrument de percussion qu'on nomme une paire de *cymbales*. Le geste du cymbalier montre une de ses phases dans le *Faune dansant*, de la Galerie des Offices, à Florence ; mais l'attitude des bras, très écartés, témoigne que le jeu de ces disques sonores n'était pas tout à fait celui qu'on a l'occasion de voir en nos orchestres.

Nous serions malvenus de passer la *cloche* sous silence ; elle s'impose, d'ailleurs, suffisamment, à nos oreilles et cela avec une éloquence toute particulière. Au point de vue qui nous occupe, c'est un cas curieux, bien à part en lui-même, cet organe sonore a quelque ressemblance avec les cymbales, puisque le son résulte du choc d'un battant contre la paroi de bronze; métal contre métal; mais ce qu'il y a de particulier ici, c'est que l'instrument, juché tout au faîte de l'architecture, à demeure, se trouve considérablement éloigné des mains humaines, lesquelles ne peuvent l'actionner que par l'intermédiaire d'un long câble ; de sorte que le geste de son maniement est coupé, pour notre vue, du mouvement sonore ; et si les *Sonneurs* de Decamps, pendus à grand effort aux trois brins de corde, ne nous apparaissent pas comme des manœuvres quelconques, c'est que là-haut, dans sa cage de pierre, la cloche, échappant au regard, se manifeste en même temps à nos oreilles ; à l'effort rythmé des muets sonneurs, au bas de l'édifice, elle répond, d'en haut, par un rythme *sonore* isochrone.

Decamps. — Les Sonneurs (Musée du Louvre).
(*D'après une photographie de Braun.*)

Vous avez encore sous les yeux cette flûte de Pan, dont
un faune enseignait le jeu à Olympe; nous l'appellions
« *un orgue en miniature* »... L'expression conviendrait
mieux encore à cette gamme de tuyaux assemblés que
tient entre ses mains la *Sainte Cécile* de Raphaël. Ici,
pas de geste spécial, car la patronne des musiciens ne
joue pas : les yeux levés au ciel, en extase, écoutant le
concert céleste. elle laisse pendre son instrument, comme
désabusée... (1).

(1) Cet instrument est l'orgue portatif, autrement dit *positif* (qui
peut être *posé* à terre) ; et ce dernier nom sert à distinguer aujour-

Les *instruments à clavier* ne se prêtent guère aux reproductions plastiques, sauf, peut-être, le *grand orgue*, et cela, grâce au groupement harmonieux des tuyaux dits *de montre* (lesquels, d'ailleurs, ne constituent qu'une partie des jeux) ; et quant au geste de l'exécutant, plus ou moins séparé de l'organe sonore (ainsi qu'il arrivait pour la cloche), il consiste exclusivement dans le *doigté*. Or, ce mouvement des doigts, n'étant pas en relation visible avec la source de sonorité, est comme muet et n'intéresse que l'harmoniste, en quête des accords réalisés. Toutefois, l'esthéticien peut lui-même y trouver son compte ; et c'est ainsi qu'à la pièce de vers sur la *main*, que vous avez pu lire au début, j'ai pu ajouter le morceau suivant :

<pre>
..... A ces cinq frères
          Bien unis
      Pour des tâches utilitaires,
      Cinq autres se sont réunis
  Pour un travail moins « terre-à-terre » ;
  Et se posant, ensemble ou tour à tour
  Sur le clavier, escalier mélodique
          Autant qu'harmonique,
          Ils se livrent avec amour
              A la musique.
          Regardez-les ainsi jouer :
          Chacun fait son joli métier,
  Se levant, s'abaissant sur la touche d'ivoire.
  Si prestement qu'on ne peut croire ;
  Et tantôt l'effleurant, tantôt la martelant,
  S'avançant,   tournant,   reculant,
  Ils éveillent les sons que l'œil, sur la portée,
  De dièzes ou bémols souvent accidentée
          Déchiffre, attentif et rapide.
</pre>

d'hui l'un des jeux de nos grandes orgues, justement celui qui, bien en évidence, dispose ses tuyaux « décorativement », dans le cadre sculpté du buffet.

Comme un bon doigté le décide,
Chacun des petits musiciens,
D'un mouvement souple ou rigide,
Au gré de l'esprit qui le guide,
Prend l'un ou l'autre des chemins ;
Et, pour cette tâche idéale,
Solidaire, bien qu'inégale,
Elles se joignent, les deux mains ;
Si bien qu'on pourrait dire à celui qui les mène
A l'attaque d'un « *Allegro* »,
Hors d'haleine,
Avec un « *bravo* » :
L'on n'ira point vous reprocher, encore,
Sans métaphore
Cette fois,
De ne rien savoir faire, ici, de vos dix doigts...

Tableau synoptique
des mouvements du corps humain

Mouvements à fonction « *dynamique* » (purement physiologiques).	Mouvements « *locomoteurs* » localisés aux membres inférieurs).
	Mouvements « *opératoires* » (localisés aux membres supérieurs).
Mouvements à fonction « *signalétique* ».	Mouvements « physiologiques » purs, expressifs des *états de vie*.
	Mouvements « psycho-physiologiques » expressifs des *états d'âme* (ou des idées pures). *Gestes* et *jeux de physionomie*.

Gestes expressifs

Après l'étude des gestes *dynamiques* vient naturellement celle des gestes *expressifs*. Ces derniers n'ont pas droit, sans doute, au monopole de l'épithète, puisque les premiers, déjà, ont un pouvoir d'expression, comme on a pu le voir, bien manifeste ; mais ceux de la seconde catégorie s'en distinguent en ce qu'ils sont expressifs *par destination* : ainsi, le bras qui brandit une épée, par exemple, peut signifier la colère ou le triomphe ; mais ce geste, en lui-même, est positif et représente simplement un effort, tandis que ce même bras, se levant au ciel pour le prendre à témoin d'un fait, traduit, directement et expressément, une idée ; il est *idéal*.

Avant d'aborder l'étude des gestes expressifs d'une idée ou d'un sentiment, en un mot, des gestes *psychiques*, nous devrions parler tout d'abord des mouvements réflexes révélateurs d'états du corps et qu'on pourrait nommer *gestes physiologiques* ; mais, toute réflexion faite, ces deux catégories ne peuvent guère se décrire à part, vu que, dans un très grand nombre de cas, le même geste sert indifféremment à traduire tel état du corps ou tel état d'âme : c'est la palpitation du sein, qui révèle un malaise d'oppression purement physique ou l'angoisse de l'âme (1) ; c'est le tremblement, dont la cause peut être ou le froid ou la peur (2) ; le frisson, symptôme de fièvre ou signal d'enthousiasme ; c'est la sueur, que provoque un excès de température ou bien une certaine émotion, intellectuelle ou morale. De même, le rire peut résulter, soit d'une idée comique, soit d'un simple chatouillement ; les larmes, d'un chagrin, ou d'une irritation de l'œil ; la pâleur ou la rougeur du visage reconnaît pour cause, tantôt un état anémique ou pléthorique et tantôt un sentiment d'effroi ou de honte ; on bâille

---

(1) V^r : Darwin, expression des émotions, 71, 72, 77. Voir aussi mon tableau. Remarquez que le langage se comporte ici comme un réflexe, n'ayant qu'un mot pour exprimer l'état physique et le moral. (V. mon article dans la *Rivista musicale italiana* : « la Musique sans paroles et son lien avec la parole », tome III, fasc. 1, 1896.)

(2) On rapporte que Charles Ier, roi d'Angleterre, le jour de son exécution, se revêtit de deux chemises (c'était l'hiver...) pour qu'on ne l'accusât point de trembler de peur.

par inanition ou défaut de sommeil et aussi par ennui.
(V. Darwin, 176 ; et ma *Sphère de beauté*, 154).

Nous avons expliqué surabondamment, dans un autre
ouvrage (*Sphère de beauté*, 853), les causes de ce *cumul*,
en apparence si surprenant ; bornons-nous à dire, cette
fois, que si nos états d'âme, tout abstraits, se traduisent
au dehors par les mêmes signes qui servent déjà à la
manifestation d'états purement corporels, c'est que *nous
ne sommes pas de purs esprits* et que toute émotion psychique ne peut avoir, pour se révéler, que des signes
matériels, organiques et sensibles. Ainsi la harpe vibrera
sous le souffle du vent ou sous les doigts de l'artiste ; et,
dans un cas comme dans l'autre, les cordes touchées ren-
dront le même son. Ajoutons ceci, que l'émotion psychique ou morale, ébranlant nos fibres nerveuses et trou-
blant, par suite, nos fonctions circulatoires et respiratoires, il n'est pas étonnant qu'elle produise les mêmes
effets qu'une cause perturbatrice d'ordre physique.
Pourquoi le chagrin nous fait-il soupirer, ou même écla-
ter en sanglots ? Parce que, grâce à cette action, mystérieuse en soi, de l'âme sur le corps, la souffrance morale
que nous éprouvons pèse, littéralement, sur notre poitrine, entravant la respiration, dont le rythme normal
prend un caractère spasmodique et saccadé.

Sans doute, en d'autres cas, assez nombreux, il est bien
difficile d'établir une corrélation de ce genre entre le
réflexe et sa cause morale ; pourquoi ce même chagrin.
qui faisait soupirer, met-il des larmes dans les yeux,
comme fait un grain de poussière ? Et comment se fait-il
que le comique provoque le rire, au même titre qu'un
chatouillement ?... Ici, le trajet du réflexe demeure
obscur ; et, sans doute, l'ébranlement nerveux, fâcheux
ou favorable, se propage par des canaux plus fins et
moins directs... Toujours est-il qu'il s'opère un mouvement de réaction, un réflexe, qui a pour effet de sou-
lager l'organisme par une *décharge*, ou dérivation nerveuse ; aussi bien ce mouvement organique a-t-il mérité

d'être qualifié de *sauveur*. (V. *Sphère de beauté*, 154, 155). Le système nerveux n'est, en définitive, qu'une canalisation du fluide vital ; or, ce réflexe salutaire a pour fonction d'en faire écouler l'excès au dehors. Nous ne voyons pas de nos yeux cet échappement, mais nous en sentons le bienfait, lorsque, par exemple, les larmes dégagent notre cerveau, ou les sanglots, notre poitrine. De même, l'excès de joie, de « divertissement » causé par cette « énormité inoffensive » qu'est le comique, trouve dans le rire une soupape de sûreté.

Tous ces mouvements réactionnels provoqués par une pensée, par un sentiment, intérieur et caché, servent finalement à le traduire au dehors, à le révéler aux regards d'autrui et deviennent ainsi des signes expressifs, révélateurs de cette pensée, de ce sentiment. Leur étude est d'une importance majeure en Esthétique, en ce qu'ils ajoutent à l'expression « statique » des traits au repos celle, très supérieure, des *états d'âme*, et vivifient, littéralement, la pure beauté plastique par le rayonnement de l'intelligence et de la sensibilité. Le *sourire* ne transfigure-t-il pas la plus ingrate physionomie, comme le rayon de soleil jette son charme et sa gaieté sur le paysage le plus ordinaire ?...

Nous suivrons, dans cette étude des gestes et jeux de physionomie *expressifs* (ou simplement *significatifs*) l'ordre des traits du visage humain, puis des différentes parties du corps et en particulier de ces membres terminaux et merveilleusement déliés, les *mains*.

Les Yeux.

Dans un passage curieux des *Essais*, Montaigne nous donne une idée de la mimique :

> Les amoureux, dit-il, se courroucent, se réconcilient, se prient, se remercient, s'assignent et disent enfin toutes choses des yeulx, etc...

Il n'est pas inutile, ici, de rappeler ce phénomène réciproque : *l'œil est fait, tout à la fois, pour voir et pour*

être vu ; sur le théâtre de la vie sociale, il est, simultanément, acteur et spectateur. C'est ce qu'on nomme,
savamment, la double et réciproque suggestion du geste
par l'idée et de l'idée par le geste (ou le jeu de physionomie) ; par exemple, l'idée de plaisir illumine certains
yeux et les fait sourire ; ce qui, perçu par d'autres yeux,
suggère, à son tour, l'idée de plaisir.

Les yeux, en dehors de leur forme et de leur coloris,
nous parlent de trois façons : par l'*éclat*, plus ou moins
fugitif, par l'*attitude* et par le *mouvement*. Tout le monde
sait que leur lustre naturel s'avive dans les passions exaltantes et s'amortit dans les passions dépressives : l'œil
est brillant chez l'homme heureux ; il est terne dans
le chagrin. Il est à remarquer que certains traits perma-
nents de sa forme, chez tel et tel, apparaissent, à l'occasion, chez tels autres, comme traits passagers et, dès lors,
ne définissent plus un caractère, mais une expression :
c'est ainsi qu'une personne dont le globe oculaire n'est
pas excessif en grosseur, peut faire à quelqu'un qu'elle
gronde *les gros yeux*, que, dans la colère, *les yeux vous
sortent de la tête*, vous assimilant, pour un instant et
d'apparence, à l'individu le plus pacifique, mais qui, par
un défaut naturel, a les yeux saillants. Inversement,
l'acte de *friser les yeux*, par timidité, gaieté ou coquet
désir de plaire, nous fait ressembler à ceux qui les ont
naturellement bridés.

D'autre part, il faut convenir que la mimique est un
langage assez pauvre : le même jeu de physionomie peut
exprimer des états d'âme très divers (au moins pour un
trait physionomique pris isolément) : c'est ainsi que les
yeux sont dilatés par l'étonnement, l'émerveillement ou
par l'épouvante, la fureur. (V. Darwin, expression des
émotions, 40, 81, 85, 325), que le regard levé est, suivant les cas, signe d'extase (la *Sibylle de Cumes*, du
Guide, ou encore la *Sainte Cécile*, de Raphaël) ; ou bien
signe de douloureuse imploration (le *Christ*, du Guide, le
Roi de Thulé, d'Ary Scheffer, le *Job*, de Bonnat); que le

regard abaissé signifie tantôt l'application (le *Banquier et sa femme*, de Quentin Metsys, les *Joueurs* du Caravage) ; tantôt la tendresse d'une mère qui se penche sur son enfant (*madones diverses*) ; tantôt, enfin, soit

QUENTIN METSYS. — Le Banquier et sa femme (Musée du Louvre).
(*D'après une photographie de Braun.*)

la honte, soit la pudeur (l'*Accordée de village*, de Greuze).

Il faut distinguer avec soin le regard tourné de côté, comme dans le tableau de Quentin Metsys, où la femme du banquier détourne un instant la tête de son livre pour regarder son mari qui pèse de l'or — du regard oblique (*torvis oculis*), où les deux yeux, tournés en sens contraire, réalisent, passagèrement, cette infirmité qui s'appelle, en langue médicale, le *strabisme*, et, en langage vulgaire, la *loucherie*.

Ce peut être un signe de fausseté, ou, comme dans *Le Fou*, de Franz Hals, d'égarement d'esprit. Dans cet exemple, nous retrouvons le principe exposé plus haut de l'assimilation d'un geste fugitif, expressif d'un état d'âme, à l'attitude permanente résultant d'un état du corps.

Ce n'est là, d'ailleurs, qu'un cas particulier de la loi générale d'après laquelle la passion, pour se traduire au dehors, ne se sert pas d'autres signaux que ceux des simples affections organiques : ainsi les paupières se baissent, d'instinct, devant une clarté trop vive et devant l' « *éblouissement* », au sens figuré, d'une beauté — ou d'une vérité victorieuse (1). On s'explique moins le lien qui peut rattacher le *clignement d'yeux* produit par une gêne de l'organe et celui qui se pratique couramment comme signe d'intelligence...

Au-dessus des yeux, l'arc des sourcils n'a point pour seule fonction de les garantir ; il sert, par ses mouvements propres, à compléter leur expression : qu'ils soient épais ou minces, broussailleux ou bien dessinés au pinceau, les sourcils, comme les yeux, s'élèvent ou s'abaissent ; dans le premier cas, leur obliquité est le signe, ou d'une grande douleur (physique ou morale), ou, tout simplement, d'un doute (geste de scepticisme) ; dans le second cas, c'est le « froncement de sourcils », symptôme de douleur, aussi, mais, également, geste de sévérité.

Le Nez.

Par lui-même et sa seule conformation, le nez, comme, au reste, tous les autres traits du visage, offre une expression propre, qui explique l'attrait ou la répulsion qu'il cause, de prime abord : un nez *retroussé*, chez l'adulte, nous paraît être le signe d'un tempérament enfantin, et

---

(1) C'est le cas du *rideau*, qu'on baisse de la même façon, soit pour se garer du soleil, soit pour se protéger contre les regards indiscrets.

cela parce que ce trait de physionomie est particulier à l'enfant ; un nez *aquilin* annonce noblesse et courage ; un nez *mince* et *pointu*, l'astuce, la malignité ; un nez *camus*, faiblesse d'intelligence, etc.; signes, au demeurant, bien souvent trompeurs, la structure physique pouvant être transmise par hérédité, sans que la constitution morale y corresponde. Mais, qu'il s'agisse d'un nez grec ou busqué, camus ou retroussé, l'organe olfactif a son geste, révélateur d'un état d'âme — geste, à vrai dire, peu saillant et même à ce point minuscule et subtil que, pour le percevoir, il faut que l'homme, vivant constamment dans la société de ses semblables, ait acquis un merveilleux talent de physionomiste. Ce froncement du nez, souvent imperceptible, auquel je fais allusion, est interprété généralement comme signe de mépris ou de dégoût, ce qui est tout un. Remarquez encore ici que le *langage*, tout à l'instar du réflexe, n'a qu'une seule et même expression pour désigner le dégoût moral et le physique : l'homme qui répugne à faire telle action ou à accepter telle idée, fronce son nez, tout comme s'il prenait une médecine amère ou nauséabonde ; rien d'étonnant à ce que le langage, à son tour, parle de même façon au figuré comme au propre; puisqu'il est lui-même une forme de réaction, et, en quelque sorte, un réflexe (1).

Le nez est susceptible, aussi, d'un geste contraire : les narines dilatées et même parfois palpitantes, passent pour traduire, suivant les cas, soit la vaillance, soit la colère, en tout cas, un état d'orgueilleuse exaltation qui est à la base de ces deux états.

La Bouche.

Après l'œil et de concert avec lui, la bouche est le facteur le plus important d'expression physionomique ; le

-----

(1) Pense-t-on, quand on se sert du mot « *narguer* », qu'il dérive du latin « *nasicare* », lequel exprime le mouvement du nez qui grimace ?...

langage courant en témoigne, par quantité de locutions, telles que :

Faire la petite bouche ;
Faire la bouche en cœur ;
Demeurer bouche bée (béante), ou bouche close ;
Se lécher les lèvres ;
Parler du bout des lèvres ;
Langue de vipère ;
Montrer les dents ;
Conspuer (cracher au nez) ;
Souffler la discorde...

Ces divers tours de langage, souvent employés métaphoriquement, font allusion tantôt au rôle alimentaire de l'organe buccal, tantôt à sa fonction oratoire et tantôt à ses fonctions expressives ; car il est à noter que la bouche présente ce curieux cumul ; rôles très différents, mais qui se relient entre eux, puisqu'on dit : *une bouche gourmande.*

La bouche est une cavité de forme sphérique, une chambre ronde, dont les lèvres sont comme la porte à double battant et qui renferme ces deux accessoires, la *langue* et les *dents.* On verra quelle source d'expression est en puissance dans cette combinaison anatomique.

Si l'on ne considère que l'expression qui ressort de la forme toute pure, au repos, à la bouche large, « fendue » parfois « jusqu'aux oreilles », s'opposera la bouche resserrée, toute ronde, « en cul de poule » ; aux lèvres épaisses et charnues, lèvres « gourmandes » et sensuelles, les lèvres minces, marque d'austérité ; une lèvre inférieure proéminente sera, pour le commun, signe de bestialité ; pendante, un symptôme de déchéance cérébrale.

L'espace qui s'étend entre la lèvre supérieure et l'embouchure des fosses nasales (le *philtre*), est plus ou moins étendu, suivant que le nez est court ou « plongeant » ; d'où des genres d'expression différents, plus marqués chez les hommes qui ne portent pas la moustache.

Mais parlons à présent des gestes ou attitudes de la bouche, indépendamment de sa forme. Grande ouverte et « béante » (*bouche bée*), épisodiquement, la bouche

Le Laocoon.
(*D'après une gravure illustrant* l'Histoire des Beaux-Arts, *de René Ménard.*)

humaine marque ou l'étonnement, ou l'horreur. Ce dernier sentiment, dans le sens, plutôt, d'épouvante, est exprimé de cette façon dans le tableau tragique où Jules Romain a figuré les Titans écrasés sous la chute d'une colonnade ; de même, en le groupe, également tragique, qui représente *Laocoon* et ses deux fils enlacés par des serpents. Une charmante tête de jeune fille, par Coypel, par les yeux dilatés, au regard fixe, la bouche entr'ouverte et le cou tendu, traduit très nettement l'*étonnement candide*.

Il est intéressant de noter, ici, la concordance de forme entre la lettre *O*, qui figure, en l'alphabet latin, l'inter-

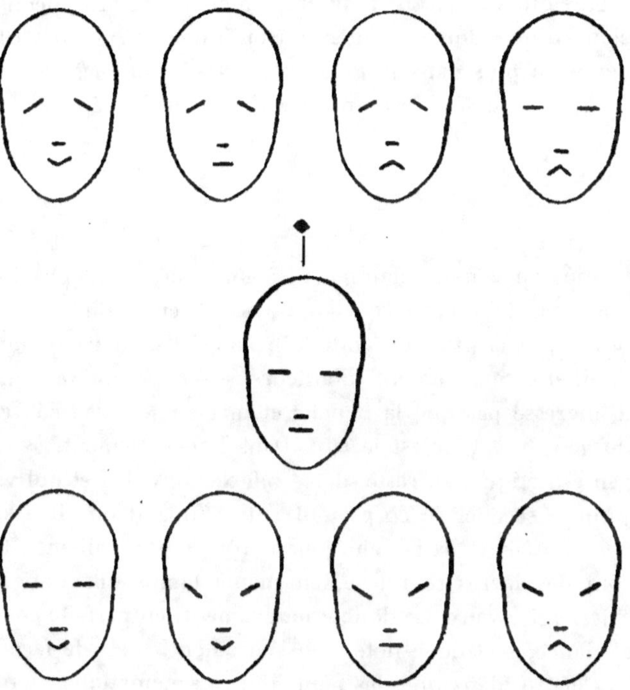

jection de surprise — et le contour en cercle de l'orifice buccal dilaté ; dans le *Bourgeois gentilhomme*, Molière fait dire au maître de philosophie : « l'ouverture de la bouche fait justement comme un petit rond qui représente un *O* »...

Le contraste est frappant entre le mouvement d'extension qui tend à écarter les lèvres et le mouvement opposé ou de flexion (de rétraction), qui tend à les rapprocher l'une de l'autre. Jointes naturellement, au repos, elles n'indiquent rien de spécial ; et cependant, la bouche close, de propos délibéré, a, comme le silence, son éloquence expressive. Que si, de plus, les lèvres sont serrées, ou, comme on dit, *pincées*, c'est alors plus qu'une simple réticence ; c'est le signe de la froideur, de la sévérité, ou bien, parfois, de l'empire exercé sur soi-même ; à moins que ce ne soit, tout simplement, le réflexe inconscient d'une douleur intense (souffrance *physique*). Un degré de plus dans le geste, et *l'on se mord les lèvres*, ce qui, cette fois, est une manifestation de dépit.

Nous en venons maintenant à un mouvement physionomique très curieux et qui nous semblerait même bizarre, si la grande habitude ne nous l'avait pas rendu familier ; mouvement d'ailleurs assez complexe, qui n'intéresse pas que la bouche et met en jeu les yeux et l'organe vocal : c'est le *rire*. Dans le déploiement, assez peu esthétique, au reste, de ce réflexe convulsif et qui va jusqu'à secouer le corps tout entier (quand on rit *à se tenir les côtes*), la bouche joue le rôle le plus saillant : le coin des lèvres se relève, en même temps que l'angle externe des yeux. Ce double mouvement, en parfaite concordance, se trouve noté, sommairement, mais de façon très claire, dans une des neuf figures schématiques dont nous avons dressé la série d'après Humbert de Superville (*Des signes inconditionnels de l'Art*). La base du nez étant figurée par un trait horizontal, les lèvres et les yeux du rieur le sont par des traits divergents, formant un angle ouvert par le haut. C'est qu'en effet la joie très simple, enfantine, ou celle que cause le comique, est un sentiment exaltant (même, peut-on dire, *exultant*, qui tend à dilater l'organisme ; et c'est cette force expansive qui provoque, simultanément, dans la poitrine, ces expirations saccadées et sur le visage cet écarquillement des

yeux en dehors, en quoi consiste essentiellement le rire.
(V. le *Centaure* du Capitole).

Ici, l'on peut dire que « les extrêmes se touchent ».
puisqu'on rit, quelquefois, jusqu'à pleurer : on « rit aux
larmes ». Il faut distinguer, d'autre part, du « rire
franc », ou « fou-rire », le « rire sardonique », qui est
empreint de malignité. Dans cette dernière variété, les
yeux seuls se relèvent, la bouche restant droite, — tandis
que, dans ce qu'on appelle le « *rictus* », le coin des lèvres
relevé fait un contraste, assez contradictoire, avec
l'abaissement des yeux. C'est là le signe d'une douleur
folle, — ou d'une amère ironie.

Autant le rire, — au moins chez les adultes. enlaidit
le visage, autant le *sourire* l'embellit. Il est curieux de
constater que la simple atténuation d'un mouvement
convulsif, en somme, et qui tourne à la grimace, fait
naître quelque chose de si poétique, de si délicieux...
C'est qu'il n'est plus question ici, ni d'expirations saccadées, ni d'éclat de voix indiscret ; la bouche se tait, et
ses coins, se relevant légèrement, annoncent, avec le
mouvement concordant des yeux, une détente très-
douce. On dit alors que le visage « se déride »... On dit
aussi que, par l'éclat des prunelles, il « s'éclaire ». Mais
quelle variété dans ce simple jeu de physionomie ! Il
y a le sourire de bienveillance, et de charité », le « bon
sourire » ; il y a aussi le « mauvais », sourire de pitié
(dans le sens de dédain), ou d'incrédulité ; puis le sourire de coquetterie, cherchant à séduire. Or, le premier
seul est intégralement beau : la beauté morale, en cette
occasion, se manifeste au dehors avec une clarté saisis-
sante ; s'allie-t-elle à la beauté physique, à l'harmonie
des traits, le spectacle a quelque chose de céleste ; mais,
sur un visage ingrat, incorrect de lignes, son triomphe
est encore plus éclatant : la laideur s'efface comme par
enchantement ; le sourire, — le « bon sourire », est
transfigurateur.

Parmi les nombreuses œuvres d'art, statues ou

tableaux, où brille le sourire, je citerai : la Vierge du portail de la cathédrale d'Amiens, le délicieux ange souriant de la cathédrale de Reims, le portrait du fils de Rubens, par son père ; le *Mendiant*, de Murillo; enfin, la célèbre *Joconde*, de Léonard de Vinci, dont le sourire imperceptible, à peine esquissé, demeure toujours une énigme. Dans son livre, *Le sourire d'Athéna*, André Beaunier nous montre ce jeu de physionomie presque général en la sculpture grecque et tend à y voir le reflet d'un scepticisme aimable...

Considérons à présent la nature vivante : voyez cet enfant, dont le visage, il n'y a qu'un instant, s'épanouissait du plaisir de vivre ; soudain, s'il est contrarié dans son jeu, voici ses traits qui se contractent ; son regard devient fixe et ses lèvres, revenant sur elles-mêmes, s'allongent « en goulot de bouteille » ; il « fait la *moue* ». Cette sorte de grimace, expression du dépit, de la bouderie, plutôt puérile, est proche parente du geste de dégoût, lequel peut se définir lui-même une *sputation virtuelle* ; c'est le début d'un acte qui consiste à « cracher au visage ».

Ce que nous avons dit de la lettre *O*, image graphique d'une bouche arrondie, dilatée par l'étonnement, on peut le répéter pour l'*U*, mais avec cette restriction que ce n'est pas ici la lettre ; c'est l'émission du son correspondant qui se trouve conforme au geste buccal. Ecoutez la leçon du maître de philosophie à M. Jourdain :

> Vos deux lèvres s'allongent comme si vous faisiez la moue ; d'où vient que si vous la voulez faire à quelqu'un (et vous moquer de lui), vous ne sauriez lui dire que *U*.

Dans son tableau d'un réalisme grandiose, l'*Enlèvement de Ganymède*, Rembrandt n'a pas craint de représenter l'idéal échanson des dieux sous la figure d'un garçonnet joufflu qui, accroché par sa chemise aux serres de l'aigle, fait une *moue* désespérée (en même temps que l'épouvante déclanche en lui un autre réflexe moins descriptible...).

Enfermée, normalement, dans la cavité buccale, où elle échappe à nos regards, la *langue* sort de sa cachette pour exprimer deux sentiments assez peu relevés ; ces expressions populaires : *se lécher les lèvres*, et *tirer la langue*, désignent, au premier cas, un geste de gourmandise, un geste de raillerie au second.

Les *dents*, elles aussi, restent dissimulées à l'intérieur de la bouche ; mais elles apparaissent au dehors en certaines passions, telles que la colère ou simplement le désir coquet de les faire valoir ; l'homme irrité *montre les dents*, en relevant les lèvres, comme s'il se préparait à mordre. Parfois c'est la canine seulement qu'il découvre ainsi, geste animal de carnassier, auquel Darwin attache une importance peut-être excessive. Ajoutons que le *claquement de dents* traduit la frayeur et le *grincement de dents* la rage impuissante ; mais ce sont là des signes phoniques plutôt que plastiques.

En résumé, les mouvements expressifs de la bouche peuvent se classer d'après les fonctions correspondantes de cet organe : c'est, effectivement, un orifice alimentaire, respiratoire et vocal, qui sert tout à la fois à ingurgiter la nourriture, à puiser l'air vital et à parler. C'est, en même temps, un ensemble de lignes à directions multiples, expressive d'états psychiques, intimes. Parmi les gestes auxquels elle s'adapte, nous n'avons pas encore mentionné l'action de *souffler*. Il est vrai que c'est là un acte « dynamique », mais il peut passer pour psychique, grâce aux métaphores du langage courant : *souffler la discorde, souffler sur des illusions* ; et, d'ailleurs, on voit le geste lui-même se produire, à l'occasion, pour exprimer le besoin qu'on éprouve de chasser des idées importunes.

Au point de vue plastique tout pur, l'action de *souffler*, qui gonfle les joues et projette en avant la bouche, laquelle s'arrondit en *O* comme dans la surprise, offre un certain intérêt pittoresque, comme en témoigne la représentation des *Vents* personnifiés et la *Semeuse* de Grasset

GRASSET. — La Semeuse.

(Marque de fabrique de la maison Larousse, que cette maison m'a gracieusement autorisé à reproduire.)

faisant voler, de son haleine, les graines ailées d'un pissenlit.

Tous les gestes des lèvres auparavant cités sont individuels. Or, il en est un, bien caractéristique, qu'on pourrait qualifier d'« altruiste » ou de « social » : c'est le *baiser*. Nous en avons déjà parlé, d'ailleurs, au chapitre des généralités sur la figure humaine et par anticipation. Rappelons ici que le tissu délicat, tendre et frais des lèvres humaines explique et justifie ce geste de rapprochement sympathique. Il n'est pas commun, sans doute, à toutes les races et les naturels de certains pays, comme on sait, témoignent d'une affection réciproque en se frottant le nez mutuellement. Mais, bien qu'en partie conventionnel, il séduit, le baiser, par son caractère de gracieuse ingénuité, qu'on peut qualifier, aussi. d'« esthétique ».

La Voix.

La fonction accessoire, mais à destination supérieure, de la bouche, est d'émettre les sons qui constituent la *parole*. Ici, double phénomène expressif : le mouvement des lèvres et la sonorité. Vous venez de voir la connexion qui relie ces deux éléments d'expression ; occupons-nous de l'élément sonore, à son tour.

D'abord, en elle-même, la voix est douce ou rude, claire ou voilée, chaude ou fraîche, avec mille nuances diverses qui se retrouvent, passagèrement, dans la manifestation de tel ou tel état d'âme ; puis, elle revêt ces deux formes : le *cri* et le *langage articulé* conventionnel, toutes deux se reliant, d'ailleurs, par des termes de passage qui sont : l'*exclamation*, l'*interjection*, l'*onomatopée*. Le *cri* diffère de nature, suivant qu'il est provoqué par la peur, la surprise, la joie, l'indignation, etc. Il se précise et prend corps, pour ainsi dire, dans l'*interjection*. Celle-ci, qu'on pourrait définir *un cri articulé*, accompagne ordinairement les gestes et jeux de physionomie décrits plus haut. La surprise joyeuse ou la surprise douloureuse, qui fait, l'une, lever les bras, et l'autre, les fait retomber, fait pousser, simultanément, un *Ah !* dont le ton seul diffère. Le *Eh !* exprime plutôt le désir d'empêcher un acte fâcheux. Le *Oh !* peint l'étonnement souvent teinté, soit d'admiration, soit de blâme. L'*Aïe !* est le réflexe tout spontané d'une douleur physique assez vive ; tandis que l'*Ouf !* indique une détente, après l'effort accompli. Si *Holà !* n'est qu'un simple appel (nuancé de reproche), et *Chut !* l'injonction de se taire, *Hein ?* interrogateur, exige une réponse ; *Hom !* oppose le doute à ce qu'un autre affirme ; *Bah !* rend très bien le doute plutôt incrédule ; *Fi !* est la formule du dédain, celui surtout qui « fait honte » ; enfin, *Las !* ou *Hélas !* est l'exclamation plaintive qui déplore.

Le *rire*, comme on l'a vu, est un réflexe composite : il s'adresse à l'œil comme à l'oreille, est bruyant, comme il est « voyant ». Certain auteur a prétendu qu'il adoptait, suivant le tempérament de chacun, l'une des cinq voyelles principales : le rire en *a* serait plutôt grave, comme le son correspondant à cette voyelle ; le rire en *i*, aigu, léger, révélant une âme naïve, enfantine ; celui qui se base sur *e* trahirait une pointe de scepticisme ; et celui qui éclate en *o* semble protester contre une exagération mani-

Les mouvements de la bouche dans l'émission des cinq voyelles A.E.I.O.U. (*D'après une ancienne photographie éditée par Cañellas.*)

feste. En *u*, remarquez-le, ce n'est plus le rire, c'est la moue, qui se fait sonore. Une série de cinq photographies prises sur la même figure de fillette, établit, de façon gracieuse, la gamme physionomique correspondant aux cinq voyelles. Dans l'émission de *a*, la bouche est largement ouverte ; elle s'entr'ouvre, en déviant un peu, pour l'*é* (*fermé*), tandis que les sourcils se froncent. En *i*, ses coins se relèvent et les yeux se frisent. En *o*, les sourcils tendent à monter, pendant que la bouche. comme on sait, s'arrondit. Enfin, pour prononcer l'*u*, la tête se penche d'un côté et les lèvres s'allongent pour faire la moue.

« Oh ! la belle chose que de savoir quelque chose ! » s'écrie M. Jourdain quand son maître de philosophie lui révèle ces mystères de la mimique phonétique... Faites bien attention que si Molière met le bourgeois-gentil-homme en posture comique, il ne s'ensuit pas que le ridi-cule doive s'attacher à ces sortes de spéculations ; Molière, en ses comédies, ne se moque point du savoir et ne s'en prend qu'au pédantisme et à la prétention.

De la phonétique du langage à l'Art musical, il n'y a qu'un pas : la mélodie ne se base-t-elle point sur les inflexions émotives de la parole ? Ainsi, la bouche chante aussi bien qu'elle parle ; et ce geste sonore, qui la fait s'ouvrir, cette fois, pour des fins artistiques, a tenté sou-vent les artistes. Lucca della Robbia, notamment, nous montre, en ses bas-reliefs jumeaux de la Galerie des Offices, à Florence, un chœur de jeunes filles s'accompa-gnant du luth et un autre de garçonnets dansant une ronde (*Le Chant* et la *Danse*). Et l'Art plastique, muet pourtant, évoque ici des concerts de voix.

L'Oreille.

Encore plus manifestement que le nez, les oreilles, étant immobiles chez l'être humain, ne contribuent guère à l'expression physionomique du visage. Leur forme seule est suggestive, je n'ai pas dit « significative ». Sui-vant la race ou l'individu, elles se montrent grandes ou petites, arrondies ou pointues, bien « ourlées » ou dérou-lées, adjacentes à l'occiput ou, comme on dit, « décol-lées ». Quant au *geste*, il est nul, à très peu de chose près et n'a qu'une existence idéale, en certaines locutions métaphoriques, telles que : *dresser l'oreille*, ou *tenir l'oreille basse, se faire tirer l'oreille, prêter l'oreille* à certains propos... Le langage paraît ici faire allusion à des ébauches de réflexes, ce qu'on appelle, en physiologie, des « mouvements virtuels » ; ou bien, tout simplement, pense au cheval, à l'âne et autres animaux dont l'oreille mobile laisse deviner le sentiment intérieur.

On s'est souvent demandé pourquoi, lorsqu'un homme est dans l'embarras, il fait le geste de *se gratter l'oreille*, comme s'il y ressentait une démangeaison... Darwin nous donne de ce fait une explication bien « cherchée », bien peu satisfaisante. (V. Schack, p. 156).

Il ne faut voir là, sans doute, qu'un geste de diversion, une dérivation de l'énergie disponible qui, ne trouvant pas à s'employer, se dépense en mouvements quelconques. Ainsi tel, en la même situation d'esprit, se rongera les ongles ou frisera sa moustache.

Les Cheveux.

Nous avons, au début, montré, dans les cheveux, le cumul de fonctions utilitaires et de fonctions idéales, les premières, comme toujours, étant masquées par les secondes ; une belle chevelure inspire plutôt l'idée d'ornement que celle d'appareil protecteur ; et cependant, avant tout, elle sert à garantir le crâne et, par conséquent, le cerveau, de toute intempérie, de tout accident (1). Aussi bien, la *calvitie*, chez la femme surtout, est-elle pénible à voir et fait-elle un peu l'effet d'une mutilation (2) ; déjà, une tête de petite fille « tondue » est quelque chose de fort déplaisant ; et, au point de vue

______

(1) Les journaux ont rapporté ce fait, qu'une femme, frappée à la tête par un malfaiteur, a dû son salut à l'épaisse chevelure qui amortit le coup porté sur son vertex.

(2) La calvitie, chez l'homme, est acceptée et tolérée par l'usage ; elle n'en est pas plus belle pour cela.

esthétique come au point de vue moral, la mode des cheveux coupés au ras de la nuque et baptisée d'après le titre d'un roman infâme, est quelque chose de scandaleux.

La beauté de *mouvement*, dans la chevelure, a déjà été décrite par nous. Observez qu'elle est presque exclusivement *dynamique*, en ce sens qu'elle reconnaît pour cause une force extérieure, comme le vent ou l'entraînement de la course. (V. *Le Petit Chaperon rouge*, estampe admirable de Grasset). Autrement, comme signe extérieur d'états d'âme, au moins directement (1), les cheveux n'ont pas un grand rôle expressif ; et l'on ne peut guère citer, ici, que l'*horripilation*, comme effet d'une cause morale. Ce terme d'« horripilation », qui correspond à la locution usuelle *des cheveux qui se dressent sur la tête* (2), a perdu son acception tragique et n'est plus, en notre langage moderne, que l'expression hyperbolique d'un simple agacement. Il reprend son sens étymologique grandiose en la *Gorgone* du Vatican, cette *Tête de Méduse* qui, par sa chevelure hérissée, ses sourcils froncés et ses yeux hagards, symbolise l'*horreur* (3).

Le Front, les Joues, le Menton.

Très peu de choses nous restent à dire sur ces parties du visage à peu près privées de mobilité. Toutefois, grâce à la souplesse des tissus qui, se plissant, provoquent des *rides* et à leur pouvoir érectile qui fait que le sang y afflue (et les gonfle) ou s'en retire, elles concourent à l'expression physionomique et cela, même à un très haut degré.

---

(1) Je dis « au moins *directement* », en reportant ma pensée sur les femmes « *échevelées* » de la légende ou de l'histoire, soit naturelles, soit « pleureuses ».

(2) Comparez cet autre terme d' « *ahurissement* », du mot « hure » (tête hérissée).

(3) Remarquez que la « tête de Méduse », en cette œuvre d'art, exprime le sentiment que, dans la fable, elle inspire. C'est le spectateur qui, réellement, est « *horripilé* » (« médusé »).

Bombé chez le tout jeune enfant, plus ou moins aplati chez l'adulte, le front, haut ou bas chez les uns, droit ou « fuyant » chez d'autres, se creuse de rides dans la vieillesse ; et certains gestes, à tout âge, le sillonnent de plis, momentanément. Ce que fait le souci, le rire le défait : on dit qu'un mot plaisant « déride ». A ce propos, faisons remarquer qu'un geste éphémère, épisodique, mais fréquemment répété, finit par laisser sur le visage une trace persistante ; ainsi des rides divergentes qui, par l'habitude qu'on a contractée de « friser les yeux » dessinent sur les tempes ce qu'on nomme la *patte d'oie*. Un geste éphémère aussi, mais d'un tout autre genre et qui, celui-là, ne laisse aucune trace, consiste à *se frapper le front*, comme si, dans l'émotion d'une idée subitement venue à l'esprit, on attestait que le cerveau vient d'accomplir un certain effort.

*

* *

Comme nous l'avions dit précédemment, les *joues* forment, au-dessous des yeux, deux territoires symétriques séparés par l'arête du nez. Rebondies, et, comme on dit, « poupines » chez l'enfant, plutôt creuses chez le vieillard, et, chez certaines races, offrant des pommettes saillantes, les joues n'ont pas le langage expressif propre aux autres parties du visage (sauf le front) ; elles ne parlent point par le mouvement, mais par la *couleur :* sans parler du *teint*, état permanent qui révèle le tempérament physique du sujet, la rougeur ou la pâleur de la face, accident subit, et passager, est un signe révélateur d'états profonds, et qui, mieux qu'aucun raisonnement, démontre l'existence de l'âme, et sa puissance sur le corps. Nous nous sommes assez étendus sur le *rougissement* pour n'être plus obligés d'y revenir ; ajoutons seulement que cet avivement fugitif du teint, du coloris normal de la peau, n'a point qu'une valeur « significative », et que, chez la femme, comme chez l'enfant, en particulier, il, amène du charme pur et simple à l'éblouissement. Le naturaliste Gratiolet y voit, avec raison, un grand signe de supériorité sur les animaux : c'est, de tous les réflexes, le plus manifestement psychique.

*

* *

Le *menton*, c'est le pôle sud de ce sphéroïde approximatif que représente la tête. Il est, suivant les cas, arrondi ou carré, fuyant ou proéminent. Bien développé, il semble l'indice d'un tempérament ferme et volontaire. Ce caractère anatomique était très marqué chez Napoléon, et se retrouve, aussi, chez beaucoup d'Anglais. Citons encore le *menton fendu* (bifide), et le *double-menton* », qui n'est qu'une localisation de l'obésité.

Cette partie de la figure humaine, qui, lorsqu'elle est harmonieusement conformée, termine agréablement son ovale, n'est, en somme, que la couverture de chair dissimulant un élément squelettique, le maxillaire inférieur. Ce dernier, articulé qu'il est avec les os fixes du crâne, est lui-même très-mobile ; il s'élève et s'abaisse alternativement, dans l'acte de la mastication, ou le réflexe du bâillement (on dit : « bâiller à *se décrocher la mâchoire* ») ; et son fléchissement, chez l'homme affaibli du cerveau, a donné lieu à l'expression péjorative de « ganache »... Pour la plupart des gestes expressifs, il est d'ailleurs sous la dépendance immédiate de la bouche, et n'a point d'autonomie physionomique.

La Tête, le Corps et les Membres

Les yeux, le nez, la bouche, les oreilles, les joues et le menton composent, par leur agencement harmonique, ce qu'on appelle la *face*, ou le *visage*, c'est-à-dire la *façade* de ce petit temple qu'est la *tête* humaine et ce qui se laisse « *envisager* », ce qui voit et se fait voir tout à la fois. Or, la tête elle-même, prise comme un tout, a ses mouvements propres, tantôt purement « dynamiques », représentatifs d'un travail, et tantôt à destination expressive. Ceux-ci présentent bien souvent la même forme que ceux-là. Mobile sur le cou, son pivot naturel, la tête se dirige, à volonté, en haut et en bas, à droite et à gauche, et dans maints sens intermédiaires ; mais, pour regarder derrière soi, faut-il qu'on tourne avec elle tout le corps.

Le geste de lever la tête, comme celui de la baisser, est, suivant les cas, purement mécanique ou psychique : l'observateur lève les yeux au ciel pour viser une étoile, et le fidèle, pour implorer Dieu (V. le début du tome I). Pour ne parler que du geste « psychique », un exemple qu'on peut dire opportun nous est offert dans la *Psyché* du Capitole, dont on peut voir une reproduction à notre musée des Antiques : un trait original de cette statue est que le mouvement très prononcé de la tête en haut se combine avec une inclinaison du corps vers le bas : Psyché se penche et *se renverse*, en quelque sorte, ainsi que chacun le fait, forcément, pour regarder ce qui se passe au-dessus d'elle. Dans le célèbre *Rémouleur* de la Galerie des Offices, à Florence, on observe une combinaison d'attitudes assez analogue : l'esclave, accroupi là pour les besoins de sa tâche, lève les yeux vers le point où ses oreilles ont surpris le secret de la conjuration.

A vrai dire, ni le geste de Psyché, ni celui du Rémouleur, ne sont essentiellement « psychiques » ; ce qualificatif convient mieux aux mouvements de tête qui sont directement signes d'états d'âme. Ainsi, la tête baissée des deux paysans, dans l'*Angelus* de Millet, exprime la dévotion respectueuse (1). De même, au reste, que la vénération, la honte fait courber le front; c'est qu'à la

(1) Le *salut*, qui se donne en inclinant son chef découvert, est encore une forme de respect, rendu conventionnelle par l'usage. Remarquez que le même mot de « *révérence* » désigne à la fois la vertu de respect — et le geste élégant de salutation.

base de ces deux sentiments si distincts, on trouve le « rabaissement » de soi-même.

Mais cette inclinaison de tête expressive, la raison toute pure l'emprunte à l'émotion : elle signifie dès lors la soumission de l'esprit, sous ces trois formes : *assentiment* (ou *acquiescement*), *approbation*, *acceptation*. Le geste contraire, ici, n'est plus vertical, mais horizontal ; et, de plus, il est alternatif ; c'est ce qu'on appelle le *hochement de tête*, signe de *négation*, de *désapprobation* ou de *refus* (1) ; signe aussi, parfois, de doute et d'incrédulité, et faut-il peut-être ajouter, de moquerie, si l'on en croit cette locution familière : « *faire la nique* » à quelqu'un (de l'allemand *nicken*, branler la tête) (2).

Je ne saurais, en un livre tel que celui-ci, omettre de citer cette attitude si séduisante, plus « eurythmique », en somme, que significative, d'une figure féminine qui, vue de dos ou de côté, se retourne, soit pour voir, soit pour être vue et poser devant un peintre... (ou le public). Le portrait de *Beatrix Cenci*, par le Guide, en est un remarquable exemple ; on voit par là quel accroissement de beauté le mouvement, qui dérange les lignes, apporte cependant à ces lignes.

Reprenons, à ce point de vue, le chemin de la *tête* aux *pieds*. Le corps humain proprement dit, qui s'étend entre ces deux limites, comprend, de haut en bas, deux parties, la *poitrine* et le *ventre*, auxquelles correspondent, en arrière, le *dos* et les *reins*. Chacune des deux moitiés du tronc se prolonge en ces appendices que sont les

---

1. Le mouvement double, alternatif, de dénégation, a, pour ainsi dire, un écho dans le mot « *nenni* », qui semble un redoublement du mot « *non* ».

2. « *Branler la tête* », inconsciemment et par force, est un signe de décrépitude sénile.

membres ; les *bras* dépendent (1) de la poitrine et les *jambes*, chez l'homme, « animal redressé », continuent la ligne verticale du corps. Or, ces divers éléments étant solidaires et formant un tout, on conçoit aisément que le mouvement dont l'un d'eux est agité, se communique plus ou moins complètement aux autres ; d'où ces réflexes étendus qui mettent le corps entier en convulsion, ou, tout au contraire, le paralysent. Ainsi du *tremblement*, qui, causé par le froid, la fièvre ou la frayeur, secoue l'individu « de la racine des cheveux », comme on dit, « à la plante des pieds ». Ainsi de la *contorsion* que provoque une douleur aiguë, physique ou morale et qui met tous les muscles, pour ainsi dire, en conflit. Cette dernière forme de réaction est, dans la réalité, discordante et pénible à voir ; mais l'Art, et justement cet art grec, ennemi de toute déformation, fervent de la pure harmonie, l'a transfigurée dans le *Laocoon*. C'est bien à propos de ce fameux antique qu'on peut rappeler les vers de Boileau :

> Il n'est point de serpent, ni de monstre odieux,
> Qui, par l'art embelli, ne puisse plaire aux yeux...

Ici, ce ne sont pas seulement les monstrueux reptiles dont on admire les magnifiques enroulements ; et l'on s'émerveille de la beauté du geste chez ces trois personnages se tordant de douleur et d'effroi sous l'affreuse étreinte.

Si le tremblement et la contorsion sont des réflexes plus ou moins prolongés, le *sursaut* et le *mouvement de recul* sont des réactions subites et brèves ; le tremblement (ou frémissement) correspondant au *trémolo* musical, le sursaut est représenté, au domaine verbal, par l'exclamation.

Encore ici, la cause provocatrice est d'ordre physique ou psychique : on tressaille de surprise, soit qu'inopiné-

---

(1) Il se trouve ici que le sens figuré du mot (*dépendre*) coïncide exactement avec le sens propre (*être suspendu* à...).

ment, une main se pose sur votre épaule, soit qu'une nouvelle inattendue vous soit tout à coup annoncée. Mais, dans un cas comme dans l'autre, le mouvement du corps reste involontaire, inconscient ; ce n'est pas un geste, à proprement parler, c'est un mouvement machinal, un réflexe.

Il en est à peu près de même pour cette attitude du corps que le langage, quel qu'en soit la cause, désigne indifféremment par le terme de *prostration*. Et, en effet, considérez l'éloquente fresque de Michel-Ange qui représente *Aza*, abattu par le désespoir ; sa tête penche très

MICHEL-ANGE. — Aza.
(D'après une gravure illustrant l'Histoire des Beaux-Arts,
de René Ménard.)

bas, son corps s'affaisse ; il laisse pendre un bras, languissamment... N'est-ce pas, aussi bien, l'attitude d'un homme accablé de sommeil ou déprimé par la maladie ?

À ce sujet, je dois noter une parenté de mots bien frappante : le terme de *prosternation* n'est-il pas très voisin de celui de *prostration* ?... Mais observez qu'ici, nous passons du simple réflexe au geste réfléchi, volontaire : et ce dernier n'exprime plus l'abattement d'âme ; c'est un signe de respect, de vénération, d'adoration, d'imploration aussi : *Marguerite à l'église*, d'Ary Scheffer, n'est pas « prosternée », mais plutôt *prostrée* ; de même, la touchante figure du tombeau de Richelieu, par Girardon, à la Sorbonne ; tandis qu'on voit un exemple de *prosternement* bien accusé dans ce bas-relief phénicien représentant *Jehu faisant sa soumission à Salmanazar* (1).

Dans la prosternation, c'est le corps tout entier qui fléchit, ou, parfois, la tête qui s'incline avec le corps, mais en restant debout. Dans l'*agenouillement* (ou la *génuflexion*), le buste peut rester droit, mais les genoux fléchissent, comme l'exprime ce second terme (parfois, un seul genou touche terre). De concert avec les *mains*

L'Adoration des Mages.

jointes, c'est l'attitude favorite de la prière. Dans un très intéressant bas-relief du musée Pie-Clémentin, à Rome, on voit un personnage, conduit par Mercure, qui met un genou à terre et tend les deux mains vers le dieu de la

---

(1) Si la « *prostration* » est plutôt un état, la *défaillance* est un accident, et ne se traduit pas par la même attitude du corps. Comme exemple artistique de défaillance *physique*, on peut citer l'« *Amazone blessée* ». du musée de Naples, et — de défaillance *morale*, l' « *Esther en présence d'Assuérus* », de Coypel.

médecine, tandis qu'à l'autre bout, les *Trois Grâces* forment un groupe étroitement uni, fraternel, symbolisant la reconnaissance, la « gratitude » (*Action de grâces à Esculape*) (1).

Comparez à cet agenouillement païen celui de l'ange

COYPEL. — Esther devant Assuérus (Musée du Louvre).
(*D'après une photographie de Braun.*)

Gabriel saluant Marie dans l'*Annonciation* de Fra Angelico ou celle du Guide, et tant d'autres de donateurs figurés dans les vitraux d'églises, les mains jointes (à plat), dévotement.

*
* *

L'épaule, comme on sait, est la base du membre supérieur, comme la hanche l'est du membre inférieur. Nous ne parlerons pas ici du *déhanchement*, qui se rattache à

(1) Pour nous, modernes, les *Trois Grâces* sont trois femmes de forme *gracieuse* ; mais, pour les Anciens, c'étaient les « bienfaitrices » (*Charités*), comportant à la fois les idées de *grâce* (au sens moral) et de reconnaissance (*gratitude*).

la démarche. Quant au *haussement d'épaules*, c'est un de ces gestes à signification assez claire, mais dont l'origine et la raison d'être restent énigmatiques. En effet, pour tout le monde, au moins le monde civilisé, hausser les épaules, c'est manifester son dédain, parfois aussi son indifférence ou son impuissance. C'est comme si l'on disait : « *Qu'est-ce que ça fait ?* » ou bien : « *Qu'y faire ?...* » Peut-être faut-il voir là comme un rappel inconscient, et tout idéal, de l'effort qu'on fait pour se décharger d'un fardeau, comme un geste de décharge morale. On peut en rapprocher, d'ailleurs, cette expression du langage : « *en avoir par-dessus les épaules* »... Vous touchez ici du doigt le lien qui rattache la métaphore au mouvement expressif, et le langage à la mimique.

Les Mains.

Un trait fâcheux de la mentalité générale, même à notre époque « avertie », c'est la tendance à toujours chercher *à côté...* Ce qu'on nomme, assez prétentieusement, *sciences occultes*, en est un exemple ; la *Chiromancie*, ou divination par la main, trouve encore des adeptes, croyants qui, d'ailleurs, sont généralement rebelles à toute vérité religieuse ou indifférents à toute vérité scientifique. Or, autant il est vain de chercher le secret de la destinée dans ce qui n'est, en somme, que des plis de la peau, autant il est intéressant et profitable d'étudier l'origine et la signification des *gestes manuels*, un de ces faits vivants et « parlants » qui tiennent une si grande place en la vie sociale.

Nous diviserons ainsi cette étude : *gestes du bras, gestes d'une main, gestes des deux mains, gestes des doigts.*

a) Gestes du bras.

Vous savez déjà que le geste est souvent amphibologique, l'organisme humain ne disposant pas d'un nombre de signaux suffisant pour la multiplicité des états d'âme. C'est ainsi que *les bras levés au ciel* expriment, suivant les cas, ou bien la détresse, comme dans l'*Incendie du Borgho*, de Raphaël, ou bien l'enthousiasme religieux (*Martyre de Saint Symphorien*, d'Ingres). Abaissés, au contraire, vers le sol, ils traduisent une surprise douloureuse ou l'abattement ; l'homme que surprend une nouvelle inouïe (*inaudita*) ne dit-il point : *Les bras m'en tombent ?...* (1)

Un *bras tendu*, en avant, est le signe du commandement. Ce geste impérieux reste pourtant énigmatique chez l'*Apollon du Belvédère*.

Les deux bras étendus symétriquement en croix caractérisent l'*Orante* des Catacombes ; c'était, paraît-il, l'attitude de la prière chez les premiers chrétiens.

A ce geste rituel et tranquille, opposez celui de la jeune femme qui, dans l'admirable toile de David, *l'Enlèvement des Sabines*, s'interpose, avec une touchante viva-

L'« Orante » des Catacombes.
(*D'après une gravure illustrant l'Histoire des Beaux-Arts, de René Ménard.*)

cité, entre les combattants ; et comparez ce tableau avec le bas-relief de Moreau-Vauthier, intitulé *Le Mur*. Ici, comme là, c'est la même idée, s'exprimant par le même geste. Un petit groupe sculpté de Madrassi, qui n'est pas sans mérite, représente le maréchal Joffre écar-

____

(1) Ce sont de telles expressions de langage auxquelles j'ai donné le nom de « mimo-réflexes ». (Voir mes « Éléments du beau », au début).

tant les bras pour retenir les soldats trop prompts. Enfin, la *compassion* prend les mêmes signes extérieurs, mais associés à d'autres traits de physionomie, comme on le voit, par exemple, dans la *Descente de Croix*, de Daniel de Volterre ; la tête inclinée, le corps courbé sur la *Mère des douleurs*, une des Saintes Femmes traduit sa grande pitié par l'extension des deux bras, les doigts de la main écartés.

La mimique de la *tendresse* offre trois temps successifs : les bras tendus pour embrasser, l'embrassement lui-même et le baiser. L'enfant, sur le sein de sa mère, lui tend ses petits bras (*Vierge* du Corrège et *Présentation au Temple*, de Borgogne) ; puis, de ces bras, il entoure son cou comme d'un collier ; puis, c'est le *baiser*. Remarquez que le mot d'*embrassement*, qui ne peint, en somme, que l'acte extérieur, prend pour nous, tout de suite, une couleur sentimentale ; et de même pour cet autre mot d'*attachement*.

Un signe d'amitié, quelquefois marqué d'honneur et plus solennel alors, moins intime, est celui qui consiste à *se donner le bras*. Ce geste a des nuances : un des traits de charme et de vérité, dans l'*Accordée de Village*, de Greuze, est la manière chaste et discrète dont la jeune fille prend le bras de celui que son père, lui, accueille *à bras ouverts*.

Enfin, il est une attitude toute personnelle, cette fois, j'allais presque dire « égoïste », qui est de *se croiser les bras* : signe très complexe et d'un caractère général, qui peut traduire fermeté, patience, volonté de s'abstenir, ou dédain. Il y a là, toujours, comme un effort de retenue, l'image d'une énergie concentrée, qui se réserve.

b) Gestes d'une seule main.

Les gestes de la main, comme, au reste, ceux de tous nos membres, sont *actifs* ou *passifs*, *individualistes* ou *sociaux*.

En fait de gestes *passifs*, je citerai la main abandonnée,

pendante, par le fait d'une dépression physique ou morale. Le premier cas est illustré finement dans le tableau de Metsu, *la Malade et le Médecin*, et le second, de façon grandiose, en la fresque de Michel-Ange qui figure *Aza* dans l'attitude du plus profond accablement.

En d'autres cas, tout au contraire, c'est la main qui sert de support : tantôt elle soutient la tête (le *portrait de Raphaël* par lui-même ; le *Faust* d'Ary Scheffer ; la

Grasset. — « Inspiration ».
(*D'après une gravure de* La Plume.)

Sibylle de Cumes, du Guide) ; tantôt le menton (l'estampe de Grasset : *Inspiration*, le *prophète Jérémie*, de Michel-Ange) ; ou la joue (la charmante *Liseuse*, de J. Styka); ou bien encore, pose gracieuse qu'Ary Scheffer a donnée à *Mignon*, la main droite appuyant le coude gauche.

Tout cela, ce sont des attitudes plutôt que des gestes. Mais, par des mouvements rapides et passagers, la main *se porte au front*, quand une idée nous vient ; elle *cache*

le visage dans la honte, la confusion (la *Madeleine repen-
tante* de Henner), ou frappe la poitrine, « bat sa coulpe ».

J'appelle *gestes sociaux* ces mouvements de la main
qui ne se restreignent pas à notre propre individu et
reportent notre pensée hors de nous, sur nos semblables.
Les uns sont plutôt rationnels et logiques, comme celui
de la main qui, s'agitant d'un rythme alternatif horizontal, oppose à l'interlocuteur *dénégation* ou *refus* ; ou,
se haussant dans une saccade réitérée, accompagne une
parole d'*encouragement*. De même, cette main se porte
en arrière et vers soi, pour *faire venir à soi*, ou bien, au
contraire, en avant, loin de soi, pour *repousser* ou
congédier.

D'autre part, quant aux gestes sentimentaux, la main
humaine est, à la fois, instrument d'*amour* et de *haine :*
d'amour, lorsque, flatteuse et caressante, elle se pose sur
la tête d'un petit enfant, lisse ses cheveux fins ; ou que,
cordiale, elle se met dans la main d'autrui (serrement,
ou, comme on dit : *poignée de mains* (*Banquet des Arba-
létriers*, de Van der Helst) ; — instrument de haine et de
vengeance, hélas ! dans le *soufflet* et le *coup de poing*, ou
sa seule menace.

L'homme croit-il donc que sa main, cette merveille
conçue par la Providence, lui a été donnée pour de
pareilles choses ?...

Tenir *le poing sur la hanche* est un geste de bravade.
Si *montrer le poing* peut être qualifié de « coup de poing
virtuel », l'attitude du *poing sur la hanche* pourra l'être
de « menace impuissante ».

c) Gestes des deux mains.

L'action simultanée des deux mains correspond, dans
l'ordre physique, soit au volume plus grand du corps ou
de l'objet qu'on veut embrasser, soit au besoin d'équi-
librer ses forces ou d'exercer un acte symétrique, tel que

l'applaudissement, par exemple. Or, il est intéressant de retrouver ici, dans le geste, la tendance métaphorique de la parole : ainsi, l'admiration intense, ou l'extase, fait lever à la fois les deux mains, comme si l'objet de la pensée étant plus vaste, il fallait, pour le saisir, leur collaboration (*la Vierge au Trône*, de Fra Bartholomeo). D'ailleurs, les nécessités matérielles peuvent, là, s'unir aux tendances morales, comme en la *Déposition du Christ*, du même artiste, ou bien au *Tombeau de Richelieu*. En résumé, l'on peut dire que le geste des deux mains est plus complet, plus explicite et plus pressant : comparez la modération presque banale d'une main qui s'avance seule, pour recevoir un ami, à l'expansive cordialité de ces deux mains paternelles accueillant l'*Accordée de Village*, dans le tableau, précédemment cité, de Greuze, ou bien, si vous voulez, le geste familier d'un camarade qui pose ses deux paumes à la fois sur votre épaule. Dans le bas-relief antique, *Actions de grâces à Esculape*, où, tout à l'heure, nous notions la position agenouillée d'un personnage, la symétrie des attitudes offerte par les trois Grâces montre une charmante, autant que savante complexité, qui consiste en ce que l'une d'elles, celle du milieu, s'appuie *des deux mains* sur l'épaule de ses compagnes, tandis que chacune de ces dernières ne fait le geste réciproque que d'une main, l'autre restant libre ; ainsi. dans cette sorte d'« accord plastique », à l'expression de parfaite fraternité (je n'ose dire *sororité*), se joint celle de l'eurythmie parfaite.

Cette collaboration des deux appendices droit et gauche, pour me servir d'une formule de Charles Henry, (1) est, la plupart du temps, quelque chose de très naturel et d'éminemment passionné ; nous la trou-

___

(1) Ce savant, plus qu'ingénieux, et vraiment génial, qui n'a pas, en France du moins, la réputation qu'il mérite pour ses travaux hors pair, est l'auteur d'une théorie esthétique où l'idée de *direction* dans le jeu des membres du corps humain prend un rôle prédominant.

vons à la fois dans les émotions exaltantes (applaudissement) et dans les émotions dépressives (mains qui se tor-
dent de désespoir). Ici, les deux appendices agissent l'un
contre l'autre, et non plus l'un avec l'autre.

Un spirituel tableau de F. Krassiezki, *Les deux amies*,
nous montre deux jeunes paysannes russes conversant
ensemble, assises dans un pré ; l'une d'elles, en réponse,
sans doute, à ce que vient de lui conter sa commère, *se
bouche les oreilles*, tout en découvrant ses dents blanches
dans un sourire... La collaboration des mains est, ici,
forcée, puisque, tout comme celles-ci, les oreilles sont
des organes jumeaux.

Le plus beau, peut-être, et le plus touchant des gestes
géminés, est celui qui *joint les deux mains*, — non pas
tant « à plat », comme en les figures de donateurs, au
Moyen-Age, que *tous les doigts entrecroisés*, ainsi qu'on
le fait de nos jours, pour la prière. Les exemples en Art
sont innombrables. Je citerai seulement, en les opposant
l'un à l'autre, le geste plein d'élan des mains jointes
en haut (*Nonne de Nuremberg*), — et cet autre, si décou-
ragé, de *Marguerite à l'église*, affalée plutôt qu'agenouillée sur son prie-Dieu, son missel à terre, et les mains,
dont les doigts restent joints, retombant, inertes... ; —
contraste bien frappant entre la prière radieuse et la
prière douloureuse.

Enfin, dans l'*Annonciation* du Guide, la sainte Vierge,
croisant les mains sur sa poitrine, à la salutation de
l'ange Gabriel, illustre, par cette attitude d'humble dévotion, les paroles liturgiques célèbres : *Ecce ancilla
Domini ; fiat mihi secundùm verbum tnum...*

Et voilà tout ce que peuvent exprimer nos deux mains,
avec l'accompagnement obligé, cela va sans dire, des
yeux, de la tête et du corps tout-entier ; mais la *main*,
cette « *Chalcidique* » avancée du territoire corporel (1),

(1) J'use ici du procédé de la « *métaphore retournée* », la fameuse
presqu'île de Grèce étant comparée à une *main* aux doigts étendus ;
voyez la carte.

et qui, vivante et mouvante, agite ses 5 pointes dans l'océan aérien, joue, par là même, le grand rôle ; c'est comme le terminus du courant nerveux et vital, l'embouchure du fleuve de la pensée.

d) GESTES DES DOIGTS.

Dans tous les gestes d'une seule ou des deux mains qu'on vient de décrire, les doigts sont joints — ou bien écartés, étendus — ou fléchis plus ou moins ; mais leur mouvement reste subordonné à celui de la main (comme, au reste, le mouvement de celle-ci l'est par rapport au bras. En certains cas, tout au contraire, un de ces doigts prend une allure indépendante, autonome, et joue, dans le drame expressif, le rôle essentiel : c'est *l'index* ; il tire, justement, son nom de sa fonction spéciale — plus intellectuelle, au reste, que sentimentale, qui est *d'indiquer*, de *désigner* ; c'est, en quelque sorte, le terme correspondant, en mimique, du pronom dit « démonstratif » : *ce, cette, celui-ci, celui-là*...

Le grand tableau d'Ary Scheffer, *La Tentation du Christ*, expose très nettement l'antithèse du « haut royaume » et de ce « bas monde », par le contraste des deux gestes : aux deux bras de Satan baissés vers la terre, dont le tentateur désigne les appâts, Jésus oppose un index levé vers le Ciel.

Raphaël, en la *Vierge de Foligno*, fait faire un mouvement semblable à Saint Jean-Baptiste ; ici, c'est pour désigner la Vierge triomphante à l'adoration. Cette manière d'attirer l'attention du spectateur, par contre-coup, sur l'action principale, ou sur un épisode caractéristique, trouve, à mon avis, son abus dans la célèbre *Transfiguration*, du même artiste. Les index levés, d'autres abaissés, les mains tendues, et, brochant sur le tout, les contorsions du jeune possédé qui occupe le bas du tableau, tout cela forme un groupe encombré, confus, incohérent, qui gâte la splendeur de la partie haute ; et c'est avec raison qu'on a critiqué le défaut d'unité de cette œuvre, d'ailleurs admirable : il y a là, en effet, deux scènes tout à fait distinctes, artificiellement rattachées l'une à l'autre par un simple geste des doigts. En cherchant à trop faire, on ne fait pas mieux.

L'index levé caractérise encore deux belles œuvres, cette fois de sculpture : le *Mercure volant* de Jean de Bologne, et le *Saint Jean-Baptiste* de Paul Dubois.

Comme exemple et modèle de cohésion dans les attitudes, en contraste avec la *Transfiguration* de Raphaël, on peut citer la *Confirmation* du Poussin. Là, parmi les personnages très nombreux qui figurent en ce tableau, remarquez cette mère qui, de loin, signalant de l'index à son petit enfant le pontife en train d'administrer le Saint-Chrême, l'encourage à vaincre sa timidité et à faire comme les autres.

L'index appuyé sur la bouche apprend que les lèvres doivent se tenir closes : geste mimique équivalant à l'onomatopée *Chut !* et plus logique, même, puisque, commandant le silence, il est lui-même silencieux.

Les doigts de chaque main étant, observez-le, au nombre de *cinq*, l'homme possède là comme un étalon qui s'accorde avec le système décimal ; en sorte que, parlant ou faisant taire à l'occasion, ces doigts servent, au surplus, à *compter*. Dans un tableau de genre du Caravage, à la galerie Sciarra de Rome, *deux joueurs* font une partie de cartes et l'un d'eux, le jeune dupé (l'autre étant un tricheur), est « soufflé » par un donneur de conseils. Penché sur lui d'un air confidentiel, ce dernier, pour lui faire tirer la bonne carte, *lève trois doigts...* ; geste informateur, purement, mais qui, dans la circonstance, devient expressif.

Les Jambes et les Pieds.

Les mouvements du *pied* sont naturellement subordonnés à ceux de la jambe, comme les mouvements de la main à ceux du bras. Mais, en cette région inférieure du corps humain, l'« expressivité » n'est pas, à beaucoup près, si riche et si noble, aussi. Le *balancement du pied* est, on le sait, signe d'impatience ; le *trépignement*, de fureur impuissante ; l'action de *fouler aux pieds* quelque chose ou quelqu'un, de *piétiner*, est la plus forte expression du mépris ou de la haine. Enfin, au *soufflet* donné par la main correspond le *coup de pied*, geste à la fois mesquin et brutal, imitant la « ruade » du quadrupède.

Il est, pour achever consciencieusement le tableau des gestes expressifs, une forme d'Art qui, réunissant par un lien fictif, idéal, les plus intéressants et les plus séduisants d'entre eux, fait mouvoir les membres et le corps tout entier, en cadence, et s'évertue à traduire les diverses émotions de l'âme par des jeux muets de physionomie ; c'est la *Chorégraphie*, laquelle, ajoutant à l'harmonie des attitudes l'intérêt d'une action suivie, réalise le *mimodrame*.

EPILOGUE

Pour être absolument complet, il faudrait ajouter
encore un chapitre sur les variétés que la *race*, le *sexe* et
l'*âge* apportent à la figure humaine, à son expression, à
sa valeur esthétique. Mais écoutons Boileau : « qui ne
sut se borner... » Et, d'ailleurs, nous croyons avoir dit,
sur le sujet ce qui est typique, essentiel. Nous avons pris
soin, au surplus, d'appuyer sur des points qu'on ne
remarque pas suffisamment et d'en faire mesurer la
profondeur.

Qu'on me permette, maintenant, de clore cet ouvrage
par quelques réflexions générales ; elles serviront de conclusion à ce grand travail.

Les faits multiples et divers qui constituent ce qu'on
nomme l' « *histoire naturelle* », ont presque toujours été
considérés en eux-mêmes, et l'on n'a voulu voir en eux,
généralement, que des *effets*, dont la Science doit rechercher, exclusivement, les causes immédiates, les « causes
secondes ». Or, cette vue nous a paru bien étroite, car
non seulement elle laisse en dehors la notion essentielle
d'une *Intelligence suprême*, force consciente et libre d'où
toute force naturelle émane, mais elle omet de nous faire
apercevoir, en cette Intelligence qu'il faut admirer, une
Bonté qui réclame notre amour et notre gratitude.

En effet, le lecteur a pu se rendre compte, par le seul
exposé des faits et sans parti pris d'apologétique. que
tout, dans la Nature, aussi bien inerte que vivante, est
dirigé vers un but, tend à une fin (1). Or, nulle part cette
finalité, cette volonté persévérante d'atteindre le but,
n'est plus remarquable que dans ce don gratuit que Dieu
nous a fait : le *sentiment du beau*. Hélas ! combien peu

(1) Voir, au tome I, *La flore*.

s'avisent, aujourd'hui, de le remarquer !... On dit couramment : la *belle* Nature, comme on dit « le *beau* temps » ; mais se demande-t-on pourquoi cet univers, où tout, en somme, est utile, je dirais presque *positif*, pourquoi, dis-je, cet univers nous parle une langue idéale ? Car, nous l'avons surabondamment prouvé, l'atmosphère, le relief terrestre, les différents aspects de l'eau, la flore, la faune et jusqu'à la figure humaine, tout cela se compose de détails précis, nécessaires, assurant la stabilité, l'équilibre, ou favorisant la vie. D'où vient donc que ces utilités se transforment, pour notre regard, en *beautés*, du moins en *expressivités* ?... Voilà ce qu'on peut appeler un « mystère admirable ». Or, ce mystère naturel, je pense l'avoir éclairci, grâce à cette idée de *finalité bienfaisante* dont nous parlions. Si, comme il faut le croire, cette vie que nous vivons n'a pas sa fin en elle-même et nous est donnée, prêtée plutôt, afin d'accomplir un destin supérieur, et pour *mériter*, il est indispensable à la faiblesse de notre nature, qui redoute la peine, d'être aidée dans son effort vers le bien. Dès lors, la splendeur de l'azur ou d'un ciel de nuit constellé, la douce magnificence des feuillages et la grâce irisée des fleurs, l'élégance ou la majesté de tant d'animaux, enfin l'harmonie des lignes et des mouvements dans le corps humain et surtout le rayonnement du visage, toutes ces beautés, enfin, qui nous séduisent, on doit y découvrir, avec les *signes* de la bonté, de la prévoyance du Créateur, des *stimulants* pour nos travaux, nos actes moraux et religieux et, par-dessus tout, l'*avant-goût* de joies futures plus complètes et plus durables... Car, nous ne le savons que trop, ce beau ciel azuré s'assombrit constamment de nuages ; cette verdure si riante tombe chaque hiver ; la fleur ne vit souvent qu'un jour, ainsi que le papillon, que l'éphémère ; l'enfant même, l'enfant aux joues fraîches et roses, ne devient-il pas, en quelques années, un vieillard au teint effacé, au front sillonné de rides ?... Trop souvent, même, cette fleur épanouie de jeunesse est desséchée par la maladie, puis, prématurément, frappée de mort...

Aussi bien, avides que nous sommes de bonheur, et d'un bonheur *complet, certain, impérissable*, efforçons-nous de voir, dans les attraits passagers qu'offre la Création, comme un reflet prometteur et réconfortant du soleil éternel de beauté.

TABLE DES MATIÈRES

2ᵉ PARTIE. — LA FIGURE HUMAINE

Sceaux. — Imprimerie Marcel Bry. — 1930.